普通高等教育"十三五"规划教材
测试、计量技术及仪器系列规划教材

电路与电子系统故障诊断技术

马 敏 编著

電子工業出版社
Publishing House of Electronics Industry
北京·BEIJING

内 容 简 介

本书较全面地介绍电路与电子系统的故障诊断方法，主要内容包括：数字电路、模拟电路、混合电路及微机系统的测试与故障诊断。本书还从实用的角度出发，讲解电路的维修技术，介绍当前热门的可测性设计技术。故障诊断的发展离不开测试技术的发展，本书最后还根据作者多年的科研和工程经验介绍网络化测试仪器的设计、面向信号的自动测试系统知识等。本书提供电子课件。

本书可作为高等学校电路与系统、检测计量、自动测试、计算机、信息技术等专业高年级本科生和研究生相关课程的教材，也可供相关领域的工程技术人员学习、参考。

图书在版编目（CIP）数据

电路与电子系统故障诊断技术 / 马敏编著. —北京：电子工业出版社，2016.2
ISBN 978-7-121-27975-1

I. ①电… II. ①马… III. ①电路－故障诊断－高等学校－教材 ②电子系统－故障诊断－高等学校－教材
IV. ①TM13 ②TN103

中国版本图书馆 CIP 数据核字（2015）第 318795 号

策划编辑：王羽佳
责任编辑：周宏敏
印　　刷：涿州市京南印刷厂
装　　订：涿州市京南印刷厂
出版发行：电子工业出版社
北京市海淀区万寿路 173 信箱　　邮编：100036
开　　本：787×1092　1/16　印张：17.5　字数：506 千字
版　　次：2016 年 2 月第 1 版
印　　次：2016 年 2 月第 1 次印刷
定　　价：45.00 元

凡所购买电子工业出版社图书有缺损问题，请向购买书店调换。若书店售缺，请与本社发行部联系，联系及邮购电话：(010)88254888。

质量投诉请发邮件至 zlts@phei.com.cn，盗版侵权举报请发邮件至 dbqq@phei.com.cn。

服务热线：(010)88258888。

前　言

在电路与电子系统飞速发展的大环境下，集成电路的集成度越来越高且集成电改产生规模越来越大，行业间界限的模糊化，使得电子设备正在加速向各行业渗透。电子设备的可靠性、安全性成为人们越来越注重的问题，因而对系统进行故障诊断，及早发现故障所在并预防是很有必要的。先进的电路与电子系统故障诊断技术对各种类型电路板的故障诊断提供了便利，维修人员可以根据电路板出现的不同特征，利用相关测试仪器，快速地定位到故障元件并进行准确的维修，确保电路与电子系统的正常运行。如今，掌握电路与电子系统故障诊断技术不仅可以节省人力物力，还可以延长电子设备的使用寿命，这门技术已成为产业从业人员，特别是技术维修人员必备的技能。

本书是电子科技大学的特色教材。全书共 9 章，从理论性和实用性的角度出发，较全面地介绍电路与电子系统故障诊断的基本理论和维修应用方面的技能，主要内容包括：第 1 章讲述电子系统常用的故障诊断方法，介绍对于电子系统常用的故障诊断方法及关于故障诊断的基础知识；第 2 章讲述数字电路测试与故障诊断，介绍数字电路的经典诊断方法，并指出其实施的困难；第 3 章讲述组合逻辑电路和时序电路中最常使用的故障诊断方法，同时简要介绍有时滞测试问题；第 4 章讲述模拟电路和混合信号的测试诊断方法；第 5 章讲述电路板的维修技术；第 6 章讲述微机系统的故障诊断方法，重点阐述存储器和微处理器的故障诊断；第 7 章讲述可测性设计，重点阐述可测性的定义、计算方法和提高可测性测度的设计原理；第 8 章讲述网络化测试仪器，即着重介绍 LXI 总线仪器；第 9 章讲述面向信号的自动测试系统等。

本书覆盖面广，理论与实际结合，能较好地满足广大读者的需求，可作为高等学校电路系统、检测计量及自动测试、计算机、信息技术等专业高年级本科生和研究生教材，也可供电路设计或测试人员学习参考。

本书向使用教师提供配套电子课件、习题参考答案等，请登录华信教育资源网 http://www.hxedu.com.cn注册下载。

本书的编写参考了大量近年来出版的相关技术资料，其中主要参考了作者的博士导师陈光禹教授编著的《数据测试及仪器》，在这里对陈教授表示衷心的感谢。书中模拟电路测试部分编写时得到了龙兵教授提供的资料，在此深表谢意。

由于电路与测试技术发展迅速，作者学识有限，书中误漏之处难免，望广大读者批评指正。

作　者
于电子科技大学

目　录

绪　论

0.1　电路与电子系统的复杂性

电子世界正在兴起一场深刻的革命，这个革命以大规模集成电路（LSI，Large Scale Integration）和微处理器系统（μP 系统）为标志，近来又发展了甚大规模集成电路（VLSI，Very Large Scale Integration）和电子系统。

什么是电子系统？通常是指有若干相互连接、相互作用的基本电路组成的具有特定功能的电路整体。具体地说，通常将由电子元器件或部件组成的能够产生、传输、采集或处理电信号及信息的客观实体称为电子系统。电子系统是能够完成某种任务的电子设备，有大有小，大到航天飞机的测控系统，小到出租车计价器，都是电子系统在实际生活和生产的应用范例。

由于电子系统的实现是由若干个单元电路组成的，因此在电路发展的各个阶段，电子系统也呈现出不同的特征。早期的电子系统以简单的电子管、晶体管组成的模拟电路为基础，其特点是功能简单、体积庞大、功耗大。随后出现了由数字芯片组成的数字电路，电子系统不再局限于波形处理而开始进行数字运算，电路功能逐步强大，电子系统也变得更加复杂。由原来简单的互补金属氧化物半导体（CMOS，Complementary Metal Oxide Semiconductor）数字芯片到如今的现场可编程门阵列（FPGA，Field Programmable Gate Array），每一片芯片含有上万个甚至十万个门，输入与输出变量可能多达数十个甚至上百个，电路的响应不仅是组合的而且在大多数情况下是时序的，构成集成电路的各个门及记忆元件都集成在芯片内部。

到了 20 世纪 70 年代，中小规模集成电路迅速发展并得到广泛应用，电子系统也逐渐过渡到以集成电路为基本的组成器件。80 年代以后，集成电路的规模进一步扩大，出现了大规模集成电路和超大规模集成电路，电子系统在性能上又得到进一步的提高。

到了 20 世纪 90 年代，在集成电路中把模拟、数字和混合信号电路集成到同一衬底的集成电路板（IC，Integrated Circuit）上的现象愈来愈普遍。这种趋势就是 SoC（System-on-Chip），可译为片上系统或者系统级芯片，以前一个完整的电子系统往往由许多不同的芯片构成，每个芯片分别行使不同的功能。而现在加入系统集成技术后，同样的电子系统只需要一块芯片，便可以实现从前需多块芯片同时工作才能实现的功能。结合 SoC 和智能功率集成电路的发展，近年来提出了 PSoC（Power System on Chip）的概念，即将电源、传感器、控制电路、驱动电路和功率电路集成于同一芯片上，形成具有部分或完整功能的单片功率系统。它和目前的 SoC 技术相比，其难度更大，也更具有特殊性。

目前，随着现代工业及科学技术，特别是计算机技术的快速发展，电子系统的结构变得越来越复杂，规模越来越庞大，自动化程度也越来越高，系统中不仅同一设备的不同部分之间互相关联、紧密结合，而且不同设备之间也存在着紧密的联系，在运行过程中形成一个整体。

在现代大型系统中，电子系统往往占据着核心和灵魂地位，而且渗透到各个领域发挥着重要作用。例如，汽车中的导航系统、自动控制系统、智能变速系统等使汽车更加智能化自动化；生物医学中的植入式电子系统是一种埋置在生物体或人体内的电子设备，主要用来测量生命体内的生理、生化参数的长期变化与诊断、治疗某些疾病，实现在生命体无拘束自然状态下的、体内的直接测量和控制功能，也可用来代替功能业已丧失的器官；在如今炙手可热的嵌入式可穿戴领域中也大量地运用电子系统，谷歌眼镜（Google Project Glass）、可穿戴手表、头戴式显示器都运用了集成的各种模块化功能化的电子系统。除此之外，电子系统在测控、通信、计算机、家电、数据处理等领域中也发挥着重要的作用。

0.2 电路与电子系统故障诊断的必要性

现代电子系统日趋大型化和复杂化，功能越来越多，结构也越来越复杂，如果系统由于某一零部件的原因出现故障而又未能及时发现和排除，不仅可能导致设备的损坏，影响任务的按时完成，降低工作效率，更严重的将会造成机毁人亡的重大事故，因电子系统故障设备停止运行而造成的损失也将会大大增加。

近年来，因关键电子设备故障而引起的灾难性事故时有发生。美国在 1998 年到 1999 年短短 1 年时间就发生了 5 次运载火箭的发射失败，直接经济损失达 30 多亿美元；2003 年 2 月 1 日，美国航天飞机“哥伦比亚 0 号”的空中解体事件，导致 7 名宇航员全部遇难，直接经济损失达 12 亿美元；2003 年 8 月 14 日，美国、加拿大发生大面积停电事故，受停电影响的人口约 5000 万，地域约 24 000 方公里，停电持续时间为 29 小时，经济损失达 60 亿美元。2013 年 12 月印度一辆电力火车因电路故障引起火灾，导致 26 人丧生。

我国因电子系统故障导致的事故也时有发生。2012 年 4 月中国电信骨干网发生严重网络故障，造成中国大部分地区不能访问百度等网站；2012 年 9 月香港龙华线地铁因供电设备故障导致停运 7 个小时，影响 7 成旅客的出行。

这些故障性事件的不断发生时刻提醒人们，系统运行的可靠性和安全性是保障经济效益和社会效益的关键因素，它已成为产品开发商和系统设计人员急需解决的重大问题之一。近 30 年来，电路与电子系统故障诊断技术的出现为这类问题的解决开辟了一条新途径，日益受到科学界、工程界等诸多领域的重视。电路和电子系统故障诊断与检测的目的就是及时发现故障并进行有效的处理，防止故障的扩散与恶化。

0.3 电路与电子系统测试的特点

电路与电子系统中的故障会造成系统不可预估的损失，直接威胁到了电路的可靠性和安全性。在电路与电子系统的生产和维护过程中，测试一直是十分重要的环节，完整有效的测试是电路与电子系统得以正常工作的前提条件。电路根据其信号特征一般分为模拟电路、数字电路和模拟数字都有的混合电路，由于电路的特征不同其测试方法也千差万别，根据不同的信号特征找出有效的测试方法，才能高效快速地进行故障诊断。

0.3.1 模拟电路与系统测试的特点

模拟信号的客观存在决定了模拟电路的必然存在。外界的自然信号很大一部分都属于模拟信号。模拟电路是较早兴起的电路，但是由于模拟信号本身的特点，使得模拟电路的测试变得困难。

模拟电路与系统测试的特点：

（1）模拟电路的规模大小没有一个界限，电路的输入激励和输出响应都是连续量，网络中各元件的参数通常也是连续的，难以进行简单的量化。由于故障参数是连续的，因此从理论上讲，一个模拟元件可能具有无穷多个故障，所以要想找到所有故障就要进行多次测试。

（2）模拟电路中的元件参数具有很大的离散性，即具有容差。由于容差实际上就是轻微的故障，它们的普遍存在，其影响往往可与一个或几个元件的大故障等效，因此导致实际故障的模糊性，而无法唯一定位实际故障的物理位置。从模拟电路故障诊断的实践看，元件参数的容差是实施正确诊断的最大困难。

（3）模拟电路的可分解性差。在模拟电路中，被测电路不能轻易地分解成很多相对独立的宏模块进行测试。

（4）模拟电路中的测试总线比较难以实现。将模拟信号传送到输出引脚可能改变模拟信号和电路的功能性。在测试过程中，重新配置模拟电路通常是不可接受的，因为重新配置硬件会不可避免地改变模拟电路转移功能。

0.3.2　数字电路与系统测试的特点

相对于模拟电路，因为数字电路的离散特性，其可测性问题相对简单一些。在一个模拟电路中，某一点上所发生的事件，一般会立即（只有有限的延时）在其输出端反映出来。数字系统则不然，某一点上所发生的事件，往往在经过若干个内部工作循环周期之后，才会在另一点或输出端上有所表现，甚至可能毫无表现。另一方面，数字系统中不同的内部事件，也有可能产生同样的外部或终端效果。加之在数字集成电路中，特别是 LSI 和 VLSI 中，内部电路规模庞大，十分复杂，而外部可观测点（引脚）则甚少，常常不得不依靠少数外部测试点上所得的有限结果去推断电路内部发生的复杂过程。此外，在数字系统中，除了由于硬件故障而引起外部信息错乱之外，还可能由于软件的问题而导致异常输出。凡此种种因素，都给数字系统的测试和分析带来极大困难。

数字电路与系统测试的特点：

（1）因为数字电路研究的是输入与输出的逻辑关系，一般而言，为了实现数字电路系统的逻辑函数及其动态特征，数字电路各个部分之间都必须保持严格的逻辑与时序关系。因此，时序性是设计数字电路的重要特征之一。

（2）数字信号不像模拟信号那样具有周期性，在处理大量的数字信息时难以寻找周期规律，这给对信号的观察和测试带来了困难。

（3）数字信号是由不规则排序的 0 和 1 两个对立的状态组成的，而不像模拟信号那样每个点是具体的变量值，所以对数字信号的测试就不能进行简单的模拟。

（4）在数字电路中基本信号只有高或低两种逻辑，既然数字电路作为一种运行着的动态运算与逻辑电路，那么其基本信号就只能有高、低两种脉冲信号。而脉冲信号的特征就只能有高、低两种状态，且两种状态都有一定的持续时间和范围。由于脉冲的不稳定性容易产生毛刺和门电路的延迟产生竞争与冒险等不稳定因素直接影响数字信号的准确度。

（5）数字电路中没有具体数值的数，很难根据其数字特征判断出被测对象的来源类别。例如，数据流测试就难以区分是软件测试还是硬件测试。

（6）数字信号可以借助计算机达到快速处理，现在已可以达到皮秒级别，这是模拟电路所没有的。

数字系统所处理的是一些脉冲序列，多为二进制信息，通常一般化地称之为“数据”，因此，有关的测试分析也就称为数据域测试分析。

数据域测试的历史，其渊源虽可上溯到 20 世纪 50 年代初期或更早，而其真正的发轫则可认为是始于 20 世纪 60 年代初期对电子计算机的诊断工作。事实上，所谓数据域测试就是对数字电路和系统进行故障侦查、定位和诊断。

在 20 世纪 70 年代时，随着 LSI 电路的发展，数据域测试也得到蓬勃发展，其势异常迅猛。有关的理论、方法、技术和设备，如雨后春笋层出不穷，至今方兴未艾。它们对当今电子世界的革命起着日益重要的作用，前途不可限量。

0.3.3 混合电路测试的特点

目前更多的电路开始同时包含数字和模拟两个部分，由于数模两种电路的测试方法不同，混合电路在测试上比单纯的数字电路或模拟电路的测试都要困难，目前的电路诊断测试研究工作大部分针对数字电路或者模拟电路，而综合考虑数模混合的电路测试方面的研究工作仍然比较少。

对于混合电路要分块测量，一般分为数字电路部分和模拟电路部分，然后根据各个部分的电路特点分别进行测量，之后再加以整合进行诊断，如图 0.1 所示。模拟信号要经过滤波器、模拟采样器；数字信号要经过计算机处理器、动态存储器、信号处理器。数字信号和模拟信号要经过数模转换器（DAC，Digital-to-Analog）和模数转换器（ADC，Analog to Digital Converter）进行相互转换输出。

尽管如此，我们也需要一种标准化的电路来解决这类电路的可测行问题，在 20 世纪 90 年代初期人们提出 IEEE 1149.4 总线标准。该标准定义了混合信号芯片测试中的内连测试、参数测试和内部测试等标准化测试方法。

内连测试是指对直接通过导线连接的引脚进行的互连测试，主要用来测试器件连线间的开路、短路和网络间的桥接等故障。

参数测试是指引脚之间不是通过简单的导线连接，而是通过由电阻、电容、电感或由它们组成的网络而连接的一种互连测试，即扩展互连测试。

内部测试是指对隔离的或安装在衬底上的元件执行相关的综合测试。

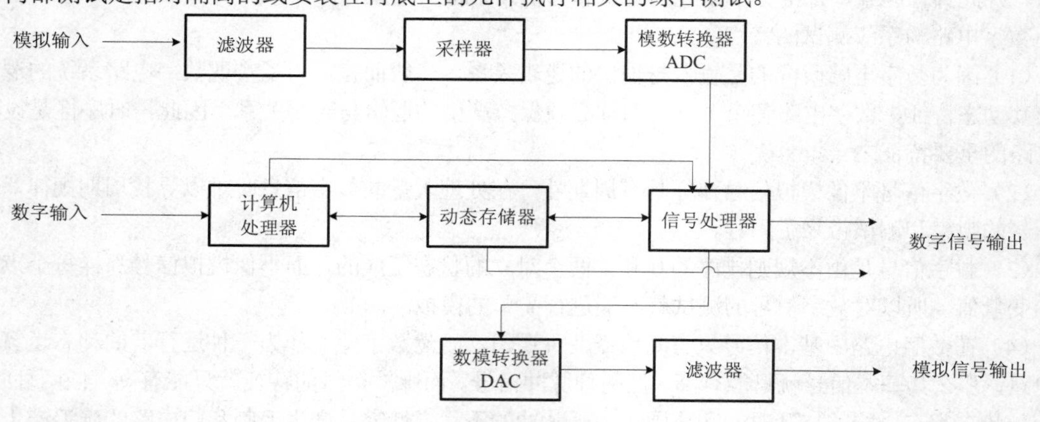

图 0.1 混合电路测试流程

0.4 本书主要内容

本书第 1 章首先介绍了电子与电路系统常见的诊断方法和故障诊断的发展趋势，并且着重介绍了基于故障树的诊断方法。

要对一个数字电路进行完备的测试，最简单的方法无疑是穷举测试法，即把任何可能的输入组合加于被测系统，看是否得到应有的输出结果。拿正常电路的真值表同有某种故障电路的实际真值表相比较，即可求得完备的测试集。本书第 2 章阐明了数字电路这些经典测试的方法，并指出其实施的困难。

第 3 章阐述有关针对数字电路两大分类的分别故障诊断方法。对于组合逻辑电路的一些较为实际可行的测试方法，包括：①利用拓扑方法寻求测试的敏化通路法，以及其实施的 d 算法和扩展（九值）d 算法；②利用分析方法寻求敏化通路的布尔差分法；对于时序逻辑电路的测试，包括主要借鉴于组合电路测试的所谓迭接电路法，以及以有限自动机的状态识别为基础的状态变迁检查法。最后还阐述对时延故障的测试。时延故障是时序逻辑电路和组合逻辑电路特有的一类故障。

与数字信号相呼应的就是模拟信号了，本书第 4 章专门介绍了经常用到的几种测试模拟电路与电子系统的方法。在早期人们已经研制出测试模拟电路的传统方法，比如直接观察法、电阻测试、电压测试、波形显示、部件替代。随着模拟电路越来越复杂，采用的元器件也逐步趋向集成化，对模拟电路的测试方法也越来越多，基本可以分为三大类：估计法、测前拟似法和测后拟似法。混合信号既有模拟信号的特性又有数字信号特点，所以针对于混合信号的测试，需要专门的标准 IEEE 1149.4——混合信号测试总线标准，这个标准给混合信号提供了可控性和可观察性。第 4 章也对此部分有详细的描述。

在积累了针对不同电路的故障诊断知识后，第 5 章阐述了针对于具体故障板的实际维修方法，从维修前的准备，到测试诊断和定位故障源进行了体系的讲解。重点讲解了对于电路板的多种角度的维修方法。

第 6 章阐述微处理器系统的测试。这类系统一般由 LSI 电路组成。由于 LSI 电路的结构太过复杂，而且用户一般也不了解其细节，所以前面所述的结构性测试则无所施其技。该章所述的测试属于子系统级的功能性测试，包括对随机存取存储器（RAM，Random Access Memory）的测试和对裸μP 的测试。最后阐述利用被测系统自身的应用程序来对系统进行测试的方法，这类方法只对该系统的应用所涉及的功能进行测试，至于用不着的一些功能则置之不理。这类测试虽然远非完备，但却十分实用，就实际应用而言，测试是完备的。

数字电路的可测性和内测试是 VLSI 电路设计和测试发展的必然趋势之一。因此，本书在第 5 章专门讨论这一论题，其目的并不在于可测性设计本身，而是想借此向读者展示可测性设计与数字电路的紧密联系。

第 7 章 7.1 节和 7.2 节首先阐明可测性设计的概念、参数和发展。7.3 节专门阐述了可测性的测度。

第 3 章 3.6 节中曾经讨论过测试时序电路的迭接电路法，这种迭接电路模型仅适用于 30 个门以下的电路。当电路的规模更大、反馈路径更多时，测试就不可能在合理的时间内完成。这种测试上的困难，事实上就是数字电路（特别是 VLSI 电路）的各种扫描通道设计发展的主要原因。第 7 章 7.4 节就此问题做了扼要的阐述。

第 7 章 7.5 节扼要介绍了 Koeneman 等在 1979 年提出的内建逻辑块观测（BILBO，Built In Logic Block Observation）技术。这种技术主要是利用电路内含的线性反馈移位寄存器（LFSR，Linear Feedback Shift Register）产生伪随机测试样式，用 LFSR 进行信号特征分析，从而达到自测试的目的。不过 BILBO 技术却不适用于可编程逻辑阵列（PLA，Programmable Logic Array）的测试。PLA 的特点是逻辑门的扇入非常多。例如，一个 PLA 中的一个“与”门可能有 20 个输入端，一条输入线呆滞于 1 的故障的侦出率为$1/20^{20} \approx 1\times10^{-6}$；如果用 BILBO 技术产生 1000 个测试样式，则故障的侦出率只约为 1/1000，这显然是不行的。

第 7 章的最后一节集中介绍了可测试性设计工业标准和主要的边界扫描技术。这些标准和技术使可测性设计更加通用化。

故障诊断离不开测试，在本书的最后两章针对测试技术进行了扩展知识的讲解。

第 8 章介绍了网络化测试仪器，对分布式测试系统的需求的增加，推动了网络化仪器的发展，对网络化仪器的测试指标和同步触发提出了更高的要求。继而需要 LXI（LAN eXtension for Instrumentation）总线测试仪器，该章重点介绍了 LXI 总线测试仪器。

有了满足测试的仪器，在本书的最后一章中介绍了面向信号的自动测试系统。自动测试系统节省了大量的人力资源，并且提高了测试的精准性。尤其是面向信号的自动测试系统，增强了测试的可移植性和通用性，是下一代测试系统的发展方向。

本章参考文献

[1] 宋晓梅. 现代电子系统设计教程. 北京：北京大学出版社, 2011.

[2] 沈嗣昌. 数字电路故障诊断. 南京：东南大学出版社, 1991.

[3] Tian F, Voskuijl M. Knowledge based engineering to support electric and electronic system design and automatic control software development. Digital Avionics Systems Conference (DASC), 2013 IEEE/AIAA 32nd. IEEE, 2013: 7A4-1-7A4-9.

[4] 朱彦卿. 模拟和混合信号电路测试及故障诊断方法研究. 长沙: 湖南大学, 2008.

[5] Ye Z, Hua C. An innovative method of teaching electronic system design with PSoC. Education, IEEE Transactions on, 2012, 55(3): 418-424.

[6] Xiu L. The New Frontier in Electronic System Design. Nanometer Frequency Synthesis Beyond the Phase-Locked Loop, 211-278.

[7] 钱照明, 张军明, 谢小高等. 电力电子系统集成研究进展与现状. 电工技术学报, 2006, 21(3): 1-14.

[8] 梁晓雯, 李玉虎, 许瑛. 电子系统设计基础. 北京：中国科学技术大学出版社, 2008.

[9] 谢翔, 张春, 王志华. 生物医学中的植入式电子系统的现状与发展. 电子学报, 2004, 32(3): 462-467.

[10] 严之琦. 数字电路故障检测与诊断的策略探讨. 赤峰学院学报: 科学教育版, 2011 (3): 90-91.

[11] 李正光, 雷加. 基于 IEEE 1149.4 的测试方法研究. 电子工程师, 2003, 29(4): 10-13.

第 1 章　电子系统常用故障诊断方法

随着系统复杂性的增加、产品生命周期的缩短、生产成本的降低以及技术的革新，对智能工具的需求在产品生命周期的各个阶段都变得越来越重要。

故障诊断通过测量、测试和其他的信息来源（例如可观性症状），采集和分析系统状态信息。故障诊断一般由诊断专家完成，在产品生命周期的各个阶段都具有重要作用，特别是在制造和现场维护过程中。

故障诊断一般分为三个部分：① 生成故障信息：故障信息必须包含故障的本性。这可以通过融合多种信息来完成，信息来源包括：可测性症状、进行测量和运行故障测试。② 生成故障假设：利用收集的信息将故障定位到一个包含有用故障信息的零件子集或组件子集。③ 辨别故障假设：如果存在多个可能的故障源，可能就需要继续测试或利用历史数据（比如概率）来进一步辨别。如果不可能继续辨别，可以根据经验或反复试验来确定最适当的检修方案。

故障诊断的目的是及时隔离系统故障的原因（零件或组件）。诊断过程从本质上讲，可以定义为根据系统观测和测试所收集到的信息进行故障隔离。

1.1　常见故障诊断方法

1.1.1　基于故障模型的诊断方法

基于模型的诊断方法就是针对一种故障模型特有的诊断方法，这种方法主要用于数字电路的诊断，包括呆滞于 1 和呆滞于 0 故障、桥接（短路）故障和延迟（定时）故障。例如，采用一系列的二进制测试向量去测试一个简单的数字组合电路。通过故障仿真，记录系统在不同测试模式和故障类型下的表现。

所谓故障模型是指这类模型预期可能出现的所有故障类型。每个被选故障类型嵌入到各个组件中，并利用仿真监测整个系统的表现。每次仿真都是采用精确的方式让某个特定部分失效之后，产生一个对整个系统如何运转的描述。这就产生了一个故障/症状对应的列表，可以用来生成故障字典。当某个特定的全局症状出现时，故障字典可以指示失效的组件。

故障模型可以准确地诊断组合数字电路的模型化故障，但是，不能处理未预期（也就是未仿真）的故障。无论如何，已仿真的故障集可以满足大多数的诊断目的，此外还可以为很多应用提供足够多的解。

故障模型在时序电路中的应用不是太成功。诊断时序电路更需要测试序列，而不是单独的向量，如果在测试过程中因为某种故障丢失了电路状态，测试就可能无法完成，因此，将电路分离并封装成易处理块的诊断技术，被认为是可能的解决方案。

最后，大规模电路所需要的测试向量数目很大，可能导致不切实际的测试时间。数据压缩技术已经用来解决这个问题。

下面介绍几种常见的故障模型及其诊断方法

1．因果模型

因果模型是一个有向图，节点代表模型化系统变量，链接代表变量之间的关系或联合。例如，在诊断模型中，变量通常表示症状和故障，链接则表示症状-故障的联合。每个链接的强弱通常采用数字权重或概率来定义。因此，采用贝叶斯（Bayesian）技术对成型的故障假设进行归类或消除。这里采用的是发射机的贝叶斯网络模型，如图 1.1 所示。

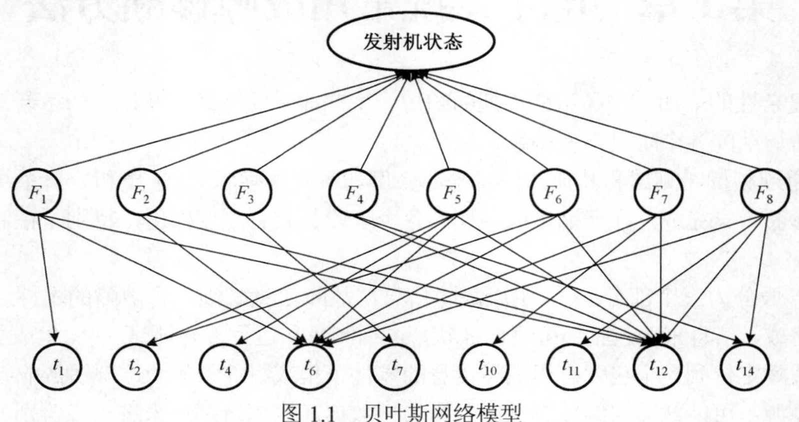

图 1.1 贝叶斯网络模型

应用贝叶斯网络检测集成电路检测器：可以将某领域内关于不同检测器故障模型概率的专业知识描述成一个贝叶斯网络。基于规则的系统在工业生产中比基于模型的方法更加流行，因为相对来说，基于模型的系统更难建立。为了克服这个缺点，提出了一种将简单的系统结构图转换为因果模型的工具。然而构建一个因果模型需要应用领域的专业知识，因此“知识获取瓶颈”是该方法的主要缺点。主要的优点是比较规则，能够更容易地表达物理或抽象概念中的复杂知识结构，因而具有更高的计算效率。此外，因果模型是建立在严格的数学概率理论之上的。

2. 基于结构和行为的模型

基于结构和行为的模型是过去 15 年中一个主要的研究方向。结构和行为采用对偶来描述。结构描述列举了模型化系统中所有的组件，以及组件之间的相互联络。行为描述表示了所有组件的正确行为模式。行为描述可以采用多种水平的抽象提取，包括数学的、定性的或功能的。结构描述和行为描述通过采用逻辑公式建立，比如一阶谓词演算。如果模块在某个特定操作模式下的工作与在实际系统上观测到的不符，那么矛盾就产生了，必须进行诊断，以确定失效的组件。图 1.2 所示为一个简单的运算电路的例子。仿真的时候，如果 A 到 E 的输入如图所示，应该得到图中的输出值。假如输出值与图中不相同，则意味着模型和实际系统之间存在差异。与故障模型不同，这种类型的模型是正确模型。也就是说，是工作设备的模型化，理论上可以诊断任何类型的故障，而不仅仅是模型化的故障。

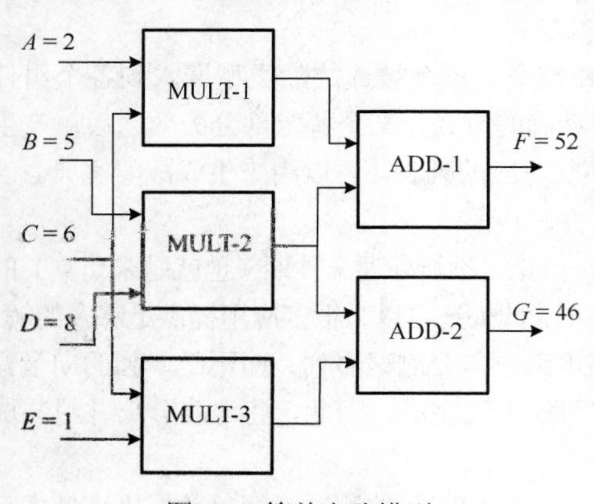

图 1.2 简单电路模型

基于结构和行为的模型似乎是许多诊断问题的理想解决方法。理论上，由于采用了正确的模型，因此能够诊断所有的故障；可以利用计算机辅助设计（CAD，Computer Aided Design）数据自动生成适合的模型。但是，实际上有许多重要的局限性。

（1）复杂问题的集约计算，首先关注最可能的故障，并采用故障模型的包含来提高效率。

（2）描述复杂组件的行为，比如奔腾微处理器，仍然是主要的研究课题。

（3）完善和相容的模型是很难开发的。本质上，一个模型只是某个真实系统的近似描述。比如，结构模型就无法描述电路桥接故障。

（4）涉及系统可能的失效方式的信息经常都没有提供，这就可能导致无意义的故障隔离。

（5）开发和维护模型是很耗时的，除非能采用 CAD 生成。

3. 诊断推理模型

诊断推理模型通过描述解决问题的诊断信息流来完成诊断。以前称为信息流模型，之所以修改名称是为了反映模型注重诊断提供的信息，可以从这些信息中得出推论。

这种模型有两个基本组成：测试和结论。测试包含任何来源的诊断信息，包括可观性症状、物流记录和诊断测试结果。结论描述有代表性的故障或需要替换的单元。测试和结论之间的依赖关系用一个有向图描述。除了测试和结论，诊断推理模型还可能包含另外 3 个元素：可测性输入、不可测性输入和无错误输入（No-Fault）。输入表示进入系统的信息，这些信息可能影响系统的正常状态。可测性输入可以进行有效性检查，而不可测性输入则不能。No-Fault 是一个特殊的结论，标志着测试集没有发现故障。图 1.3 给出了一个诊断推理模型的例子。

测试序列的优化是通过基于最大测试信息增益的算法实现的。诊断推理融合多个测试信息，通过多种逻辑和统计推理技术实现，其中包括改良的 Dempster-Shafer（D-S）证据推理，该方法包含了一个特殊的结论，即不曾预料的结果。这种不曾预料的结果用来补偿冲突掩盖的不确定性。如同所有的基于模型的技术一样，诊断推理可能得出相互冲突的结果。冲突来自于：测试误差、多故障，以及不完整或不准确的模型。D-S 方法和确定性因素都用来推导这些不确定性的方法。

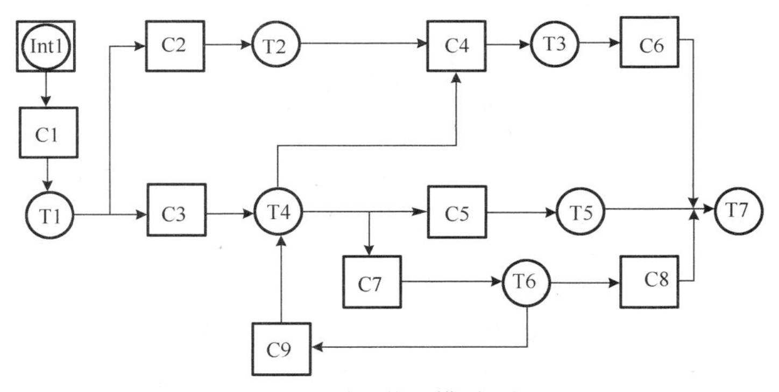

图 1.3　诊断推理模型示例

诊断推理模型如果被考虑和应用到产品的研发阶段，将起到最佳的效果。但遗憾的是，许多系统仍然不注重故障诊断设计，因此结构诊断信息不充分，造成使用该方法诊断时结果不准确。可是，如果能利用可用的诊断信息建立适当的模型，就可以准确和高效地进行诊断。

1.1.2　基于机器学习的诊断方法

前面所讨论的方法在应用中具有固定水平的性能，采用过去的成功和失败的经验提高性能是不可能的。机器学习的方法可以开发以前成功或失败的诊断，持续地提高系统的性能，或者利用现有的相关数据，自动生成知识。

这里简单介绍几种典型的机器学习方法

1. 基于案例推理

基于案例推理（CBR，Case-Based Reasoning）存储了以往的解决方案，也就是案例的经验，从中检索一个适宜于新问题情形的案例，调整该案例并用于新问题，根据其成功或失败的程度修改这个案例，最终将有用的经验保存到案例存储器中。

一个 CBR 解决方案一般包含以下步骤：

（1）知识或案例描述。

（2）案例检索，包括以下步骤：

①总结当前问题或案例，得到识别特征。

②利用这些特征在案例存储中寻找类似的案例。所有的案例都根据相似性归类。

③对比当前案例，更加细致地分析步骤②中选择的案例，执行最终的匹配。选择最相似的案例。

（3）案例复用：包括找出过去和当前案例的不同点，并以某种方式调整过去的案例，使之与当前案例相匹配。通常调整的方式包括置换（用新数值置换旧数值）和转换（利用启发式方法）。

（4）案例修改：包括根据案例复用评估案例解决方案，如果有不适合的地方，则尽可能修补。评估包括将解决方案应用到一个实际的环境中，并以某种方式测量其成功的水平。这样就可以得到该解决方案的误差，并利用相关的专业知识进行修补。

最后，案例保留（或学习）将在解决当前问题中学到的有用信息加入案例存储。这不仅包括成功的新案例，也包括失败的案例，保留可以是对现有案例及其指标的调整，也可以添加全新的案例。

CBR 的效率依赖于根据历史数据和仿真而生成的适宜案例数据，以及索引的效率、检索和调整方法。

2．基于解释的学习

基于解释的学习（EBL， Explanation-Based Learning）利用专业知识和一个单独训练的例子，学习新的概念。比如，在诊断中，可以利用一个系统模型和一个错误诊断的例子，得出一个适当诊断的解释。

一个诊断 EBL 系统，该系统通过学习改进诊断推理模型。其操作如下：错误诊断之后，继续测试直到完成正确的诊断；随后用这个附加信息修改模型，从而使正确的诊断与测试相容。

EBL 的成败依赖于适当专业知识的有效性。因此，复杂的领域需要广泛的知识描述新概念，这个方法就可能难以实现。

3．从数据学习知识

另一种方法就是从现有的数据库和案例库中提取知识。这也克服了知识获取瓶颈，可以从现有的资源中自动生成智能诊断系统。显然，这个方法只有在先决数据存在的条件下才有用，因此对于新系统，这个方法用处很小或根本没用。

利用现有的信息自动生成基于知识的系统能够大大加快开发速度，同时在很大程度上减小“知识获取瓶颈”。但是，这个方法仅仅适用于存在大型专业知识数据库的场合。因此，不适合没有实际数据的新系统。

1.1.3 基于信号处理的方法

所谓基于信号处理的方法，通常是利用信号模型，如相关函数、频谱、自回归滑动平均、小波变换等，直接分析可测信号，提取诸如方差、幅值、频率等特征值，从而检测出故障。如旋转机械中的滚动轴承在出现疲劳脱落、压痕或局部腐蚀等故障时其振动信号的功率谱就会出现相应的反应，利用这种反应就可诊断系统故障。近年来出现的基于信号处理的方法主要有以下几种。

1．小波变换方法

小波变换是一种时频分析方法，具有多分辨分析的特性，非常适合非平稳信号的奇异性分析。故障诊断时，对采集的信号进行小波变换，在变换后的信号中除去由于输入变化引起的奇异点，剩下的奇异点即为系统发生的故障点。基于小波变换的方法可以区分信号的突变和噪声，故障检测灵敏准确，克服噪声能力强，但在大尺度下会产生时间延迟，且不同小波基的选取对诊断结果具有影响。该方法随着小被理论研究的深入而发展较快。近年来，将小波变换与模糊集合论、神经网络理论相结合，提出了模糊小波和小波网络的故障诊断方法。

2. 主元分析方法

主元分析（PCA，Principal Component Analysis）是一种有效的数据压缩和信息提取方法，该方法可以实现在线实时诊断，一般应用于大型的、缓变的稳态工业过程的监控。主元分析用于故障诊断的基本思想是：对过程的历史数据采用主元分析方法建立正常情况下的主元模型，一旦实测信号与主元模型发生冲突，就可判断故障发生，通过数据分析可以分离出故障。主元分析对数据中含有大量相关冗余信息时故障的检测与分离非常有效，而且还可以作为信号的预处理方法用于故障的特征量提取。

3. 利用 δ 算子和利用 Kullback 信息准则的故障检测

利用 δ 算法的故障诊断是基于算子构造 Hilbert 空间的最小二乘投影向量集，推导出完整的格形滤波器作为故障检测滤波器，用 δ 算子描述的后向预测误差向量的首位元素作为残差，并采用自适应噪声抵消技术使残差对故障敏感。该方法可以在线实时检测，具有灵敏度高、计算量小、抗噪声能力强的优点。但有时其无限宽数据窗使故障信息难以消除；基于 Kullback 信息准则的故障检测是利用 Kullback 信息准则度量系统的变化，在无未建模动态时将其与阈值比较可以有效检测故障。

基于信号处理的方法避开了系统建模的难点，该方法实现简单，实时性较好，但对潜在的早期故障的诊断显得不足，多用于故障的检测，对故障的定位和辨识要差一些，与其他诊断方法结合可望提高其故障诊断性能。

1.1.4　基于解析模型的方法

所谓基于解析模型的故障诊断，就是通过将被诊断对象的可测信息和由模型表达的系统先验信息进行比较，从而产生残差，并对残差进行分析和处理而实现故障诊断的技术。根据残差产生形式的不同，基于解析模型的故障诊断方法可以分为状态估计法和参数估计法。

状态估计法的基本思想是利用系统的解析模型和可测信息，设计检测滤波器，重建系统某一可测变量，然后由滤波器（观测器）的输出与真实系统的输出的差值构造残差，再对残差进行分析处理，以实现系统的故障诊断。故障检测滤波器的设计是状态估计法的关键，需要根据不同的诊断问题设计不同的滤波器。例如 H_∞ 有界故障检测滤波器设计方法、基于对策论的故障检测滤波器设计方法、基于带有输出微分项的 Leunberger 观测器的新型故障检测滤波器、基于滑模观测器的故障诊断方法、灵敏/鲁棒故障检测滤波器的设计方法和基于矩阵束的新型故障诊断观测器设计方法。在能够得到系统的精确数学模型的情况下，状态估计方法是最直接有效的故障诊断方法。

参数估计法根据估计参数的不同可以分为两类：基于系统参数的故障诊断方法和基于故障参数的故障诊断方法。

基于系统参数的故障诊断方法的基本思想是：许多被诊断对象的故障可以看作是其过程系数的变化，而这些过程系数的变化又往往导致系统参数的变化。因此，可以根据系统参数及响应的过程参数变化来检测和诊断故障。基于系统参数估计的故障诊断方法主要有滤波器方法和最小二乘方法。

基于故障参数的故障诊断方法首先将动态系统中的故障以一定的参数形式表示出来，可以是未知增益形式的乘性参数，也可以是附加未知时变函数项的加性参数。其基本思想是：对故障系统构造适当形式的包含可调参数的状态观测器，可调参数的初始值应当使得系统在没有故障时的观测误差和输出误差为零。当系统发生故障时，状态观测误差和输出误差偏离零点，此时利用状态观测误差和输出误差适当设计可调参数的调节律，对可调参数进行在线调节，使得状态观测误差和输出误差重新回到零点，即用观测器中的可调部分来补偿故障对系统状态和输出的影响，使得观测器在系统处于故障状态下仍然保持零状态观测误差，此时观测器中可调部分的输出即为故障参数的估计结果。从本质上讲，该方法是对故障信号进行在线建模，其优点是不但能实现故障检测与分离，而且能够同时给出故障随时间变化的特性，为故障评价与决策提供依据。

目前基于解析模型的方法得到比较深入的研究，但在实际情况中，常常难以获得对象的精确数学模型，从而大大限制了基于解析模型诊断方法的使用范围和效果。

1.1.5 基于知识的故障诊断方法

近年来，人工智能及计算机技术的飞速发展，为故障诊断技术提供了新的理论基础，产生了基于知识的诊断方法，此方法由于不需要对象的精确数学模型，而且具有“智能”特性，因此是一种很有生命力的方法。基于知识的故障诊断方法主要可以分为：专家系统故障诊断方法、模糊故障诊断方法、故障树故障诊断方法、神经网络故障诊断方法、信息融合故障诊断方法等。

1. 专家系统故障诊断方法

专家系统故障诊断方法是指计算机在采集被诊断对象的信息后，综合运用各种规则（专家经验），进行一系列的推理，必要时还可以随时调用各种应用程序，运行过程中向用户索取必要的信息后，就可以快速地找到最终或最有可能的故障，再由用户来证实。典型的专家系统故障诊断结构图如图 1.4 所示。

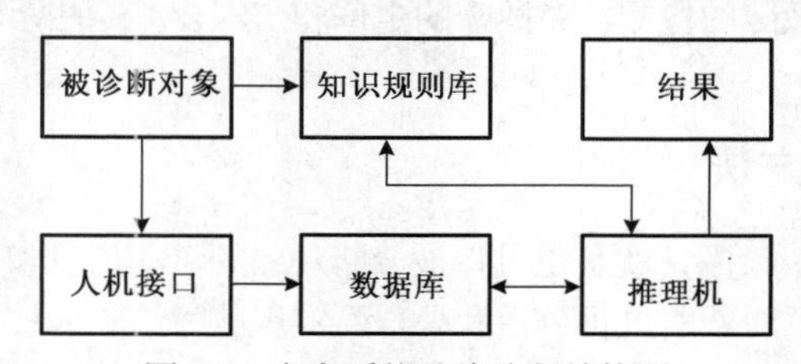

图 1.4 专家系统故障诊断结构图

专家系统故障诊断的根本目的在于利用专家的领域知识和经验为故障诊断服务。目前在机械系统、电子设备及化工设备故障诊断等方面已有成功的应用。但专家系统的应用依赖于专家的领域知识获取。知识获取被公认为专家系统研究开发中的“瓶颈”问题。另外，在自适应能力、学习能力及实时性方面也都存在不同程度的局限。

2. 模糊故障诊断方法

模糊故障诊断是利用模糊集合论中的隶属函数和模糊关系矩阵的概念来解决故障与征兆之间的不确定关系，进而实现故障的检测与诊断的方法。典型的模糊故障诊断方法如图 1.5 所示。

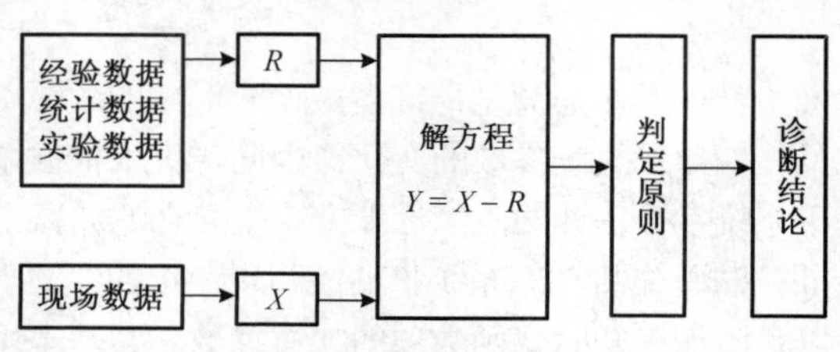

图 1.5 模糊故障诊断方法

诊断步骤如下。

步骤 1：根据经验、统计和实验数据，建立故障与征兆之间的模糊关系矩阵 $\boldsymbol{R}$（隶属度矩阵）。矩阵中每个元素的大小表明它们之间相互关系的密切程度。

$$\boldsymbol{R}=\{\mu_R(x_i,y_i);x_i\in\boldsymbol{X},y_i\in\boldsymbol{Y}\} \tag{1-1}$$

式中，$\boldsymbol{Y}=\{y_1,y_2,\cdots,y_n\}=\{y_i\mid i=1,2,\cdots,n\}$ 表示可能发生的故障集合，n 为故障总数；$\boldsymbol{X}=\{x_1,x_2,\cdots,x_m\}=\{x_i\mid i=1,2,\cdots,m\}$ 表示上面这些故障所引起的各种特征元素（征兆）集合，m 为各种特征元素（征兆）的总数。

步骤 2：根据待诊断对象的现场测试数据，提取特征参数向量 $\boldsymbol{X}$。

步骤 3：求解关系矩阵方程 $\boldsymbol{Y}=\boldsymbol{X}-\boldsymbol{R}$，得到待检状态的故障向量 $\boldsymbol{Y}$，再根据一定的判断准则，如最大隶属度原则、阈值原则或择近原则等，得到诊断结果。

模糊故障诊断方法计算简单，应用方便，结论明确直观。在模糊故障诊断中，构造隶属函数是实现模糊故障诊断的前提，但由于隶属函数是人为构造的，因此含有一定的主观因素；另外，对特征元素的选择也有一定的要求，如果选择得不合理，诊断结果的准确性会下降，甚至造成诊断失败。

3．故障树故障诊断方法

故障树故障诊断方法首先对诊断对象建立诊断树（FT，Fault Tree）模型，然后沿诊断树模型进行故障搜索与诊断。故障树模型是一个基于被诊断对象结构、功能特征的行为模型，是一种定性的因果模型，以系统最不希望的事件为顶事件，以可能导致顶事件发生的其他事件为中间事件和底事件，并用逻辑门表示事件之间联系的一种倒树状结构。它反映了特征向量与故障向量（故障原因）之间的全部逻辑关系。图 1.6 所示为一个简单的故障树。图中顶事件为系统故障，由部件 A 或部件 B 引发，而部件 A 的故障又是由两个元器件 1、2 中的一个失效引起的，部件 B 的故障在两个元器件 3、4 同时失效时发生。

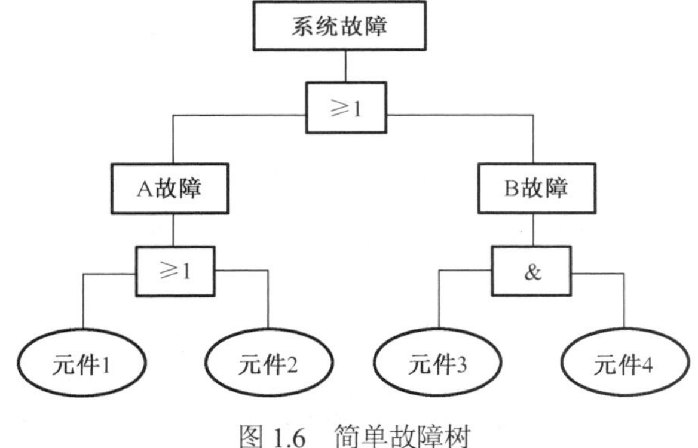

图 1.6　简单故障树

4．神经网络故障诊断方法

对于故障诊断而言其核心技术是故障模式识别，而人工神经网络由于其本身信息处理的特点，如并行性、自学习、自组织性、联想记忆功能等，使其能够出色解决那些传统模式识别方法难以圆满解决的问题，所以故障诊断是人工神经网络的重要应用领域之一，目前已有不少应用系统的报道。神经网络在设备诊断领域的应用研究主要集中在两个方面：一是从模式识别的角度应用它作为分类器进行故障诊断；二是将神经网络与其他诊断方法相结合而形成的复合故障诊断方法。神经网络故障诊断主要包括学习（训练）与诊断（匹配）两个过程，其中每个过程都包括预处理和特征提取两部分。具体诊断过程如图 1.7 所示。

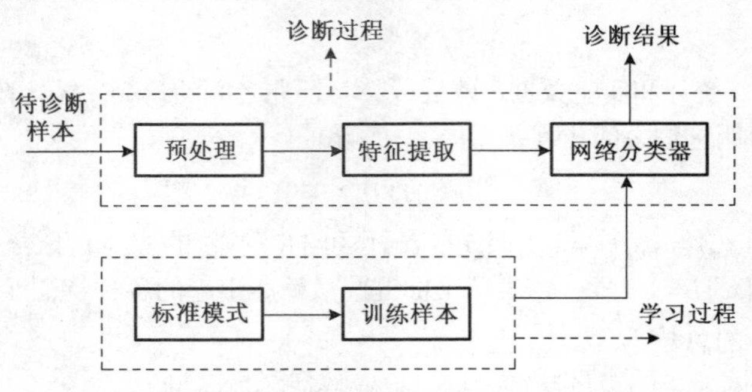

图 1.7 神经网络故障诊断过程

神经网络故障诊断虽然有其独特的优越性，但也存在一些困难，主要表现在3方面：一是获取大量完备的训练样本困难；二是存在欠学习与过学习问题，容易陷入局部最优，推广能力差；三是网络权值表达方式难以理解。这些都成为神经网络目前应用的瓶颈。

5．信息融合故障诊断推理方法

信息融合就是利用计算机对来自多传感器的信息按一定的准则加以自动分析和综合的数据处理过程，以完成所需要的决策和判定。目前信息融合在军事领域中已有广泛的应用，但在设备故障诊断中的应用还是近年来的事情。信息融合应用于故障诊断的起因有三个方面：一是多传感器形成了不同通道的信号；二是同一信号形成了不同的特征信息；三是不同诊断途径得出了有偏差的诊断结论。融合诊断的最终目标是综合利用各种信息提高诊断准确率。目前，信息融合故障诊断方法主要有贝叶斯推理、模糊融合、D-S证据推理及神经网络信息融合等。

基于知识的故障诊断方法对于复杂系统和非线性系统有较高的实际意义。由于该方法充分考虑了人的智能因素，更符合对实际系统的自然推理，是一类很有前途的诊断方法。但该类方法的有些理论尚不成熟，真正应用于工业实际过程的不是很多，其在许多方面还有待进一步研究。

1.1.6 故障诊断方法的发展趋势

随着电子系统复杂性的增加，对自动诊断工具的需求日益迫切。产品开发时间的减少，以及更短的产品生命周期加剧了这个问题，导致提供给诊断的开发时间越来越少。虽然在这个领域内已经开展了很多研究，但还有许多工作要做，特别是开发有效的工具，这可以在实际应用中节省大量开销。如果投资没有回报，就不会再有部署和发展。在未来要研究如何解决这个现状。

（1）现在大量的复杂电子系统都是微处理器或数字信号处理器（DSP，Digital Signal Processor）驱动的。许多研究都集中在由输入、电路和输出组成的纯硬件系统。基于微处理器的电路包含了硬件和软件之间的紧密结合，因而目前额外的问题包括：

- 软件测试程序通常用来测试硬件，但如果电路板有缺陷，这通常是不可行的。
- 测试程序通常只提供一个通过/失败的结果。选择性测试机制包含不增加测试生成开销的诊断，那什么是选择性测试机制呢？在一个生产线上，现在通常由高薪的调试人员完成离线诊断，因为诊断常常降低生产效率，并且增加成本。

（2）因为产品生命周期缩短，因此关键问题就是加快部署。例如，许多计算机系统只有3个月的生命周期。开发诊断模型很耗时，除非采用CAD数据。使用案例又缺乏合适的初始案例，3～6个月的生命周期没有足够的时间克服这些问题。

（3）我们认为在工业中流行基于规则的方法，因为容易误认为基于模型的方法需要特定的知识才能使用，延误了基于模型方法的部署。为了克服这个问题，人们给出了一个将简单的系统方块图转换为因果模型的工具。显然，需要简化智能诊断方法开发的工具，这些工具必须迎合那些只具备少量人工智能知识的工程师的需要。

（4）当增加电路规模时，基于结构和行为的模型就会出现问题。显然，描述具有复杂行为的设备（比如奔腾处理器）一直是一个问题。电子系统领域需要一个适当的本体或描述字典，还要为特殊设备类型提供特殊的描述。

（5）结构/行为模型采用一个正确的功能模型，搞清改变模型结构的缺陷（比如桥接故障）是怎样使模型不完整的。

（6）混合方法形成了一个长期的研究领域，特别是模型和案例的结合使用。模型受复杂性和完整性问题影响。如果太复杂，诊断就会变得无法处理。如果不完整，诊断可能很快但是不准确。相反，CBR 只有在部署一段时间之后才变得准确。因此，案例可以作为补充，改良不完整模型的诊断，模型可以用来初始化和检验案例。但是，如果没有现成案例，但是已经足够简单，能够在可接受的时限内完成开发，那么什么复杂程度的模型需要案例补充。能否从一开始部署就提供快速准确的诊断呢？

（7）许多 CBR 方法仅仅收集案例，只对应于一个特定的系统类型。一个新产品意味着全部重新开始。有可能收集通用案例或经验吗？比如，技术人员可以将从旧产品上学到的经验用到新产品上。案例能否用更通用的方法存储呢？

（8）过去的电路诊断工作中有一部分是通过探测收集诊断信息的。但是，现在的电路板封装密度更大，探测变得更加困难。更多的信息不得不通过诊断测试来获取。

（9）随着系统测试变得越来越困难，可测性设计（DFT，Design For Testibility）已经变得更加突出。DFT 策略能否实现诊断，而又不影响测试开销和质量呢？

（10）电子系统诊断是一个需要高技术的昂贵行为。作为制造业的一部分，它由调试人员离线完成。利用自动化技术，它是否可以作为在线测试的一部分来完成，是否可以由操作员来离线完成呢？

成本的增长，更短的生命周期，以及日新月异的技术驱动了对自动诊断的需求。虽然在过去的 20 年中进行了很多研究，但仍然有很多需要做的。首先，必须研发新技术来处理当前和未来的工艺，而且必须考虑开发时间的增长和开销。其次，产业化会更困难，特别是在对成本敏感的领域，比如微型计算机和消费电子。现在已经有一些实际应用，但是电子系统诊断中智能诊断方法的普遍应用还没有出现。

1.2　基于故障树的故障诊断方法

前面介绍了几种电子系统常见的故障诊断方法，其中基于知识诊断的方法给诊断系统提供了新的思路，本节着重介绍作为其中典型的例子故障树分析法。

故障树分析作为人工智能分析法的一种，目前已广泛应用于航天、核能及化工等许多领域，是分析系统安全性、可靠性的重要方法。故障树表示的是一种逻辑因果关系的树状结构，它是根据事件之间的联系用逻辑门由上到下逐级建树。通常以研究对象最不希望发生的事件作为分析目标（顶事件），按照研究对象的功能关系逐层展开导致顶事件发生的各个直接原因（中间事件），直至不可分的直接原因（底事件），所以又可以看作一棵带有固定故障隔离策略的决策树。

故障树依据的是一种从整体到部分再到细节的下降型构造方法，它从系统的整体进行分析，通过逻辑符号绘制出一个逐渐展开到部分的树状分析图，来分析顶事件发生的概率，同时还可以依据事件之间的逻辑联系定位到细节的故障。

故障树分析法是分析电子系统可靠性和安全性的一种重要方法。可以用它来分析系统故障产生的原因，计算系统各单元的可靠度，以及对整个系统的影响，从而搜寻薄弱环节，以便在设计中采取相应的改进措施，实现系统优化设计。近年来，利用故障树模型进行故障源搜寻的研究引起了人们的注意，它对系统故障可以做定性分析和定量分析，不仅可以分析由单一元器件所引起的系统故障，而且也可以分析由多个不同分布的元器件引起的故障情况，且诊断技术与领域无关，只要给出故障树图，就可以实现诊断，为复杂混合信号电路的故障搜寻提供了一种有效的途径。但因为基于故障树的分析方法使用的是一个逻辑图，所以对于设计人员和维护人员的知识掌握有较高的要求，并且故障树是诊断的核心和依据，这也是其方法推广度不高的原因。

1.2.1 故障树分析法中的基本概念和符号

要读懂或者建立一个故障树模型，就要清楚地知道组成故障树的各个符号的含义和基本概念，如图 1.8 标明了事件、逻辑门的符号代表，这些符号被应用在故障树的绘制中。故障树模型由事件和逻辑符号组成，下面分别来介绍。

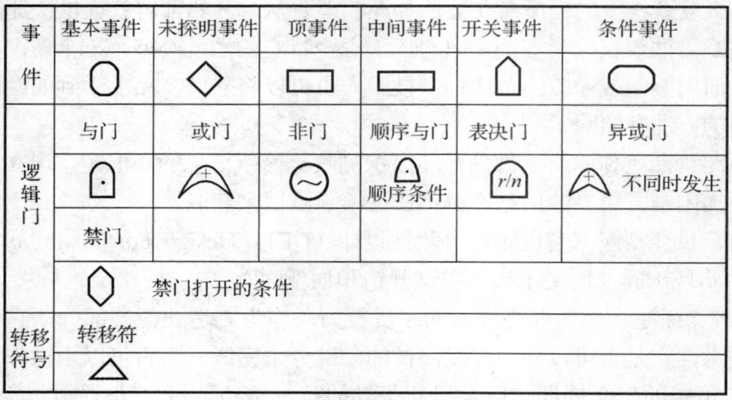

事件	基本事件	未探明事件	顶事件	中间事件	开关事件	条件事件
逻辑门	与门	或门	非门	顺序与门	表决门	异或门
		+	~	顺序条件	r/n	+ 不同时发生
	禁门					
	禁门打开的条件					
转移符号	转移符					

图 1.8 故障树分析法中符号

1. 事件

在故障树分析中各种故障状态或不正常情况皆称故障事件，各种完好状态或正常情况皆称成功事件。两者均可简称为事件。

（1）底事件（bottom event）

底事件是故障树中导致其他事件的原因事件。它位于所讨论的故障树底端，总是某个逻辑门的输入事件而不是输出事件。底事件分为基本事件与未探明事件。基本事件是在特定的故障树分析中无须探明其发生原因的底事件；未探明事件是原则上应进一步探明其原因但暂时不必或者不能探明其原因的底事件。

（2）结果事件（resultant event）

结果事件是故障树分析中由其他事件或事件组合所导致的事件。它位于某个逻辑门的输出端。结果事件分为顶事件与中间事件。顶事件是故障树分析中所关心的最后结果事件。它位于故障树的顶端，总是所讨论故障树中逻辑门的输出事件而不是输入事件；中间事件是位于底事件和顶事件之间的结果事件。它既是某个逻辑门的输出事件，同时又是其他逻辑门的输入事件。

（3）特殊事件（special event）

特殊事件指在故障树分析中需要用特殊符号表明其特殊性或引起注意的事件。它包括开关事件和条件事件。开关事件是指已经发生或者必将要发生的特殊事件；条件事件是描述逻辑门起作用的具体限制的特殊事件。

2. 逻辑门及其符号

在故障树分析中逻辑门只描述事件间的因果关系。与门、或门和非门是 3 个基本门，其他的逻辑门为特殊门。

（1）与门（AND）

与门表示仅当所有输入事件发生时，输出事件才发生。

（2）或门（OR）

或门表示至少一个输入事件发生时，输出事件就发生。

（3）非门（NOT）

非门表示输出事件是输入事件的逆事件。

（4）顺序与门

顺序与门表示仅当输入事件按规定的顺序发生时，输出事件才发生。顺序与门示例：有主发电机和备份发电机（带开关控制器）的系统停电故障分析。

（5）表决门

表决门表示仅当 n 个输入事件中有 r 个或 r 个以上的事件发生时，输出事件才发生（$1 \leqslant r \leqslant n$）。或门和与门都是表决门的特例，或门是 $r=1$ 的表决门，与门是 $r=n$ 的表决门。

（6）异或门

异或门表示仅当单个输入事件发生时，输出事件才发生。异或门示例：双发电机电站丧失部分电力故障分析。

（7）禁门

禁门表示仅当禁门打开条件事件发生时，输入事件的发生方导致输出事件的发生。

3. 转移符号

转移符号是为了避免画图时重复并使图形简明而设置的符号。

（1）相同转移符号

一对相同转移符号，用以指明子树的位置。

（2）相似转移符号

一对相似转移符号，用以指明相似子树的位置。

1.2.2 故障树的生成

传统的故障树分析技术可以分为 3 个步骤：故障树的建立、故障树的定性分析和故障树的定量分析。在系统故障树建立之后，定性分析故障树所要做的就是找到可以导致顶事件发生的故障模式，即所有的割集。在求得所有的最小割集后，就可以进行故障树的定量分析，以及基于定量分析的故障定位和故障处理等。

一般来说，现在常见的故障树生成方法有两种：演绎法和合成法。演绎法主要用于人工建树，合成法主要用于计算机辅助建树。

演绎法又称手动建树法，它是通过人的思考去分析顶事件是怎样发生的，再由顶事件出发循序渐进地寻找每层事件发生的所有可能的直接原因，一直分解到基本的底事件为止，这一人工建树的过程就是演绎法。

合成法是通过计算机程序将一些分散的小故障树按一定的分析要求自动画成分析人员所要求的故障树的方法。与演绎法相比，合成法的优点在于它是一种规格化的建树方法，由合成法得到的故障树不论什么人建树其结果都是相同的；其缺点是分析人员不能通过分析系统而对目标系统有彻底的了解，也不能像演绎法那样有效地考虑环境条件和人为因素的影响，所以合成法只是针对系统硬件失效而建造故障树的一种方法。

下面就以一个信号调理功能电路板为例用演绎法生成故障树。把电路板根据功能整体分块化，然后在小的模块中继续分化直至元器件。如图 1.9 所示，顶事件是整体电路板的分析目标即“电路板故障”，因为分块操作，这些电路模块的关系是“或”的逻辑关系，也就是说如果其中一个模块出现电路故障则整个电路板出现故障，并且这些模块不是最终的元器件，所以属于中间事件。以分块 1 为例，其中又分为 6 个子块，“27 口输出”中又包含 5 个元器件。这些元器件的关系也是“或”。由整体到部分的推理可以节省测试和诊断时间，如果一个模块没有出错，则代表里面的元器件也都是正常的。只针对出现故障的模块进行进一步的细化直到定位出故障源。

推理机就可以根据相关的测试结果和相应电路板的故障树模型进行故障定位。随着自动测试系统的出现，对测试和故障诊断提出了更高的要求。这就要求处理好诊断与周围测试环境信息之间的交互。为了规范故障树的诊断过程和诊断文件的共享，IEEE 制定了人工智能应用于系统测试与诊断领域的通用标准——IEEE 1232 标准，也称作 AI-ESTATE 标准（Artificial Intelligence Exchange and Service Tie to All Test Environments）。该交换标准为诊断过程和诊断推理中的信息通信提供了一个规范的框架，并且通过规范软件接口，实现诊断信息的共享。

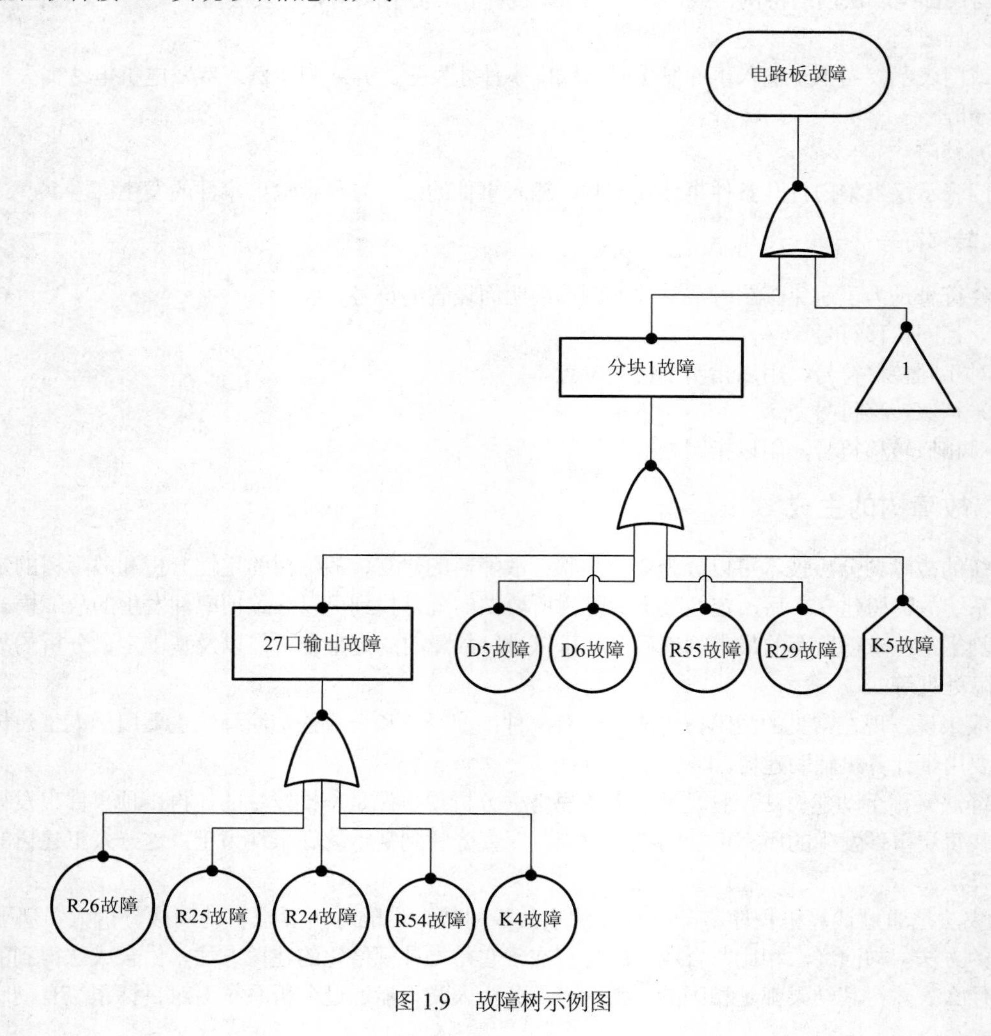

图 1.9　故障树示例图

1.2.3　IEEE 1232 的系统结构

IEEE 1232 协议主要关注两个问题：第一，怎么在两个不同的推理机之间交换数据，通过交换一些标准文件来实现；第二，推理机如何与测试环境的其他元素进行交互。为此，该协议规范了测试系统下的诊断模型、模型的交换形式和推理机的软件服务，并且提供了一个结构框架，如图 1.10 所示。

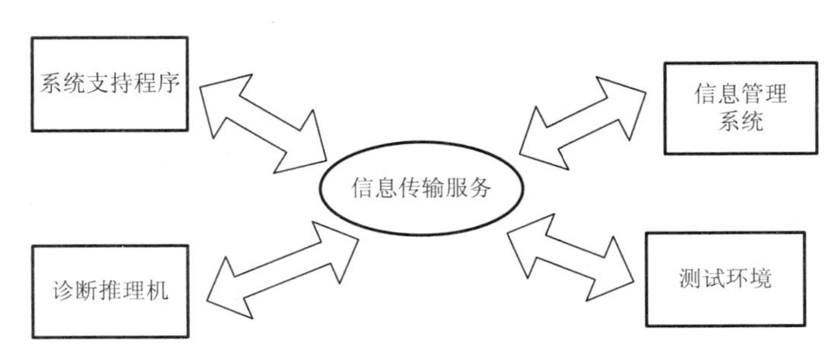

图 1.10　框架结构

该框架结构解释了推理机是如何与测试中的其他元素进行交互信息的。AI-ESTATE 为测试环境中的其他元素提供服务，推理机提供诊断系统、测试测序、维护数据反馈分析、智能用户接口和智能测试程序等服务。AI-ESTATE 的核心就是推理机，因此这些服务由推理机提供给系统支持的应用、信息维护系统和测试环境。推理机也可以运用它们提供的信息进行推理。

把测试与推理进行分离更适用于自动测试系统，使推理信息具有可移植性，并且提高诊断的精确度，节省诊断时间，对于混合信号这种复杂电路的诊断，这种方法可以快速定位到故障源。

1.2.4　IEEE 1232 模型文件

AI-ESTATE 规范了交换文件，使交换机进行交换信息时脱离所支持的系统，具有通用性和可移植性。为此，IEEE 1232 标准为故障树方法在内的几种常见故障诊断方法建立了相应的诊断信息模型。它们的层次结构如图 1.11 所示。

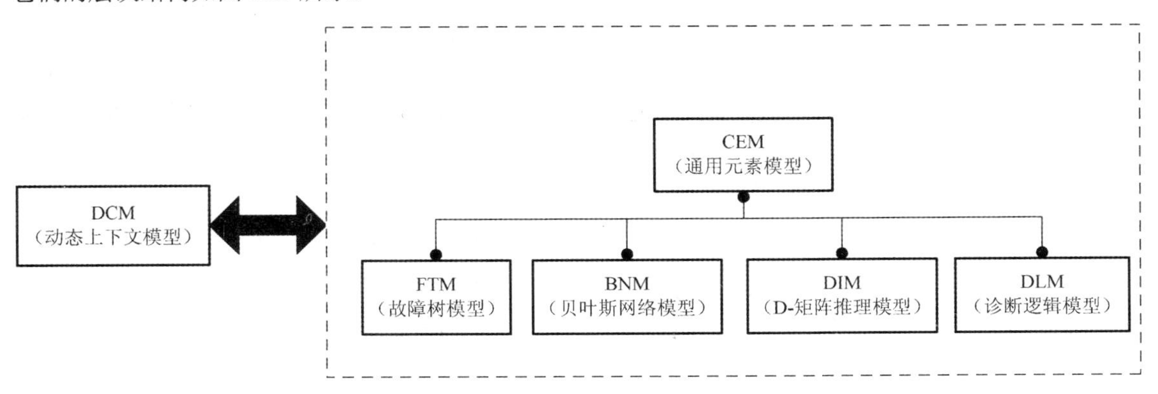

图 1.11 诊断信息模型层次结构

在最顶层的是通用元素模型（CEM，Common Element Model），它是设备测试和诊断的通用实体。CEM 本身不是交换模型，但是其他信息模型的由来和扩展是由 CEM 加上对推理结果有帮助的逻辑要素形成的，所以它作为静态信息模型的父节点，包含了诊断结果、维修内容、拥有的资源和测试内容等信息，测试的花销和故障的属性也可以用通用元素模型表示。

通用元素下面是一系列数据模型：贝叶斯网络模型（BNM，Bayesian Network Model）；诊断逻辑模型（DLM，Diagnostics Logistic Model）；D-矩阵推理模型（DIM，Dmatrix Inference Model）；故障树模型（FTM，Fault Tree Model)。这些常见数据结构模型符合应用程序和推理机交换信息的格式。通用元素模型定义了规范的格式，其他数据模型以规定的结构为基础，根据特定的应用需求进行改动。

动态上下文（DCM，Dynamic Context Model）是 CEM 的接口，定义了代表上下文和过去的推理过程的实体而且定义了信息交换的接口。由于动态上下文模型的存在，一个基于 IEEE 1232 标准的诊断推理过程就能够通过模型接口返回诊断推理机的状态和一个诊断会话中每一步的状态。动态上下文模型最大的特点就是其数据和知识是在一个诊断会话过程中才产生的，即其数据和知识是动态的。而其他模型（CEM、FTM 等）的数据和知识是静态的，在模型生成之后就不再变化。

这里主要介绍依据故障树模型的诊断，所以详细讲解故障树模型（FTM）。故障树的结构可以被视为一个决策树。在故障隔离过程中树的内部节点对应不同的测试运行，每个分支的节点对应于该测试的可能结果之一，分支依据执行测试的结果采取相对应的结果。

测试结果定义了树的下一个产生的节点，定义了写出诊断的结果或是简单地提供解决错误的方法。

测试实体如前面描述的对应于一个节点或步骤。每个分支指向测试结果实体模型。利用故障树推理程序推荐的一个入口点（行动）到客户端应用程序。故障树处理从这个入口点开始，按步骤和程序相关规定的行为执行测试，得到结果。最后利用测试结果定义诊断。在这一点上（若没有其他故障树的步骤出现），处理故障树是完整的。目前的诊断应包括所有步骤的故障树。

1.2.5　IEEE 1232 的推理机服务

IEEE 1232 协议还规定了用于诊断的软件服务，所有的服务都相对于实体和属性定义的信息模型和组成诊断推理程序界面，推理机的每个界面的元素将为其他系统提供自己的服务组件。标准对推理机提供的诊断服务进行了封装，服务的底层实现细节不为客户程序所见。它明确定义了服务的名称、输入、输出参数和功能，这些都是符合 IEEE 1232 标准的推理机必须严格遵从的。正是这些统一的通信接口保证了诊断推理机的可移植，实现了诊断与测试的分离。

如图 1.12 所示，客户程序（测试系统）根据推理机提供的服务传递相关信息到推理机帮助诊断，客户程序也可调用推理机提供的服务从推理机中得到目前的诊断信息，以决定是否传递测试结果，这种交互更加确保了测试和诊断分离的安全性。

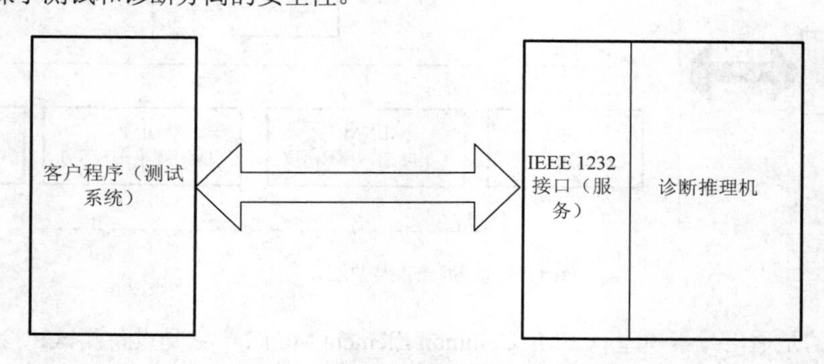

图 1.12　推理机与客户程序的交互

本章参考文献

[1] The Institute of Electrical and Electronics Engineers.IEEE Std 1232-2010.IEEE Standard for Artificial Intelligence Exchange and Service Tie to All Test Environments(AI-ESTATE) [S].New York:The Institute of Electrical and Electronics Engineers, 2011.

[2] 王雪锦. 基于 IEEE 1232 协议的电路故障诊断软件开发. 成都：电子科技大学, 2013.

[3] 郭伟伟. 基于故障树技术的远程故障诊断专家系统的研究. 西安：西北工业大学, 2007.

[4] 李念念. 基于故障树的模拟电路故障诊断工具开发. 西安：电子科技大学, 2012.

[5] Jin LUO, Zhen-Zhong SU. Design and implementation of Intelligent Diagnostic System Based on AI-ESTATE. International Conference on Information and Computing, Shanghai, 2011, 237-240.

第 2 章　数字电路测试与故障诊断

2.1　数字电路测试方法概述

2.1.1　数字电路测试的基本概念

时域和频域方法是电路与电子系统的传统分析方法和测试方法，对于模拟电路与电子系统来说是久经考验而行之有效的；但对于复杂的数字电路与电子系统却未必能奏效，甚至会完全无能为力。

为此，在数字系统及其组件、元件的设计、研制、生产、调试乃至运行、应用、维护或修理等各项工作中，都迫切要求提供全新的、适当的测试和分析方法，以及相应的测试仪器和系统。

如果说，在时域和频域分析中，我们要掌握的是某个变量 p 与自变量时间 t 或角频率 ω 之间的关系 $f(p,t)$ 或 $g(p,\ \omega)$，那么在数字系统（电路）测试分析中所要掌握的则是某个信息（在计算机科学中常称为一个“字”）W 与一个事件（或事件序列）E 之间的关系 $f(E,W)$。正如所知，$f(p,t)$ 与 $g(p,\omega)$ 之间是一对傅里叶变换关系，满足傅里叶变换：$S(\omega)=\int f(t)\mathrm{e}^{-\mathrm{j}\omega t}\mathrm{d}t$，$f(t)=\dfrac{1}{2\pi}\int S(\omega)\mathrm{e}^{\mathrm{j}\omega t}\mathrm{d}\omega$，如图 2.1 所示，但它们与 $f(E,W)$ 之间则并无类似的变换关系。

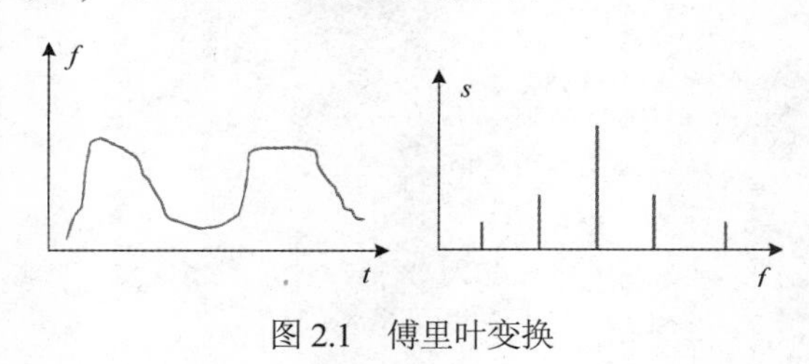

图 2.1　傅里叶变换

2.1.2　数字电路测试的必要性和复杂性

目前集成电路（IC，Integrated Circuit）的生产至少要经受两轮测试。第一轮是在芯片一级进行的，通过测试来控制工艺流程并剔除有毛病的片子。第二轮是在产品封装以后进行的较为广泛而全面的测试检验，以保证产品的合格率。即使这样，据国外估计，用户仍然发现至少有 1%（甚至多达 5%）的产品是失效的。这些不合格的产品可能造成重大的损失，甚至招致毁灭性的灾难。设被测件 IC 共有 n 种故障模式，为分析简便起见，假定 n 种故障模式的出现是等概率的，并设为 p，即不出现故瘴的概率为$(1-p)$，则整个被测件的无故障率或成品率将为

$$y_0=(1-p)^n \tag{2-1}$$

设单个故障的侦出率，即通过测试而被侦查出来的概率（亦称测试质量）为 d，则经测试排除故障后所得的好器件占被测件的总份额，即经测试后的成品率为

$$y={y_0}^{(1-d)} \tag{2-2}$$

即经测试和修正（排除故障，或以“好”器件替换了有故障器件）之后，产品的成品率将由原来的 y_0 提高到 y 。

设一种IC在测试前的初始成品率$y_0 = 0.85$，测试质量（故障侦出率）$d = 0.98$，根据式（2-2）有

$$y = 0.85^{(1-0.98)} = 0.85^{0.02} = 0.9967549$$

也就是经过测试修正，使成品率由原先的85%提高到99.7%，这是令人满意的。

表2.1列出了器件故障出现的概率为$p = 1\%$，而经测试质量$d = 95\%$的测试后成品率变化的情况。显然，随着器件数n的增加，成品率y_0急剧下降，而经测试后成品率又大大上升，可见在数字系统中数据域测试的重要性。

表 2.1　器件数与成品率关系

器件数（故障模式）n	1	10	100	1000
测试前成品率y_0	0.99	0.90	0.37	0.00004
测试后成品率y	~1	0.995	0.95	0.6

为了进一步说明这个问题，我们再来举一个例子。假如，用200块（$y = 0.85\%, d = 0.98$）的IC构成一个组件，则这种组件在进行调试修正之前的无故障概率将为$(0.85^{0.02})^{200} = 0.85^4 = 0.522$，即成品率仅为52%。这样，问题就十分严重了。事实上，上述计算只计入IC本身的故障，而尚未计及由于组装所造成的故障（如引线断路或短路等）。考虑到这一点，问题将更为严重。因此，除了对元件进行测试外，同样也应对组件进行充分测试。组件测试当然比元件测试困难。设组件的测试质量0.95，则经过测试修正后的成品率将为$0.522^{(1-0.95)}$=0.968，显然有了很大的改善。

设用6个类似这样的组件组成一个系统，则该系统在测试前的成品率为0.968^6=0.823，设系统测试质量为0.7，则经测试后的成品率为，即每出厂18套的“合格”系统中，实际上可能就有一套是有毛病的。

上面假设各级测试质量为0.98、0.95、0.7，在复杂系统的测试中实际上是难以达到的。若各级测试质量的典型值分别为0.95、0.50、0.30，则上例的计算将变为

$$\{\{[(0.85^{(1-0.95)})^{200}]^{(1-0.5)}\}^6\}^{(1-0.3)} = 0.85^9 = 0.0329456$$

即经测试后，只有3%是真正合格的。

由上述计算，明显可见：

（1）测试非常有助于提高产品的成品率及其“合格品”的质量。

（2）要发挥测试的这种优势，测试的质量应尽可能高。然而，由于测试的复杂性，对大系统进行详尽测试是极其困难的。

一个由200块小规模集成电路（SSI，Small Scale Integration）组成的电路，一般大体等效于2000个与非门、4～20块中规模集成电路（MSI，Medium Scale Integration）或1～4块大规模集成电路（LSI，Large Scale Integration），每一块SSI可能有多少故障模式呢？以图2.2所示的一个普通主从JK触发器为例，可以分析，其故障模式有32种。若大体以此为准，认为平均一块SSI中可能有32种故障模式，则在200块SSI规模的电路中，就一共有200×32 = 6400个故障模式。若认为这种规模的电路相当于2000个门电路，而要求测试使故障侦查和定位能达到门电路一级，则大约共需2000×6400 = 12 800 000个测试样式。若在计算机上进行模拟，设每一模拟需要时间0.1s，则需约355机时，或将近15个昼夜。因此，对于大的系统，很难做出详尽无遗的测试。一般而言，对于超过100块SSI规模的系统，测试质量就很少能优于0.5。为此，也就提出了各式各样的简略测试方法，并研究测试的策略问题。

如果组件中包含的SSI不超过30块（1～3块MSI），则有可能做出较详细的测试，使测试质量达到0.90以上。至于元件的测试当然容易得多。SSI测试质量达到0.95乃至0.98以上是完全可能的。

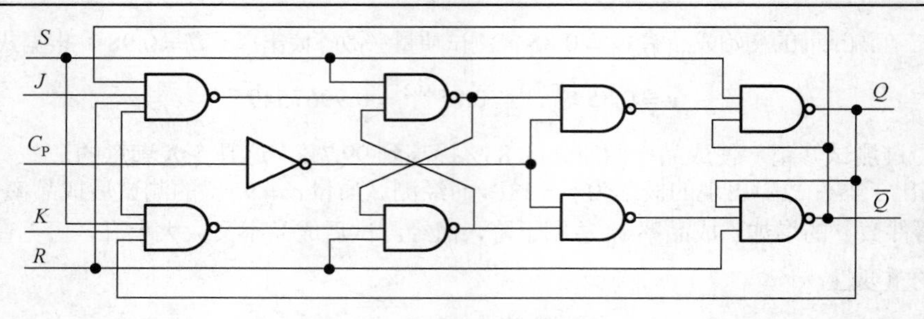

图 2.2 普通主从 JK 触发器

另一方面，从经济上说，元件一级的测试（进货或出厂检验）、组件（印刷电路板或卡）一级的测试、系统一级的测试以及使用现场的测试（维修中的故障寻迹），其所需花费的测试费用大体上逐级递增 10 倍。因此，尽早在尽可能低的级别进行测试以侦查出故障，剔除废品或排除故障，这不仅在技术上有更大的把握，而且在经济上也是合算的。图 2.3 所示的曲线表明了测试费用与测试质量的关系，由图可见，测试质量接近 100%时，测试费用急剧增加。

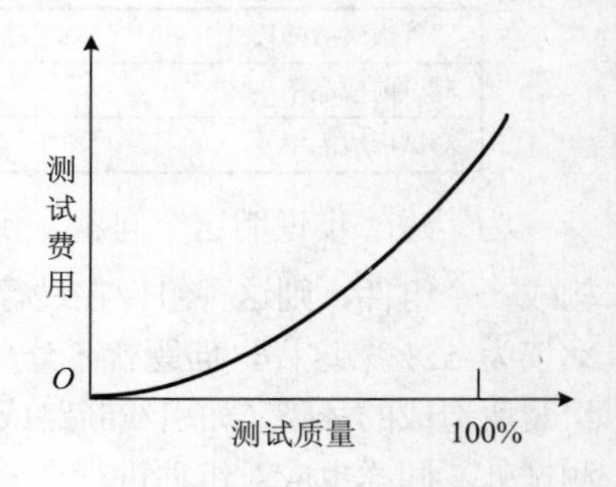

图 2.3 测试费用与测试质量

2.1.3 数字电路测试的发展

早期的电路测试主要依靠工程技术人员凭借自己的丰富经验和理论知识，并借助一些常规的工具来完成。那时的系统主要采用功能测试，使用了特殊的硬件设备，如电压表、测试示波器和校验电路等。随着数字电路测试技术的研究和发展，从 20 世纪 50 年代起，手动测试逐渐被机器测试技术所代替。利用这一途径，最完整的应用要算是 1953 年 Eckert 所采用的 BINCA 计算机，其用两个完全相同的处理器同步进行工作，并对两个处理器的操作结果随时进行比较，视其是否有相同的计算结果来判断有无故障，维修人员可根据两个处理器的不同状态来确定故障的位置。随着系统规模的增大和复杂性的增加，专用测试仪器及硬件设备逐渐成为电路测试的辅助手段，数字电路测试的主要工作转向依靠测试程序来完成，如图 2.4 所示。

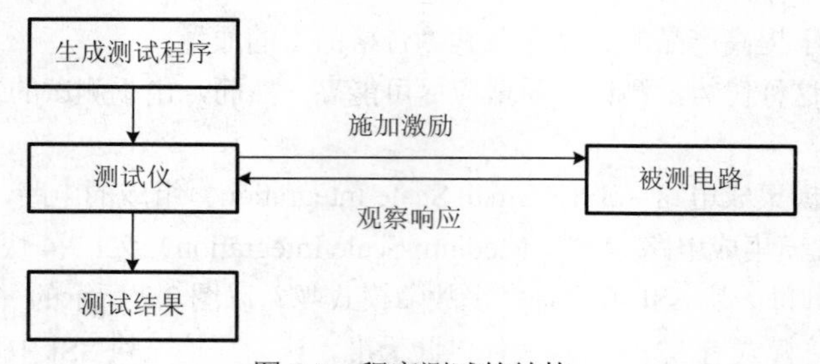

图 2.4 程序测试的结构

检查硬件设备的研究工作是从最简单的组合逻辑电路开始的。Eldred 在 1959 年给出了第一篇关于组合电路的测试报告，揭开了数字电路故障诊断的序幕。但 Eldred 提出的方法只解决两级以内组合电路的故障测试问题。其后，D. B. Armstrong 根据 Eldred 的基本思想提出了一维通路敏化的方法，其主要思想是对多级门电路寻找一条从故障点到可及输出端的敏化通路，使得在可及端可以观察到故障信号。利用此种方法，解决了相当多的组合电路的故障检测问题。随后 Roth 于 1966 年提出了著名的 D 算法，考虑了故障信号向可及端传输的所有可能的通路（包括多通路传输）。

从理论上说，组合电路故障测试和诊断在 Roth 的 D 算法中已达到了最高点，在实际应用中，脱胎于 D 算法的 PoDEM 算法和 FAN 算法已经趋于完善，达到了完全实用的阶段。在 Roth 之后，Seller 等提出的布尔差分法，Thayse 提出的布尔微分法，虽然在实际使用中存在一定的困难，但是使通路敏化的理论得到了系统化，因此这两者在数字系统诊断理论中均占有重要的地位，是进行理论研究的必要工具和基础。Armstrong 在 1966 年提出了 enf（等效正则法），其核心问题是寻找一个可诊断（检测）电路内全部故障的最小测试集。Poage 和 Bossen 等提出了用因果函数来找诊断所有单故障和多故障的最小检测集，并在小型的组合逻辑电路测试中取得了比较满意的结果。但是上述几种方法通常要处理大量数据，所需的工作量和计算机的内存容量都比较大，因此对大型的组合电路难以付诸实施。我国学者魏道政教授等提出的多扇出分支计算的主通路敏化法以及较为直观的图论法，在实际应用中显示出较大的优越性。1984 年 Archambeau 等提出的伪穷举法，为穷举法用以解决大型组合电路的测试开拓了新的途径。

时序电路的测试比组合电路的测试更困难。主要原因：一是时序电路中存在着反馈，这不仅给故障的检测和诊断带来不便，而且使电路的仿真也比较困难；二是由于存在存储元件，使电路存在着状态的初态问题，在没有总清或复位的条件下，这些状态的初态是随机的，而要寻找一个复位序列使这些状态变量转移至已知的确定状态不是件容易的事情，尤其当电路存在一些故障时，这种复位序列是否存在还是一个问题；三是时序元件，尤其是异步时序元件，对竞态现象非常敏感，所以产生的测试序列不仅要在逻辑功能上满足测试要求，还要考虑到竞态对测试过程的影响。正因为时序电路的测试存在着上述三个难以解决的问题，因此它的测试理论和方法的研究一直滞后于组合电路测试的研究，行之有效的方法相对也较少。

2.2　数字电路故障模型与测试

2.2.1　故障及故障模型

如果被测件因物质方面的事件而改变了本来属于它的构造特性，这就称为产生或存在一个缺陷（defect）。缺陷是物质上的不完善性，如引线断路或短路、击穿了的晶体管等。能导致被测件产生错误运作的缺陷也称为损坏引线（failure）。缺陷所引起的电路异常操作称为故障（fault），故障是缺陷的逻辑表现。

下面介绍几个故障诊断中常用的术语：故障检测覆盖率（Fault Detection Rate），是指在故障诊断过程中检测到的故障数占全部可能故障数的百分比。故障隔离分辨率（Fault Isolation Resolution），是指每一故障特征所对应的平均独立故障数目。它是用来衡量一个系统能将发现的故障隔离到较少的几个在线可更换单元的能力；虚警率（False Alarm Rate）是指错误的诊断占全部诊断的个数。一个合格的故障诊断要求故障检测覆盖率大于 95%，故障隔离分辨率大于 90%，虚警率小于 5%。

由于故障而致电路输出不正常，称为出错或错误（error）。为了在数据域测试中进行系统化的分析，必须对被测对象的故障模型做出一定的限制。

（1）仅涉及固定的永久性（非可变、非瞬变）故障，即若不予修复排除则将一直存在的故障。

（2）故障为呆滞型，即在逻辑上表现为一个节点（node）或一条连线呆滞于 0（stuck-at-zero）或呆滞于 1（stuck-at-one），简写为 s-a-0 或 s-a-1。

（3）多重故障是同时出现 s-a-0 和 s-a-1 故障的任意组合。

可见，我们所讨论的故障不包括由于干扰或瞬变现象而导致的瞬变故障、因噪声及电平或/和定时关系近于临界值而导致的间歇性故障、由于老化或其他原因使电路逐渐变坏而导致的临界型或所谓擦边型（marginal）故障等等。这些时隐时现的非固定型故障，其侦查和定位常是十分困难的，有待进一

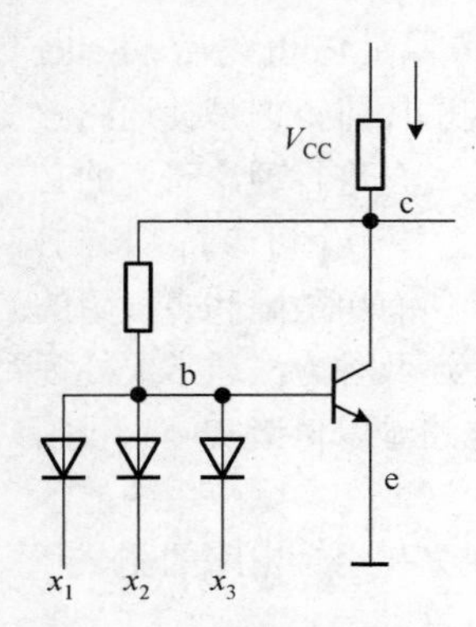

图 2.5 共射晶体管电路

步研究，在此不予讨论。不过，这些非固定型故障中的大多数，在经过相当时间之后，终究会变为固定型永久故障。

考虑仅局限于呆滞型一类故障，在技术上是可取的。因为绝大多数电路故障在症状上都表现为呆滞效应，而且目前所用的分立元件和 IC 电路（包括 RTL、DTL、TTL）中，绝大数故障都表现为呆滞型故障。例如，共射晶体管集电极或基极断路使集电极负载电阻上的输出成为 s-a-1（呆滞于高电平），集电极与发射极短路则使输出成为 s-a-0，如图 2.5 所示。

常见的几种故障模型如下。

（1）固定故障（stuck-at fault）模型。

固定故障是指电路中某个信号线（输出或输入）的逻辑电平固定不变。固定型故障又有单固定故障和多固定故障之分。电路中有且只有一条线存在固定型故障，称为单固定故障，它主要反映某一个信号线上的逻辑电平不可控，在系统运行的过程中永远固定在一个电平上。如果该电平固定为高电平，则称为固定 1 故障（stuck-at-1），记为 s-a-1；如果固定为低电平，则称为固定 0 故障（stuck-at-0），简记为 s-a-0。

（2）桥接故障（bridging fault）模型。

当两根或者多根信号线连接在一起而引起的电路故障称为桥接故障。桥接故障有明显的规律，即在搭接线处实现线逻辑，正逻辑时实现的是线与功能，负逻辑时实现的是线或功能，如图 2.6 所示。

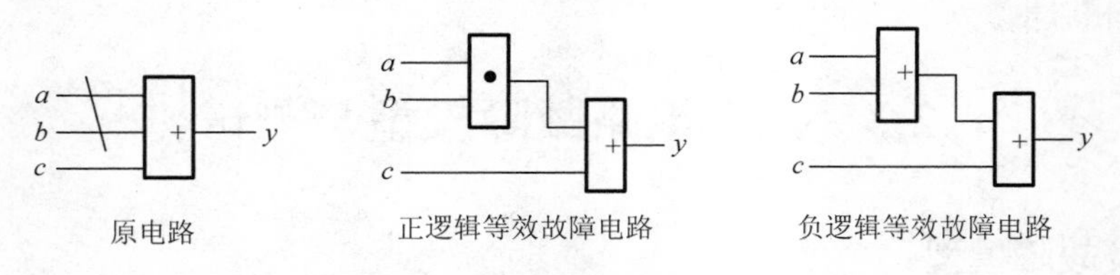

图 2.6 桥接故障模型

（3）固定开路故障（stuck-open）模型。

若故障使 CMOS 门电路的输出端处于高阻状态，则称该故障为固定开路故障。固定开路故障是一种发生在 CMOS 电路中的特殊故障，与经典的固定故障不等效，它将使故障门变为时序电路。

（4）时滞故障（delay fault）模型。

时滞故障是一种动态故障，这种故障在低频时工作正常，随着信号频率的升高，元件的延迟时间有可能超过规定的值，从而导致时序配合上的错误，使电路的功能出错，这种故障称为时滞故障。

（5）冗余故障（redundancy fault）模型。

要么是不可激活的，要么无法检测出来，这种故障称为冗余故障。这种故障的特点是不影响电路的逻辑功能，如图 2.7 所示。

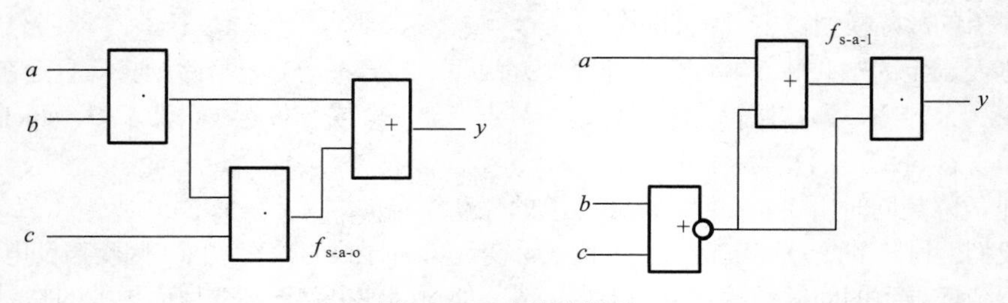

图 2.7 冗余故障模型

2.2.2 故障测试

在实践中，对数字电路或系统的测试可分为两大类：参数测试和逻辑测试。

（1）参数测试。

这是指测量出被测件的某些实际参数（电压、功率、负载能力等）的实际值或极限值，看它们是否符合预期的指标，并对被测件工作时的传播时延、脉冲宽度、前后沿、顶部和底部等参数进行验证。换言之，参数测试包括静态与动态测试。这类测试一般在元件制造完成后进行（出厂或进货检验和筛选）。其方法和技术属于传统的时域和频域测试，在此不予讨论。

（2）逻辑测试。

这是旨在于检查被测件在类似于实际使用的环境下是否能实现其预期逻辑功能的一大类测试，这类测试不仅在被测件（包括元件、组件和系统）设计、制造之中及之末进行，而且也经常被用于被测件的实际运行中作为一种维护和检修手段。所谓数字电路测试，亦针对逻辑测试而言。

数字电路测试的目的在于：

① 确定被测件或系统是"好"的还是"坏"的，即判断它有无故障，这称为故障侦查(fault detection)。

② 如果有故障，则应进一步查明原因、性质和产生的位置，这称为故障定位（fault location），也称为故障离析（fault isolation）。

上述①和②两项合起来，称为故障诊断（fault diagnosis），或简称为诊断。

这里所谓"好"或"坏"，是仅仅指被测件是否具备人们所属意的功能而言，通常可以用一个真值表、布尔表达式、逻辑图或文字说明（例如"与门"、"全加器"、"十进制可逆计数器"等）来定义对它所属意的功能。这里所谓的"好"或"坏"，并不涉及该件的设计是否正确、合理、完善，也不涉及该件对于其终极使用目的是否相宜及其他方面的含义。

数字电路测试的应用如下：

在数字电路与电子系统的生产和维护过程中，测试一直是十分重要的环节，完整有效的测试是数字电路与电子系统得以正常工作的前提条件，其重要性堪比电路的研制和生产，尤其是大型数字电子系统，其测试环节更不可忽视。一个小小的故障隐患就会造成整个电路的瘫痪，测试是排除隐患的重要环节。数字电路的测试关系到数字电路及相关产品的设计、生产、制造以及应用开发等各个环节，解决好数字电路测试问题，就能缩短产品的研发周期，降低产品研制、生产以及维护的费用，确保产品的性能、质量与可靠性。

好的测试方法可以节约测试成本，缩短测试时间，大大降低产品的研制生产周期和成本。具有针对性的测试方法只需测试几个关键的测试点，就可以快速查找到这一类型的电路故障，既减少了人力物力的浪费，又保证了电路的可靠性和安全性。

当然，现有的测试方法还不是最简捷有效的，每个测试方法都有一定的缺点。在测试技术发展的道路上，这些已有的方法还需要不断改进，以适应不断发展的电路结构。

现在来看一个简单的故障测试的例子。如图 2.8 所示，有一个二输入端与门电路，其正常的真值表如表 2.2(a)所示。当输入端 x_1 产生了 s-a-1 故障时，其实际的真值表将如表 2.2(b)所示，表中小圆圈即表示故障情况。如果把下列激励输入到这个与门：

$$x_1 = 0, \quad x_2 = 1$$

图 2.8　与门

或写成矢量形式：

$$X_1 = (0, 1)$$

表 2.2 与门真值表

x_1	x_2	y
0	0	0
0	1	0
1	0	0
1	1	1

(a)

x_1	x_2	y
0	0	①
0	1	①
1	0	①
1	1	1

(b)

x_1	x_2	y
0	0	①
0	1	①
1	0	①
1	1	1

(c)

称为一个输入矢量，那么根据这个输入矢量就能够侦查出这个 x_1 的 s-a-1 故障。因为无故障时，输出应当为 $y=0$；而当存在 x_1 s-a-1 故障时，输出为 $y=1$。

再看与门的另一故障模式：输出 y s-a-1。其真值表如表 2.2(c)所示。不难看出，根据下列输入矢量之一就可侦查出这个故障：

$$X_1=(0,1)$$
$$X_2=(0,0)$$
$$X_3=(1,0)$$

由上面的分析可见，一个输入矢量有可能用来侦查出几种故障。例如，$X_1=(0,1)$ 可侦查出 x_1 s-a-1 或 y s-a-1。此外，同一种故障也可能由不同的输入矢量侦查出来。例如，y s-a-a 可以由 $X_1=(0,1)$ 或 $X_3=(1,0)$ 侦查出来。

我们注意到，单只用 $X_1=(0,1)$ 这个矢量输入，若得到输出 $y=1$，则表明被测与门有故障，但却不能告诉我们到底是 x_1 s-a-1 还是 y s-a-1，或者是二者兼而有之。换言之，这只能达到故障侦查，而尚未做到故障定位。

为了进行故障定位，需要进行进一步的测试。例如，继矢量 $X_1=(0,1)$ 之后，再输入一个矢量 $X_2=(0,0)$，便可达故障定位之目的。测试过程如表 2.3 所示。

表 2.3 测试过程

输入矢量 X_n	$X_1=(0,1)$ ↙↘		$X_2=(0,0)$ ↙↘	
输出矢量 Y_m	$Y_1=0$	$Y_1'=0$	$Y_2=0$	$Y_2'=1$
测试结果	无故障	故障侦查 $x_1:s-a-1$ $y:s-a-1$	故障定位 $x_1:s-a-1$	故障定位 $y:s-a-1$

对于上述过程，也可以用布尔表达数解析法来分析。

对于故障侦查测试：

如果某电路正常输出时的布尔函数为

$$y=f(x_1,x_2,\cdots,x_n) \tag{2-3}$$

而有故障 α 时的输出布尔函数为

$$y_\alpha=f_\alpha(x_1,x_2,\cdots,x_n) \tag{2-4}$$

如果有输入矢量 $A=x_1,x_2\cdots,x_n,(x_i\in(0,1))$ 且有

$$f(A)\oplus f_\alpha(A)=1 \tag{2-5}$$

则 α 故障可侦查，且 A 亦为故障 α 的侦查测试矢量。

对于故障定位测试：

如果某电路有 α 故障时的输出布尔函数为

$$y_\alpha = f_\alpha(x_1, x_2, \cdots, x_n) \tag{2-6}$$

而该电路有 β 故障时的输出布尔函数为

$$y_\beta = f_\beta(x_1, x_2, \cdots, x_n) \tag{2-7}$$

如果有输入矢量 $B = x_1, x_2 \cdots, x_n, (x_i \in (0,1))$，且有

$$f_\alpha(B) \oplus f_\beta(B) = 1 \tag{2-8}$$

而 α 故障与 β 故障可区分（定位），且 B 为故障 α 和 β 的定位测试矢量。

对于图 2.8 所示的与门电路有：

无故障时输出：

$$y = f(x_1, x_2) = x_1 x_2 \tag{2-9}$$

有 x_1 s-a-1 故障时输出：

$$y_\alpha = f_\alpha(x_1, x_2) = x_2 \tag{2-10}$$

有 y s-a-1 故障时输出：

$$y_\beta = f_\beta(x_1, x_2) = 1 \tag{2-11}$$

对故障侦查测试有

x_1 s-a-1

$$f(x_1, x_2) \oplus f_\alpha(x_1, x_2) = x_1 x_2 \oplus x_2 = 1 \tag{2-12}$$

即 $A_\beta = \overline{x}_1 + \overline{x}_2 = \overline{x}_1\overline{x}_2 + \overline{x}_1 x_2 + x_1\overline{x}_2 = (00, 01, 10)$ 为 x_1 s-a-1 与 y s-a-1 的故障区分（定位）测试矢量。

可见，用布尔代数解析法所得到的结果与前面所得结果完全一致。

我们把加于被测件的输入矢量序列 $X_1, X_2, X_3, \cdots, X_n$ 及其相应的输出矢量序列 $Y_1, Y_2, Y_3, \cdots, Y_n$ 称为一个测试（test），并记为

$$T = \{X_1, X_2, \cdots, X_n; Y_1, Y_2, \cdots, Y_n\} \tag{2-13}$$

并把 n 称为这个测试的长度，例如表 2.3 所示是一个长度为 2 的测试：

$$T = \{(0,1), (0,0); (0), (0)\} \tag{2-14}$$

2.2.3　故障冗余

故障冗余即是用冗余电路来遮掩故障所造成的不良效果，事实上只不过是推迟灾难性损坏出现的时间。在长时间后，大量故障积累起来，最后总是遮掩不住而表现为重大事故。在实际的数字电路中并非一切故障都是可测的，特别是冗余电路中的某些故障一般是不可测的。例如，图2.9(a)所示电路中的 α s-a-0（简写为 α_0）和 β s-a-1（简写为 β_1）即是无法侦查的，因为有故障时的输出 y^{α_0} 和 y^{β_1} 与无故障电路的正常输出完全一样，即

$$y^{\alpha_0} \oplus y = 0 \tag{2-15}$$

$$y^{\beta_1} \oplus y = 0 \tag{2-16}$$

我们称这类故障为不可测的；反之，若存在一个能判明某一故障是否存在的测试，那么该故障就是可测的。

那么什么样的故障才是可测的呢？

我们来看图 2.9(a)所示的电路，其输出函数为

$$y = x_1x_2 + (x_1x_2)x_3 + (x_1 + \overline{x}_2\overline{x}_3)(\overline{x}_2\overline{x}_3) \tag{2-17}$$

用布尔函数变换化简，可将式（2-17）简化为

$$y = x_1x_2 + \overline{x}_2\overline{x}_3 \tag{2-18}$$

即式中用虚线框起来的部分可以删除而不致改变输出的实际值。

因此，虚线框内的项实际是冗余的。如图2.9(a)所示虚线框内的电路就是冗余电路，删去冗余电路后，得到图 2.9(b)所示的非冗余（irredundant）电路，其功能与原电路完全一样。所谓冗余电路就是这样的电路：电路中任何部分出现的任何逻辑故障都会改变本来无故障电路的开关函数。如果电路是非冗余的而且其所实现的功能是一个最小化功能，则电路中的一切 s-a-0 和 s-a-1 故障才是可测试的。图 2.9(b)所示电路为非冗余最小化电路，所以该电路中任何一个 s-a-0 和 s-a-1 故障均可测试。

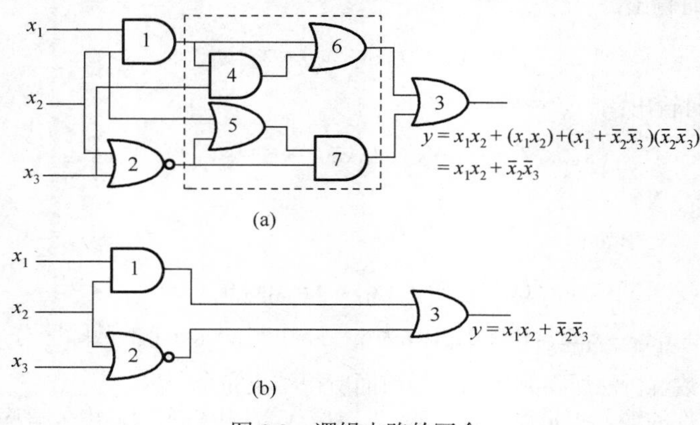

图 2.9 逻辑电路的冗余

2.3 数字电路测试的基本任务

数据域测试一般包含三方面的基本任务：

（1）输入矢量序列的产生，输入矢量序列亦称为测试样式（test pattern）。

（2）输出矢量序列或输出样式的确定。

（3）把测试样式加于被测件输入端，观察其输出结果，并与预期的输出样式比较，从而获得侦查和定位信息，即实现了故障诊断或测试。

2.3.1 测试矢量的产生

测试矢量的产生是数字系统测试最重要的一项任务。测试矢量一般可通过 3 种方法获得，即确定性方法、随机性方法，以及两者混合的方法。而确定性方法又可分为结构性方法和功能性方法两类。

1．确定性方法

第一类，结构性方法。这种方法是从被测电路的具体结构或其等效逻辑图出发来设计测试的，以确定被测件中个别硬件组成单元是否工作正常。例如，是否每一个与门仅当其一切输入为 1 时才给出一个输出 1，是否每一个触发器都能正确地置位和复位，等等。结构性测试是基于覆盖的测试，要求对电路的结构进行一定的覆盖，其基本思想是依据电路结构产生测试用例，运行测试用例得到测试结

果。结构测试的目的是尽量覆盖电路的所有关键元器件，使得潜伏在电路中每一位置的可能故障都能被暴露出来。其优点是只要故障模型的确具有代表性，则此法可做出完备的测试。不过，对于复杂的大型系统，所需花费的时间可能很长，甚至于实际上不能实施。例如，通路敏化法、D 算法、扩展 D 算法、布尔差分法等就是从电路结构出发设计故障定位方法的。

第二类，功能性方法。这种方法不管被测件的具体结构，也不管被测件实际设计的实施如何，而是只从功能上考虑来设计测试，以确定被测件是否能正确执行其任务。就是说，对产品的各功能进行验证，根据功能性测试用例逐步测试，检查产品是否达到用户要求的功能。例如，一个计数器是否能正确计数、一个存储单元能否写入和读出等。功能性测试多用于复杂的大型系统。

功能性测试的优点在于它与软件如何实现无关，这使得功能性测试方法可以和实现同时开始，而且即使实现发生变化，原来的测试用例依然有效。其缺点是因为不管被测电路的具体结构，所以这类测试的测试用例大，可能产生冗余，往往不甚完备，就是说，不一定能侦查出被测件中一切可能存在的故障。侦查率一般，只能达 50%左右。但是，对于采用微程序机器结构的被测件而言，此法仍可做出相当完备的测试。例如，故障表法、故障字典法等都是不用知道具体结构就可以准确定位的方法。因为功能性测试简单、能快速定位等优点，有些虽然知道其具体结构的电路也可以用功能性测试。

2. 随机性方法

随机性方法通常是由一个随机序列产生器来提供被测件输入组合的各种可能情况的。用一个好的和一个模拟各种故障的被测件来作比较，比较两者对同一输入的不同相应，如图 2.10 所示。把能侦出某一种或几种故障的测试矢量及其对应的响应挑选出来，从而建立一些测试序列，用它们可以侦查出被测电路中的全部故障。

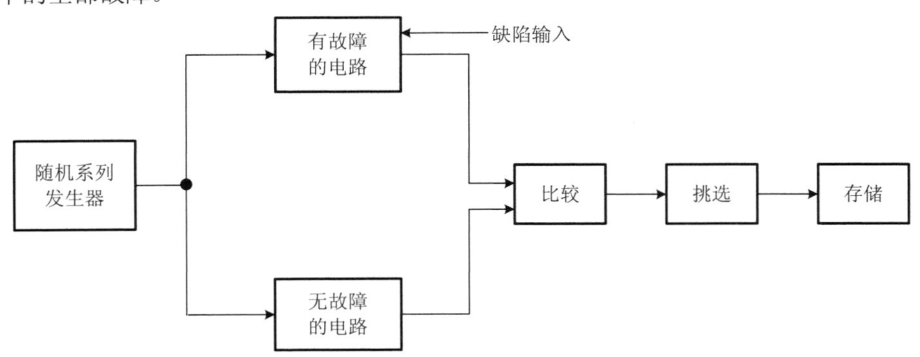

图 2.10　随机性方法的基本结构

随机性方法在实践中的一个重要问题在于，若要保证一定的测试质量，如何估计所需的测试序列的长度。

3. 混合方法

混合方法是上述两种方法的混合使用。一般在开始时使用随机性方法，若在使用了一定数量的测试矢量之后仍未能侦出新故障，则接着改用确定性方法测试。

2.3.2　测试响应的观测

观测测试响应的完备方法当然是观测整个输出序列，然而具体实施可有各种不同方式，包括伪波形图显示、0 和 1 字符序列的显示、各种编码数字（八进制、十六进制等）显示、助记符显示、页式显示以及映射图显示等等。

另一方面，在简约测试中，则常常只观察输出序列中的某一特征。例如，输出电平变迁的次数，或输出 1 或 0 的次数或频率，或其他的简约输出，如所谓信号签名（Signature）等。这类观察法在实践中的一个重要问题就是要确定它的测试概率。

2.4 可测性与完备性

2.4.1 可测性

在数字系统中，并不是任何故障都是可测试的，因此必须做出判断。定义：在一个系统中，如果对某一故障存在一个测试矢量，则这个故障是可测的，否则就是不可测的。例如，冗余电路中的故障是不可测的，而非冗余电路中的故障才是可测的。因为在非冗余电路中，任何故障都会改变原电路的输出函数，因此是可测的。

2.4.2 完备性

若一个测试集能侦出电路的每一个可能的故障，则这样的测试集就是一个完备测试集（complete test set）。含有最少测试数的一个完备测试集称为最小完备测试集（minimal complete test set）。

显然，一个组合电路诸输入值的一切可能的组合构成该电路的一个完备测试集。也就是说，检查一个组合电路的整个真值表，即对真值表的每一行都加以测试，总能确定该电路是否有故障。若组合电路共有 n 个输入端，则其真值表将有 2^n 行。据之所做的 2^n 个测试构成的测试集必然是一个完备集。

问题在于，当 n 相当大时，这样的一个包含 2^n 个测试的完备集难以实施，需要做的测试太多了。然而，这 2^n 个测试的某一个子集是否能构成电路的一个完备测试集呢？答案是肯定的。

我们来看一个简单的例子。

仍看表 2.2 所示的简单与门。为了方便起见，采用下列简化符号：

〈变量〉^{0} 表示该变量 s-a-1

〈变量〉^{1} 表示该变量 s-a-1

α_i 表示第 i 个故障，$i=1,2,3\cdots$

y_i^{α} 表示存在 α_i 故障时的 y 值。

于是，简单与门的全部可能故障为

$$\alpha_1 = x_1^0, \alpha_3 = x_2^0, \alpha_5 = y^0$$

$$\alpha_2 = x_1^1, \alpha_4 = x_2^1, \alpha_6 = y^1$$

可能做的测试和与门有故障时的表现连同其正常真值表一起写出，如表 2.4 所示。

表 2.4 故障表

	故 障			x_1^0	x_1^1	x_2^0	x_2^1	y^0	y^1	
测试	x_1	x_2	y	y^{α_1}	y^{α_2}	y^{α_3}	y^{α_4}	y^{α_5}	y^{α_6}	能侦查出的故障
T_1	0	0	0	0	0	0	0	0	0	α_6
T_2	0	1	0	0	1	0	0	0	1	α_2,α_6
T_3	1	0	0	0	1	0	1	0	1	α_4,α_6
T_4	1	1	1	0	1	0	1	0	1	$\alpha_1,\alpha_3,\alpha_5$

可见，由T_1、T_2、T_3和T_4组成的测试集$[T_1, T_2, T_3, T_4]$包括了输入的一切可能组合，必然是一个完备测试集。然而，仔细审视表 2.4 不难看出，其实T_1是不必要的，是多余的。因为T_2和T_3都能侦出α_6。因此，由T_2、T_3和T_4 3 个测试组成的$[T_2, T_3, T_4]$测试集已经是一个完备集，利用它已能测出$\alpha_1 \sim \alpha_6$的全部故障。而且这还是一个最小完备测试集，因为测试的数目不能再少了。这个最小完备测试集与按整个真值表做出的全部测试相比，节省了 25%的测试量。一般而言，输入端越多（n 越大），则节省越可观。

总而言之，数据域测试的关键在于寻求适当的最小完备测试集。

从表 2.4 还可以看出x_1 s-a-0、x_2 s-a-0 与y s-a-0 3 个故障的故障表现是完全一样的，即有

$$y^{\alpha_1}(X) = y^{\alpha_3}(X) = y^{\alpha_5} X \tag{2-19}$$

则称这 3 个故障为等价故障。等价故障不能相互区分，因此，在寻求电路的测试时，等价故障应予以合并。可以证明，在布尔代数中，凡是逻辑等价项所产生的故障常常就是等价故障。如图 2.8 所示的与门，其x_1、x_2与y对 0 值是逻辑等价，所以x_1 s-a-0、x_2 s-a-0 与y s-a-0 3 个故障也是等价的。

2.5　复杂系统的分级测试

2.5.1　子系统一级的测试

一个完整的电子系统由若干个子系统构成，每个子系统由各功能模块组成，最终由元器件实现，如图 2.11 所示。对于复杂的大系统，因为不能直接进行测试，常把它分成若干个子系统分别加以测试，然后根据每个子系统的测试结果来判断整体系统的故障。

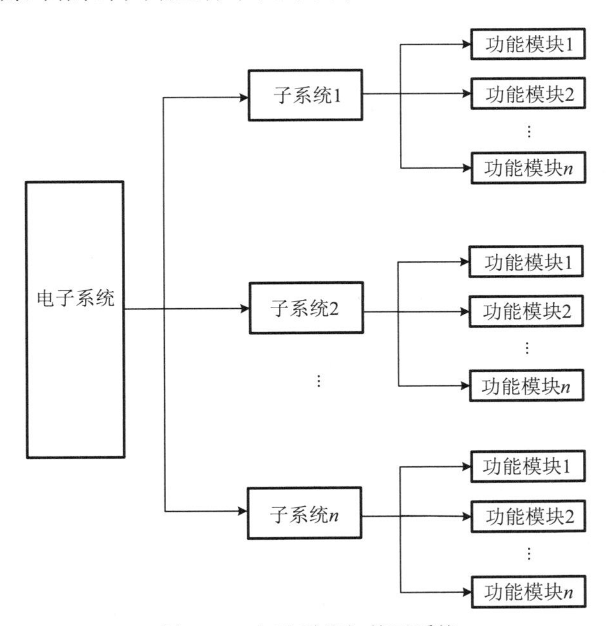

图 2.11　电子系统与其子系统

子系统常按功能划分，如 ROM、RAM、ALU、数据通道等。不同的子系统可采取不同的方法来测试。例如，对于 ROM 可用读出法或校验核对法（check sum）；对于 RAM 则可用各种写读法，如奔腾、走步等；对于 ALU 和数据通道可用通路敏化法等；对于硬联接时序器则可用状态表方法等。

子系统也可以按信号类型分为模拟信号系统、数字信号系统和混合信号系统，不同的信号子系统要用具有针对性的测试方法。例如，模拟信号可以采用神经网络法、小波分析法；数字信号采用常见

的穷举法、故障表法；混合电路的发展比较缓慢，目前常用数字电路的诊断方法覆盖模拟电路的故障诊断问题。当然还可以按照系统本身的特征或者其他方式划分子系统。

分级测试具有针对性、可靠性高、准确度高等特点，很好地解决了大型复杂电子系统的测试点难以选择、测试方法不能确定等难题。

2.5.2 微机系统的测试

微处理器新工艺的发展，导致出现新的故障类型，需要建立一些新的故障模型。

至于测试方法，则一般采取按功能划分为子系统的方法。具体的测试方法基本上是原有一些方法的推广。

此外，另一种新的测试途径是利用被测微机系统本身的应用程序来进行测试。因为微机系统本身不仅是一个被测设备而且还是一个测试的辅助器件，通用的测试程序都可以借助微机系统进行快速高效的处理数据。

这种方法属于不完备的整体性功能测试，其优点是无需另行准备测试程序和测试硬件，其本身的测试程序还可以与其他程序进行数据交换，速度更快，使测试数据更加精确。缺点是测试远非完备，因为许多应用程序很少会用到系统的全部功能和全部指令集，甚至只使用其中很小的一个子集（例如很可能使用 Z80 系统 158 条指令中的 30 条指令）。但从另一个观点来看，这一缺点倒是此法的一个突出的优点：它撇开了与被测系统实际使用无关的部分，而仅对与其使用有关的部分进行测试。因此，这一类新方法对于实际系统的预防性维护测试以及治疗性诊断测试是极有意义且很有发展前途的。

2.6 穷举测试法

一个组合逻辑电路全部输入值的集合，必然构成该电路的一个完备测试集。如果对于 n 维布尔空间的全部输入测试矢量 $X, X \in B^n$，有

$$F^*(X) = F(X) \tag{2-20}$$

则被测试电路 F^* 为无故障电路。

在 n 维布尔空间中，有 $2n$ 个测试输入矢量。如果对其中的每一个测试矢量 X，电路的输出都符合预定的要求，则这个逻辑电路当然是无故障的。这种将 $2n$ 个测试矢量输入被测电路的测试方法就叫穷举测试法（exhaustive testing）。穷举测试法可测试逻辑电路的全部功能，所以它的测试质量为 100%，而且，穷举测试不需要测试矢量产生的算法，只要用一个测试矢量发生器，给出所有可能的 $2n$ 个测试矢量就可以了。这些都是穷举测试的优点。它的一个缺点在于当 n 比较大时，测试所有可能的测试信号几乎是不可能的，需要在测试信号集合中随机选取一部分信号来测试系统的性能，采用随机序列可以满足上述要求，所以就产生了随机测试。

随机测试是根据测试说明书执行用例测试的重要补充手段，是保证测试覆盖完整性的有效方式和过程。随机测试主要是对被测设备的一些重要功能进行复测，也包括测试那些当前的测试用例（Test Case）没有覆盖到的部分。

随机信号也不是真的没有规则的一组随意数据，Bruce Schneier 认为一个随机的序列应满足如下性质：

（1）看起来是随机的，即能通过我们所能找到的所有正确的随机性检验，这也是最起码的要求。目前存在的随机性检验约有几百个，一个检验可以根据参数的不同变换为多个检验，要让一个算法通过所有的随机性检验是件很困难的事，但是最起码要通过一些基本的检验，比如频数检验，算法无法通过某个随机性检验就表明算法的设计在某些方面有缺憾。

（2）这个序列是不可预测的，也就是说，即使给出产生序列的算法或者硬件设计及以前已经产生的序列的所有知识，也不可能通过计算来预测下一个比特是什么。

（3）这个序列不能重复产生，即使在完全相同的操作条件下（同样的地点、同样的温度等）用完全相同的输入对序列产生器操作两次，也将得到两个完全不同的、毫不相关的位序列。

随机测试和穷举法的区别在于：

（1）随机测试的测试码是随机产生的，没有特定的规律；穷举法是输入固定的测试码。所以随机测试可以很好地检测出穷举法覆盖不到的故障。

（2）随机测试检测到故障就会停止，而穷举法会输入完所有的测试序列，检测出全部故障。

（3）随机测试定位迅速，覆盖面积大。

穷举法的另一个缺点就是当 n 较大时，$2n$ 以很快的速度急剧增加，因而必然造成所需测试时间特别长。E. J. Mcclaskey 和他主持的研究中心引入了伪穷举测试（pseudo-exhaustive testing）的概念。伪穷举测试是设法对电路进行分块，使得每一个子电路能够进行穷举测试，而所需要的测试数 N 却大大减小，即 $N \ll 2n$ 。下面我们就几种逻辑电路，讨论伪穷举测试的基本方法。

2.6.1　单输出无扇出电路

在一个组合电路中，某一点的信号用来作为两个或多个其他门的输入，这个电路称为有扇出电路；反之，称为无扇出电路。

下面先以实例说明伪穷举测试对电路进行分块后，可以使穷举测试法所需的测试数大大减少。

例 1　考虑如图 2.12 所示的简单的单输出。

无扇出电路，显然

$$y = x_1x_2 + x_3x_4$$

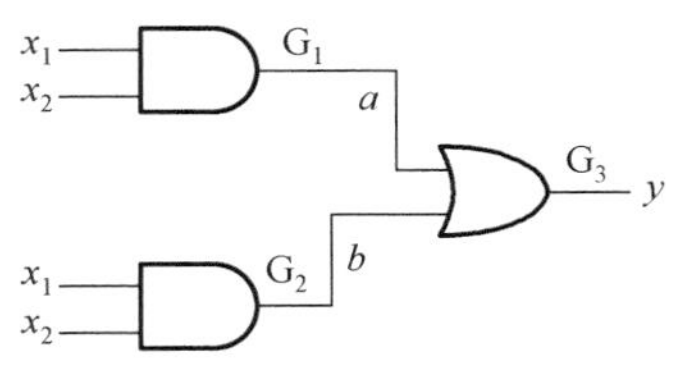

图 2.12　单输出无扇出电路

其真值表如表 2.5 所示。表中列出了 16 种可能的输入组合就是穷举测试该电路所需的全部测试。若将该电路在 b 处分割开，使之成为两块，如图 2.13(a)和(b)所示。为了穷举测试电路[图(a)]，需要 4 个测试，但 b 点不能直接观测。为了使 b 点的信号变化在 y 点能观测到，必须令 a=0（由于 G_3 是或门）。这只需令 x_1 或 x_2 中至少一个是 0 便可办到，因而得到 4 个测试，如表 2.6 所示。为了穷举测试电路[图(b)]，必须将 b 端看成是一个伪输入端，因而需要 8 个测试。但 6 点不能直接控制，我们必须适当选取原始输入 x_3 、 x_4 的值，因而得到 8 个测试，如表 2.7 所示。总之，分块以后，实际上 10 个测试便可穷举测试图 2.13 所示电路，显然，小于分块前所需的 16 个测试.。

表 2.5　单输出无扇出电路真值表

x_1	x_2	x_3	x_4	y
0	0	0	0	0
0	0	0	1	0
0	0	1	0	0
0	0	1	1	1
0	1	0	0	0
0	1	0	1	0
0	1	1	0	0
0	1	1	1	1
1	0	0	0	0
1	0	0	1	0

续表

x_1	x_2	x_3	x_4	y
1	0	1	0	0
1	0	1	1	1
1	1	0	0	1
1	1	0	1	1
1	1	1	0	1
1	1	1	1	1

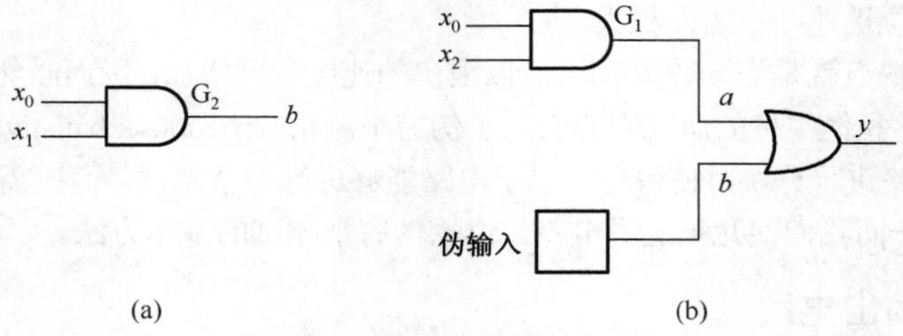

图 2.13 电路的分块测试

表 2.6 图 2.13(a) 所示电路的测试

x_1	x_2	b	测试				y
			a=0		b=0		
			x_1	x_2	x_3	x_4	
0	0	0	0	0	0	0	0
0	1	0	0	0	0	1	0
1	0	0	0	0	1	0	0
1	1	1	0	0	1	1	1

表 2.7 图 2.13(b) 所示电路的测试

b	x_1	x_2	测试				
			y	x_1	x_2	x_3	x_4
0	0	0	0	0	0	0	0
0	0	1	0	0	1	0	0
0	1	0	0	1	0	0	0
0	1	1	1	1	1	0	0
1	0	0	1	0	0	1	1
1	0	1	1	0	1	1	1
1	1	0	1	1	0	1	1
1	1	1	1	1	1	1	1

上例说明，分块的方法能够有效减少穷举测试所需的测试数。这种分块穷举测试就是伪穷举测试。然而在什么地方分块最佳呢？

为了简化分析，组合电路的结构关系可以用图论中的树来表示。例如，图 2.14(a)所示的电路可以用图 2.14(b)所示的树来表示。其中原始输出对应于树根，每一个门对应于一个节点，每个门的输入或输出线对应于一条树枝（也称为边）。

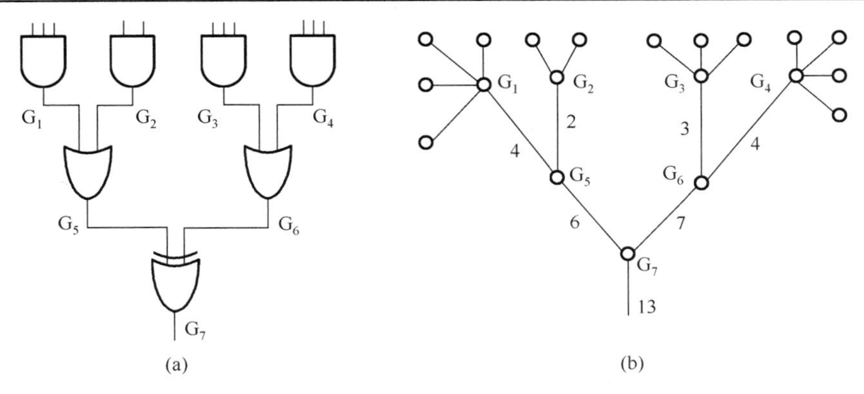

图 2.14　电路结构与树的对应关系

如果存在从边 i 到边 e 的有向通路，则边 e 称为依赖于原始输入 x_i 。而边 e 所依赖的原始输入数称为边 e 的权，记为 $p(e)$ 。对于图 2.14(a)所示电路各边的权都列在图 2.14(b)相应的各边旁。

若一个电路是有 n 个输入的单输出无扇出电路，边 e 的权满足：

$$p(e)=\left[\frac{n+1}{2}\right]_{\text{取整}} \tag{2-21}$$

则从边 e 处将该电路分成两块的伪穷举测试所需的测试数 NTP 最少。

例 2　对于图 2.14 所示的电路，$n=13$，进行穷举测试，则要求的测试数 $2^{13}=8192$ 个。运用式(2-21）在 $p(e)=(13+1)/2=7$ 的边处分块，如图 2.15 所示，将使伪穷举测试所需的测试数最少，只要 $2^7+2^7=256$ 个测试就足够了，测试数大大减少。

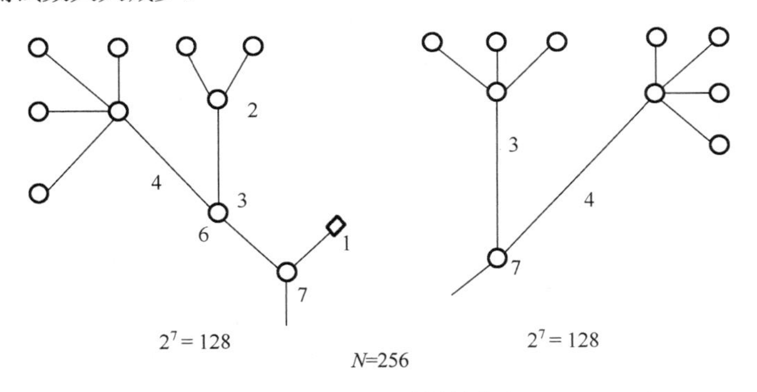

图 2.15　$S=2$ 时树的分支

例 2 表明，将电路分块的确是一个有效的方法，它能减少穷举测试所需的测试数。一个很自然的问题是，例 2 是把电路分成两块，如果把电路分成三块、四块……是否可使所需的测试数更少呢？

类似于式（2-22)，可以推出，若有 n 个输入的单输出无扇出电路，将电路在 e_1，e_2，…，e_{i-1} 处分成 S 块，当

$$L_k=\left[\frac{n+S-1}{S}\right],\qquad k=1,\ \cdots,\ S$$

时，测试数 NTP 最小，且

$$\text{NTP}=\sum_{k=1}^{S}2^{L_k} \tag{2-22}$$

式中，L_k 表示第 k 块的输入和伪输入数。

对图 2.14 所示电路，当 $S=3,4$ 时的分块及 NTP 如图 2.16(a), (b)所示。

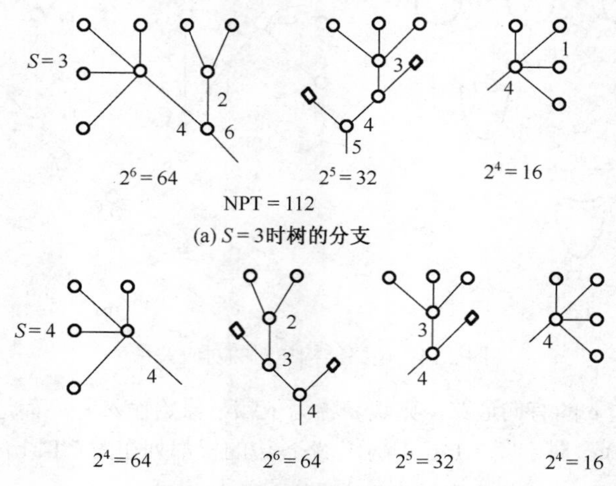

图 2.16　不同分块时树的分支

2.6.2　带汇聚扇出的单输出电路

无扇出的电路从网络结构的角度看来是最简单的，然而实际上的电路大都是扇出的。譬如，在图 2.17 所示电路中，原始输入信号 x_7 被用来作为 G_3 和 G_4 两个门的输入，就是说 x_7 扇出到 G_3 和 G_4。类似地，G_5 的输出扇出到 G_6 和 G_7，如此等等，这个电路有多个扇出点。如果有一个信号经不同的通路又输入到某一个门电路上，则这种扇出称为汇聚扇出（reconvergent fanout）。在图 2.17 中，从 G_5 到 G_7 之间就存在汇聚扇出，因为 G_5 扇出到 G_6 和 G_7，但是，通过 l_9-l_{10} 及 $l_9-l_{11}-l_{12}-l_{13}$ 都输入到 G_7。类似地，x_7 扇出，在 G_6 汇聚；x_5 扇出，在 G_5 汇聚。因而，图 2.17 所示电路是一个带汇聚扇出的单输出电路。

带扇出的电路当用树来表示时，不但每一个门应视为一个节点，每一个扇出点也是一个节点。因此，不但一个节点的输入边数可能大于 1，输出边数也可能大于 1。图 2.17 所示电路的树示于图 2.18 中。

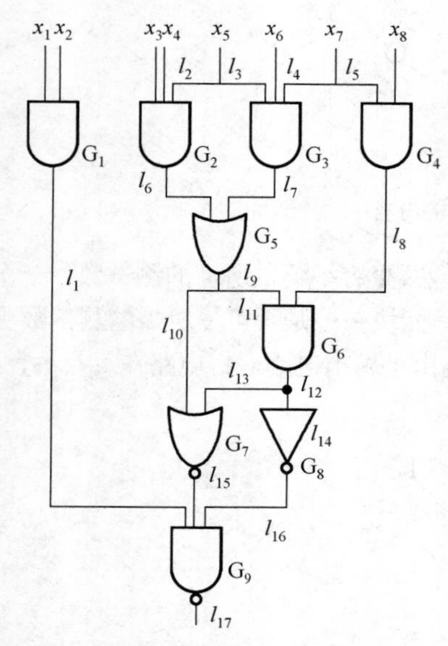

图 2.17　带汇聚扇出的单输出电路

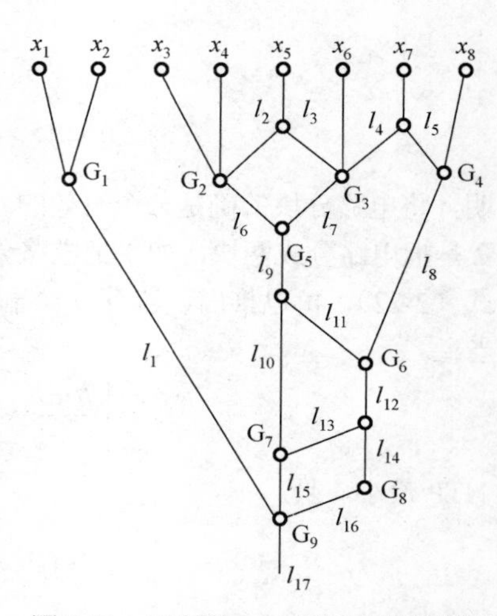

图 2.18　对应图 2.17 所示电路的树表示

为了计算带汇聚扇出的单输出电路的穷举测试的测试数，先引入相依率的概念，$R(e, i)$表示 e 对原始输入 x^i的相依率，并对 $R(e, i)$定义如下：

（1）任何原始输入边对它自己的相依率为 1，即 $R(i, j) = 1$，亦称排他相依。

（2）任何原始输入边对其他原始输入的相依率为 0，即 $R(i, j) = 0\left(i \neq j\right)$，亦称为不相依。

（3）若某节点有 S 个输入边 $C_1, \cdots, C_3$，有 f 个输出边 $e_1, \cdots, e_f$，则

$$R(e_j, i) = \frac{1}{f}\sum_{k=1}^{S} R(C_k, j), \qquad j = 1, \cdots, f$$

显然，此时 $0 < R(e_j, i) < 1$，故称为部分相依。在边 e 对所有原始输入的相依率 $\{R(e,i), 1 \leqslant i \leqslant n\}$ 中，非零相依率的个数称为边 e 的权，记为 $p(e)$。不难验证，这里定义的边 e 的权与上面在无扇出电路情况所定义的权是相容的。这意味着边 e 与 $p(e)$ 个原始输入端有关。如果在边 e 处把电路分为两块，伪穷举测试以 e 为输出的一块所需的测试数为 $2^{p(e)}$。在 $\{R(e,i), 1 \leqslant i \leqslant n\}$ 中等于 1 的相依率的个数叫作边 e 的排他权，记为 $xp(e)$，它实际上是边 e 的排他相依的原始输入数。在边 e 处把电路分成两块，伪穷举测试以 e 为伪输入的一块时，只有 $xp(e)$ 个原始输入可以被该伪输入代替，而其他 $p(e) - xp(e)$ 个原始输入在测试这一块时又会重复出现。所以，为测试这一块所需的测试数为 $2^{n-xp(e)+1}$，其总的测试数为

$$\text{NTP} = 2^{p(e)} + 2^{n-xp(e)+1} \tag{2-23}$$

图 2.17 所示电路各点的相依率、权和排他权示于表 2.8 中，其中空格表示 0。对于图 2.17 所示的 8 个原始输入的电路，本来需要 $2^8 = 256$ 个测试。如果在 l_9 处分成两块，则总的测试数按式（2-23）计算为

$$\text{NTP} = 2^5 + 2^{8-4+1} = 64$$

表 2.8　图 2.17 所示电路的相依率表

	x_1	x_2	x_3	x_4	x_5	x_6	x_7	x_8	$p(e)$	$xp(e)$
L_1	1	1							2	2
L_2					1/2				1	
L_3					1/2				1	
L_4							1/2		1	
L_5							1/2		1	
L_6			1	1	1/2				3	2
L_7					1/2	1	1/2		3	1
L_8							1/2	1	2	1
L_9			1	1	1	1	1	1/2	5	4
L_{10}			1/2	1/2	1/2	1/2	1/4		5	
L_{11}			1/2	1/2	1/2	1/2	1/4		5	
L_{12}			1/2	1/2	1/2	1/2	3/4	1	6	1
L_{13}			1/4	1/4	1/4	1/4	3/8	1/2	6	
L_{14}			1/4	1/4	1/4	1/4	3/8	1/2	6	
L_{15}			3/4	3/4	3/4	3/4	5/8	1/2	6	
L_{16}			1/4	1/4	1/4	1/4	3/8	1/2	6	
L_{17}	1	1	1	1	1	1	1	1	6	8

在此要说明的是，分块以后的伪穷举测试使测试数减少了，但随之而来的测试质量也就降低了，即伪穷举测试可能丢失某些可侦查的故障。

2.6.3 各输出不依赖于全部输入的多输出电路

大部分组合网络是多输出的，而每一个输出常常只依赖于一部分输入变量，并不依赖于所有输入变量。例如，奇偶性发生器网络 TISN54/74LS630 有 23 个输入，6 个输出，但每个输出只依赖于 10 个输入。如果用所有 2^{23} 输入组合来穷举测试这个网络是不实际的，而对于每个输出只用与之相依的输入来实现穷举测试则是可行的，这样只需要 $6\times 2^{10}=6\times 1024=6144$ 个测试。这也是一种伪穷举测试。

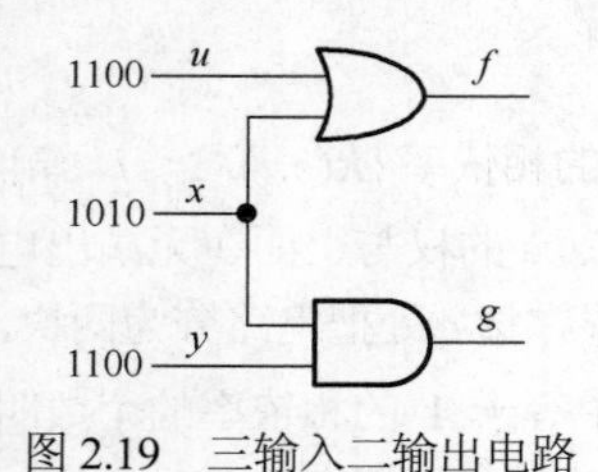

图 2.19 三输入二输出电路

图 2.19 所示为三输入二输出的电路。每个输出最多与两个输入有关，即 f 只与 u 、 x 有关， g 只与 x 、 y 有关。如果对 u 和 y 使用相同的测试信号，那么，只要如图所示的 4 个测试便可穷举测试这两个输出函数 f 和 g 。不过，这时 u 与 y 的短路故障不能侦查，可以另加一个测试去侦查 u 与 y 的短路故障。

一般来说，设电路有 n 个输入， m 个输出，各输出最多与 ω 个输入有关， $\omega<n$ ，则有 $2^{\omega}<\mathrm{NTP}<2^{n}$ 。

图 2.20 所示是一个简单的三输出电路，任意两个输入都有自己的输出函数，因而不能给予相同的测试信号，而要求 3 个不同的测试信号。然而，图中所示的 3 个测试信号，对于任意两个，都出现了所有可能的 4 种输入组合。这 4 个测试就实现了该电路的伪穷举测试。一般来说，有 n 个输入的电路，如果每个输出最多和 $n-1$ 个输入有关，则它可以用 2^{n-1} 个测试。这 2^{n-1} 个测试来实现它的伪穷举测试。这 2^{n-1} 个测试就是所有具有相同奇偶性的 n 维向量。例如，图 2.20 中的 4 个测试就是所有带偶数个 1 的二维向量。

图 2.21 所示是一个简单的四输入六输出电路。对于这个四输入电路的穷举测试本来需要 16 个测试。由于每个输出只与两个输入有关，串行的穷举测试每个输出则需要 $4\times 6=24$ 个测试。但是，$f_1(u,x)$ 和 $f_6(y,z)$ 可以同时测试，因为它们依赖于互不相同的输入变量。类似地， f_2、f_5 和 f_3、f_4 也可以同时测试，因而只需要 $3\times 4=12$ 个测试。但是，如图 2.21 所示，只用 5 个测试就可以穷举测试所有输出。这个例子说明，一般情况下，多输出电路的伪穷举测试用 2^{ω} 个测试常常是不够的。这种穷举测试常称为验证测试（verification testing）。

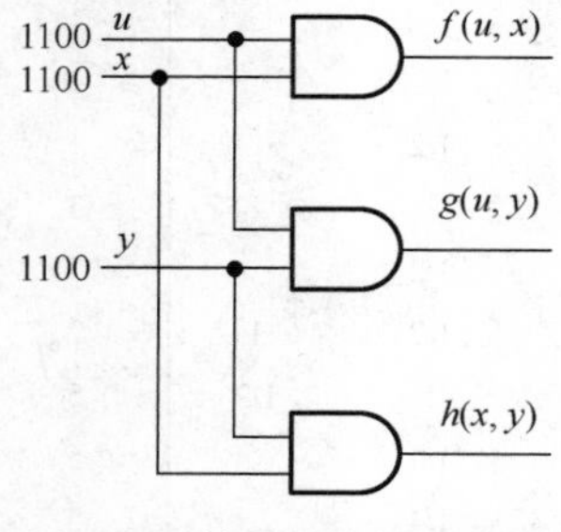

图 2.20 简单的三输出电路

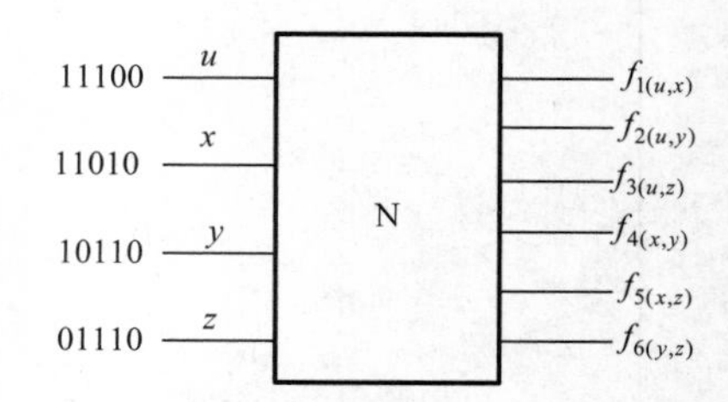

图 2.21 简单的四输入六输出电路

2.7 故障表方法

故障表方法是一种最经典的测试方法，其基本思想是：拿正常的电路真值表同有故障电路的实际真值表相比较，从而求得各种故障的完备测试集，并从中选出最小完备测试集。与穷举测试法不同之处是故障表方法可寻求最小完备测试集，而并不像穷举测试法那样全部进行测试。因此，故障表方法可在保证测试质量为 100%的前提下减少测试数。

故障表方法的具体实施又有两种方法。其一是固定计划法（fixed-scheduled method）。在此方法中，测试表的选择不依赖于测试序列中个别测试的结果。另一种方法是适应性（序贯性）计划法（adaptive-scheduled 或 sequential-scheduled method）。在此方法中，测试计划的选择取决于测试序列过程中测试的结果。

可以证明，适应性计划法所得最小完备测试集的长度同固定计划法完全一样，并无优越之处。然而，如果只要求对故障定位到模块（module）而不要求定位到门，则适应性计划法可能使测试计划大大缩短。

2.7.1　固定式列表计划侦查

用固定式列表法来计划侦查工作，一共包括 3 个步骤。第一步是建立一个故障表；第二步是据之建立一个故障侦查表，或称为故障侦查矩阵；第三步是确定一个最小完备侦查测试集。

1．故障表的建立

设一个被测电路有 n 个输入端，有一个输出端 y，输出 y 是输入的函数：

$$y = y(x_1 x_2 \cdots x_n) \tag{2-24}$$

设该电路可能有的全部故障为 $a_1, a_2, \cdots, a_m$，写出被测电路的整个真值表，并把有一个故障 a_i 时的实际输出 y^{α_i} 逐个填入表中，如表 2.9 所示（表 2.9 中是一个简单与门的具体例子）。这样作出的一个多重输出表，就称为故障表 F。

显然，任一故障 α_i 的完备侦查测试集，就是能满足下列条件的输入组合：

$$T_i^\alpha = X^j = (x_1^j, x_2^j, \cdots, x_n^j)$$
$$y(X^j) \otimes y_i^\alpha (X^j) = 1 \tag{2-25}$$

式中，$y(X^j)$ 是电路输出函数的正常表现；$y_i^\alpha (X^j)$ 是电路输出函数有 α_i 故障的故障表现。例如，由表 2.9 最底一行可见：

$$X^j = X^4 = (1,1)$$
$$y(X^4) = y(1,1) = 1$$
$$y^{\alpha_1}(X^4) = y^{\alpha_1}(1,1) = 0$$
$$y^{\alpha_2}(X^4) = y^{\alpha_2}(1,1) = 1$$

因为 $1 \otimes 0 = 1$，所以 $X^4 = (1,1)$ 是 α_1 的完备测试集；$1 \otimes 0 \neq 1$，所以它不是 α_2 的完备侦查测试集。

在故障表中，我们注意到，y^{α_1}、y^{α_2} 和 y^{α_5} 是全同的。因此 α_1、α_3 和 α_5 这 3 个故障都可以由测试矢量 $X^4 = (1,1)$ 侦查出来。然而由于这 3 个故障所造成的输出函数的真值表全同，因此不可能区分出这样的输出结果到底是哪一种故障实际产生的，这样的一些故障就称为不可区分的（indistinguishable）故障；反之，若存在一个测试，用它测试两种故障时可以得到不同的输出值，那么这两种故障就是可区分的（distinguishable）故障。例如表 2.4 中的 α_4 和 α_b 是可区分的，我们用测试 $T = \{(0,0),(1,0);0,1\}$ 侦出 α_4，用 $T = \{(0,0),(1,0);\ 1,1\}$ 侦出 α_6，就把它们区分出来了。

有鉴于此，可以把故障表 F 简约如下：

（1）删去对应于不可侦查故障的那些 y^α 列，即删去 F 表中与 y 全同的那些 y^α 列。

（2）把对应于不可区分故障的那些列合并为一列。经这样简约后所得的简约故障表为 F^*，仍含有一切可侦查故障的完备测试集的完备信息。表 2.9(a)即为故障表 2.3 的简约故障表 F^*。

2．故障侦查表

根据简约故障表 F^*，即能作出一个故障侦查表 G_D，或称为故障侦查矩阵。其方法如下：在简约表 F^* 上应用式（2-25），令每一可区分故障的 y^{α} 列与 y 列逐项进行异或，把得到的诸结果列于该 α 的名下，如表 2.9 (b) 所示，通常习惯在 G_D 表中只写出 1，而 0 则略去不写。

G_D 表每行中的 1 指出该测试所能侦出的故障，例如表 2.9 (b) 的 G_D。表明 T_1 能侦出 α_6，T_2 能侦出 α_2 和 α_6，等等。也就是说，若 T_i 能侦出 α^j，则 G_D 表中第 i 行第 j 列之值为1；否则为 0。正因为如此，通常把诸 0 略去不写。

表 2.9　F^* 简约故障表和 G_D 侦查表

T	x_1	x_2	y	$y^{\alpha_{1,3,5}}$	y^{α_2}	y^{α_4}	y^{α_6}
1	0	0	0	0	0	0	1
2	0	1	0	0	1	0	1
3	1	0	0	0	0	1	1
4	1	1	1	0	1	1	1

(a) F^* 简约故障表

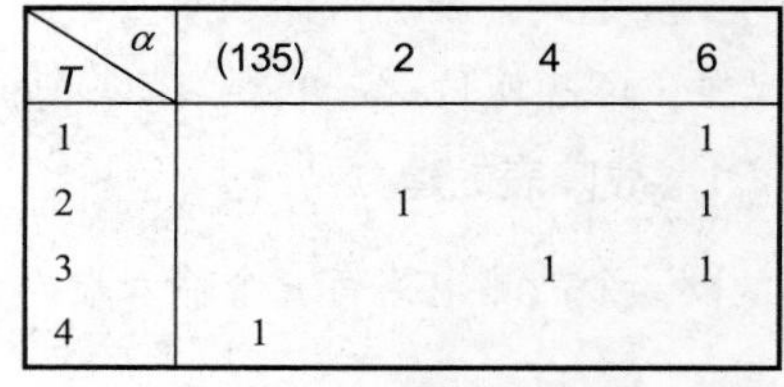

T \ α	(135)	2	4	6
1				1
2		1		1
3			1	1
4	1			

(b) G_D 侦查表

3．最小完备侦查测试集的寻求

如前所述，全部 T_i 的总体构成了一个完备侦查测试集。问题在于我们要寻求一个最小的完备侦查测试集。由侦查表 G_D 不难做到这一点。

观察一下表 2.9 (b)，不难看出，T_2 和 T_3 都能覆盖 T_1 的侦查，因此 T_1 是冗余的，可以删去。换而言之，观察表 2.9 (b) 的各行，若某一行 T_A 中全部的 1 与另一行 T_B 中的诸 1 处于同列位置（T_B 行可能有比 T_A 更多的 1），则 T_A 为 T_B 所覆盖，因而可以删去。例如本题 T_1=T_A，T_2 或 T_3=T_B。

这样反复删除（先后次序随意）了一切冗余的测试之后，所剩下的诸 T_i 就构成一个最小完备侦查测试集。表 1.3.1 (b) 中，最小完备侦查测试集为

$$T = \{T_2, T_3, T_4\} = \{(0,1),(1,0),(1,1)\}$$

2.7.2　固定计划定位

上面讲的是侦查问题，至于定位问题，其方法与侦查相似。

1．故障定位表

故障定位表 G_L 的建立与故障侦查表 G_D 相类似，只不过是除了列出诸 y^{α_i} 与 y 的异或结果外，还要列出诸 y^i 与诸 y^j $(i \neq j)$ 的全部异或结果。换言之，G_D 是 G_L 的一个子表。表 2.9 中的简单与门，其故障定位表如表 2.10 所示。

2．最小定位测试集的寻求

首先删去冗余的测试。由于 G_L 表比 G_D 表大得多，不太容易挑出冗余测试。为此，先在 G_L 的子表 G_D 内删除侦查的冗余测试。在表 2.10 中，删去 T_1 行，然后看所得最小侦查测试集能覆盖多少项 α。凡是能被覆盖的（该 α 列内有 1 的）标上一个记号“√”，如表 2.11（G_L 表）上端所示。如果这个测试集不能覆盖全部的 α（未标“√”记号的），则可以观察 G_L 表，补加若干个必要的能覆盖余下这些（未标“√”记号的）α 的测试。表 2.10 给出的例子中，无需加补测试，因此

$$T = \{T_2, T_3, T_4\}$$

既是最小侦查测试集，同时又是最小定位测试集。

表 2.10　G_L 表

T \ α	01	02	03	04	12	13	14	23	24	34
	√	√	√	√	√	√	√	√	√	√
1				1			1		1	1
2		1		1	1		1	1		1
3			1	1		1	1	1	1	
4	1				1	1	1			

G_D（01～04 列）

现在来看一个稍为复杂一点的例子，如图 2.22 所示。作出其故障表 2.10。由此得出故障定位表 G_L，如表 2.11 所示。从其中的子表 G_D 可见，可以删去第 0、1、4 和 7 各行。检查所得最小侦查测试集 $T=\{T_2,T_3,T_5,T_6\}$ 所能覆盖的诸 α，我们发现 α_{35} 尚未覆盖。就是说，在 y_3 与 y_5 之间（2s-a-1 和 3s-a-1）尚未能定位。为了能全部定位，由表 2.12 中的 35 列不难看出，还应补上测试 T_1 或 T_4，也就是最小完备定位测试集为

$$T_L=\{T_2,T_3,T_5,T_6,T_1\}$$

或

$$T_D=\{T_2,T_3,T_5,T_6,T_4\}$$

而最小完备侦查测试集为

$$T_D=\{T_2,T_3,T_5,T_6\}$$

在全部 8 个测试中仅需做 4 个测试，即节省 50%。但为了定位，还需多做一个测试。

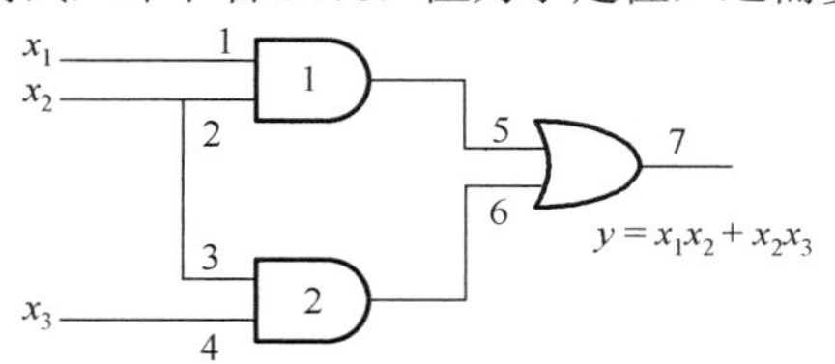

图 2.22　固定计划定位的例图

仔细观察表 2.11 可以看出，测试 $\{T_3,T_6\}$ 能侦出一切 s-a-0 故障，并加以定位；$\{T_2,T_5\}$ 能侦出一切 s-a-1 的故障，并且除 3 s-a-1 与 5 s-a-1 不能区分外，均能定位。

表 2.11　故障表 G_L

T	x_1	x_2	x_3	y	y_{10}	y_{11}	y_{20}	y_{21}	y_{30}	y_{31}	y_{40}	y_{41}	y_{50}	y_{51}	y_{60}	y_{61}	y_{70}	y_{71}
0	0	0	0	0	0	0	0	0	0	0	0	0	0	1	0	1	0	1
1	0	0	1	0	0	0	0	0	0	1	0	0	0	1	0	1	0	1
2	0	1	0	0	0	1	0	0	0	0	1	0	1	0	1	0	1	0	1
3	0	1	1	1	1	1	1	1	0	1	0	1	1	1	0	1	0	1
4	1	0	0	0	0	0	0	1	0	0	0	0	0	1	0	1	0	1
5	1	0	1	0	0	0	0	1	0	1	0	0	0	1	0	1	0	1
6	1	1	0	1	0	1	0	1	1	1	1	1	0	1	1	1	0	1
7	1	1	1	1	1	1	1	1	1	1	1	1	1	1	1	1	0	1

F^*：y_0　y_1　y_2　y_3　y_4　y_5　y_6　y_7

表 2.12 故障表 G_D

α \ T	01	02	03	04	05	06	07	12	13	14	15	16	17	23	24	25	26	27	34	35	36	37	45	46	47	56	57	67
								√	√	√	√	√	√	√	√	√	√	√	√		√	√	√	√	√	√	√	√
0						1						1					1				1			1		1		1
1					1	1					1	1				1	1			1	1		1	1			1	1
2		1				1		1				1		1	1	1		1			1			1		1		1
3			1				1			1			1		1			1	1			1	1	1			1	1
4			1		1	1			1			1		1			1		1	1		1		1		1		1
5	1						1		1		1	1		1		1	1		1			1	1	1			1	1
6	1						1	1	1	1	1	1						1				1					1	1
							1						1					1				1				1	1	1

3．定位到模块

在图 2.22 所示电路中，假如只要知道 3 个门中（3 个模块中）哪一个门有故障，而不需要对每一个个别的故障定位，将如何处理呢?

从 y_{ij} 以及 $y_1 \sim y_7$ 的定义可以发现这些可区分故障与 3 个模块之间的关系如下：

- y_1、y_3 表明模块 1 有故障。
- y_4、y_5 表明模块 2 有故障。
- y_6、y_7 表明模块 3 有故障。
- y_2 表明模块 1 或模块 2 有故障，因为 y_2 代表两个不可区分故障 y_{11}（模块 1 有故障）和 y_{41}（模块 2 有故障）。

我们按上述方法来构造定位到模块的定位表 G_M。G_M 与前面所得的 G_L（表 2.12）基本一样，只不过少了一些代表同一模块的一对故障 y_{ij} 列，即没有了 13、45、67 三列。最后也可以得到定位到门所需的测试集同前面定位到每一个个别故障所需的测试集是一样的。

再假定图 2.22 所示电路中的两个与门（门 1 和门 2）在同一模块内，也就是电路仅由两个模块（另一块就是或门 3）组成。这时，y_1、y_2、y_3、y_4、y_5 表明模块 1（门 1 和门 2）有故障，y_5、y_7 表明模块 2（门 3）有故障。从表 2.12 中删掉代表同一模块内的成对故障诸列：12、13、14、15、23、24、25、34、35、45 和 46，即得到 G_M。由此可得定位到模块的测试集为

$$T = \{T_2, T_3, T_5, T_6\}$$

总之，如果 N_D、N_L 和 N_M 分别为故障侦查、定位和定位至模块的最小测试集内的测试输入数目，总会有

$$N_D \leqslant N_M \leqslant N_L \qquad (2\text{-}26)$$

例如，在上例中有 $N_D = 4$，$N_L = 5$。若每一门电路为一模块，则有 $N_M = 5$；若两与门为一模块，或门为另一模块，则有 $N_M = 4$。

2.7.3 适应性计划侦查和定位

如何根据测试所得结果来计划下一步测试，才能使测试更有效，这就是所谓适应性计划测试的问题。

1．诊断树

为了便于简明清晰地表示测试的序列及其结果，我们用一个有方向性的图形来作出一目了然的表示，并称之为一株诊断树。树的每一个节点代表一个测试。用圆圈内的数字表明该测试的代号。从节

点伸出去的树枝（带箭头的线）代表该测试的不同结果（为 0 或为 1）。以图 2.22 所示电路的故障侦查为例，用测试集 $\{T_2,T_3,T_5,T_6\}$ 进行侦查，其序列和结果可用图 2.23 所示的诊断树来表示。由这株树可见，如果测试序列 $\{T_2,T_3,T_5,T_6\}$ 的输出序列为（0，1，1，0），则被测电路为无故障，如图 2.23 中粗黑箭头所示。于是，此树可简化成图 2.24(a)。如果测试序列改为 $\{T_2,T_5,T_6,T_3\}$，则诊断树如图 2.24(b) 所示。若测试序列改为 $\{T_6,T_5,T_3,T_2\}$，则诊断树变为图 2.24(c)。

2．适应性计划定位

对于故障定位来说，适应性计划定位一般能比固定计划给出更短的测试序列。仍用图 2.23 所示电路的故障为例，采用最小定位测试集 $\{T_5,T_4,T_6,T_3,T_2\}$，固定计划诊断树如图 2.25(a)所示，测试长度为 5。如果改用适应性计划，即测试顺序不固定，而是视前面所得测试结果而相机行事，如图 2.25(b)所示，则测试长度不是 5 而是 4。也就是说，适应性计划比固定计划更经济。

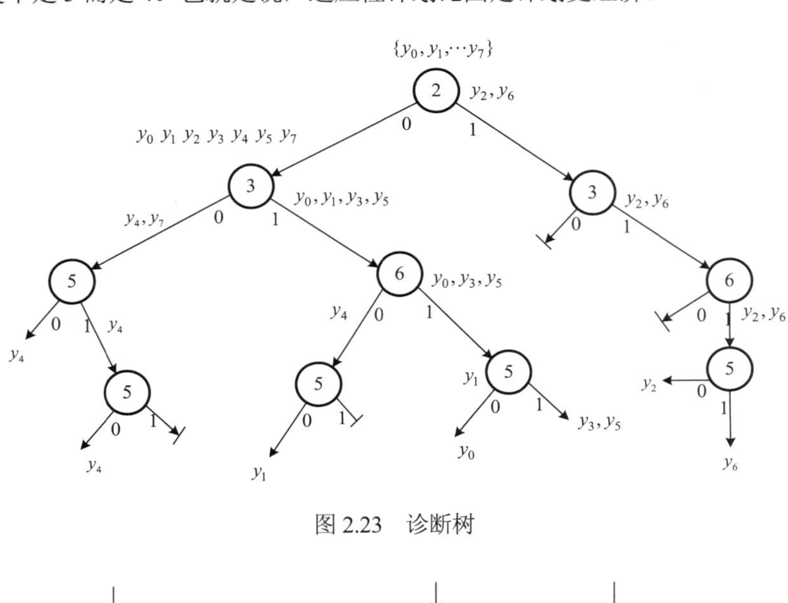

图 2.23　诊断树

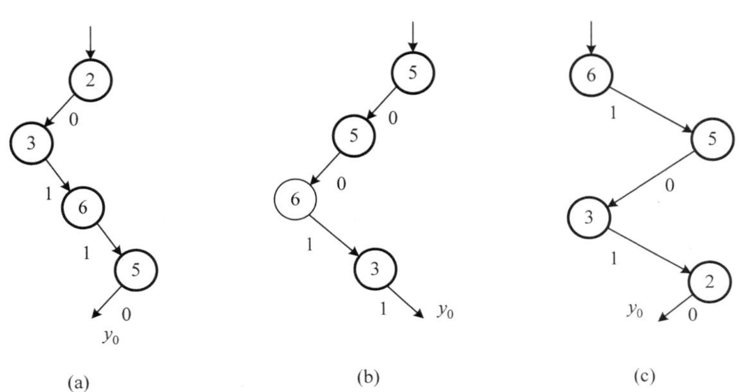

图 2.24　各种测试序列的简化诊断树

问题在于如何寻求一个适应性定位测试计划，以使测试的级数（长度）达到最小。在研究具体方法之前，先指出几点原则上的考虑。

（1）我们现在的目标不是寻求一个最小测试集，而是要使测试的级数最小。因此，具体测试的选择应不限于最小测试集内，而可以从故障表的任一行来选取。

（2）不论怎样选择，计划中必然至少需要 N 个测试，即测试的总数不会少于最小测试集内所包含的测试个数。

（3）在计划时，每一步都应选择能够在尚未区分开的诸故障中能区分开最大量故障的那些测试。

（4）为了得到（3），一个简单的办法显然是对余下待选的一切测试（故障表内余下各行）逐个查看，看它能区分开多少个故障。然而，这将不胜其烦，甚至会烦冗到实际上无法实现。为此，需寻求更合理的办法。下面就来讨论一种可行的办法。

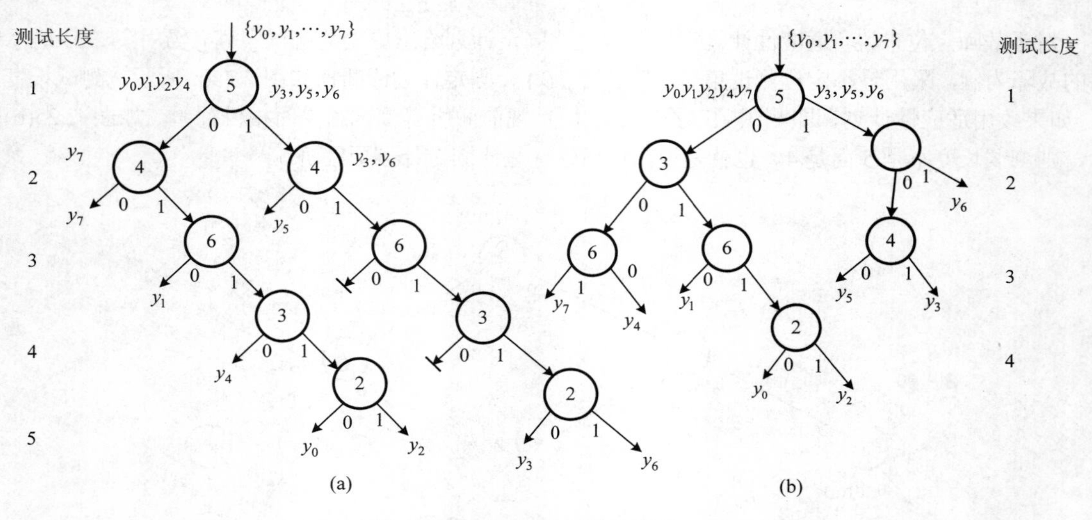

图 2.25 两种测试方法诊断树的比较

3. 适应性计划的启发性方法

设故障 F^* 中第 i 行内有 ω_{i0} 和 ω_{i1} 个 1。按上面指出的第（3）点的原则，应该选取：

$$|\omega_{i0}-\omega_{i1}|=\min \tag{2-27}$$

或

$$R_i=\omega_{i0}\omega_{i1}=\max$$

的行。$|\omega_{i0}-\omega_{i1}|$ 是行内任意一个 0 与任意一个 1 可能的配对数目。仍以图 2.22 所示的故障为例，表示为矩阵形式，有故障矩阵：

$$F^*(5)=\left\{\begin{array}{cccccccc} y_0 & y_1 & y_2 & y_3 & y_4 & y_5 & y_6 & y_7 \\ 0 & 0 & 0 & 0 & 0 & 0 & 1 & 0 \\ 0 & 0 & 0 & 0 & 0 & 1 & 1 & 0 \\ 0 & 0 & 1 & 0 & 0 & 0 & 1 & 0 \\ 1 & 1 & 1 & 1 & 0 & 1 & 1 & 0 \\ 0 & 0 & 0 & 1 & 0 & 0 & 1 & 0 \\ 0 & 0 & 0 & 1 & 0 & 1 & 1 & 0 \\ 1 & 0 & 1 & 1 & 1 & 1 & 1 & 0 \\ 1 & 1 & 1 & 1 & 1 & 1 & 1 & 0 \end{array}\right\}\begin{array}{c} T \\ 0 \\ 1 \\ 2 \\ 3 \\ 4 \\ 5 \\ 6 \\ 7 \end{array} \tag{2-28}$$

可见首先应选 T_5 这一行，它有 5 个 0，3 个 1。

其次，从 F^* 中抽出第 5 行，把余下的项分为两个子矩阵：一个子矩阵 $F_0^*(5)$ 包括 T_5 输出为 0 的各列，另一个子矩阵 $F_1^*(5)$ 包括 T_5 输出为 1 的各列。对各子矩阵重复做上述选择。对于 $F_0^*(5)$ 而言，第 3 行和第 6 行中可任选一行。例如，T_3 对于 $F_1^*(5)$ 来说，显然除 3、6、7 三行外可任选一行，假定选 T_2，于是按上述方法把这两个子矩阵再各分为两个子矩阵：

$$F_0^*(5)=\left\{\begin{array}{cccccc}y_0 & y_1 & y_3 & y_5 & y_7 & \\ 0&0&0&0&0&0\\ 0&0&0&0&0&0\\ 0&0&1&0&0&0\\ 1&1&1&0&0&0\\ 0&0&0&0&0&0\\ 1&0&1&1&0&0\\ 1&1&1&1&1&0\end{array}\right\}\begin{array}{c}T\\0\\1\\2\\3\\4\\6\\7\end{array}\qquad F_1^*(5)=\left\{\begin{array}{ccc}y_3 & y_5 & y_7\\ 0&0&1\\ 0&1&1\\ 0&0&1\\ 1&1&1\\ 1&0&1\\ 1&1&1\\ 1&1&1\end{array}\right\}\begin{array}{c}T\\0\\1\\2\\3\\4\\6\\7\end{array}\qquad (2\text{-}29)$$

$$F^*{}_{00}(5,3)=\left\{\begin{array}{cc}y_4 & y_7\\ 0&0\\ 0&0\\ 0&0\\ 0&0\\ 1&0\\ 1&0\end{array}\right\}\begin{array}{c}T\\0\\1\\2\\4\\6\\7\end{array}\qquad F_{01}{}^*(5,3)=\left\{\begin{array}{ccc}y_0 & y_1 & y_2\\ 0&0&0\\ 0&0&0\\ 0&0&1\\ 0&0&0\\ 1&1&1\\ 1&1&1\end{array}\right\}\begin{array}{c}T\\0\\1\\2\\4\\6\\7\end{array}\qquad (2\text{-}30)$$

$$F_{10}{}^*(5,2)=\left\{\begin{array}{cc}y_3 & y_5\\ 0&0\\ 0&1\\ 1&1\\ 1&0\\ 1&1\\ 1&1\end{array}\right\}\begin{array}{c}T\\0\\1\\3\\4\\6\\7\end{array}\qquad F_{11}{}^*(5,2)=\left\{\begin{array}{c}y_3\\ 1\\ 1\\ 1\\ 1\\ 1\\ 1\end{array}\right\}\begin{array}{c}T\\0\\1\\3\\4\\6\\7\end{array}\qquad (2\text{-}31)$$

现在 $F_{11}^*(5,2)$ 只有一列，这意味着测试：

$$T=\{T_5,T_2;1,1\}$$

即

$$T=\{(101),(0\ 1\ 0);1,1\}$$

就定位了 y_6 所代表的 3 个不可区分的故障。

如此继续下去，一直到所有子矩阵都成为一个单列矩阵时为止。

用此法得出的一个具有最少级数的适应性定位计划示于图 2.25(b)中。

习　题

2.1　对习题 1.1 图所示电路：

（1）找出不可侦查的故障；

（2）找出不可区分的故障。

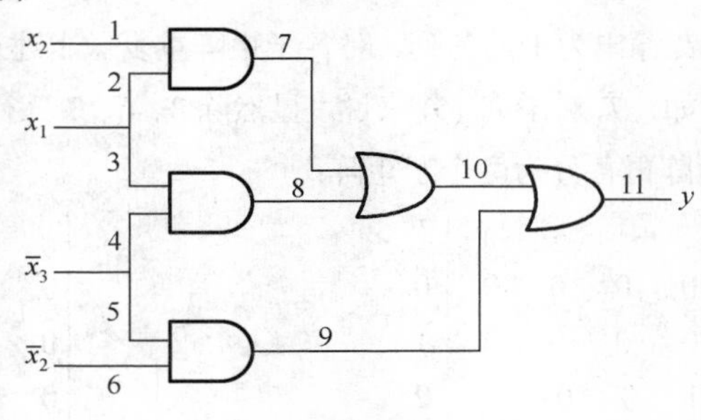

习题 2.1 图

2.2 将故障表方法用于习题 2.2 图所示电路，求得能侦查一切可区分单个故障的一个最小完备测试集。

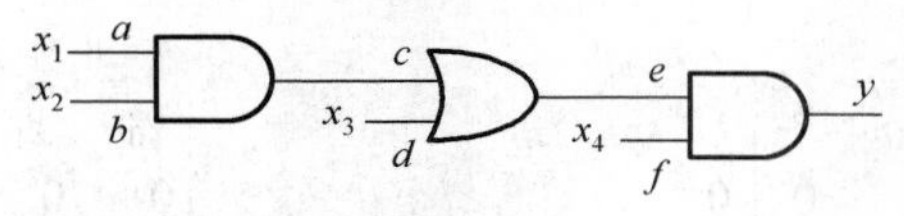

习题 2.2 图

2.3 对习题 2.2 所示电路做出固定计划定位测试以便能对一切可区分故障定位。

2.4 对习题 2.2 图所示电路做出适应性计划定位，并与习题 2.3 的结果相比较。

2.5 （1）写出图 2.23 和图 2.24 各测试过程的输出序列，并指明其定位的故障。

（2）写出图 2.25(a)和(b)测试的输出序列，并指出它们定位至门电路块的故障。

2.6 一个三输入端的电路，其故障表 F^* 以矩阵形式表示如下，证明固定计划完备定位需 4 级测试，而适应性计划完备定位则仅需 3 级测试。

$$F^* = \left\{\begin{matrix} y_0 & y_1 & y_2 & y_3 & y_4 & y_5 & y_6 & y_7 \\ 0 & 1 & 0 & 1 & 1 & 0 & 1 & 1 \\ 1 & 1 & 0 & 0 & 0 & 0 & 1 & 0 \\ 0 & 1 & 0 & 1 & 0 & 1 & 0 & 1 \\ 0 & 0 & 0 & 1 & 0 & 1 & 1 & 1 \\ 1 & 0 & 1 & 1 & 1 & 1 & 1 & 1 \\ 1 & 1 & 0 & 0 & 1 & 0 & 0 & 0 \\ 0 & 0 & 0 & 0 & 1 & 1 & 1 & 1 \\ 0 & 0 & 0 & 1 & 1 & 1 & 0 & 0 \end{matrix}\right\} \begin{matrix} T \\ 0 \\ 1 \\ 2 \\ 3 \\ 4 \\ 5 \\ 6 \\ 7 \end{matrix}$$

本章参考文献

[1] 张军. 数模混合电路的测试与故障诊断的研究. 合肥：合肥工业大学, 2007.

[2] 朱大奇. 航空电子设备故障诊断技术研究. 南京：南京航空航天大学, 2002.

[3] 许军, 吕强, 陈圣俭. 电路故障诊断方法的研究现状. 火力与指挥控制发展, 火力与指挥控制第 33 卷增刊, 2008.

[4] Kostin S, Ubar R, Raik J. Defect-oriented module-level fault diagnosis in digital circuits. Design and Diagnostics of Electronic Circuits & Systems (DDECS), 2011 IEEE 14th International Symposium on. IEEE, 2011: 81-86.

[5] Wei S, Nanping D, Tongshun F. The development of interface adapter in the digital circuit fault diagnosis system based on VXI[C]. Power Electronics and Intelligent Transportation System (PEITS), 2009 2nd International Conference on. IEEE, 2009, 2: 431-434.

[6] Xiusheng D, Ganlin S, Qilong Z. Design of an Experimental System for Digital Circuit Fault Diagnosis Based on Support Vector Machine. Intelligent Systems, 2009. GCIS'09. WRI Global Congress on. IEEE, 2009, 3: 529-533.

[7] Wei S, Manru G, Ying L. Simulation techniques for fault diagnosis of digital circuits based on LASAR[C]. Computer and Communication Technologies in Agriculture Engineering (CCTAE), 2010 International Conference On. IEEE, 2010, 1: 386-389.

[8] 刘煜坤. 数字集成电路测试方法研究. 哈尔滨：哈尔滨理工大学, 2009.

[9] 张雪萍, 庄雷. 基于状态的类测试技术研究. 小型微型计算机系统, 2002, 23(9)：1121-1124.

[10] 张晶莹. 软件测试之功能性测试的研究. 中国新技术新产品, 2008 (14)：18.

[11] Abdi A, Tahoori M B, Emamian E S. Fault diagnosis engineering of digital circuits can identify vulnerable molecules in complex cellular pathways. Science signaling, 2008, 1(42): ra10.

[12] 陈旭, 吕述望. 一种随机序列的读取及其随机性测试的解决方法. 计算机应用, 2002, 22(9).

[13] 陈光禹, 张世箕. 数据域测试及仪器. 2001.

第 3 章 组合电路与时序电路的故障诊断

随着系统和电路规模的增大以及元件集成度的提高，大型组合电路故障检测和诊断日趋迫切，对计算机的运算速度和内存的要求越来越高，使得某些原始算法逐渐失去了实用价值。在原先的穷举法、故障表法的基础上组合逻辑电路又有了其他一些相对完善通用的测试方法：利用拓朴方法寻求测试的敏化通路法、其实施的 d 算法和扩展（九值）d 算法、利用分析方法寻求敏化通路的布尔差分法、故障字典法等。从理论上讲，组合电路故障检测和诊断在罗思的 d 算法中已达到最高点。在实际应用中，源于 d 算法的 PODEM 算法和 FAN 算法已十分完善，达到了实用阶段。

3.1 通 路 敏 化

故障表方法是一种普遍适用的经典方法，并且总能给出一个最小的完备测试集。问题在于这种方法需要建立一个十分庞大的故障表，这在实际施行时是有困难的。

为了避免这种困难，提出了敏化通路的概念。敏化通路这个术语是 D. B. Armstrong 提出来的，其基本思想源于 R. D. Eldred。这是关于组合逻辑电路测试的最早的一篇文献，发表于 1959 年，是研究第一代电子管计算机诊断工作的总结。还有 J. P. Roth 提出了二维通路敏化的 d 算法，这也是产生组合电路测试的第一个算法。

3.1.1 敏化通路

在一个逻辑电路中，一条通到电路外部的信号输出线称为一个主输出端（primary output）。一条输入线，若不受电路中其他任何一条线馈给信号，则称为一个主输入端。在组合逻辑电路中，从一个主输入或一条内部信号线通到一个主输出端去的通路，就称为一条传输通路（transmission path），或简称为通路。

对一条通路中所有门电路的一切输入适当赋值，以至通路上某一条信号线上的任何逻辑变化都能沿该通路传播到主输出端去，即主输出端的逻辑变化能反映该信号线的逻辑变化，那么这样的通路就称为一条敏化通路（sensitized path）。于是，根据主输出端的逻辑变化，就能侦查出敏化通路上的逻辑故障，从而找出能侦查该故障的一个测试。

我们用图 3.1 所示的例子来给出更具体的说明。如果首先赋予 A 门输入端 $d=1$，C 门输入端 $g=0$。那么可以看到，在通路 *afh* 中诸信号线上的逻辑变化如下：

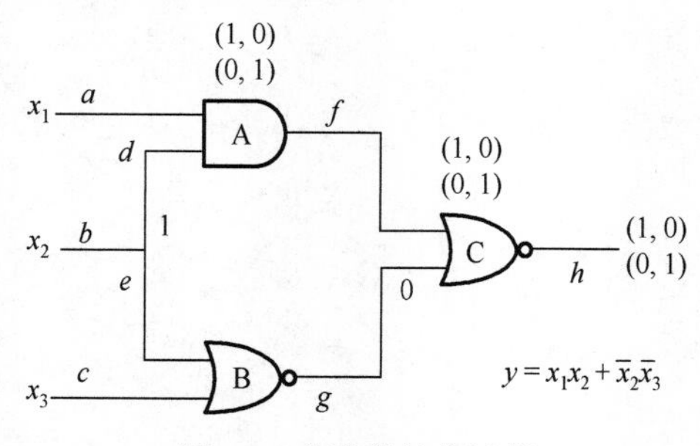

图 3.1 电路的敏化过程

线a的变化	f的相应变化	h的相应变化
$0\to1$	$0\to1$	$1\to0$
$1\to0$	$1\to0$	$0\to1$

线 a 和线 f 的变化都能传播到线 h（主输出端 y），所以 afh 就是一条敏化通路。这个研究过程称为故障的传播或前相跟踪（orward trace）。

从 g 线的赋值 $g=0$ 可知，应有 c 或 e 等于 1，或两者均等于 1，e=1 同原先 A 门的赋值 d=1 是一致的（onsistent）。至于 c=1 或 c=0，则可以随意。这个研究过程称为一致性检验或后相跟踪（backward trace）。

这样一来，我们就找到了对 a 线或主输入端 x_1 的一个侦查测试 $T=\{(1,1,\times),(0,1,\times);(1),\ (1),(0)\}$，其中输入 x_1 的值有变化（我们把这样的输入称为一个控制输入），而 x_2 和 x_3 之值则取固定的值（称为静态输入），这个测试可以表述如下：

通　道	敏化所要赋值	主输入端之值	主输出端的响应
afh	$x_1=1$ $x_3=$随意(0或1)	$x_1=1$	$y=1$(无故障) $y=0(a\ s-a-0)$
		$x_1=0$	$y=0$(无故障) $y=1(a\ s-a-1)$

上述测试能侦出此通道上的一切 s-a-0 和 s-a-1 的故障。

这就是用通路敏化法寻求测试的基本思想。下面来看具体的实施方法。

3.1.2　通路敏化法

该方法可分如下 4 个阶段来实施。

1．故障的表现

从被测电路的逻辑图出发，如图 3.2 所示。考虑一个可能的故障，例如 x_1（或连线 1）呆滞于 1。

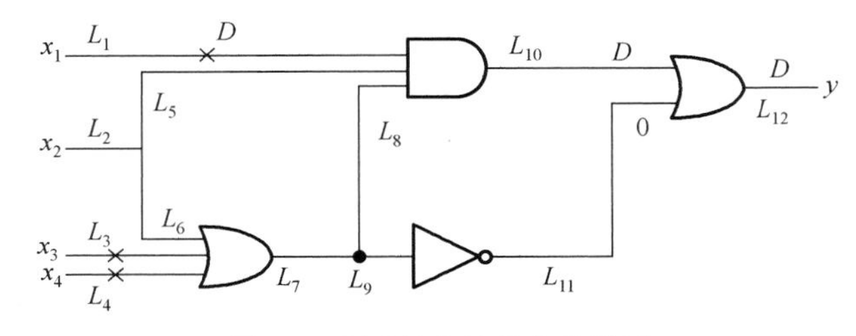

图 3.2　通路敏化法的电路举例

为了能简单明了地表现出故障向主输出端的传播，我们用一个新的变量 D 来表示。D 的值可以为 0，也可以为 1，不过，若取 D=0（或 1），则在同一电路内各处之 D 均为 0（或均为 1）。例如，在图 3.2 中，若要研究 x_1 的故障，可取 $x_1=D$ 作为控制输入，在如图所示的静态输入下，不难看出，变量 D 将传播到主输出端，若得到输出 $\overline{D}$，则表明电路中有故障。

2．故障传播和通路敏化

现在来看一个变量是怎样通过通路中的各个门电路传播到输出端的。例如，如图 3.2 所示，也就是说，看看一条通路应怎样才能敏化。

首先，我们来看 D 或 $\overline{D}$ 通过一个门电路而传播的规则。为方便起见，我们采用一个统一的符号 $\widetilde{D}$，

它可以代表 D，也可以代表 $\overline{D}$。稍加分析，不难得出下列逻辑布尔运算规则：

$$\left.\begin{array}{l}\widetilde{D}\vee 0=\widetilde{D},\quad \widetilde{D}\wedge 0=0\\ \widetilde{D}\vee 1=1,\quad \widetilde{D}\wedge 0=\widetilde{D}\\ D\vee \overline{D}=1,\quad D\wedge \overline{D}=0\end{array}\right\}$$

式中，逻辑运算符 $\vee$ 表示逻辑或操作；逻辑运算符 $\wedge$ 表示逻辑与操作。由此可见，若要使故障能传播到主输出端，则通道内一切与门和与非门的其余输入端均应赋予 1 值；而一切或门和或非门的其余输入端均应赋予 0 值。这就是故障传播和通路敏化的条件。

为了分析敏化通路，我们常把敏化所需赋值标注在电路图相应的门电路的输入端线上。

3．一致性检查

所谓一致性检查，就是从敏化通路的输出端沿各门返回到输入端，检查输入端相关门的各输入逻辑值是否一致，即前后是否矛盾。若无矛盾，则这一个通路的敏化就是成功的。反之，若有不一致，则需另寻求一条通路，再重复上述各步骤。

在图 3.2 所示的电路中，为了使通路 $L_1-L_{10}-L_{12}$ 敏化，使 L_1 的故障变量 D 经与门传到 L_{10}，则要求 $L_5=1$ 和 $L_8=1$，即有：$L_5=1$ 要求 $L_2=x_2=1$；$L_8=1$ 要求 $L_7=1$，而这又要求 $x_2\vee x_3\vee x_4=1$，因上面已要求 $x_2=1$，故这意味着 x_3 及 x_4 可随意。同样，为使 L_{10} 线上的故障变量 D 经或门传到 L_{12}，则要求 $L_{11}=0$，即有 $L_{11}=0$，则要求 $L_9=L_7=1$。

由以上分析可见，通路 $L_1-L_{10}-L_{12}$ 的敏化条件，经一致性检查，其相关门各输入端的赋值并不矛盾，因此，通路 $L_1-L_{10}-L_{12}$ 的敏化是成功的。

4．测试的确定

从以上步骤，即可求得图 3.2 所示电路中 $L_1=D=1$（L_1 或 $x_1\ s-a-1$）的几个测试。首先，既然要侦查 $x_1\ s-a-1$，那么测试时应对 x_1 赋以 0 值。此外，由上面第 3 步已知 x_2 应为 1，x_3 和 x_4 为随意，于是得到测试矢量如表 3.1 所示。

表 3.1　测试矢量

	x_1	x_2	x_3	x_4
X_1	0	1	0	0
X_2	0	1	0	1
X_3	0	1	1	0
X_4	0	1	1	1

再以图 3.1 所示电路为例，用上述方法逐一敏化 *afh*、*bdfh*、*begh*、*cgh* 4 条通路，可得到表 3.2 的结果。由该表最右一栏可见，该电路一切可能的单个呆滞型故障均能侦查。一个完备的侦查测试集为 $\{T_0,T_2,T_5,T_7\}$。

如果被测电路中存在不可侦查的故障，则有关的通路敏化就不成功，后向驱赶将发现不一致性。例如，图 3.2 所示电路中，L_8 呆滞于 1 的故障就是不可侦查故障。这时通路敏化结果如下：

故障表现：$L_8=D=0$

故障传播：$L_1=L_5=1,L_{11}=0$。

一致性检查：$L_8=0\to L_7=0\to x_2=x_3=x_4=0$。

$L_{11}=0\to L_9=L_7=1$ 与上列 $L_7=0$ 相矛盾。对于不可侦查故障，不存在测试输入矢量，敏化自然不成功。

另一方面，同一个测试也可能用来侦查出通路上的几个故障。例如，前面侦查图 3.2 所示电路 L_1 s-a-1 故障所得的输入矢量 X_1、X_2、X_3 和 X_4，同样也可以用来侦查出 L_{10} s-a-1 的故障。

表 3.2　4 条通路敏化的结果

通　　路	敏化所需	输　　入	测　　试	所侦故障
afh	$\begin{cases} x_2 = 1 \\ x_3 = 0(或1) \end{cases}$	$x_1 = 1$ $x_1 = 0$	T_6或T_7 T_2或T_3	a_0，f_0, h_0 a_1，f_1, h_1
$bafh$	$\begin{cases} x_1 = 1 \\ x_3 = 0(或1) \end{cases}$	$x_2 = 1$	T_6或T_7	b_0, d_0, f_0, h_0
	$\begin{cases} x_1 = 1 \\ x_3 = 0 \end{cases}$	$x_2 = 0$	T_5	b_1, d_1, f_1, h
$begh$	$\begin{cases} x_1 = 1 \\ x_3 = 0 \end{cases}$	$x_2 = 1$	T_2	b_0, e_0, g_1, h_1
	$\begin{cases} x_1 = 0或1 \\ x_3 = 0 \end{cases}$	$x_2 = 0$	T_0或T_4	b_1, e_1, g_0, h_0
cgh	$\begin{cases} x_1 = 0或1 \\ x_2 = 0 \end{cases}$	$x_3 = 1$ $x_3 = 0$	T_1或T_5 T_0或T_4	c_0, g_1, h_1 c_1, g_0, h_0

此外，由一条敏化通路所得的一个输入矢量，也可能侦查出其他电路上的故障（同时敏化了其他一些通路）。例如，在图 3.3 所示电路中，对 L_7 s-a-1 故障，由敏化通路 L_7、L_{11}、L_{12}、L_{13}、L_{15}、L_{16} 可求得一个测试输入矢量 $X = \{1\ \ 0\ \ 1\ \ 1\ \ 0\}$。这个矢量同时也可使通路 L_7、L_8、L_9、L_{10} 和 L_7、L_{11}、L_{12}、L_{13}、L_{14}、L_{10} 敏化。当从故障位置扇出两条或更多条通路，而这些通路后来又重新汇聚起来时，就会经常出现这类情况。

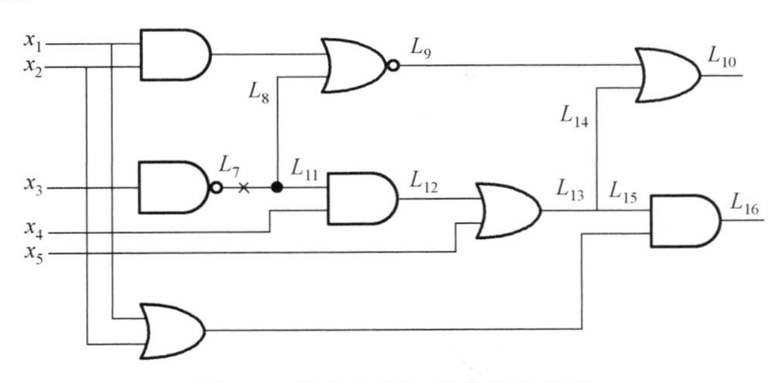

图 3.3　带有扇出汇聚电路的敏化

3.1.3　关于一维敏化的讨论

若一个电路的每一个输入端都是电路的一条独立输入线，而且每一个门的扇出均为 1，则这样的电路称为树形电路，也称为无扇出电路，如图 3.4(a) 和(b) 所示为树形电路的两个例子。

在一个树形电路中，对于任意一条敏化通道总是存在一个一致的输入组合，所以用通路敏化法总是能得出对任何单个故障的侦查测试。

例如，在图 3.4(a)所示电路中，a_1、b_0、c_0、d_0 和 e_1 故障能被测试 $(x_1 = 0, x_1 = 1, \overline{x}_3 = 1, \overline{x}_4 = 0, x_5 = 0, x_6 = 0, x_7 = 0)$ 侦查出来。在图 3.4(b)所示电路中，a_0、b_0 和 c_0 故障能被测试 $(\overline{x}_1 = \overline{x}_2 = \overline{x}_5 = \overline{x}_6 = \overline{x}_7 = \overline{x}_8 = 0)$ 和 $(x_3 = x_4 = 1)$ 侦查出来。

对于任何一个树形电路，总是能用通路敏化法求得一个完备测试集。既然一个树形电路的每一条通路都是可敏化的，所以对每一条通路都能求得一个能侦查该通路上任何故障的完备测试集。于是，树形电路内所有全部通路的完备测试集的组合，构成了能侦查这个树形电路内一切故障的一个完备测试集。从这样的一个完备测试集来确定一个最小完备测试集，其方法与第 1 章所述的故障表方法相类似。

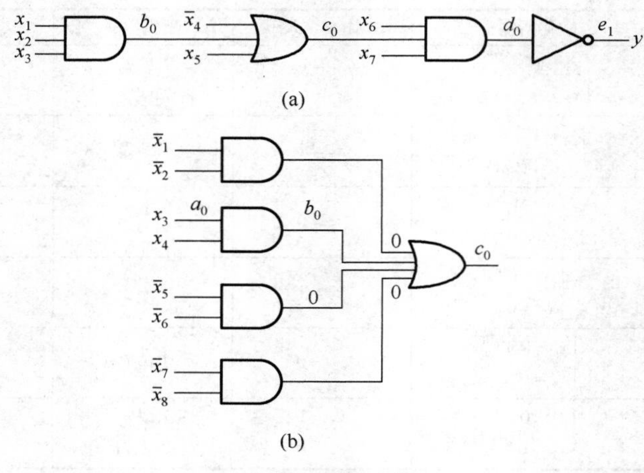

图 3.4　树形电路

每次只敏化一条通路，就称为一维敏化。一维敏化法是否是一种算法（algo rithm），即是说，对于任意一个给定电路，一维敏化是否能得出侦查一个故障的测试？答案为否。

试举一例，如图 3.5 所示电路。设 *h* *s-a*-0。若取通路 *hj*l 进行敏化，在返回一致性检查时将要求 *b*=1 且 *c*=0，这显然是矛盾的。然而，*h s-a*-0 这个故障显然是可侦查的。不难证明只要选择通路 *hkm*，敏化就能成功。

同样，在图 3.3 中，L_7 *s-a*-0。故障在通路 L_7、L_8、L_9、L_{10} 上是侦查不出来的。因为在无故障时 $L_8=1$，$L_9=0$，$L_{11}=1$，$L_{12}=1$，$L_{13}=L_{14}=1$，使得 $L_{10}=1$。

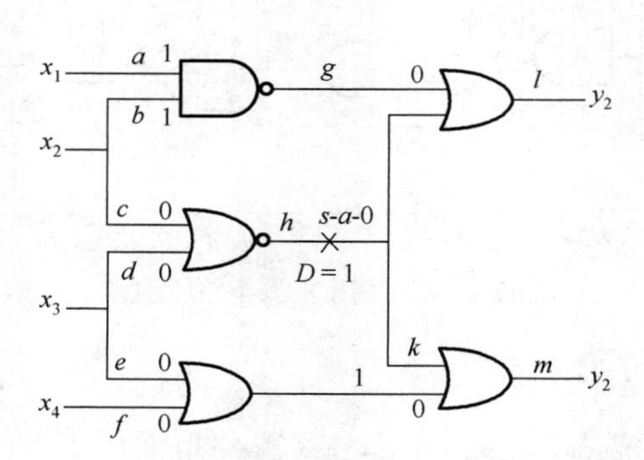

图 3.5　带有扇出汇聚的电路

在有故障时，$L_8=0$，$L_9=1$ 使得 $L_{10}=1$。可见有 L_7 无 *s-a*-0 的故障，在 L_{10} 上的响应都是一样的，均为 1。

下面再举一个著名的施耐特得反例，即图 3.6 所示电路中 L_6 *s-a*-0。的故障为 $\overline{D}$。单靠一维通路敏化的方法肯定是不能求得这个故障的测试。因为从 L_6 只能通过 L_9 或者是通过 L_{10} 到达输出 *y*；而通过 L_9、L_{12} 的通路敏化要求有 $L_{10}=0$ 且 $L_{11}=0$，因此应有 $x_4=1$ 且 $L_7=1$，显然 $x_4=1$ 和 $L_7=1$ 是矛盾的，对 L_6 *s-a*-0 的故障，L_9、L_{12} 的通路敏化不成功。

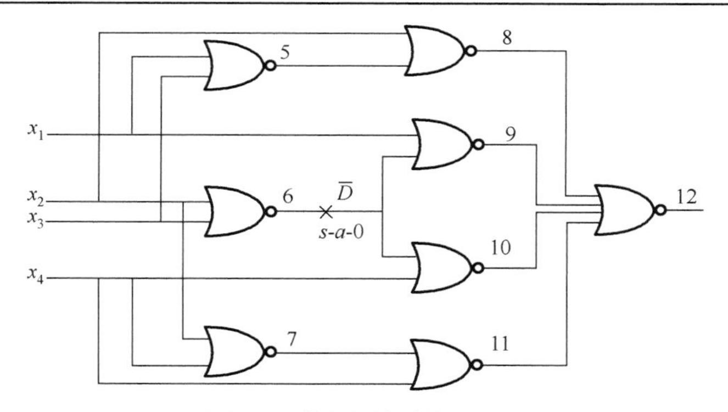

图 3.6 著名的施耐特得电路

由于电路的对称性，L_{10}、L_{12} 的通路敏化同样也不成功。因此一维敏化法不可能求得 L_6 s-a-0 的测试。然而，这个故障事实上却存在一个测试输入矢量 $X = \{0\ 0\ 0\ 0\}$，因此，一维敏化不一定能求出电路的故障测试，故一维敏化不是一种算法。

3.1.4 多维敏化

前面指出了一维敏化并不一定总能求得电路的一个测试。有时电路中任何一条个别通路都是不可敏化的，但如果同时敏化两条或多条通路却可获得成功。

图 3.7 所示电路就是一个例子。对于故障 a_0，任何一条通路敏化都有矛盾，但如果同时敏化全部 3 条通路（*agmq*、*acinq* 和 *aekpq*）却能成功，其敏化过程示于图 3.7 中。

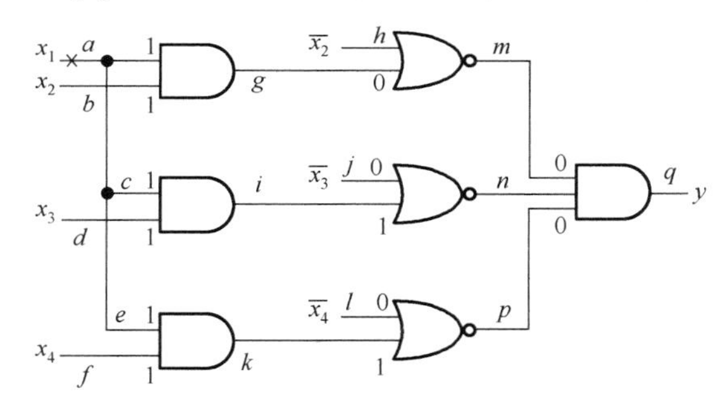

图 3.7 多敏化电路例 1

图 3.8 电路示出另一个例子。对于 a_0 故障，若选通路 *abck* 进行敏化，应有 $x_1 = 1$ 和 $x_2 = 1 = x_3 = 0$，使故障 $\overline{D}$ 传播到 *b*。再以 $x_4 = 0$ 使 $\overline{D}$ 传播到 *c*，为了使 $\overline{D}$ 从 *c* 传播到 *k*，应令 *d*=*e*=*f*=*g*=*h*=0。但是，如果 $x_5 = x_6 = 1$，则 *d*=*e*=*f*=0，而 *g*=*h*=1，这就与上面要求的 *g*=*h*=0 相矛盾。

同理，单独敏化 *adbk* 或 *adek* 也不成功。

不过，若令 $x_4 = x_5 = x_6 = 0$，则可使上述 3 条通路同时敏化，并得到 *f*=*g*=*h*=0。于是，当 *a* s-a-0 时，*k* 的 3 个输入 *c*、*d*、*e* 由 0 变为 1，而其余 3 个输入 *f*、*g*、*h* 仍为 0。因此 a_0 故障使 *k* 由 1 变为 0，于是 $(x_1 = 1,\ x_4 = x_5 = 1 = x_6 = 0)$ 就是 *a* s-a-0 故障的一个测试。

这些例子表明，对一个特定故障寻找其敏化通路时，还应考虑同时敏化多个单通路的可能组合。因此，除对于通路敏化法所述的几个步骤外，还应再加上一个步骤：若单个通路敏化不成功，则应对一切可能的两个通路进行敏化，再对一切可能的 3 个通路的群进行敏化，再对一切可能的 4 个通路的群进行敏化，等等，一直到尝试过各通路的一切组合形式为止。这就是所谓的多维通路敏化法。对于多维敏化，只单纯地通过观察来解决问题是不可能的，而必须寻求一种真正的算法。

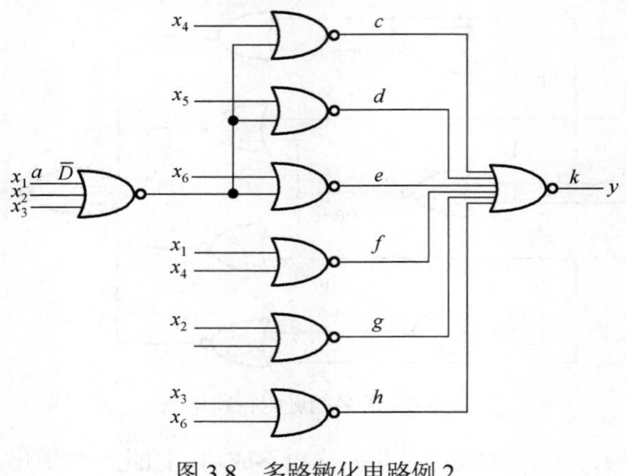

图 3.8 多路敏化电路例 2

3.2 *d* 算法

d 算法的关键在于从故障位置到电路的一切输出端的全部通路同时进行敏化，其主要思想是首先对故障选择一个测试，并用有故障的那个门电路的输入和输出来描述它。然后，产生从故障位置到电路一切输出端的全部可能的同时敏化通路。

3.2.1 *d* 算法的基础知识

1. 简化表

简化表是由真值表用求质蕴函项方法整理出来的一种形式更为紧凑的表，表中以×代表随意项。表中每一行称为一个矢量，它表示电路的输出与输入的因果关系。图 3.9 示出了或门、与门、或非门和与非门的简化表。由简化表可见，对于一个或门，只要 x_1 为 1，则输出 x_3 就为 1，而不管 x_2 输入为何值。

1	2	3
1	×	1
×	1	1
0	0	0

1	2	3
0	×	0
×	0	0
1	1	1

1	2	3
1	×	0
×	1	0
0	0	1

1	2	3
0	×	1
×	0	1
1	1	0

图 3.9 基本门电路简化表

一个组合电路的简化表是由各门的简化表组合而成的，如图 3.10 所示。请注意，对于与门 G_4 来说，顶点 3 与它无关，所以简化表中第 3 列对应于 G_4 处写上 3 个×。此外，还应注意标号的方法：每一条连线（也称为顶点）都标上一个号码。每一个门用它的信号输出点的代号命名，图 3.10 所示电路中的或门就称为 G_6。显然，每一个顶点若不是对应于一个门的输出点，就是对应于主输入点。此外，一个门的输出点的标号应大于其一切输入线的标号，这样可以简化今后的相容性运算。

2. 传递 *d* 矢量（Propagator d-Cube）

传递 *d* 矢量的概念，是迫使门电路的一个输入承担确定该门电路输出的全部责任。换言之，就是迫使门电路的输出唯一地取决于一个输入。传递 *d* 矢量用来描述正常功能块对 *d* 矢量的传递特性，即表明了敏化通路的敏化条件。同时，传递 *d* 矢量也是对被测电路的一种电路结构描述。

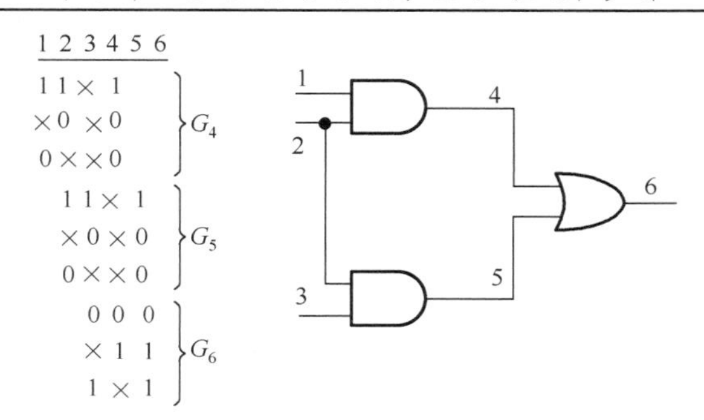

图 3.10　组合电路简化表

表 3.3　Roth 交运算规则

∩	0	1	×
0	0	$\bar{d}$	0
1	d	1	1
×	0	1	×

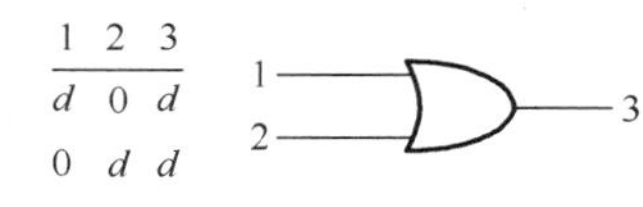

图 3.11　二输入端或门的传递 d 矢量

一个简单门的传递 d 矢量可以通过直接观察写出，图 3.11 就示出了一个二输入端或门的传递 d 矢量。作为一种正规的算法，可用 Roth 算法中的交运算为工具，从简化表中具有不同输出值的两个矢量相交而得到。用于构造传递 d 矢量的 Roth 交运算的规则如表 3.3 所示。图 3.12 示出了几种基本门电路的传递 d 矢量。

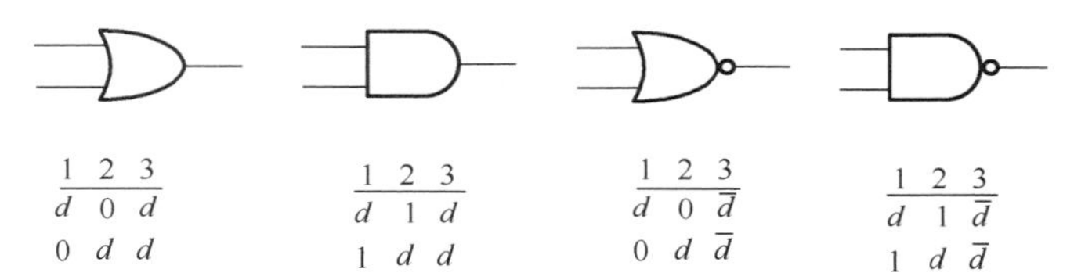

图 3.12　基本门电路的传递 d 矢量

3. 故障的初始 d 矢量（Primitive d-Cube）

故障初始 d 矢量描述由故障点的故障值与测试所加正常值所产生的 d 矢量。故障初始 d 矢量描述了故障点的故障表现，它可用测试值与故障值进行交运算来求出。例如，一个与门有输出端 s-a-0 故障或一个或门输出端有 s-a-1 故障时，它的初始 d 矢量分别如图 3.13 所示。初始 d 矢量中的 d 在无故障时取 1 值，有故障时取 0 值；$\bar{d}$ 则反之，在无故障时取 0 值，有故障时取 1 值。

表 3.4　Roth 对 d 定义

$\widehat{d}$	0	1	×	d	$\bar{d}$
0	0	ϕ	0	ψ	ψ
1	ϕ	1	1	ψ	ψ
×	0	1	×	d	$\bar{d}$
d	ψ	ψ	d	μ	λ
$\bar{d}$	ψ	ψ	$\bar{d}$	λ	μ

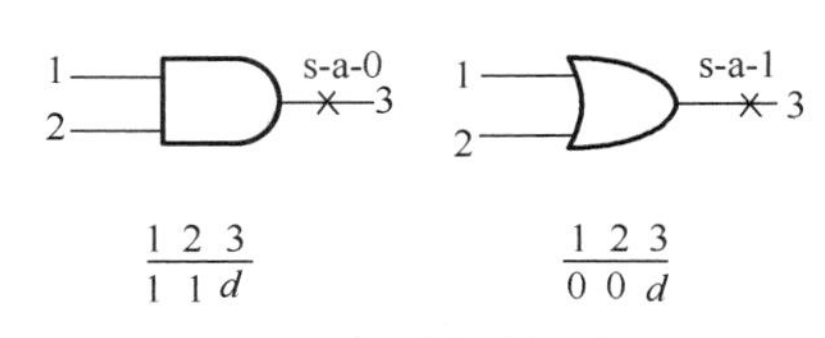

图 3.13　故障初始 d 矢量

4. d 交运算

d 交运算是建立敏化通路的数学工具，Roth 对 d 交运算的定义示于表 3.4 中，并用算符 $\widehat{d}$ 表示。在表 3.4

中，ϕ 表示 d 交运算为空，φ 表示 d 交运算无意义，μ 表示 d 与 $\overline{d}$ 不变，λ 表示 d 与 $\overline{d}$ 互换后再交运算。其准确含义将在具体进行 d 交运算时解释。

作为一个例子，利用 d 交运算求出图 3.14 所示电路的敏化通路。

对与门 G_4 有传递 d 矢量为

$$G_4 = \frac{1\quad 2\quad 3\quad 4\quad 5}{d\quad 1\quad \times\quad d\quad \times}$$

对或门 G_5 有传递 d 矢量为

$$G_5 = \frac{1\quad 2\quad 3\quad 4\quad 5}{\times\quad \times\quad 0\quad d\quad d}$$

用 d 交运算求出敏化通路：

$$t_0 = \frac{1}{d}$$

$$G_4 = \frac{1\quad 2\quad 3\quad 4\quad 5}{d\quad 1\quad \times\quad d\quad \times}$$

$$G_5 = \times\quad \times\quad 0\quad d\quad d$$

$$\overline{\qquad\qquad\qquad\qquad\qquad}$$

$$t_0 \widehat{d} G_4 \widehat{d} G_5 = d\quad 1\quad 0\quad d\quad d$$

显然，这就是矢量 d 经 4 传到 5 的敏化通路，从而可实现 1 点的故障测试。上述结果也可用通路敏化法求出，可见，用 d 交运算可以实现对电路的测试。

3.2.2 *d* 算法的基本步骤

我们已经叙述了与 d 算法有关的一些预备知识，下面叙述 d 算法的基本步骤，并用一个具体计算例子来说明。

d 算法的基本步骤如下：

（1）首先根据被测电路的结构作出电路的简化表和它的传递 d 矢量。接着写出一个故障的初始 d 矢量，把它作为测试矢量 t^0。找出 t^0 的活动矢量 $a(t^0)$，观察 $a(t^0)$ 中各顶点所馈向的门，就得到 t^0 的 d 扇出。

（2）然后令所得的测试 t^0 同电路中每一个传递 d 矢量进行 d 交运算，提到新的测试矢量 $t^{0.1}$、$t^{0.2}$ 等。二维敏化和 d 算法的本质在于力求使故障同时向一切敏化通路传播，这也是算法的基础。因此，原则上所得的测试应同电路中每一个传递 d 矢量都进行 d 交运算，这样计算量将会是惊人的。然而实际上我们只需考虑属于测试矢量的 d 扇出中的那些门的传递 d 矢量，这就大大节省了计算量。求得新的测试矢量 $t^{0.1}$、$t^{0.2}$ 等之后，如上面（1）中一样，分别找出它们的活动矢量，取出各自的扇出。

（3）再重复上面（2）的作法，令这些新矢量 $t^{0.1}$、$t^{0.2}$ 等分别同各自 d 扇出有关的那些传递 d 矢量进行 d 交运算，又得到一些新的测试矢量 $t^{0,1,1}$，$t^{0,1,2}$，…，$t^{0,2,2}$，这样反复进行，将一切敏化通路向前推进，亦即使故障沿一切敏化通路传播下去，这就是所谓的 d 驱赶，相当于一维敏化中的前相跟踪，一直驱赶到尽头，即达到电路的一切主输出端为止。

（4）最后一步是进行相容性运算，即一致性检查或后相跟踪，其后确定测试矢量。

3.2.3 *d* 算法举例

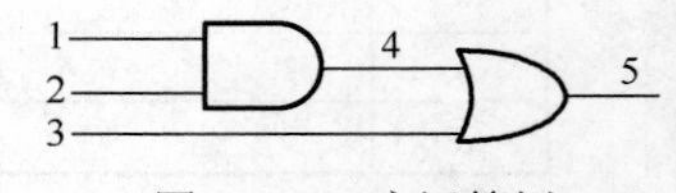

图 3.14 d 交运算例

用图 3.6 中的 Schneider 模型作为 d 算法的例子，这个电路是一维通路敏化的反例。

（1）先写出电路的简化表如表 3.5 所示，再写出电路的传递 d 矢量如表 3.6 所示。

表 3.5　简化表

	1	2	3	4	5	6	7	8	9	10	11	12
G_5	×		1		0							
	1		×		0							
	0		0		1							
G_6		×	1			0						
		1	×			0						
		0	0			1						
G_7		×		1			0					
		1		×			0					
		0		0			1					
G_8		×			1			0				
		1			×			0				
		0			0			1				
G_9	×					1			0			
	1					×			0			
	0					0			1			
G_{10}				1		×				0		
				×		1				0		
				0		0				1		
G_{11}			×				1				0	
			1				×				0	
			0				0				1	
G_{12}								×	×	×	1	0
								×	×	1	×	0
								×	1	×	×	0
								1	×	×	×	0
								0	0	0	0	1

把 G_6 s-a-0 故障的初始 d 矢量写入表 3.7 中，并记为测试矢量 t^0 。t^0 的活动矢量的坐标就是 t^0 的坐标中取 d 值的坐标，所以这里活动矢量的坐标为 6。由图 3.6 可见，6 的 d 扇出为 9 和 100。

（2）d 驱赶。

令 $t^0\ \begin{array}{ccc}2&3&6\\ \hline 0&0&d\end{array}$ 同 G_9 和 G_{10} 的传递 d 矢量作 d 交运算。由表 3.6 可见，G_9 的传递 d 矢量为

$$\begin{array}{ccc}1&6&9\\ \hline \bar{d}&0&\bar{d}\end{array} \qquad 和 \qquad \begin{array}{ccc}1&6&9\\ \hline 0&\bar{d}&\bar{d}\end{array}$$

t^0 同 G_9 的第一个矢量的 d 交运算为

$$\begin{array}{ccccc}1&2&3&6&9\\ \hline d&0&0&\psi&d\end{array}$$

得到顶点 6 之值 ψ （无定义），这个结果无用，可以丢掉。t^0 同 G_9 的第二个矢量作 d 交运算得

$$\begin{array}{ccccc}1&2&3&6&9\\ \hline 0&0&0&\mu&\bar{d}\end{array}$$

这里 μ 的意义是什么呢？按传递 d 矢量的定义，G_9 的输出（在顶点 1、2、3 均取 0 值时）唯一

地取决于顶点 6，并且是顶点 6 值的非，可见，μ 之值在这里应为 d。Roth 把这作为 d 交运算定义的一部分，并且表达为“若在 d 交结果中出现 μ 而不出现 λ 时，则 μ 就是 $d\widehat{d}d=\overline{d}$ 或 $\overline{d}\widehat{\overline{d}}\overline{d}=\overline{d}$ ”。

t^0 同 G_{10} 的两个传递矢量作 d 交运算，情况与此类似。

表 3.6 传递 d 矢量

	1	2	3	4	5	6	7	8	9	10	11	12
G_5	0		d		$\overline{d}$							
	d		0		$\overline{d}$							
G_6		0	d			$\overline{d}$						
		d	0			$\overline{d}$						
G_7		0		d			$\overline{d}$					
		$\overline{d}$		0			$\overline{d}$					
G_8		0			d			$\overline{d}$				
		$\overline{d}$			0			$\overline{d}$				
G_9	0					d			$\overline{d}$			
	d					0			$\overline{d}$			
G_{10}				0		d				$\overline{d}$		
				d		0				$\overline{d}$		
G_{11}			0				d				$\overline{d}$	
			d				0				$\overline{d}$	
G_{12}								0	0	0	d	$\overline{d}$
								0	0	d	0	$\overline{d}$
								0	d	0	0	$\overline{d}$
								d	0	0	0	$\overline{d}$

表 3.7 d 驱动的第一阶段

	d 交的结果												t	活动	d 扇出	注 释
	1	2	3	4	5	6	7	8	9	10	11	12				
pdcf		0	0			d							t^0	{6}	{9,10}	G_6 s-a-0 的初始 d 矢量

我们把得到的结果列于表 3.8 中。注意，在 $t^{0,1}$ 和 $t^{0,2}$ 的 d 扇出中分别包含了 10 和 9。这是因为它们是同时经两个通路传递的，所以 G_9 和 G_{10} 都由仍在活动中的 G_6 馈给。

表 3.8 d 驱赶的第二阶段

	d 交的结果												t	活动矢量	d 扇出	注 释
	1	2	3	4	5	6	7	8	9	10	11	12				
t^0		0	0			d							t^0	{6}	{9,10}	故障的初始矢量
$t^0\widehat{d}\{9\}$	0	0	0			d			$\overline{d}$				$t^{0,1}$	{6,9}	{10,12}	通过 G_9 的单通路
$t^0\widehat{d}\{10\}$		0	0	0		d				$\overline{d}$			$t^{0,2}$	{6,10}	{9,12}	

（3）再将 $t^{0,1}$ 同 G_{10}、G_{12} 的传递 d 矢量作 d 交运算，以及将 $t^{0,2}$ 同 G_9、G_{12} 的传递 d 矢量作 d 交运算。结果列于表 3.9 中。

表 3.9　*d* 驱动的第三阶段

	d 交的结果												t	活动矢量	*d* 扇出	注　释
	1	2	3	4	5	6	7	8	9	10	11	12				
$t^{0,1}$	0	0	0			d			$\bar{d}$						{10,12}	取自表 3.8
$t^{0,1}\widehat{d}\{10\}$	0	0	0	0		d			$\bar{d}$	$\bar{d}$			$t^{0,1,1}$	{9,10}	{12}	通过 G_9 和 G_{10} 的双通路
$t^{0,2}\widehat{d}\{12\}$	0	0	0			d		0	$\bar{d}$	0	0	d	$t^{0,1,2}$	{12}	0	
$t^{0,2}$		0	0	0		d			$\bar{d}$	$\bar{d}$					{9,10,12}	取自表 3.8
$t^{0,2}\widehat{d}\{9\}$		0	0	0		d			$\bar{d}$	$\bar{d}$			$t^{0,2,1}$	{9,10}	{12}	与 $t^{0,1,1}$ 相同
$t^{0,2}\widehat{d}\{12\}$	0	0	0			d		0	0	$\bar{d}$	0		$t^{0,2,2}$	{12}	0	

这里有一点需加以说明。$t^{0,1}\widehat{d}\{12\}$ 时有一个 d 交为

$$\frac{1\quad 2\quad 3\quad 6\quad 9}{0\quad 0\quad 0\quad d\quad \bar{d}}\quad \widehat{d}\quad \frac{8\quad 9\quad 10\quad 11\quad 12}{0\quad d\quad 0\quad d\quad \bar{d}}$$

其中未写出的坐标事实上都取×值。所以由 d 交的结果得到

$$t^{0,1,2}=t^{0,1}\widehat{d}\{12\}\frac{1\quad 2\quad 3\quad 6\quad 9}{0\quad 0\quad 0\quad d\quad d}\quad \widehat{d}\quad \frac{8\quad 9\quad 10\quad 11\quad 12}{0\quad d\quad 0\quad d\quad d}$$

从式中可以看出 9 处会出现一个 λ。λ 的意义是什么呢？还记得 G_{12} 的传递 d 矢量 $\dfrac{8\quad 9\quad 10\quad 11\quad 12}{0\quad d\quad 0\quad d\quad \bar{d}}$ 的意义是“G_{12} 的输出取决于顶点 9 之值，且为其非”。显然，在这个矢量中可将 d 同 $\bar{d}$ 对调，即 $\dfrac{6\quad 9\quad 10\quad 11\quad 12}{0\quad \bar{d}\quad 0\quad 0\quad \bar{d}}$，这样一来上面的 d 交就可改写为

$$\frac{1\quad 2\quad 3\quad 6\quad 9}{0\quad 0\quad 0\quad d\quad \bar{d}}\quad \widehat{d}\quad \frac{8\quad 9\quad 10\quad 11\quad 12}{0\quad \bar{d}\quad 0\quad 0\quad d}$$

结果得到：

$$t^{0,1,2}=t^{0,1}\widehat{d}\{12\}\frac{1\quad 2\quad 3\quad 6\quad 8\quad 9\quad 10\quad 11\quad 12}{0\quad 0\quad 0\quad d\quad 0\quad \bar{d}\quad 0\quad 0\quad d}$$

因此，Roth 把这作为 d 交定义的另一部分，并表述为“若在 d 交结果中只出现 λ（而不出现 μ）时，那么就令后面一个矢量中所有的 d 换作 $\bar{d}$，同时令该矢量中所有的 $\bar{d}$ 换作 d，从而得此 λ 之值”。如果在 d 交中同时出现 μ 和 λ，则该 d 交无定义。

在表 3.9 中，$t^{0,1,2}$ 的活动矢量坐标为 12，也就是驱赶到头了，故其扇出为空。对于 $t^{0,2,2}$ 也是如此。

（4）现在只剩下一个 $t^{0,1,1}=t^{0,2,1}$ 有待驱赶到 G_{12}。现在 $t^{0,1,1}$ 的坐标 9 和 10 是 G_{12} 的两个输入，而且两个值均为 $\bar{d}$，就是说这两个输入共同决定 G_{12} 的输出。

从表 3.6 中我们知道，传递 d 矢量都是单 d 矢量，即只包含有一个控制输入，它们不适用于现在两个输入同时控制的情况，事实上 G_{12} 的单 d 矢量同 $t^{0,1,1}$ d 交都是无定义的。因此，这里需要构造 G_{12} 的二重 d 矢量。这可以通过简化表的相继求交而得，例如由

$$(\times\times 1\times 0)\cap(\times 1\times\times 0)\cap(00001)$$

可得 G_{12} 的二重 d 矢量为

$$\frac{8\quad 9\quad 10\quad 11\quad 12}{0\quad \bar{d}\quad \bar{d}\quad 0\quad d}$$

用 G_{12} 的这个双重 d 矢量同 $t^{0,1,1}$ 作 d 交，得到的结果如表 3.10 所示，于是全部 d 驱赶都已到尽头，d 驱赶过程即告结束。

表 3.10　d 驱赶的最后阶段

	d 交的结果												t	活动矢量	d 扇出	注　释
	1	2	3	4	5	6	7	8	9	10	11	12				
$t^{0,1,1,1}$	0	0	0	0		d			$\bar{d}$	$\bar{d}$				{12}	{12}	取自表 3.8
$t^{0,1,1}\widehat{d}\{12\}$	0	0	0	0		d		0	$\bar{d}$	$\bar{d}$	0	d	$t^{0,1,1,1}$		0	

（5）最后进行相容性运算。应该对前面表 3.9 和表 3.10 中 d 扇出为 0 的诸 t 进行一致性检验。共有 3 个测试，即 $t^{0,1,2}$ 、$t^{0,2,2}$ 和 $t^{0,1,1,1}$ 。

第一，我们先从 $t^{0,1,2}$ 开始，如表 3.11 所示，选取其值为 0 或为 1 的标号最大的一个顶点，在本例中就是顶点 11。还记得前面规定顶点编号的原则是一个门的输出顶点号码应大于其一切输入线的编号，这就是为了便于现在的相容性运算。

取以这个顶点为输出的门（即 G_{11} ）在简化表（表 3.5）中具有相同输出（即输出为 0）的矢量 $G_{11}(a)=\dfrac{3\quad 7\quad 11}{\times\quad 0\quad 1}$ 和 $G_{11}(b)=\dfrac{3\quad 7\quad 11}{1\quad \times\quad 0}$，与 $t^{0,1,2}$ 对比，我们发现 $G_{11}(b)$ 顶点 3 与 $t^{0,1,2}$ 点 3 的值不一致，故弃去 $G_{11}(b)$ 。而 $G_{11}(a)$ 各顶点的值与 $t^{0,1,2}$ 不矛盾，故取 $G_{11}(a)$ 。求 $t^{0,1,2}$ 同 $G_{11}(a)$ 的 d 交，即得表 3.11 中的第四行。

表 3.11　$t^{0,1,2}$ 的相容性

	d 交的结果												注　释
	1	2	3	4	5	6	7	8	9	10	11	12	
$t^{0,1,2}$	0	0	0	0		d		0	$\bar{d}$	0	0	d	取 $G_{11}=0$
$G_{11}(a)$			×			1					0		
$G_{11}(b)$			1			×					0		$G_{11}(b)$ 顶点 3 矛盾
$t^{0,1,2}\widehat{d}G_{11}(a)$	0	0	0	0		d	1	0	$\bar{d}$	0	0	d	取 $G_{10}=0$
$G_{10}(a)$				1		×				0			
$G_{10}(b)$				×		1				0			取 $G_{10}(b)$ 顶点 6 矛盾
$t^{0,1,2}\widehat{d}G_{11}(a)\widehat{d}G_{10}(a)$	0	0	0	1		d	1	0	$\bar{d}$	0	0	d	取 $G_8=1$
$G_8(a)$		1			×			0					$G_8(b)$ 顶点 2 矛盾
$G_8(b)$		×			1			0					
$t^{0,1,2}\widehat{d}G_{11}(a)\widehat{d}G_{10}(a)\widehat{d}G_7(b)$	0	0	0	1	1	d	1	0	d	0		d	取 $G_7=1$
$G_7(c)$		0		0			1						$G_7(c)$ 顶点 4 矛盾

第二，再选这个 d 交结果中具有 0 或 1 值而号码低于刚才所选顶点（11）的一个标号最大的顶点 10，其值为 0，重复上面(a)点的工作。然而 $G_{10}(b)$ 点 6 之值矛盾，故弃去，而 $G_{10}(a)$ 不矛盾，则取之。

第三，继续重复下去，一直检验到输入端的门电路为止。在本例中到 G_7 为止（见图 3.6），G_7 点 4（即输入端 x_4 ）是矛盾的，所以结论是不存在相应于 $t^{0,1,2}$ 的测试。

第四，再对 $t^{0,2,2}$ 进行上述全部运算过程，结论也是不存在相应于 $t^{0,2,2}$ 的测试。

第五，再对 $t^{0,1,1,1}$ 进行上述全部运算，结果如表 3.12 所示，最后检验到输入门 G_5 符合一致性要求。

于是得到对应于 $t^{0,1,1,1}$ 的一个有效的测试，其输入矢量为

$$X = \{0\ 0\ 0\ 0\}$$

即测试函数

$$T = \{0000;1\}$$

为 G_6 s-a-0 的无故障测试。

表 3.12　$t^{0,1,1,1}$ 的相容性

	1	2	3	4	5	6	7	8	9	10	11	12	
检查 $t^{0,1,1,1}$	0	0	0	0		d		0	d	d	0	d	取 $G_{11}=0$
$G_{11}(a)$			×				1				0		
$G_{11}(b)$			1				×				0		$G_{11}(b)$ 顶点 3 矛盾
$t^{0,1,1,1}\widehat{d}G_{11}(a)$	0	0	0	0	×	d		0	d	d	0	d	取 $G_8=0$
$G_8(a)$		1			×			0					$G_8(a)$ 顶点 2 矛盾
$G_8(b)$		×			1			0					
$t^{0,1,1,1}\widehat{d}G_{11}(a)\widehat{d}G_8(b)$	0	0	0	0	1	d	1	0	$\overline{d}$	$\overline{d}$	0	d	取 $G_7=1$
$\mathbf{G}_7(c)$		0		0		1							
$t^{0,1,1,1}\widehat{d}G_{11}(a)\widehat{d}G_8(b)\widehat{d}G_7(c)$	0	0	0	0	1	d	1	0	$\overline{d}$	$\overline{d}$	0	d	取 $G_5=1$
$G_5(c)$	0		0		1								
有效的测试	0	0	0	0	1	d	1	0	$\overline{d}$	$\overline{d}$	0	d	$X=(0,0,0,0)$

这就是图 3.6 所示的著名的 Schneider 电路 G_6 s-a-0 故障的唯一的一个测试。从表 3.12 最后一行可以看出，得到的这个测试输入矢量也可以侦查 G_9 s-a-1、G_{10} s-a-1 和 G_{12} s-a-0 的故障。

3.2.4　扩展 *d* 算法

由 d 算法的测试过程可以看出，d 算法本身是一种试探法。在 d 驱赶过程中对敏化通路的选择是盲目的，因而用 d 算法求解某些电路的测试时效率较低，常常要反复寻找敏化通路。这是由于 d 算法在求电路的传递 d 矢量时条件过于苛刻造成的。我们以图 3.15 所示的与门电路为例。为了将与门输入端 1 上的 d 矢量传递到输出端 3，对输入端 2 的敏化条件是赋 1 值。实际上，利用与门性质，输入端 2 赋 1 值和 d 都能将输入端 1 的 d 矢量传递到输出端 3。这不仅意味着敏化条件的放宽，且本身就直接引入了多路敏化的概念。为此，在 d 算法中 0、1、d 和 $\overline{d}$ 4 个基本变量的基础上增加 5 个变量，并定义如下：

$$R = 1 \cup \overline{d}$$

$$\overline{R} = 0 \cup d$$

$$F = 1 \cup d$$

$$\overline{F} = 0 \cup \overline{d}$$

$$U = 0 \cup 1 \cup d \cup \overline{d}$$

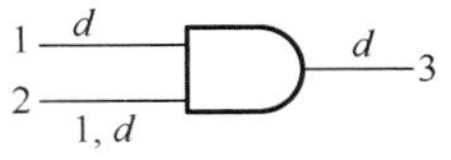

图 3.15　与门电路

因此，一共有 9 个变量。

利用布尔代数“与”运算和“或”运算的规则，不难进行九值逻辑的与运算、或运算和非运算，其结果列于表 3.13、表 3.14 和表 3.15 中。

扩展 d 算法（称九值扩展 d 算法）仍以 d 算法为基础，并利用九值集合运算，直接导出各种电路的传递 d 矢量。并使用与 d 算法一样的步骤，对故障的初始 d 矢量进行 d 驱赶和一致性运算，以求出

故障的测试。扩展 d 算法兼有 d 算法和九值算法的优点，算法简便直观，通用性强。由于采用了九值集合运算，进一步简化了算法测试码方程的建立和求解只要用集合“交”运算即可完成，且故障通路和非故障通路的线值处理变得非常简单。

表 3.13　九值逻辑与运算表

• ($x\downarrow$, $y\rightarrow$)	0	1	d	$\overline{d}$	F	$\overline{F}$	R	$\overline{R}$
0	0	0	0	0	0	0	0	0
1	0	1	d	$\overline{d}$	F	$\overline{F}$	R	R
d	0	d	d	0	d	0	$\overline{R}$	$\overline{R}$
$\overline{d}$	0	$\overline{d}$	0	$\overline{d}$	$\overline{F}$	$\overline{F}$	$\overline{d}$	0
F	0	F	d	$\overline{F}$	F	$\overline{F}$	U	$\overline{R}$
$\overline{F}$	0	$\overline{F}$	0	$\overline{F}$	$\overline{F}$	$\overline{F}$	$\overline{F}$	0
R	0	R	$\overline{R}$	$\overline{d}$	U	$\overline{F}$	R	$\overline{R}$
$\overline{R}$	0	$\overline{R}$	$\overline{R}$	0	$\overline{R}$	0	$\overline{R}$	$\overline{R}$

表 3.14　九值逻辑或运算表

+	0	1	d	$\overline{d}$	F	$\overline{F}$	R	$\overline{R}$
0	0	1	d	$\overline{d}$	F	$\overline{F}$	R	$\overline{R}$
1	1	1	1	1	1	1	1	1
d	d	1	d	1	F	F	1	d
$\overline{d}$	$\overline{d}$	1	1	$\overline{d}$	1	$\overline{d}$	R	R
F	F	1	F	1	F	F	1	F
$\overline{F}$	$\overline{F}$	1	F	$\overline{d}$	F	$\overline{F}$	R	U
R	R	1	1	R	1	R	R	R
$\overline{R}$	$\overline{R}$	1	d	R	F	U	R	$\overline{R}$

表 3.15　九值逻辑非运算表

x	0	1	d	$\overline{d}$	F	$\overline{F}$	R	$\overline{R}$
$\overline{x}$	1	0	$\overline{d}$	d	$\overline{F}$	F	$\overline{R}$	R

扩展 d 算法的传递 d 矢量可利用表 3.13、表 3.15 法求出。并用 x^{α} 表示 $x\in\alpha$，即 x 是集合 α 中的元素。

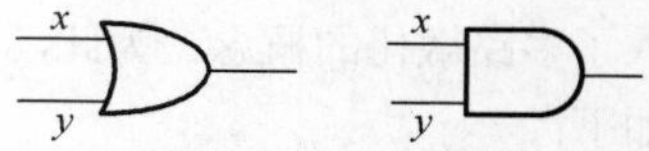

图 3.16　求传递 d 矢量

对于图 3.16 所示的或门有：

$$(x+y)^{d}=x^{d}(y^{0}\cup y^{d}\cup y^{\overline{R}})\cup y^{d}(x^{0}\cup x^{d}\cup x^{\overline{R}})=x^{d}y^{\overline{R}}\cup y^{d}x^{\overline{R}} \tag{3-1}$$

$$(x+y)^{\overline{d}}=x^{\overline{d}}(y^{0}\cup y^{\overline{d}}\cup y^{\overline{F}})\cup y^{\overline{d}}(x^{0}\cup x^{\overline{d}}\cup x^{\overline{F}})=x^{\overline{d}}y^{\overline{F}}\cup y^{\overline{d}}x^{\overline{F}} \tag{3-2}$$

$$(x+y)^{F}=x^{F}(y^{0}\cup y^{d}\cup y^{F}\cup y^{\overline{F}}\cup y^{\overline{R}})\cup y^{F}(x^{0}\cup x^{d}\cup x^{F}\cup x^{\overline{F}}\cup x^{\overline{R}})$$

$$\cup x^{\overline{F}}y^{d}\cup x^{d}(x^{F}\cup y^{\overline{F}})=x^{F}y^{U}\cup y^{F}x^{U}\cup x^{d}y^{F}\cup x^{d}y^{\overline{F}}\cup x^{\overline{F}}y^{d}$$

由于 $d\in F$，$\overline{F}\in U$，最后三项被吸收，故有

$$(x+y)^{F}=x^{F}y^{U}\cup y^{F}x^{U} \tag{3-3}$$

$$(x+y)^{\overline{F}}=x^{\overline{F}}y^{\overline{F}}\cup x^{\overline{F}}y^{0}\cup x^{0}y^{\overline{F}}=x^{\overline{F}}y^{\overline{F}} \tag{3-4}$$

$$(x+y)^{R}=x^{R}(y^{0}\cup y^{\overline{d}}\cup y^{\overline{F}}\cup y^{R}\cup y^{\overline{R}})\cup y^{R}(x^{0}\cup x^{\overline{d}}\cup x^{\overline{F}}\cup x^{R}\cup x^{\overline{R}})$$

$$\cup x^{\overline{F}} y^{d} \cup x^{\overline{D}} y^{\overline{R}} = x^{R} y^{U} \cup y^{R} x^{U} \cup x^{\overline{R}} y^{\overline{d}} \cup x^{\overline{d}} y^{\overline{R}}$$

由于$\overline{d} \in R$，$\overline{R} \in U$ 最后两项被吸收，故有

$$(x+y)^{R} = x^{R} y^{U} \cup x^{U} y^{R} \tag{3-5}$$

$$(x+y)^{R} = x^{\overline{R}} y^{\overline{R}} \tag{3-6}$$

此外，从表 3.14 可以直接得出：

$$(x+y)^{0} = x^{0} y^{0} \tag{3-7}$$

$$(x+y)^{1} = x^{1} y^{U} \cup x^{U} y^{1} \cup x^{d} y^{\overline{d}} \cup x^{\overline{d}} y^{d} \tag{3-8}$$

类似地，对于如图 3.16 所示的与门有

$$(x \cdot y)^{d} = x^{d}(y^{1} \cup y^{d} \cup y^{F}) \cup y^{d}(x^{1} \cup x^{d} \cup x^{F}) = x^{d} y^{F} \cup y^{d} x^{F} \tag{3-9}$$

$$(x \cdot y)^{\overline{d}} = x^{d}(y^{1} \cup y^{\overline{d}} \cup y^{R}) \cup y^{\overline{d}}(x^{1} \cup x^{\overline{d}} \cup x^{R})$$

由于$1 \in R$，$\overline{d} \in R$，吸收后有

$$(x \cdot y)^{\overline{d}} = x^{\overline{d}} y^{R} \cup x^{R} y^{\overline{d}} \tag{3-10}$$

$$(x \cdot y)^{F} = x^{F} y^{F} \cup x^{F} y^{1} \cup y^{F} x^{1}$$

由于$1 \in F$，后两项被吸收，故有

$$(x \cdot y)^{F} = x^{F} y^{F} \tag{3-11}$$

$$(x \cdot y)^{\overline{F}} = x^{\overline{F}}(y^{1} \cup y^{\overline{d}} \cup y^{F} \cup y^{\overline{F}} \cup y^{R}) \cup y^{\overline{F}}(x^{1} \cup y^{\overline{d}} \cup y^{F} \cup y^{\overline{F}} \cup y^{R})$$

$$\cup x^{\overline{F}} y^{\overline{d}} \cup y^{F} x^{\overline{d}} = x^{\overline{F}} y^{U} \cup y^{\overline{F}} x^{U} \cup x^{d} y^{\overline{F}} \cup y^{d} x^{\overline{F}}$$

由于$\overline{d} \in \overline{F}$，$F \in U$ 后两项被吸收，故有

$$(x \cdot y)^{\overline{F}} = x^{\overline{F}} y^{U} \cup x^{U} y^{\overline{F}} \tag{3-12}$$

$$(x \cdot y)^{R} = x^{R}(y^{1} \cup y^{R}) \cup y^{R}(x^{1} \cup x^{R}) = x^{R} y^{R} \tag{3-13}$$

$$(x \cdot y)^{\overline{R}} = x^{\overline{R}}(y^{1} \cup y^{d} \cup y^{F} \cup y^{R} \cup y^{\overline{R}}) \cup y^{\overline{R}}(x^{1} \cup x^{d} \cup x^{F} \cup x^{R} \cup x^{\overline{R}})$$

$$\cup x^{R} y^{d} \cup x^{d} y^{R} = x^{\overline{R}} y^{U} \cup y^{\overline{R}} x^{U} \cup x^{d} y^{R}$$

由于$d \in \overline{R}$，$R \in U$ 后两项被吸收，故有

$$(x \cdot y)^{\overline{R}} = y^{U} x^{\overline{R}} \cup x^{U} y^{\overline{R}} \tag{3-14}$$

此外，从表 3. 13 可直接得出：

$$(x \cdot y)^{1} = x^{1} y^{1} \tag{3-15}$$

$$(x \cdot y)^{0} = x^{0} y^{U} \cup x^{U} y^{0} \cup x^{d} y^{\overline{d}} \cup x^{\overline{d}} y^{d} \tag{3-16}$$

对于三维函数，容易验证以下公式成立：

$$(x \cdot y \cdot z)^{1} = x^{1} y^{1} z^{1}$$

$$(x \cdot y \cdot z)^{0} = x^{0} \cup y^{0} \cup z^{0} \cup x^{d} y^{\overline{d}} \cup x^{\overline{d}} y^{d} \cup y^{d} z^{\overline{d}} \cup y^{\overline{d}} z^{d} \cup x^{d} z^{\overline{d}} \cup x^{\overline{d}} z^{d}$$

$$(x \cdot y \cdot z)^{d} = x^{d} y^{F} z^{F} \cup x^{F} y^{d} z^{F} \cup z^{d} x^{F} y^{F}$$

$$(x \cdot y \cdot z)^{\overline{d}} = x^{\overline{d}} y^{R} z^{R} \cup y^{\overline{d}} x^{R} z^{R} \cup z^{\overline{d}} x^{R} y^{R}$$

$$(x \cdot y \cdot z)^{F} = x^{F} y^{F} z^{F}$$

$$(x \cdot y \cdot z)^{\overline{F}} = x^{\overline{F}} \cup y^{\overline{F}} \cup z^{\overline{F}}$$

$$(x \cdot y \cdot z)^{R} = x^{R} \cdot y^{R} \cdot z^{R}$$

$$(x \cdot y \cdot z)^{\overline{R}} = x^{\overline{R}} \cup y^{\overline{R}} \cup z^{\overline{R}}$$

$$(x+y+z)^1 = x^1\ U\ y^1 U\ z\ U\ x^{\bar{d}} y^d\ U\ x^d y^{\bar{d}}\ U\ y^{\bar{d}} z^d\ U\ y^d z^{\bar{d}}\ \ x^d y^{\bar{d}}\ U\ x^d z^{\bar{d}}\ U\ x^{\bar{d}} z^d$$

$$(x+y+z)^0 = x^0 y^0 z^0$$

$$(x+y+z)^d = x^d y^{\bar{R}} z^{\bar{R}} \cup y^d x^{\bar{R}} z^{\bar{R}} \cup z^d x^{\bar{R}} y^{\bar{R}}$$

$$(x+y+z)^{\bar{d}} = x^{\bar{d}} y^{\bar{F}} z^{\bar{F}} \cup y^{\bar{d}} x^{\bar{F}} z^{\bar{F}} \cup z^{\bar{d}} z^{\bar{F}} y^{\bar{F}}$$

$$(x+y+z)^F = x^F \cup y^F \cup z^F$$

$$(x+y+z)^{\bar{F}} = x^{\bar{F}} y^{\bar{F}} z^{\bar{F}}$$

$$(x+y+z)^R = x^R \cup y^R \cup z^R$$

$$(x+y+z)^{\bar{R}} = x^{\bar{R}} y^{\bar{R}} z^{\bar{R}}$$

仿此不难推出 n 维函数的类似公式。

将式（3-1）～式（3-16）归纳起来，可得图 3.17 所示的扩展 d 算法的九值传递矢量，它与图 3.12 所示的 d 算法的传递 d 矢量是对应的。

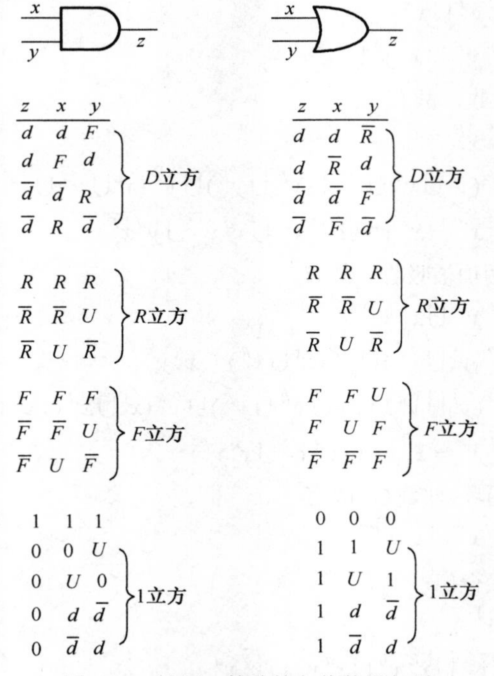

图 3.17　扩展 d 算法的九值传递矢量

至于扩展 d 算法中的故障初始 d 矢量可用与 d 算法相同的方法求出。

下面仍以图 3.6 所示的施耐特得为例来求解 L_6 s-a-0 的测试，以此来说明扩展 d 算法的运用。

1. d 驱赶

首先求出 L_6 s-a-0 的初始 d 矢量并作为 t^0，于是有

$$t^0 = \frac{1\quad 2\quad 3\quad 4\quad 5\quad 6\quad 7\quad 8\quad 9\quad 10\quad 11\quad 12}{\times\quad 0\quad 0\quad \times\quad \times\quad d\quad \times\quad \times\quad \times\quad \times\quad \times\quad \times}$$

活动矢量 t^0 向{9}和{10}扇出，如果选择{9}传递 $\bar{d}$，由于{9}为或非门，所以对 $\bar{d}$ 的传递 d 矢量为

$$\{9\} = \frac{1\quad 2\quad 3\quad 4\quad 5\quad 6\quad 7\quad 8\quad 9\quad 10\quad 11\quad 12}{\bar{R}\quad \times\quad \times\quad \times\quad \times\quad d\quad \times\quad \times\quad \bar{d}\quad \times\quad \times\quad \times}$$

则活动矢量 t^0 经过 $\{9\}$ 的传递有

$$t' = t^0 \cap \{9\} = \begin{array}{cccccccccccc} 1 & 2 & 3 & 4 & 5 & 6 & 7 & 8 & 9 & 10 & 11 & 12 \\ \hline \overline{R} & 0 & 0 & \times & \times & d & \times & \times & \overline{d} & \times & \times & \times \end{array}$$

活动矢量 t^1 再向 $\{12\}$ 扇出，$\{12\}$ 亦为或非门，其对 d 传递 d 矢量有

$$\{12\} = \begin{array}{cccccccccccc} 1 & 2 & 3 & 4 & 5 & 6 & 7 & 8 & 9 & 10 & 11 & 12 \\ \hline \times & 0 & 0 & \times & \times & \times & \times & \overline{F} & \overline{d} & \overline{F} & \overline{F} & d \end{array}$$

则活动矢量 t^1 经过 $\{12\}$ 的传递有

$$t^2 = t^1 \cap \{12\} = \begin{array}{cccccccccccc} 1 & 0 & 3 & 4 & 5 & 6 & 7 & 8 & 9 & 10 & 11 & 12 \\ \hline \overline{R} & 0 & 0 & \times & \times & d & \times & \overline{F} & \overline{d} & \overline{F} & \overline{F} & d \end{array}$$

$$t^3 = t^0 \cap \{10\} \cap \{12\} = \begin{array}{cccccccccccc} 1 & 2 & 3 & 4 & 5 & 6 & 7 & 8 & 9 & 10 & 11 & 12 \\ \hline \times & 0 & 0 & \overline{R} & \times & d & \times & \overline{F} & \overline{F} & \overline{d} & \overline{F} & d \end{array}$$

至此，d 驱赶结束。

2．一致性检查

由于 $\{11\}$、$\{10\}$ 和 $\{8\}$ 均为或非门，其 F 传递为

$$\begin{array}{lcccccccccccc} & 1 & 2 & 3 & 4 & 5 & 6 & 7 & 8 & 9 & 10 & 11 & 12 \\ \cline{2-13} \{11\} = & \times & \times & 0 & \times & \times & \times & F & \times & \times & \times & F & \times \\ \{10\} = & \times & \times & \times & U & \times & d & \times & \times & \times & \overline{F} & \times & \times \\ \{8\} = & \times & 0 & \times & \times & F & \times & \times & \overline{F} & \times & \times & \times & \times \end{array}$$

一致性检查有：

$$t^2 \cap \{11\} \cap \{10\} \cap \{8\} = \begin{array}{cccccccccccc} 1 & 2 & 3 & 4 & 5 & 6 & 7 & 8 & 9 & 10 & 11 & 12 \\ \hline \overline{R} & 0 & 0 & U & F & d & F & \overline{F} & \overline{d} & \overline{F} & \overline{F} & d \end{array}$$

同样，对 $\{7\}$ 和 $\{5\}$ 两个或非门，其 F 传递为

$$\begin{array}{lcccccccccccc} & 1 & 2 & 3 & 4 & 5 & 6 & 7 & 8 & 9 & 10 & 11 & 12 \\ \cline{2-13} \{7\} = & \times & 0 & \times & \overline{F} & \times & \times & F & \times & \times & \times & \times & \times \\ \{5\} = & F & \times & 0 & \times & F & \times & \times & \times & \times & \times & \times & \times \end{array}$$

最后的一致性检查为

$$t^2 \cap \{11\} \cap \{10\} \cap \{8\} \cap \{7\} \cap \{5\} = \begin{array}{cccccccccccc} 1 & 0 & 3 & 4 & 5 & 6 & 7 & 8 & 9 & 10 & 11 & 12 \\ \hline 0 & 0 & 0 & 0 & F & d & F & F & \overline{d} & \overline{F} & \overline{F} & d \end{array}$$

一致性检查无矛盾，测试矢量为

$$X = \{0000\}$$

$$T = \{0000;1\}$$

与 d 算法解出的完全一样，但扩展 d 算法求解的过程却简单得多。

如果将 $F = 1 \cup d$ 及 $\overline{F} = 0 \cup \overline{d}$ 代入，则有

$$\begin{array}{cccccccccccc} 1 & 0 & 3 & 4 & 5 & 6 & 7 & 8 & 9 & 10 & 11 & 12 \\ \hline 0 & 0 & 0 & 0 & 1 \cup d & d & 1 \cup d & 0 \cup \overline{d} & \overline{d} & 0 \cup \overline{d} & 0 \cup \overline{d} & d \end{array}$$

说明测试矢量 $X=0000$ 不仅可以测出 L_6 s-a-0，而且还可测出 L_6 s-a-0 、L_7 s-a-0、 L_{12} s-a-0 以及 L_8 s-a-1、 L_9 s-a-1、 L_{10} s-a-1、 L_{11} s-a-1 的故障。

3.3　布尔差分法

通路敏化法是利用拓扑方法寻求敏化通路的方法。另一种方法是通过一种概念上简单而直接的分析方法来求敏化通路，即是用分析的方法来研究故障的传播，从而求得故障的测试集。所谓布尔差分法就是这样一种方法。布尔差分法的优点在于其测试的普遍性和完备性，它不仅适用于单个故障的测试，而且也可以用于多重输出电路以及多重故障的测试。

3.3.1　布尔差分的基本概念

一个数字系统测试的关键在于系统内部任何一个节点 x_i 上信号逻辑值的变化是否能使输出端 y 的逻辑值产生相应的变化，从而可根据 y 的变化来测试出 x_i 的变化，以达到对 x_i 故障测试的目的。

有一个组合理辑系统，布尔表达式为

$$y=y(x_1,x_2,\cdots,x_i,\cdots,x_n) \tag{3-17}$$

如果下列布尔表达式成立：

$$y=y(x_1,x_2,\cdots,x_i,\cdots,x_n)\oplus y(x_1,x_2,\cdots,\overline{x}_i,\cdots,x_n) \tag{3-18}$$

则表明，在函数 y 中，当 x_i 有变化，其对应 y 值的异或操作结果为 1 时，则 y 能反映 x_i 的变化，即 x_i 是可测的；反之，则为不可测。

下列布尔函数

$$\frac{\mathrm{d}y(x)}{\mathrm{d}x_i}=y(x_1,x_2,\cdots,x_i,\cdots,x_n)\oplus y(x_1,x_2,\cdots,\overline{x}_i,\cdots,x_n) \tag{3-19}$$

就称为 $y(x)$ 相对于 x_i 的布尔差分。显然，利用布尔差分可方便地寻求敏化通路。这种利用布尔差分的求解来寻求测试的方法就称为布尔差分法。

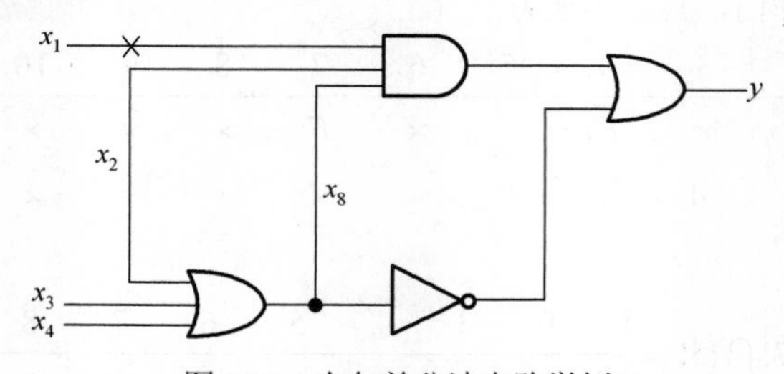

图 3.18　布尔差分法电路举例

我们先看一个简单的例子。如图 3.2 所示电路，为方便起见，把它重绘于图 3.18 中，由图可见：

$$\begin{aligned}y&=x_1x_2(x_2+x_3+x_4)+\overline{x_2+x_3+x_4}\\&=x_1x_2+\overline{x_2+x_3+x_4}\\&=x_1x_2+\overline{x}_2\overline{x}_3\overline{x}_4\end{aligned}$$

按照式（3-18），分别令 $x_1=0$ 和 $x_1=1$，从而得出

$$\overline{x}_2\overline{x}_3\overline{x}_4\oplus(x_2+\overline{x}_2\overline{x}_3\overline{x}_4)=1 \tag{3-20}$$

可见应有

$$x_2 = 1$$

要侦查 x_1 s-a-1 故障，当然测试输入矢量中应有 $x_1 = 0$；按式（3-20）结果，应有 $x_2 = 1$，式（3-20）中不出现 x_3 和 x_4，因而 x_3 和 x_4 可为随意值。这样一来，就得出 x_1 s-a-1 故障的测试输入矢量如下：

$$\begin{array}{l} \quad\;\; \underline{x_1 \quad x_2 \quad x_3 \quad x_4} \\ \left.\begin{array}{l} X_1 = 0 \quad 1 \quad 0 \quad 0 \\ X_2 = 0 \quad 1 \quad 0 \quad 1 \\ X_3 = 0 \quad 1 \quad 1 \quad 0 \\ X_4 = 0 \quad 1 \quad 1 \quad 1 \end{array}\right\} \end{array} \tag{3-21}$$

这正好就是前面用通路敏化法所得到的同样结果。可见，利用布尔差分可以求得电路的解。

3.3.2　布尔差分的特性

在具体研究如何利用布尔差分来解决故障侦查问题之前，先看一看布尔差分在运算上的若干有用的特性。

从上述关于布尔差分的定义出发，可以直接证明下面一些运算特性

特性 1：$\overline{\dfrac{\mathrm{d}y(x)}{\mathrm{d}x_i}} = \dfrac{\mathrm{d}y(x)}{\mathrm{d}x_i}$

特性 2：$\dfrac{\mathrm{d}y(x)}{\mathrm{d}x_i} = \dfrac{\mathrm{d}y(x)}{\mathrm{d}\overline{x_i}}$

特性 3：$\dfrac{\mathrm{d}}{\mathrm{d}x_i} \cdot \dfrac{\mathrm{d}y(x)}{\mathrm{d}x_j} = \dfrac{\mathrm{d}}{\mathrm{d}x_i} \cdot \dfrac{\mathrm{d}y(x)}{\mathrm{d}x_i}$

特性 4：$\dfrac{\mathrm{d}[y(x) \cdot z(x)]}{\mathrm{d}x_i} = y(x)\dfrac{\mathrm{d}z(x)}{\mathrm{d}x_i} \oplus z(x)\dfrac{\mathrm{d}y(x)}{\mathrm{d}x_i} \oplus \dfrac{\mathrm{d}y(x)}{\mathrm{d}x_i} \cdot \dfrac{\mathrm{d}z(x)}{\mathrm{d}x_i}$

特性 5：$\dfrac{\mathrm{d}[y(x) + z(x)]}{\mathrm{d}x_i} = \overline{y(x)}\dfrac{\mathrm{d}z(x)}{\mathrm{d}x_i} \oplus \overline{z(x)}\dfrac{\mathrm{d}y(x)}{\mathrm{d}x_i} \oplus \dfrac{\mathrm{d}y(x)}{\mathrm{d}x_i} \cdot \dfrac{\mathrm{d}z(x)}{\mathrm{d}x_i}$

特性 6：$\dfrac{\mathrm{d}[y(x) \oplus z(x)]}{\mathrm{d}x_i} = \dfrac{\mathrm{d}y(x)}{\mathrm{d}x_i} \oplus \dfrac{\mathrm{d}z(x)}{\mathrm{d}x_i}$

一个布尔函数 $y(x)$，若且仅若在 x_i 取补时（即 x_i 变为 $\overline{x_i}$）函数仍保持逻辑不变，即 $y(x_1, \cdots, x_i, \cdots, x_n) = y(x_1, \cdots, \overline{x_i}, \cdots, x_n)$，则这个函数 $y(x)$ 就是不依赖于 x_i 的，或独立于 x_i 的。

若 $y(x)$ 是一个组合逻辑电路的输出函数，则当且仅当对于其他变量的任何值而言 $y(x)$ 都不依赖于 x_i 之值时，则 $y(x)$ 才是不依赖于变量 x_i 的。这一点意味着一个重要事实，就是在此情况下 x_i 中的一个故障将不会影响到最后的输出 $y(x)$。

一个布尔函数不依赖于 x_i，其充要条件为 $\dfrac{\mathrm{d}y(x_i)}{\mathrm{d}x_i} = 0$。这是上述独立性的定义 $y \oplus y = 0$ 的直接结果。

于是，利用以上所述，可证明布尔差分还有几个特性：

特性 7：若 $y(x)$ 不依赖于 x_i，则 $\dfrac{\mathrm{d}y(x)}{\mathrm{d}x_i} = 0$。

特性 8：若 $y(x)$ 只依赖于 x_i，则 $\dfrac{\mathrm{d}y(x_i)}{\mathrm{d}x_i} = 1$。

特性 9：若 $y(x)$ 不依赖于 x_i，则 $\dfrac{\mathrm{d}[y(x) \cdot z(x)]}{\mathrm{d}x_i} = y(x)\dfrac{\mathrm{d}z(x)}{\mathrm{d}x_i}$。

特性 10：若 $y(x)$ 不依赖于 x_i，则 $\frac{\mathrm{d}[y(x)+z(x)]}{\mathrm{d}x_i}=\overline{y(x)}\frac{\mathrm{d}z(x)}{\mathrm{d}x_i}$。

3.3.3 求布尔差分的方法

求一个布尔函数的布尔差分，可以用下述 6 种方法求解。

（1）利用布尔差分的 10 个特性，用分析方法求得布尔差分。

例如，求

$$y(x)=x_1x_2+x_3 \tag{3-22}$$

由特性 5 可知：

$$\frac{\mathrm{d}y}{\mathrm{d}x_1}=\frac{\mathrm{d}(x_3+x_1x_2)}{\mathrm{d}x_1}=x_3\frac{\mathrm{d}(x_1x_2)}{\mathrm{d}x_1}\oplus(x_1x_2)\frac{\mathrm{d}(x_3)}{\mathrm{d}x_1}\oplus\frac{\mathrm{d}(x_3)}{\mathrm{d}x_1}\cdot\frac{\mathrm{d}(x_1x_3)}{\mathrm{d}x_1}$$

由特性 7，上式可写为

$$\frac{\mathrm{d}y(x)}{\mathrm{d}x_1}=\overline{x}_3\frac{\mathrm{d}(x_1x_2)}{\mathrm{d}x_1}$$

由特性 4，上式又可写成为

$$\frac{\mathrm{d}y(x)}{\mathrm{d}x_1}=\overline{x}_3\left(x_1\frac{\mathrm{d}x_2}{\mathrm{d}x_1}\oplus x_2\frac{\mathrm{d}x_1}{\mathrm{d}x_1}\oplus\frac{\mathrm{d}x_1}{\mathrm{d}x_1}\cdot\frac{\mathrm{d}x_2}{\mathrm{d}x_1}\right)$$

再由特性 7 和特性 8，最后得到

$$\frac{\mathrm{d}y}{\mathrm{d}x_1}=x_2\cdot\overline{x}_3 \tag{3-23}$$

（2）第二种方法是利用定理：

对于任何 x_1，$1\leqslant i\leqslant n$，均有

$$\frac{\mathrm{d}y(x)}{\mathrm{d}x_i}=y(x_1,x_2,\cdots,x_{i-1},1,x_{i+1},\cdots,x_n)\oplus y(x_1,\cdots,x,\cdots,x_{i-1},0,x_{i+1},\cdots,x_n)$$

该定理不难证明，如下：

$$\begin{aligned}\frac{\mathrm{d}y(x)}{\mathrm{d}x_i}=&[x_i y(x_1,\cdots,x_{i-1},1,x_{i+1},\cdots,x_n)\\&\oplus\overline{x}_i y(x_i,\cdots,x_{i-1},1,x_{i+1},\cdots,x_n)]\\&\oplus[\overline{x}_i y(x_1,\cdots,x_{i-1},1,x_{i+1},\cdots,x_n)\\&+\overline{x}_i y(x_1,\cdots,x_{i-1},1,x_{i+1},\cdots,x_n)]\\=&(x_i\oplus\overline{x}_i)[y(x_1,\cdots,x_{i-1},1,x_{i+1},\cdots,x_n)]\\&\oplus(x_i\oplus x_i)[y(x_1,\cdots,x_{i-1},1,x_{i+1},\cdots,x_n)]\\=&y(x_1,\cdots,x_{i-1},1,x_{i+1},\cdots,x_n)\\&\oplus y(x_1,\cdots,x_{i-1},1,x_{i+1},\cdots,x_n)\end{aligned}$$

于是函数式（3-21）的布尔差分可求得如下：

$$\frac{\mathrm{d}y}{\mathrm{d}x_i}=(1\cdot x_2+x_3)\oplus(0\cdot x_2+x_3)$$
$$=(x_2+x_3)\oplus x_3=[(x_2+x_3)\overline{x}_3+\overline{(x_2+x_3)}x_3]$$
$$=x_2\overline{x}_3$$

（3）第三种方法是利用下述定义来求布尔差分，若将函数 $y(x)$ 表示为下列形式：

$$y(x)=A(x)+B(x)x_i+C(x)\overline{x}_i \tag{3-24}$$

其中 $A(x)$ 、$B(x)$ 和 $C(x)$ 都不是 x_i 的函数，则有

$$\frac{\mathrm{d}y(x)}{\mathrm{d}x_1}=\overline{A(x)}[B(x)\oplus C(x)] \tag{3-25}$$

利用此定理处理函数式（3-22），可以看出：

$$A(x)=x_3,B(x)=x_2,C(x)=0 \tag{3-26}$$

于是：

$$\frac{\mathrm{d}y(x)}{\mathrm{d}x_1}=\overline{A(x)}[B(x)\oplus C(x)]=\overline{x}_3[x_2\oplus 0]=x_2\overline{x}_3$$

（4）除上述 3 种分析方法外，还有 3 种卡诺图的方法，可分别称为第 4、5、6 种方法，说明如下。

由基本定义式（3-21）可以作出两个卡诺图，其中一个为 $y(x_1,\cdots,x_i,\cdots,x_n)$ 的卡诺图，另一个为 $y'(x_1,x_2,\cdots,\overline{x}_i,\cdots,x_n)$ 的卡诺图。然后把两图的对应项做模 2 相加，即相加后求其 2 的同余。这样得到一个新的卡诺图，就是 $\frac{\mathrm{d}y(x)}{\mathrm{d}x_i}$ 的卡诺图，而且还可以直接在此图上简化。

仍以函数式（3-22）为例，得到 3 个卡诺图，如图 3.19 所示。

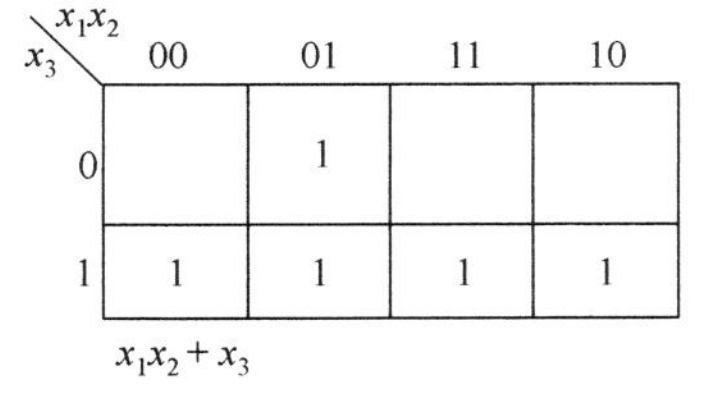

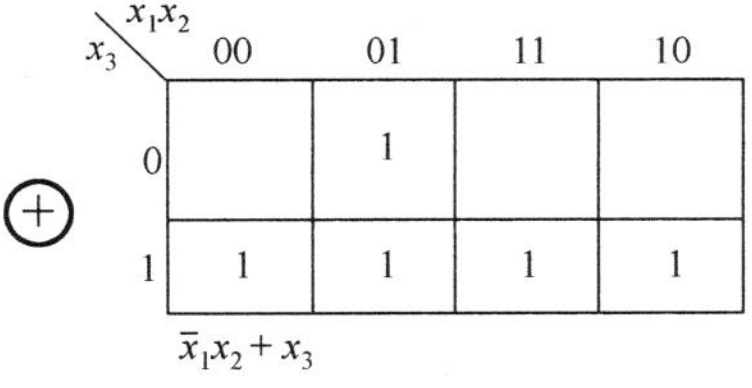

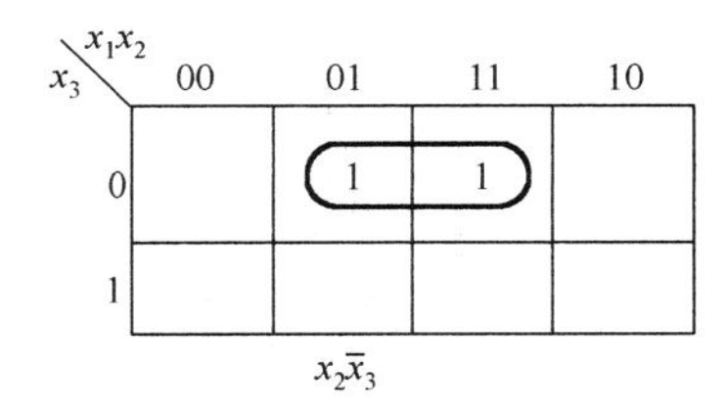

图 3.19　卡诺图模 2 相加求布尔差分

（5）第 5 种方法是利用卡诺图把 $y(x)$ 表示为蕴涵项的异或形式，然后用布尔差分的第 6 种特性再做变换。在 $y(x)$ 的卡诺图上的每一项只允许参加奇数次群集。

从函数式（3-22）的卡诺图（见图 3.20）做如下群集，可得 $y(x)$ 的一个质蕴涵或形式：

$$y(x)=x_1x_2\overline{x}_3\oplus x_3$$

利用差分的特性 6，得

$$\frac{\mathrm{d}y(x)}{\mathrm{d}x_i}=\frac{\mathrm{d}(x_1x_2\overline{x}_3)}{\mathrm{d}x_1}\oplus\frac{\mathrm{d}x_2}{\mathrm{d}x_1}=\frac{\mathrm{d}(x_1x_2\overline{x}_3)}{\mathrm{d}x_1}=x_2\overline{x}_3 \tag{3-27}$$

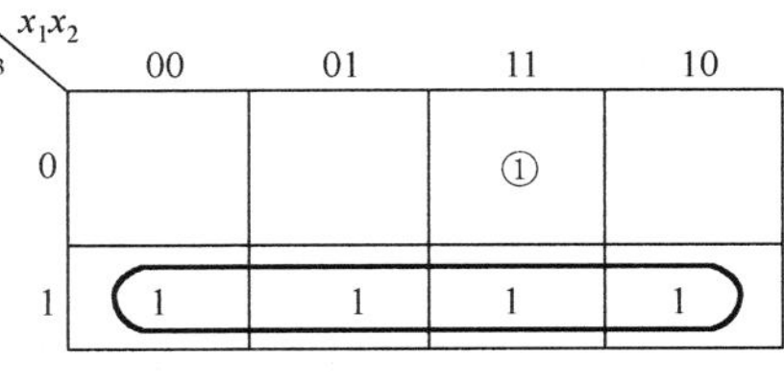

图 3.20　函数式（3-22）的卡诺图

（6）第六种方法是最方便的一种方法，就是利用下列两条规则把 $y(x)$ 的卡诺图绕 x_i 轴旋转而得到布尔差分 $\frac{\mathrm{d}y}{\mathrm{d}x_i}$ 。

添加规则：在卡诺图上的 1 以 x_i 轴为镜面的镜像位置上，若原图中没有 1，则在此添上一个 1，即把原来相对于 x_i 的不对称情况补足成为对称。

删除规则：在卡诺图上的 1 以 x_i 轴为镜面的镜像位置上，若原图中有 1，则把这个 1 删掉，即把原来相对于 x_i 对称的项全部删除。

最后得到的卡诺图，就是 $\frac{dy}{dx_i}$ 的卡诺图，由此得出 $\frac{dy}{dx_i}$ 。

例如，函数式（3-22）的卡诺图如图 3.21(a)所示。按上面规则添、删后，即变为图 3.21(b)所示，即在 010 位置上添一个 1，而删去底下一行的 4 个 1。从添、删后的卡诺图立即可以得出 $\frac{dy}{dx_i}=x_2\overline{x}_3$ 。

利用卡诺图来求解布尔差分是一种十分简便的方法。然而，随着布尔函数自变量个数的增加，图解法会变得越来越麻烦和困难，从而不得不借助计算机算法来求解布尔差分。这种算法利用了上述图解法的原理，但它不必画出卡诺图。下面通过具体实例来说明这种算法的步骤。

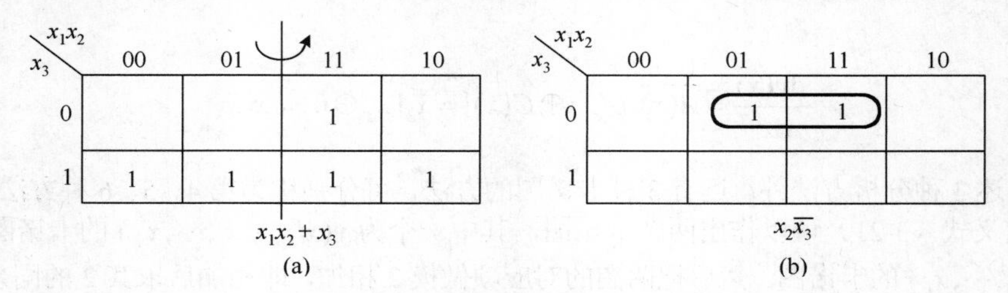

图 3.21 卡诺图旋转求布尔差分

例：求出下列 6 变量函数的布尔差分 $\frac{df(x)}{dx_1}$ 。

$$f(x_1,x_2,\cdots,x_6)=\sum(0,2,5,6,7,13,21,23,28,30,33,35,36,37,47,49,51,60,62) \qquad (3\text{-}28)$$

解：计算 $\frac{df(x)}{dx_1}$ 的算法步骤如下。

（1）求出各最小项的二进制表示，见表 3.16(a)。

（2）将最小项中的 x_1 改为 $\overline{x}_i$ ，以建立新的最小项，见表 3.16(b)。

（3）将表 3.16(a)和表 3.16(b)进行比较，并删去相同的最小项，即将两表中的 011100、011110、111100、111110 这 4 个最小项均删去。

（4）将表 3.16(a)和表 3.16(b)中所余的最小项用 Quine-Mocluskey 算法进行合并处理，即得该函数布尔差分的最简表达式，即有

$$\frac{df(x)}{dx_1}=\overline{x}_2\overline{x}_3+\overline{x}_2x_4x_6+x_2\overline{x}_3x_6$$

如果要求出 $f(x)$ 的二重布尔差分 $\frac{df(x)}{d(x_1x_2)}$ ，则以表 3.16(a)和表 3.16(b)为基础，并将表中各最小项的 x_2 改为 $\overline{x}_2$ ，以建立新的最小项，即得表 3.16(c)。然后，将表 3.16(c)与表 3.16(a)和表 3.16(b)相比较，并删去相同的最小项，共有 16 项（表中用方框框出），从而可求出二重布尔差分的最简表达式为

$$\frac{df(x)}{d(x_1x_2)}=\overline{x}_3\overline{x}_6+x_3x_4x_6$$

表 3.16　求解布尔差分的计算机算法

$x_1x_2x_3x_4x_5x_6$	$x_1x_2x_3x_4x_5x_6$
000000	100001
000010	100011
000101	100100
000110	101111
000111	110001
001101	110011
011100	111100
011110	111110
010101	
010111	

(a) 函数的最小项

$x_1x_2x_3x_4x_5x_6$	$x_1x_2x_3x_4x_5x_6$
100000	000001
100010	000011
100101	000100
100110	001111
100111	010001
101101	010011
111100	011100
111110	011110
110101	
110111	

(b) 将表(a)的最小项中的 x 改为 $\overline{x}_1$ 后所建立的最小项

$x_1x_2x_3x_4x_5x_6$	$x_1x_2x_3x_4x_5x_6$	$x_1x_2x_3x_4x_5x_6$	$x_1x_2x_3x_4x_5x_6$
010000	110001	100000	010001
010010	110011	110010	010011
000101	110100	110101	010100
010110	111111	110110	011111
010111	100001	110111	000001
011101	100011	111101	000011
000101		100101	
000111		100111	

(c) 将表(a)和表(b)的最小项中的 x_2 改为 $\overline{x}_2$ 后所建立的最小项

3.3.4　单故障的测试

下面讨论用布尔差分求解电路测试的方法。

（1）对于主输入端故障，如果诸输入变量 $x_1,x_2,\cdots,x_n$ 之值选为 $a_1,a_2,\cdots,a_n$，并使得

$$\left.\frac{\mathrm{d}y(x_1,x_2,\cdots,x_n)}{\mathrm{d}x_i}\right|_{(a_1,a_2,\cdots,a_n)}=1 \tag{3-29}$$

能成立，那么输入变量 x_i 的变化就能由输出 y 的变化反映出来，也就是从 x_i 到输出 y 的通路被敏化了。

在此情况下，若要侦查出 x_i s-a-0 故障，自然应使 $x_i=1$，此时有

$$x_i\cdot\left.\frac{\mathrm{d}y(x_1,\cdots,x_i,\cdots,x_n)}{\mathrm{d}x_i}\right|_{(a_1,\cdots,1,\cdots,a_n)}=1 \tag{3-30}$$

这样，能使式（3-29）满足的那些矢量 $(a_1,\cdots,1,\cdots,a_n)$ 就是 x_i s-a-0 故障的测试输入矢量。

同理，对于 x_i s-a-1 故障的一个测试，应满足：

$$\overline{x}_i\cdot\left.\frac{\mathrm{d}y(x_1,\cdots,x_i,\cdots,x_n)}{\mathrm{d}x_i}\right|_{(a_1,\cdots,0,\cdots,a_n)}=1 \tag{3-31}$$

若式（3-29）和式（3-30）左边不等于 1 而等于 0，则不存在对此故障的测试。

我们重新看图 3.18 所示电路的例子，有

$$y=x_1x_2+\overline{x}_2\overline{x}_3\overline{x}_4 \tag{3-32}$$

求出它的布尔差分：

$$
\begin{aligned}
\frac{\mathrm{d}y}{\mathrm{d}x_1} &= (x_2 + \overline{x}_2\overline{x}_3\overline{x}_4) \oplus \overline{x}_2\overline{x}_3\overline{x}_4 \\
&= (x_2 + \overline{x}_3\overline{x}_4) \oplus \overline{x}_2\overline{x}_3\overline{x}_4 \\
&= (x_2 + \overline{x}_3\overline{x}_4) \oplus (x_2 + x_3 + x_4) + x_2(x_3 + x_4)\overline{x}_2\overline{x}_3\overline{x}_4 \\
&= x_2(x_3 + x_4)\overline{x}_2\overline{x}_3\overline{x}_4 \\
&= x_2
\end{aligned}
$$

对于 x_i s-a-1，应取 $x_1 = 1$ 根据式（3-31）得到测试为

$$x_2 = 1 \tag{3-33}$$

由于式（3-33）中不出现 x_3 和 x_4，所以 x_3 和 x_4 为任意值，于是得到测试矢量为

	x_1	x_2	x_3	x_4
$X_1 =$	0	1	0	0
$X_2 =$	0	1	0	1
$X_3 =$	0	1	1	0
$X_4 =$	0	1	1	1

这也就是以前得到过的结果。

（2）如果故障发生之处不在主输入端，而是在电路内部某处，例如在某一内部连线 p 上，这时可以在想象中把 p 线切断，并看作是在断口处加上一个“伪输入” x_p。然后导出主输出 y 作为诸主输入 $x_1,\cdots,x_n$，以及这个伪输入 x_p 的函数，即

$$y = y(x_1,\cdots,x_n,x_p)$$

于是，可以仍按式（3-27）和式（3-28）的办法来产生测试。

不过，这里应注意 x_p 的具体值是取决于主输入 $x_1,\cdots,x_n$ 的，即 x_p 是 $x_1,\cdots,x_n$ 的函数，亦即 $x_p = x_p(x_1,\cdots,x_n)$。

于是，在此情况下式（3-27）和式（3-28）应推广如下：

对于 x_p s-a-0 的一个测试，为满足下式的那些 $(a_1,\cdots,a_n)$ 矢量：

$$x_p = x_p(x_1,\cdots,x_n) = 1$$

$$x_p(x_1,\cdots,x_n)\left.\frac{\mathrm{d}y(x_1,\cdots,x_i,\cdots,x_p)}{\mathrm{d}x_p}\right|_{(a_1,\cdots,a_n)} = 1 \tag{3-34}$$

若上式左边不等于 1 而等于 0，则不存在对此故障的测试。

对于 x_p s-a-1 的一个测试，为满足下式的那些 $(a_1,\cdots,a_n)$ 矢量：

$$X_p = x_p(x_1,\cdots x_n) = 0$$

$$\overline{x_p(x_1,\cdots,x_n)}\left.\frac{\mathrm{d}y(x_1,\cdots,x_i,\cdots,x_p)}{\mathrm{d}x_p}\right|_{(a_1,\cdots,a_n)} = 1$$

同样，若上式左边不等于 1 而等于 0，则不存在对此故障的测试。

再看图 3.18 所示的电路。假设内部连线 8 有故障，由图 3.18 可得

$$y = x_1x_2x_3 + \overline{x_2 + x_3 + x_4}$$
$$= x_1x_2x_8 + \overline{x}_2\overline{x}_3\overline{x}_4$$

求出它的布尔差分：

$$\frac{\mathrm{d}y}{\mathrm{d}x_8} = (x_1x_2 + \overline{x}_2\overline{x}_3\overline{x}_4) \oplus \overline{x}_2\overline{x}_3\overline{x}_4$$

求得测试：

$$\overline{x}_8[(x_1x_2 + \overline{x}_2\overline{x}_3\overline{x}_4) \oplus \overline{x}_2\overline{x}_3\overline{x}_4] = 1 \tag{3-35}$$

但是，由图 3.18 可知：

$$\overline{x}_8 = \overline{x_2 + x_3 + x_4} = \overline{x}_2\overline{x}_3\overline{x}_4$$

把上式代入（3-35）得到式（3-35）的左边恒等于 0，而不可能等于 1。因此，对于这个故障，x_8 s-a-1 不存在测试。然而，对于故障 x_8 s-a-0 却存在一个测试，即

$$x_8 = x_2 + x_3 + x_4 = 1$$
$$x_8[(x_1x_2 + x_2x_3x_4) \oplus x_2x_3x_4] = 1$$

即：

$$(x_2 + x_3 + x_4)[(x_1x_2 + x_2x_3x_4) \oplus x_2x_3x_4] = 1 \tag{3-36}$$

经过不甚复杂的运算后，式（3-36）变为

$$x_1x_2 = 1$$

连同原先的 $x_2 + x_3 + x_4 = 1$，可知这个测试是 $x_1 = 1$，$x_2 = 1$。x_3 和 x_4 为任意值，即

	x_1	x_2	x_3	x_4
$X_1 =$	1	1	0	0
$X_2 =$	1	1	0	1
$X_3 =$	1	1	1	0
$X_4 =$	1	1	1	1

再看一例。在图 3.22 所示电路中，研究一下 e 和 h 的故障。由图可见：

$$y = (e + x_2) + x_3(x_3 + x_4)$$

或

$$y = (x_1x_2 + x_2) + hx_3$$

$$\frac{\mathrm{d}y}{\mathrm{d}e} = [(1 + x_2) + x_3] \oplus [(0 + x_2) + x_3] = \overline{x}_2\overline{x}_3$$

$$\frac{\mathrm{d}y}{\mathrm{d}h} = (x_2 + 1 \cdot x_3) \oplus (x_2 + 0 \cdot x_3) = \overline{x}_2x_3$$

对于 e s-a-0 故障和 h s-a-1 故障，有 $x_e = x_1x_2$ 和 $\overline{x}_h = \overline{x}_3\overline{x}_4$，所以 $x_e\frac{\mathrm{d}y}{\mathrm{d}e} = 0$，$\overline{x}_h = \frac{\mathrm{d}y}{\mathrm{d}h} = 0$，就是说，$e$ s-a-0 和 h s-a-1 故障均不可测试，但对于 e s-a-0 和 h s-a-1 则是可测试的。

$$\overline{x}_e\frac{\mathrm{d}y}{\mathrm{d}e} = \overline{(x_1x_2)x_2x_3} = \overline{x}_1\overline{x}_2\overline{x}_3$$

$$\overline{x}_h\frac{\mathrm{d}y}{\mathrm{d}h} = (x_3 + x_4)\overline{x}_2x_3 = \overline{x}_2x_3 + \overline{x}_2x_3x_4$$

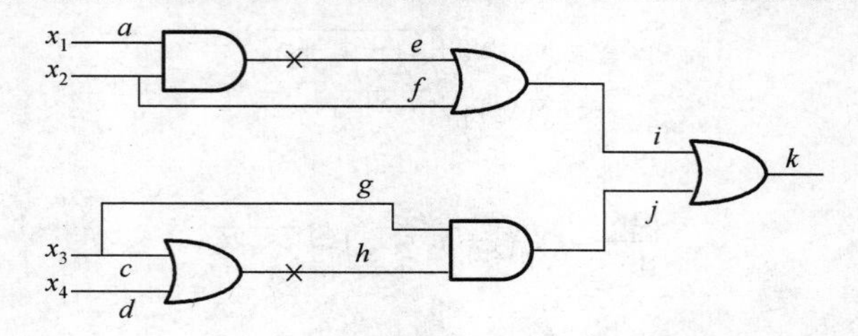

图 3.22 布尔差分法求解故障电路举例

其输入测试矢量分别为{(0000)，(0001)}和{(0010)，(0011)，(1010)，(1011)}。

3.3.5 多重故障的测试

对于多重故障，可以利用多重布尔差分来求出它们的测试。

首先看双重布尔差分，即同时对于两个变量 x_i 和 x_j 来求函数 $\dfrac{dy(x)}{d(x_i,x_j)}=y(x_1,\cdots,x_i,\cdots,x_j,\cdots,x_n)$ 的布尔差分，其定义如下：

$$\frac{dy(x)}{d(x_i,x_j)}=y(x_1,\cdots,x_i,\cdots,x_j,\cdots,x_n)\oplus y(x_1,\cdots,\bar{x}_i,\cdots,\bar{x}_j,\cdots,x_n) \tag{3-37}$$

请注意：

$$\frac{dy(x)}{d(x_i,x_j)}\neq\frac{d}{dx_i}\frac{dy(x)}{dx_j}$$

$y(x)$ 不依赖于 x_i 和 x_j 的充要条件为

$$\frac{dy(x)}{d(x_ix_j)}=0$$

当 x_i 和 x_j 同时出现多重故障时，应使用式（3-37）所定义的布尔差分：

$$\frac{dy(x)}{d(x_i,x_j)}=d(x_1,\cdots,x_i,\cdots,x_j,\cdots,x_n)\oplus y(x_1,\cdots,\bar{x}_i,\cdots,\bar{x}_j,\cdots,x_n)$$

对于 x_i 或者 x_j 出现故障的情况，则应采用下列布尔差分：

$$\frac{dy(x)}{d(x_i\oplus x_j)}=\frac{dy(x)}{dx_i}+\frac{dy(x)}{dx_j}$$

对于 x_i 和 x_j 出现故障或两者同时出现故障的情况，则应采用下列布尔差分：

$$\frac{dy(x)}{d(x_i+x_j)}=\frac{dy(x)}{d(x_i\oplus x_j)}+\frac{dy(x)}{d(x_i\oplus x_j)}$$

根据双重布尔差分的定义，可直接得出多重布尔差分的定义如下：

$$\frac{dy(x)}{d(x_ix_j\cdots x_k)}=y(x_1\cdots x_i\cdots x_j\cdots x_k\cdots x_n)\oplus y(x_1\cdots\bar{x}_i\cdots\bar{x}_j\cdots\bar{x}_k\cdots x_n)$$

同时可得到：

$$\frac{dy(x)}{d(x_i\oplus x_j\oplus\cdots\oplus x_k)}=\frac{dy(x)}{d(x_i)}+\frac{dy(x)}{d(x_j)}+\cdots+\frac{dy(x)}{d(x_k)}$$

$$\frac{\mathrm{d}y(x)}{\mathrm{d}(x_i+x_j+\cdots+x_k)}=\frac{\mathrm{d}y(x)}{\mathrm{d}(x_i\oplus x_j\oplus\cdots\oplus x_k)}+\frac{\mathrm{d}y(x)}{\mathrm{d}(x_ix_j\cdots x_k)}$$

对于 $x_i,x_j,\cdots,x_k$ 同时出现 s-a-0 的故障，它的一个测试是满足下列条件的那些 $(a_1,\cdots,\ a_n)$ 矢量：

$$x_i\cdot x_j\cdots x_k=1$$

$$x_i\cdot x_j\cdots x_k\cdot\frac{\mathrm{d}y(x)}{\mathrm{d}(x_ix_j\cdots x_k)}=1 \qquad (3\text{-}38)$$

若上式左边不等于 1 而等于 0，则不存在对此故障的测试。

对于 $x_i,x_j,\cdots,x_k$ 同时出现 s-a-1 的故障，它的一个测试是满足下列条件的那些 $(a_1,\cdots,\ a_n)$ 矢量：

$$\overline{x}_i\overline{x}_j\cdots\overline{x}_k=1$$

$$\overline{x}_i\overline{x}_j\cdots\overline{x}_k\cdot\frac{\mathrm{d}y(x)}{\mathrm{d}(x_ix_j\cdots x_k)}=1 \qquad (3\text{-}39)$$

同单故障测试一样，对于电路内部节点：

$$x_p=x_p(x_1,\cdots,x_n)$$
$$x_q=x_q(x_1,\cdots,x_n)$$
$$\vdots$$
$$x_r=x_r(x_1,\cdots,x_n)$$

同时出现 s-a-0 的故障，它的一个测试是满足下列条件的那些 $(a_1,\cdots,a_n)$ 矢量：

$$x_px_q\cdots x_r=1$$

$$x_px_q\cdots x_r\cdot\frac{\mathrm{d}y(x_1,\cdots,x_n,x_p,x_q,\cdots,x_r)}{\mathrm{d}(x_p,x_q,\cdots,x_r)}=1 \qquad (3\text{-}40)$$

对于 $x_p\cdot x_q,\cdots,x_r$ 同时出现 s-a-1 的故障，它的一个测试是满足下列条件的那些 $(a_1,\cdots,\ a_n)$ 矢量：

$$\overline{x}_p\overline{x}_q\cdots\overline{x}_r=1$$

$$\overline{x}_p\overline{x}_q\cdots\overline{x}_r\cdot\frac{\mathrm{d}y(x_1,\cdots,x_n,x_p,x_q,\cdots,x_r)}{\mathrm{d}(x_p,x_q,\cdots,x_r)}=1 \qquad (3\text{-}41)$$

对于其他的多重故障，可将式（3-38）～式（3-41）加以适当推广，而求得其测试。

最后看一个如图 3.23 所示的或门的简单例子。由图可见

$$y=x_1+x_2+x_3+x_4$$

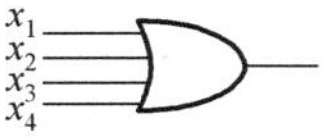

图 3.23　多输入端或门

设欲测试 x_1 和 x_2 同时出现 s-a-0 的故障。首先求出 y 相对于 x_1 和 x_2 的布尔差分：

$$\frac{\mathrm{d}y(x)}{\mathrm{d}(x_1x_2)}=(x_1+x_2+x_3+x_4)\oplus(\overline{x}_1+\overline{x}_2+x_3+x_4)$$
$$=x_1x_2\overline{x}_3\overline{x}_4+\overline{x}_1\overline{x}_2\overline{x}_3\overline{x}_4$$

再求出：

$$x_1x_2\frac{\mathrm{d}y(x)}{\mathrm{d}(x_1x_2)}=x_1x_2(x_1x_2\overline{x}_3\overline{x}_4)\oplus(\overline{x}_1\overline{x}_2\overline{x}_3\overline{x}_4)=x_1x_2\overline{x}_3\overline{x}_4$$

令 $x_1 = 1, x_2 = 1, x_1 x_2 \dfrac{\mathrm{d}y(x)}{\mathrm{d}(x_1 x_2)} = 1$，得 $\overline{x}_3 \overline{x}_4 = 1$，于是：$x_3 = 0, x_4 = 0$。

从而得到测试输入矢量为

$$(x_1, x_2, x_3, x_4) = (1\ 1\ 0\ 0)$$

3.4 故障字典

故障字典是一种确定故障和测试响应之间的对应关系的数据文件。构造故障字典的出发点是便于测试者根据测试矢量和输出响应快速查找出电路的故障信息。构造故障字典的方法有多种，而严格匹配字典是一种最简单的故障字典，它是简单地将模拟数据重新进行某种排列，以形成一种故障表。例如，我们给诊断集中的测试和电路中每个故障都编上号，用 F_i 表示电路中第 i 个故障，则可以根据一个测试是否检测该故障来建立一个二进制的故障向量集：

$$F_i = (f_{i1}, f_{i2}, \cdots, f_{in})$$

式中，$f_{ik} = 1$ 表示故障 F_i 能被测试 T_k 检测，否则 $f_{ik} = 0$。

然后，可以把这些二进制故障向量按递减或递增次序排列存储，以便于使用者查阅。这种方法产生的字典如表 3.17 所示。

表 3.17 按递减次序排列的严格匹配字典

	T_1	T_2	T_3	T_4
f_8	1	1	1	0
f_3	1	1	0	1
f_2	1	1	0	0
f_7	1	0	0	1
f_6	0	1	1	0
f_4	0	1	1	0
f_5	0	0	0	1

在实际测试时，如果测试 T_i 未能“通过”（即测试的输出响应与正常响应不同），则该向量的 j 坐标为 1；如果测试 T_j 能通过（测试响应与正常响应相同），则 j 坐标为 0。对所有测试形成一个故障向量，如果故障字典中仅有一个向量与测试形成的向量一致，则足以识别对应于该向量的故障为实际发生的故障。

这种“通过”—“不通过”的表示方法对于多输出电路来说，不能区分不同情况的“不通过”，故诊断分辨率不高。如表 3.17 中的故障 f_4 和 f_6 有着相同的故障向量，因此无法区分。然而，要是将“不通过”的测试对应的各原始输出的响应进行比较，则有可能区分它们。

严格匹配字典虽然简单，但有 15%～20%的故障可能失配。所谓失配即实际测试获得的测试结果可能与用模拟数据预测的结果不一致，因而在故障字典中找不到与现场测试结果相匹配的故障。造成失配的原因是多方面的，如电路中出现了故障模型中未包括的故障等。为了克服失配问题，一般在采用严格匹配字典的同时还需采用辅助字典，如测试相位字典和单元字典等。

3.5 时序逻辑电路的测试

时序逻辑电路的测试显然比组合逻辑电路的测试困难得多。在时序系统中，在某一时刻 t 的输出响应不仅取决于 t 时刻的输入，而且还取决于在此以前的一系列输入，甚至可能被测件从其初始状态开始

一直到测试时刻 t 的一切输入都有关系。时序电路中的这种存储作用成了测试中困难的根源。此外，存储功能的机理往往是通过复杂的反馈环路来完成的，这就使得某些故障的效应难以确定。

对于时序电路的测试，不能简单地将故障敏化到主输出端，而必须检查正常电路和有故障电路的所有可能的输出响应。测试矢量也不是简单的一个测试码，而是具有一定长度的测试序列。测试序列的长度不仅与电路复杂程度有关，而且和电路的初始状态有关。从下面的分析中会看到，时序电路的置初态问题是测试中首要解决的重要问题。对于时序电路的测试，如果只限于故障检测而不是测试其工作速率的话，则一般都采用所谓的静态测试，也就是在较低的工作频率下进行测试，输入序列只在电路处于稳定时才施加，输出响应也必须待电路稳定时才观察。因此，时序电路静态测试的基本步骤如下：

（1）建立被测时序电路的初始状态；

（2）当电路稳定时，加上一个输入矢量；

（3）观察电路稳定时的输出响应；

（4）重复步骤（2）、步骤（3），直到故障在输出端出现为止。

目前，寻求时序电路测试的确定性方法有：

（1）选接电路法（属结构性方法）；

（2）状态变迁检查法（属功能性方法）。

时序电路测试的困难主要表现在两个方面：

（1）测试生成的计算复杂性比组合电路高得多，这主要是由于置初态问题没有从根本上解决。一个组合电路中的逻辑故障，总可以在有限的时间内确定它是否可测，但对时序电路中的逻辑故障，在给某些引线置初态时，由于反馈线和存储单元的存在，很容易出现反复的时帧迭代，若对迭代次数不加限制，则迭代过程可以无限地进行下去。这就是说，对于时序电路，不能保证在有限的时间内确定一个故障是否可测。当然，在实际应用中可以限制时帧迭代次数，以保证在有限时间内结束计算。但是，出现时帧反复迭代并不一定就是故障不可测。

（2）测试生成的有效性难以保证，即由于竞争冒险问题，极易使本来正确的测试码失效，静态测试难以达到期望目标。

基于上述两点，一般认为时序电路的测试生成在理论上是个没有完全解决的问题。但时序电路的测试又是回避不了的问题，国内外学者在这方面已做了许多研究，其中较有代表性的方法可归纳为结构测试和功能测试两类，前者试图把组合电路的测试生成方法推广到时序电路中，后者是对时序电路的功能检查。

时序逻辑电路的测试，包括主要借鉴于组合电路测试的所谓迭接电路法，以及以有限自动机的状态识别为基础的状态变迁检查法，针对时延故障即是时序逻辑电路和组合逻辑电路所特有的一类故障的测试方法。

3.6　迭接电路法

本节阐述迭接电路法。这种方法最初由 E. F. Moore 奠定了基础，后来 J. F. Poage 和 E. J. MCcluskey 给出了寻求最佳测试序列的方法。在此基础上，其后有 C. R. Kime，以及 Z. Kohavi 和 P. Lavallee 等人的工作。此法是一种结构性的方法，即需要知道被测电路的逻辑电路图。此法适用于对中、小规模的电路做呆滞型故障的侦查和定位。

3.6.1　基本思想

迭接电路法是一种把被测电路中的时间序列事件变换为相对应的空间序列来进行研究的方法，它实质上是组合逻辑电路测试中 Poage 所提出的符号法的推广。

例如，对于图 3.24(a)所示时序电路的一般模型，可以把它想象为一个等效的迭接组合电路，如图 3.24(b)所示。对于每一个复本 C_i，必须相应地更新存储器 M_i 的内容。

于是，对于这个等效迭接电路，就可以采用任何一种处理组合逻辑电路的办法加以研究。不过应该注意，对于同步时序电路来说，在原本电路[图 3.24(a)]中的一个故障，将重复出现于其一切的复本电路[图 3.24(b)]中。因此，对于等效迭接电路来说，就应该作为多重故障来处理。此外，等效电路中第一个迭接电路 C_r-M_t 的状态一般而言是未知的，因此还有一个初始化或复位的问题。即在把测试施于时序电路之前，必须能使之置于一个固定的或已知的给定状态。

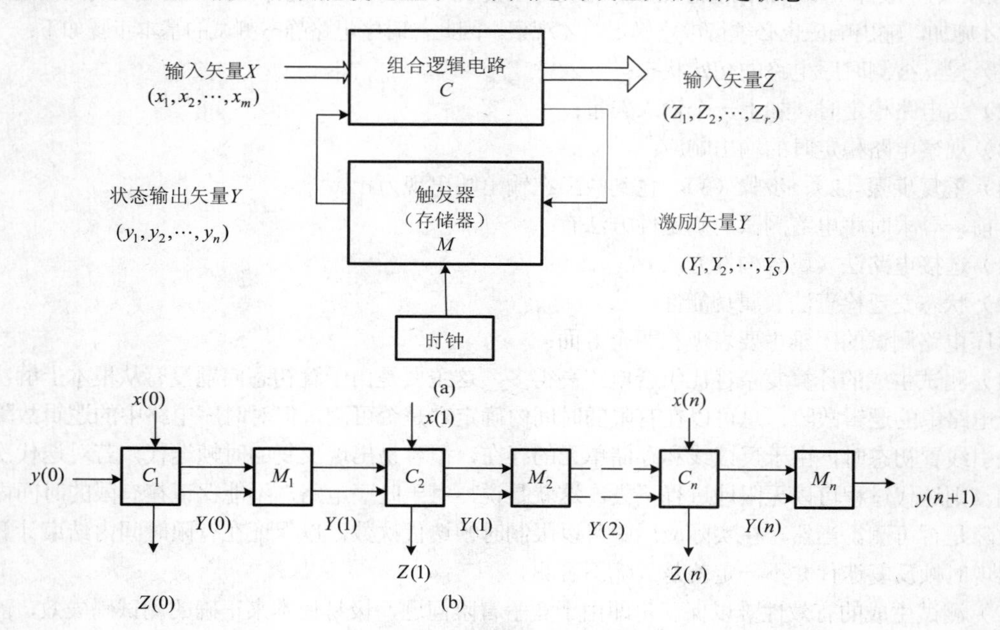

图 3.24 时序电路的迭接结构

为了便于分析，我们对被测电路做下列假设：

（1）电路是最小化的，而且电路结构是已知的；

（2）电路故障为固定呆滞型的单个或多重故障；

（3）电路有一个可费用的复原信号能使被测电路复原到一个唯一的初始状态。此外，若被测电路有 *m* 个故障，则假设这个复原信号能使全部 *m* 个有故障的电路都复原到与无故障电路的同一个初始状态 Q_0；

（4）任何故障都不能产生任何新的存储元件。也就是说，若正常电路仅限于 2^s 个状态（*S* 为记忆单元的数目），则各个故障电路的状态也限于此数。

我们的任务是寻求一个最佳测试。所谓最佳，就是能保证侦查出任一可侦查故障 F_i 的一个最短测试序列。

3.6.2 同步时序电路的组合迭接

从图 3.24 可以看出，对于一个同步时序电路，如果设该时序电路已置为初始状态 $y(0)$。然后，顺序输入 $x(0), x(1), \cdots, x(n)$，电路在时间上重复工作，内部状态依次按 $y(0), y(1), \cdots, y(n)$ 转移，其对应的输出序列为 $z(0)$, $z\{1)$, …, $z(n)$。这样就将图 3.24(a)所示的同步时序电路变成了等价的组合逻辑电路，如图 3.24(b)所示。因此，就可将第 2 章所讨论的组合电路的测试算法推广到时序电路的测试中。

时序电路经等价迭代成组合电路后，原时序电路中的α，在这种迭代组合电路模型中相当于多故障α_1，α_2，…，并分别出现在相应的单元上。但每一时段只涉及一个单元，因此仍按单故障计算。应用这种组合迭代阵列求解时序电路的故障测试问题，就是要求解一组测试输入$x(0), x(2), \cdots, x(n)$，使得故障能在主输入端$z(i)$中出现。

下面举一个具体例子来说明同步时序电路组合迭代的过程。

例：试求图 3.25 所示同步时序电路中故障 F s-a-1 的测试。

由图 3.25 所示同步时序电路可得如下关系。

激励矢量：

$$Y_1 = xy_2 + \overline{x}y_1 \tag{3-42}$$

$$Y_2 = xy_2 + \overline{x}\,\overline{y}_2 \tag{3-43}$$

状态矢量：

$$y_1 = Y_1 \tag{3-44}$$

$$y_2 = Y_2 \tag{3-45}$$

输入矢量：

$$Z = x\overline{y}_1 \tag{3-46}$$

复位的初始状态为

$$y \in \{y_1(0) = 0, y_2(0) = 0\} \tag{3-47}$$

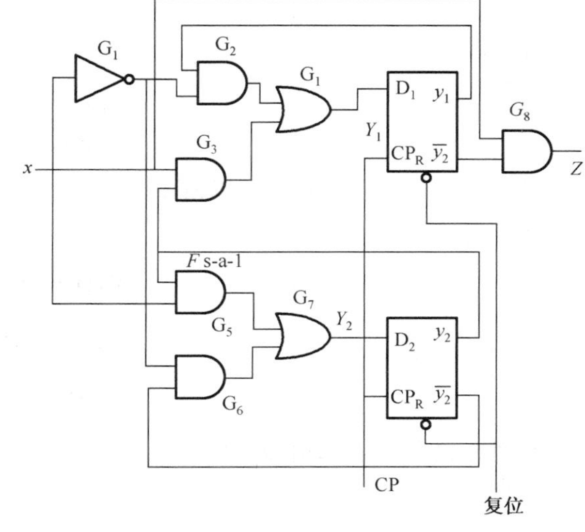

图 3.25　同步时序电路举例

该同步时序电路组合迭代的过程如图 3.26 所示。

t_0 时段：

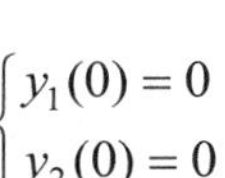

$$\begin{cases} y_1(0) = 0 \\ y_2(0) = 0 \end{cases}$$

对 F-s-a-1 故障形成$\overline{d}$。

按敏化要求，G_5为与门，所以$x(0) = 1$。

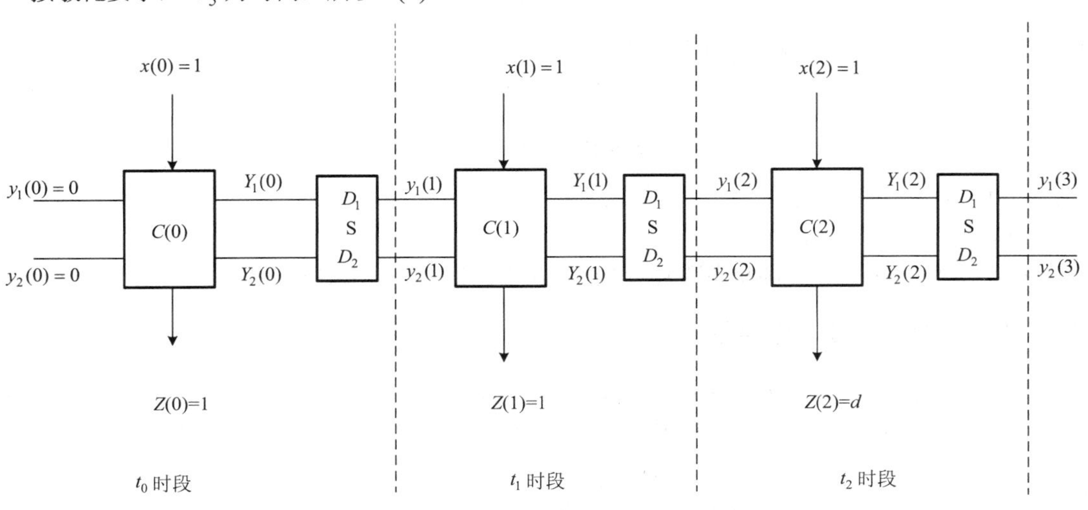

图 3.26　图 3.25 所示电路的迭接过程

因此有

$$Y_1(0)=xy_2(0)+\bar{x}y_1(0)=0 \tag{3-48}$$

$$Y_2(0)=xy_2(0)+\bar{x}\,\bar{y}_2(0)=\bar{d} \tag{3-49}$$

$$z(0)=x\bar{y}_1(0)=1 \tag{3-50}$$

可见 d 未敏化到输出端 Z。

t_1 时段：

$$\begin{cases} y_1(1)=Y_1(0)=0 \\ y_2(1)=Y_2(0)=\bar{d} \end{cases}$$

按照敏化条件，G_3 为与门，所以 $x(1)=1$。

因此有

$$Y_1(1)=xy_2(1)+\bar{x}y_1(1)=\bar{d} \tag{3-51}$$

$$Y_2(1)=xy_2(1)+\bar{x}y_2(1)=\bar{d} \tag{3-52}$$

$$z(1)=x\bar{y}_1(1)=1 \tag{3-53}$$

可见 d 仍未敏化到输出端 Z。

t_2 时段：

$$\begin{cases} y_1(2)=Y_1(1)=\bar{d} \\ y_2(2)=Y_2(1)=\bar{d} \end{cases}$$

按敏化条件，G_3 和 G_5 为与门，所以 $x(2)=1$。

有

$$y_1(2)=Y_1(1)=\bar{d} \tag{3-54}$$

$$y_2(2)=Y_2(1)=\bar{d} \tag{3-55}$$

$$z(2)=x\bar{y}_1(2)=d \tag{3-56}$$

d 敏化到输出端，组合迭代成功，且有测试为

$$R,X=\{1\ 1\ 1\} \tag{3-57}$$

$$T=\{1\ 1\ 1;1\ 1\ 1\}$$

如果：$d=1$，为无故障测试。

$d=0$，为 F s-a-1 故障测试。

若 $k\geqslant 2^s$ （S 为时序电路的状态数）都未能将 d 敏化到输出端，则该故障通路敏化不成功。

3.6.3 异步时序电路的组合选接

异步时序电路的基本反馈模型如图 3.27(a)所示，它的迭代逻辑阵列模型如图 3.27(b)所示。其中每个 $y(i)$ 均指稳定状态，在输入 $x(i)$ 的作用下，异步电路从 $y(i)$ 转移到下一个稳态 $y(i+1)$，可能要经过若干个中间状态 $y^1(i),y^2(i),\cdots,y^{k-1}(i),y^k(i)=y(i+1)$。因此，阵列模型中的每一时段又可展开成更为详细的模型，以区别不同的中间过渡状态，图 3.27(c)所示为一个时段的展开。

这样的电路模型应满足下列条件：

（1）只有在电路稳定时，输出才是有意义的，即只在电路稳定状态下观察其输出。

（2）电路达到稳定之前，输入保持不变。

（3）要求 $x(i) \neq x(i+1)$，否则被认为输入无变化。

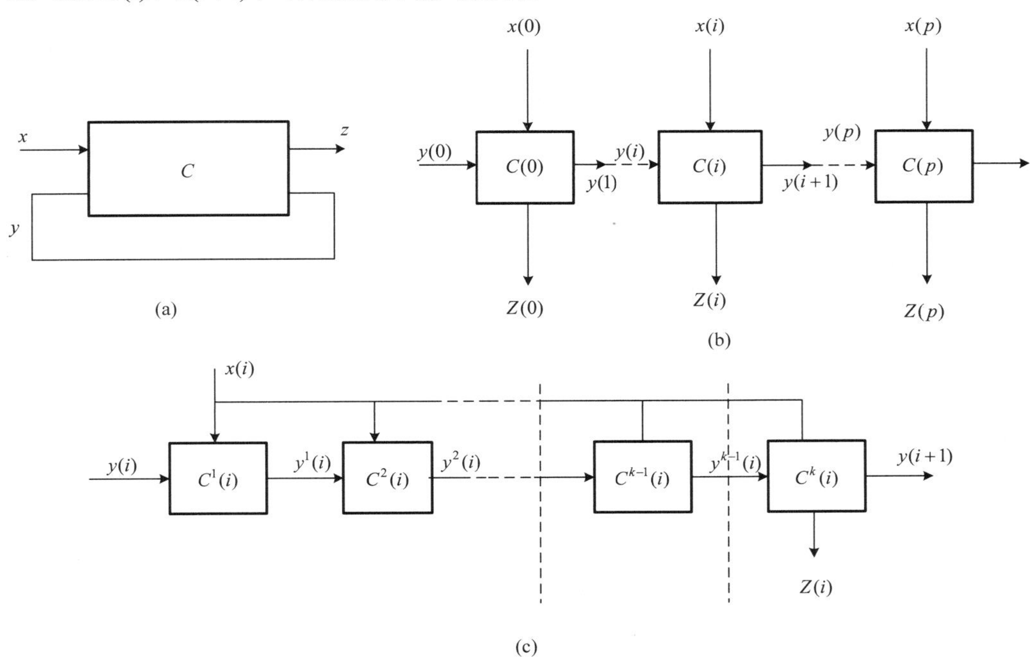

图 3.27　异步时序电路的迭接

下面以异步时序电路的具体实例来说明其测试方法的实施。

例： 图 3.28 所示为一异步时序电路，试求 a-s-a-1 的故障测试。

该电路的反馈线比较明显，将 Y_1、Y_2 到 y_1、y_2 的反馈线割开，可展开成图 3.29 所示的组合逻辑迭代模型。以此模型为基础，即可用求解组合逻辑电路的通路敏化方法来求解 a s-a-1 的测试。

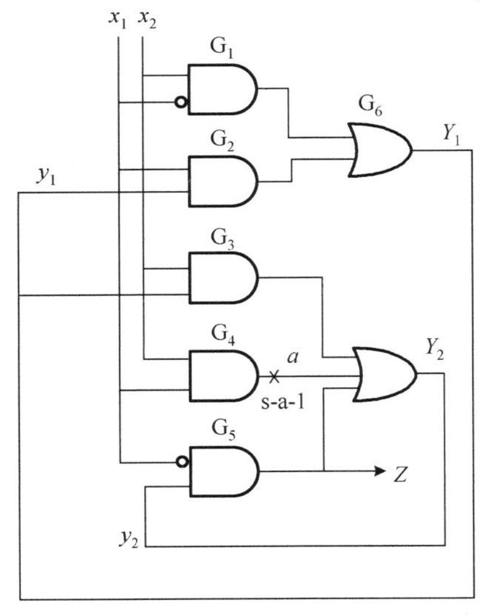

图 3.28　异步时序电路举例

首先，为了得到 a 点 s-a-1 的故障算子，显然应该使 a 点赋 0 值。由于 G_4 为一与门，为使输出端为 0，故应使输入 x_1x_2 为

$$x_1x_2 = \{\ 00, 01, 10\ \} \tag{3-58}$$

此时，a 点即可产生一故障算子 $\overline{d}$。同时为了将该 $\overline{d}$ 通过 G_7 传播到 y_2，由于 G_7 为一或门，故应使 G_7 的另两个输入端赋 0 值，即 G_3 和 G_5 的输出为 0，显然应有

对 G_3：
$$x_1x_2 = \{\ 00, 01, 10\} \tag{3-59}$$

对 G_5：
$$x_1x_2 = \{\ 1\times\} \tag{3-60}$$

由式（3-17）、式（3-18）和式（3-19），可得在 t_0 时段的迭代结果为

$$\left.\begin{aligned} x_1(0) = 1 \\ x_2(0) = 0 \end{aligned}\right\} \tag{3-61}$$

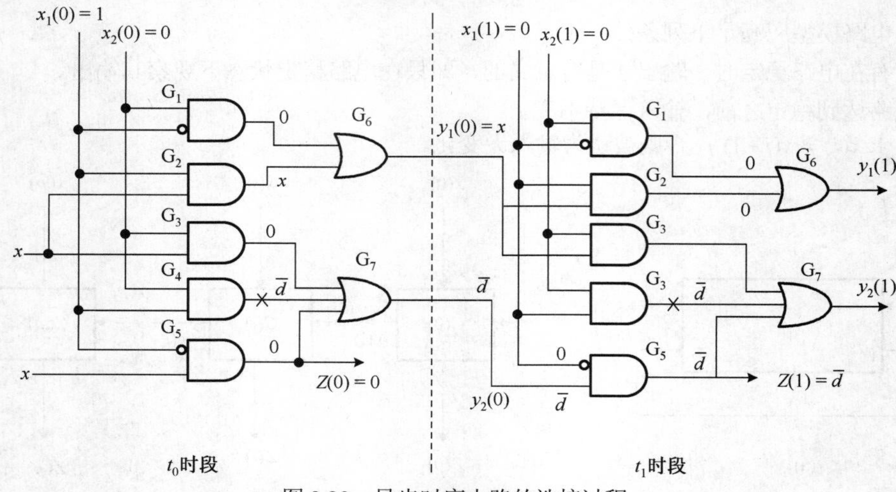

图 3.29　异步时序电路的迭接过程

$$\left.\begin{aligned} y_1(0) &= x \\ y_2(0) &= \overline{d} \\ z(0) &= 0 \end{aligned}\right\} \tag{3-62}$$

可见，故障算子$\overline{d}$未敏化到输出端 Z。经过t_0时段，待电路稳定后，即可对t_1时段进行敏化迭代。为了使$y_2(0)=\overline{d}$通过G_5门传播，显然应使$x_1(1)=0$，而与$x_2(1)$无关，为避免电路出现竞争与冒险现象，仍可使$x_2(1)=0$，即

$$\left.\begin{aligned} x_1(0) &= 0 \\ x_2(0) &= 0 \end{aligned}\right\} \tag{3-63}$$

此时有

$$\left.\begin{aligned} y_1(0) &= 0 \\ y_2(0) &= \overline{d} \\ z(1) &= \overline{d} \end{aligned}\right\} \tag{3-64}$$

可见，故障算子$\overline{d}$敏化到了输出端 Z，敏化迭代到此结束，并得 a s-a-1 故障的测试为

$$T=\{10,00;0,\ \overline{d}\} \tag{3-65}$$

如果 $T=\{10, 00; 0, 0\}$为 a s-a-1 无故障测试；

$T=\{10, 00; 0, 1\}$为 a s-a-1 无故障测试。

通过上例，可以看出对于异步时序电路的迭代必须谨慎地处理好如下问题：

（1）由于异步时序电路中有时无明显的触发元件，而是用逻辑门经反馈线来实现的。因此，将异步时序电路进行组合迭代是把反馈线割开。然而，有时要确定反馈线是十分困难的，而且所确认的反馈线是否最佳，不仅影响迭代模型的构成，而且也影响其测试生成的计算量。

（2）要特别注意处理不同反馈回路的延时问题，当各反馈回路延时不相同时，组合迭代模型需进行必要的修正。

（3）异步时序电路存在竞争与冒险现象，因此，组合迭代模型只适用于静态测试，只能测试出稳定状态的工作特性，而不能测试电路在转换过程中的竞争冒险问题。

3.7　状态变迁检查法

时序逻辑系统的另一种测试方法是状态变迁检查法。这种方法的优点是无需知道被测电路的具体实现，即不必拥有该电路的逻辑电路图，而只需掌握它的状态变迁表即可。因此，状态变迁检查法属于功能性测试法，这种方法对于中大规模的电路（MSI 和 LSD）颇有吸引力。

时序逻辑系统也常被称为时序机、有限状态机、有限自动机或简称为自动机或机器。因此，这种利用有限状态机的状态变迁表来设计测试的方法，也称为自动机识别法。这种方法主要是验证机器在一定条件下是否能进入每一个状态并输出正确的信号。

状态变迁检查法实际上包括以下两部分工作：

（1）求出一个同步序列或引导序列，使得本来可能处于任何状态下的机器同步或引导到一个固定的或已知的状态。

（2）求出一个区分序列，使得能根据被测系统的输出来识别其初始状态、终止状态以及中间经过的诸状态，从而检查出机器的故障。

初始和终止状态识别的设计方法是由 S. Ginsbury 和 A. Gill 提出来的。用状态变迁检查法来进行故障侦查则是由 F. C. Hennie 提出来的。C. R. Kime、G. Gonene 以及 I. Kohavi 和 Z. Kohavi 则研究了对于存在有区分序列的强联接简约时序机如何更好地组织检查实验的问题。C. R. Kime 还研究了不具备区分序列的机器，指出可以增加一系列输入能使该机器变为强联接的并具备一个区分序列。Z. Kohavi 和 P. Lavallee 则采用添加输出端的办法来构成确定可诊断的机器。E. F. Hsieh 研究了对于不具备区分序列的机器无需改变其电路而使之具备一个区分序列的检查方法。

本节所讨论的方法只适用于简约强联接的同步时序电路的测试。所谓简约是指该时序电路中任何两个状态均不等价；所谓强联接是指该时序电路中任何两个状态都至少存在一个输入序列，使其中的一个状态能转换到另一个状态上去。

3.7.1　初始状态的设置

一个待测的时序电路在加电后，其所处的状态是随机的。时序电路所处的初始状态不同，其测试序列及响应也就不同。因此，在正式进行测试之前必须使待测试的时序电路置于一个已知的状态。为了设置时序电路的初始状态，可采用施加一个同步序列（synchroningsequence）或引导序列（homing sequence）的方法来实现。

1. 同步序列

同步序列可使时序电路进入一个已知的确定状态。同步序列只注重状态的变迁，而不注意其输出响应。一个时序电路的同步序列可用同步树的方法求出，同步树的构造方法如下：

（1）从待测时序电路的状态变迁表出发，将该电路的所有状态（初始不确定性状态）作为“根”，分别施加输入值所得到的状态集作为树叶记录在相应的树枝下，并依次向下进行。

（2）如所记录的新树叶已在靠近“根”的上一层出现过，则该树叶不再向下进行而终止，即称截枝。

（3）当某一树叶为单状态时，则同步树完成。其同步序列就是从根到该单状态树叶的输入序列，该树叶所指明的单状态就是施加同步序列后所设置的初始状态。

利用上述方法，根据表 3.18 所列时序电路的状态变迁表即可得到其同步树，如图 3.30 所示。

表 3.18　状态变迁表

q \ X (q/z)	0	1
A	B/0	A/0
B	B/1	C/1
C	A/1	D/0

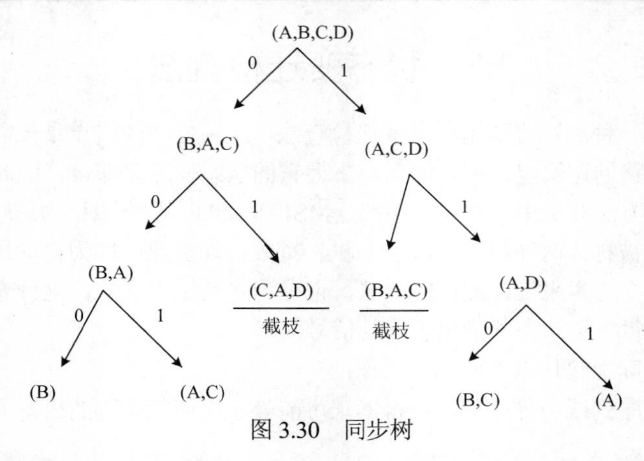

图 3.30 同步树

由图 3.30 所示的同步树即可得到该时序电路的两个同步序列。一个同步序列为 000，它将该时序电路设置为 B 态；另一个同步序列为 111，它将该时序电路置为 A 态。

利用同步树求同步序列的方法十分简单，然而并非每一个时序电路都有同步序列。如表 3.19 所表示的时序电路，其同步树如图 3.31 所示。由同步树可见，该时序电路没有同步序列。对于没有同步序列的时序电路只能用引导序列来设置初始状态。

表 3.19 状态变迁表

q \ x (q/z)	0	1
A	B/0	A/0
B	B/1	C/1
C	A/1	D/0

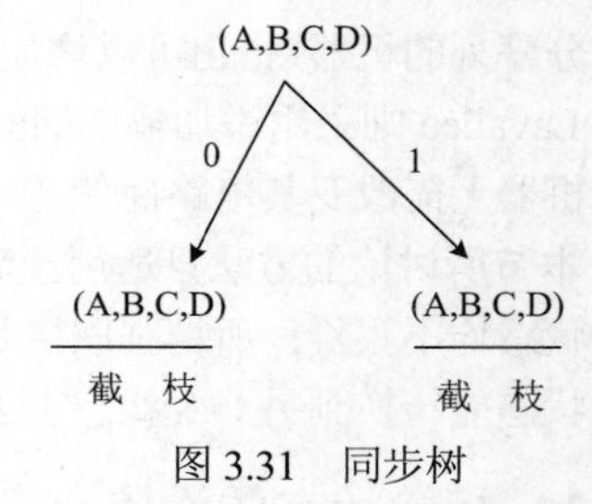

图 3.31 同步树

2．引导序列

引导序列与同步序列不同，它不仅注重状态的变迁，而且也同时注重对输出响应的观察。一个时序电路的引导序列可用引导树来求得。引导树的构造方法如下：

（1）从待测时序电路的状态变迁表出发，将该电路的所有状态作为“根”，分别施加输入值所得到的次态集作为树叶记录在相应的树枝下。

（2）按输出的不同响应对状态进行分组，把输出相同的状态分为一组，并标出各组的输出值。

（3）如果树叶上的状态分组与已出现的更接近根部的状态组完全一样，则截枝；若有几个完全相同的分组出现，则任选一个继续往下进行。

（4）当某一个树叶上仅含有单形态子集和仅由相同状态所构成的子集时，则引导树构造结束。从根部驱动到所终止的树叶的全部输入的总和就是欲求的引导序列。

对表 3.19 所列状态变迁表的时序电路的引导树如图 3.32 所示，由引导树可得该时序电路的引导序列有 00 和 10 两个。

对引导序列 00 有：

对引导序列 00 的输出响应	初始状态	中间状态	终止状态
10	A	B	A
01	B	A	B
00	C	C	C
11	D	D	D

对引导序列 10 有：

对引导序列 10 的输出响应	初始状态	中间状态	终止状态
01	A	D	D
11	B	A	B
00	C	B	A
10	D	C	C

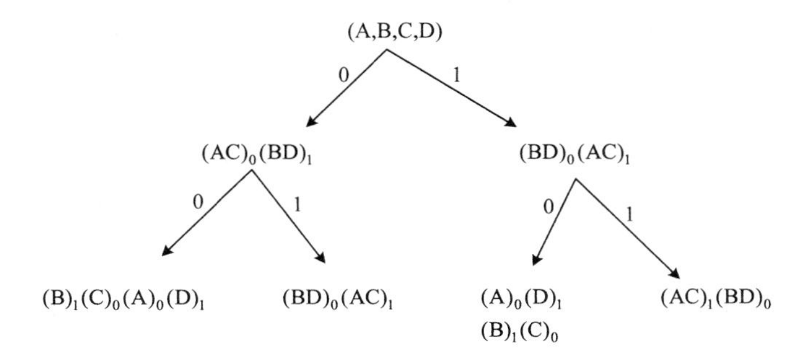

图 3.32　引导树

因此，对于一个时序电路，如果施加了一个引导序列，则可将电路的初始不确定性状态引导到一已知的状态，即完成了时序电路的初始状态设置。如将引导序列 00 施加到该时序电路，若输出响应为 10，则说明该时序电路已将状态引导到 A 态，从而实现了时序电路的初始状态实现的设置。

对于存在同步序列的时序电路仍可求出其引导序列。如表 3.18 所示的时序电路，用图 3.33 构造引导树的方法可求出其引导序列为 01。且有：

对引导序列 10 的输出响应	初始状态	中间状态	终止状态
01	A	B	C
11	B	B	C
10	C	A	A
00	D	C	D

综上可见，对于一个时序电路来说，不一定具有同步序列，而引导序列总是存在的；而且，同时具有同步序列和引导序列的时序电路，其引导序列一般总是比同步序列短。这是因为构造引导树的同时考虑了状态的变迁和输出响应。

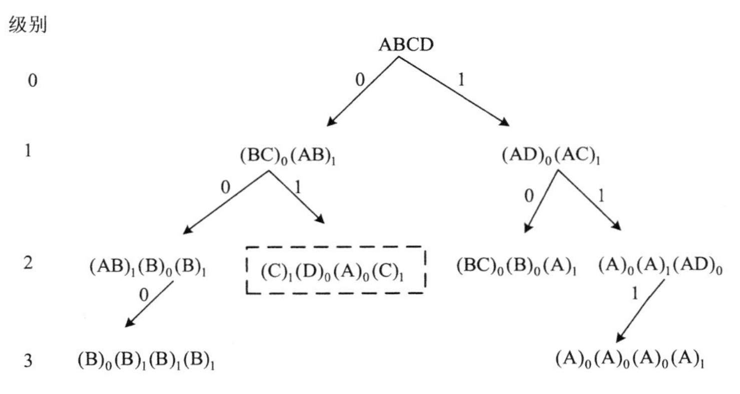

图 3.33　引导树

3.7.2 状态的识别

当时序电路用同步序列或引导序列设置为一个已知状态后，就需要进一步对状态进行识别，以便求出时序电路的测试。状态识别的基本方法是重复地施加区分序列，直到电路的所有可能状态都识别出来为止。

时序电路的区分序列可由其区分树来求得。区分树的构造方法与引导树十分类似。因此，有时用时序电路的引导树求得的引导序列，就是该时序电路的区分序列。要注意的是，引导序列注重的是引导的最终状态，而区分序列注重的是状态的区分（识别）。因此，区分序列应对时序电路的全部状态进行区分。

以表 3.18 所示的时序电路为例，利用引导树已求出了该时序电路的引导序列为 01，而此引导序列也正是该时序电路的区分序列。对区分序列的状态变迁及输出响应列于表 3.20 中。

表 3.20 状态变迁表

初始状态	$x=0$	$x=1$	输出响应
	中间状态	终止状态	
A	B/0	C/1	01
B	B/1	C/1	11
C	A/1	A/0	10
D	C/0	D/0	00

由表 3.20 可见，表 3.18 所示时序电路的 4 个状态 A、B、C、D 均能区分，从而可对状态进行识别。

3.7.3 故障的测试

时序电路测试的状态变迁检查法可用如下 3 个阶段来实现：

（1）初始化。首先必须使被测时序电路进入到某一特定状态，以便由此开始测试的第二阶段，这就是所谓的初始化阶段。初始化阶段是适应性阶段，我们对被测电路施加一个引导序列，观察其相应的输出序列，从而可识别其终止状态，然后再施加一个转移（transfer）序列，使机器进入所需的起始状态。若被测电路具有一个同步序列，则可以用同步序列预置初始状态。

（2）状态识别。在这个测试阶段中，我们把一个区分序列反复施加于被测电路，看它是否能指示出 n 个相异状态的 n 个不同的响应。

（3）状态变迁检查。在这个测试阶段中，使被测时序电路经历一切可能的状态变迁。上述三个阶段虽然可以看作逻辑上互相区别的，但在实践中却完全不必把三个阶段截然分开。在设计状态变迁检查测试时，应尽可能把状态识别序列和状态变迁检查序列混合起来并使之互相重叠，以便缩短测试的总长度。

下面以表 3.18 所示的时序电路的测试为例来说明状态变迁检查法的实施。

由前面的分析可知，该时序电路有同步序列为：

$x=000$——使该时序电路置为 B 态。

其区分序列为：

$x=01$——能区分该时序电路的 A、B、C、D 这 4 个状态，见表 3.20。

测试的实施过程如下：

首先输入同步序列 $x=000$ 使时序电路处于 B 态，而输出 $Z=\times\times\times$（随意），因同步序列不考虑输出响应。待电路处于 B 态之后，即输入区分序列 x=01，则时序电路由 B 态经过中间状态 B 进入终止状态 C，且输出响应为 Z=11；再加区分序列 x=01，则电路由 C 态经 A 态最后进入 A 态，输出响应 Z=10；继续加区分序列 x=01，则由 A 态经 B 态又进入 C 态，输出响应为 Z=01。到此，已识别了 A、B、C 三态，而 D 态尚未识别。由表 3.17 可见，当电路处于 C 态时，输入转移序列 x=1，则由 C 态变为 D 态，且输出 Z=0；再加区分序列 x=01，则由 D 态经 C 态进入 D 态。从而该时序电路的全部状态识别完毕。

因此，其测试函数为

$$T=\{000010101101;\ \times\times\times\,111001000\}$$

如果该时序电路施加测试序列 000010101101，其输出响应为×××111001000，则该时序电路无故障；否则就是有故障。

3.7.4　区分序列的存在性

从上述时序电路测试的寻求可见，状态变迁检查法的关键是求出其区分序列，从而才能用重复施加区分序列的办法对时序电路的各状态进行识别，最后求出其测试。可见区分序列对一个时序电路的测试是至关重要的。然而，是否每一个时序电路都具备区分序列呢？如果欲测试的时序电路没有区分序列又如何使之具有区分序列呢？下面来讨论这个问题。

设有一个时序电路：

$$M=(\Sigma,Q,Z,\delta,\lambda) \tag{3-66}$$

式中，Σ 是输入符号的有限非空集 $\sigma_1,\sigma_2,\cdots,\sigma_m$；

Q 是状态的有限非空集 $q_1,q_2,\cdots,q_n$；

Z 是输出符号的有限非空集 $Z_1,Z_2,\cdots,Z_p$；

δ 是下一状态函数，它把 $Q\times\Sigma$ 映射到 Q；

λ 是输出函数，它把 $Q\times\Sigma$ 映射到 Z。

如果仅对于一切输入符号 $x_i\in\Sigma$ 都存在这样的两个状态 q_{i1} 和 q_{i2}，以至

$$\delta(q_{i1}\cdot x_i)=\delta(q_{i2}\cdot x_i) \tag{3-67}$$

$$\lambda(q_{i1}\cdot x_i)=\lambda(q_{i2}\cdot x_i) \tag{3-68}$$

则这个时序电路是 x_i 可并的（x_i-mergeable），否则就是非 x_i 可并的。

x_i 可并的时序电路没有区分序列。

我们以表 3.20 所示的时序电路为例，显然有

$$\delta(\mathrm{A}\cdot 0)=\delta(\mathrm{B}\cdot 0)=\mathrm{C} \tag{3-69}$$

$$\lambda(\mathrm{A}\cdot 0)=\lambda(\mathrm{B}\cdot 0)=0 \tag{3-70}$$

可见，状态 A 和状态 B 对 x=0 是可并的。

同样，还有：

$$\delta(\mathrm{B}\cdot 1)=\delta(\mathrm{C}\cdot 1)=\mathrm{B} \tag{3-71}$$

$$\lambda(\mathrm{B}\cdot 1)=\lambda(\mathrm{C}\cdot 1)=1 \tag{3-72}$$

即状态 B 和 C 对 x=1 也是可并的。

为什么状态可并的时序电路没有区分序列呢?我们仍以表 3.21 为例来分析。

表 3.21 状态变迁表

q \ q/z \ x	0	1
A	C/0	A/0
B	C/1	B/1
C	A/1	B/1

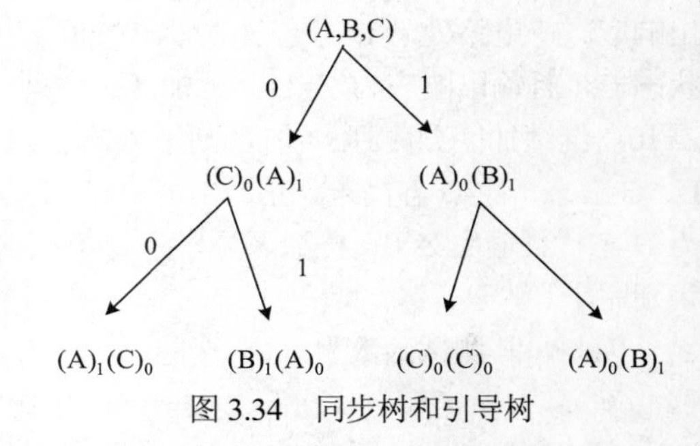

图 3.34 同步树和引导树

由表 3.21 可方便地作出如图 3.35 所示的同步树和引导树，并得到该时序电路的同步序列为 10，它将电路同步到 C 态。引导序列为 0 和 1，且有：

加引导序列 0：如输出响应为 1，则引导到 A 态；
　　　　　　　如输出响应为 0，则引导到 C 态。

加引导序列 1：如输出响应为 1，则引导到 B 态；
　　　　　　　如输出响应为 0，则引导到 A 态。

如果将此引导序列作为区分序列，则有：

施加输入序列 0：A 态→C 态，输出为 0；
　　　　　　　　B 态→C 态，输出为 0；
　　　　　　　　C 态→A 态，输出为 1。

施加输入序列 1：A 态→A 态，输出为 0；
　　　　　　　　B 态→B 态，输出为 1；
　　　　　　　　C 态→B 态，输出为 1。

可见，引导序列 0 和 1 能达到状态引导的目的，确实是一个有效的引导序列。然而，如果将输入序列 0 作区分序列，A 态和 B 态则无法区分，因为它们的输出响应均为 0；同样，对于输入序列 1 而言，B 态和 C 态无法区分，因为它们的输出响应均为 1。所以，该时序电路无区分序列。无区分序列的时序电路是不可测试的。

为了使不具备区分序列的时序电路可测试，必须设法产生一个区分序列。使时序电路具有一个区分序列的办法之一，是把被测时序电路嵌入一个较大的时序电路中，使得形成的大时序电路具有一个区分序列，而又使嵌入的被测时序电路仍然保持原有的输入输出关系。有两种基本技术可用于此目的：

（1）在被测时序电路上添加输入端及其所属的逻辑，这样来构成一个较大的时序电路；

（2）在被测时序电路上添加输出端及其所属的逻辑。例如，表 3.21 所示的时序电路不具有区分序列，它是不可诊断的。要使之可诊断，需对它添加一个输出端 Z_t，这样构成了一个较大的时序电路，如表 3.22 所示。一般而言，需要添加多少个输出端，就添加同数量的输出端。这样一来，原被测时序电路就嵌入在新的时序电路中。在正常的运行中，若不管输出端 Z_t，则两个时序电路在性能上是全同的。借助于供诊断用的附加输出端 Z_t，该时序电路就变成可诊断的了。显然，现今新的时序电路至少有两个区分序 0 和 1，且有

表 3.22 状态变迁表

q \ q/ZZ_t \ x	0	1
A	C/00	A/00
B	C/01	B/11
C	A/10	B/10

加区分序列 0：A 态→C 态，输出为 00；
　　　　　　　B 态→C 态，输出为 01；
　　　　　　　C 态→A 态，输出为 10。

加区分序列 1：A 态→A 态，输出为 00；

B 态→B 态：输出为 11；

C 态→B 态，输出为 10。

可见，施加区分序列后，可根据不同的输出响应识别出各状态，从而实现测试。增加输出端 Z_t 可构成区分序列，因为增加 Z_t 后，原时序电路的状态可并性破坏了，因而可以区分。此外，Z_t 完全是为测试而增加的，它对原时序电路功能无任何影响。

与此类似，用增加测试输入端的方法也可产生区分序列。

习　题

3.1　利用单通路敏化原理，求习题 3.1 图中 h s-a-1 的故障测试。

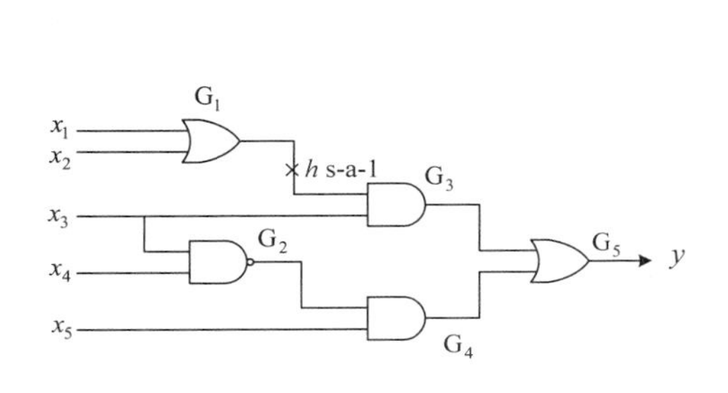

习题 3.1 图

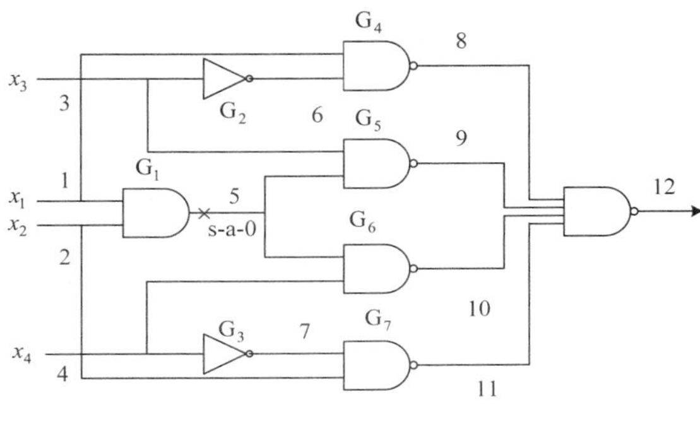

习题 3.2 图

3.2　利用 d 算法和扩展 d 算法求习题 3.2 图中 5 s-a-0 的故障测试。

3.3　用求布尔差分的 6 种方法分别求下式的 $\frac{\mathrm{d}y}{\mathrm{d}x_1}$。

$$y(x) = x_1x_2 + x_2x_3 + x_1x_3$$

3.4　已知习题 3.4 表所示机器。

习题 3.4 表

	a	b	C	d
A	A/0	B/1	A/0	D/1
B	C/1	A/0	B/0	A/0
C	D/1	B/1	A/1	B/0
D	B/0	C/1	A/1	C/1

（1）求最短引导序列与同步序列。

（2）求测试序列。

3.5　（1）对习题表所示机器添加输入端或输出端，使之具有一个区分序列；

（2）对（1）所得可诊断机器设计一个故障侦查测试。

	0	1
1	2/1	1/1
2	5/0	1/1
3	1/0	5/1
4	2/1	4/1
5	5/0	4/1

第4章 模拟电路与混合信号的故障诊断

4.1 模拟电路测试的复杂性

4.1.1 模拟电路故障诊断概述

自20世纪60年代至今，模拟电路故障诊断一直是研究者感兴趣的热门领域，它广泛应用于军工、通信、自动控制、测量仪表、家用电器等各方面。由于模拟电路出现较早，并且随着大规模模拟集成电路的发展，模拟电路的复杂度和密集度也不断增长，但与数字电路的高速发展相比，模拟电路测试技术却进展缓慢，未取得突破性进展。模拟电路发生了故障，就不能达到设计时所规定的功能和指标，这种电路称为故障电路。引起电路产生故障的原因千差万别，但通常来自于设计、制造和使用等三个阶段。有的故障是由于设计不当产生的，有的故障是由于制造工艺上的缺陷造成的，有的故障是在长期使用过程中由于磨损、老化、损耗、疲劳等原因造成的。在模拟电路发生故障后，要求能及时将故障诊断出来，对其产生原因进行分析，以便检修、调试、替换，并改进工艺以提高成品合格率。对某些用于重要设备的模拟电路，还要求能进行故障预测，对模拟电路在正常工作时的响应进行持续不断的监测，以确定哪些元器件将要失效，以便在模拟电路故障发生前将那些将要失效的元器件替换掉，这样就可以避免故障的发生。现代电子科技对模拟电路运行可靠性的要求如此严格，都是由于模拟电路的输入和输出均是连续量，元器件有容差、非线性特征以及电路反馈的存在。通常的人工诊断技术已无法满足需要，因而，电路故障的自动诊断成为一个亟待解决的问题，模拟电路故障诊断也就成为人们研究的重点。

4.1.2 模拟电路故障诊断技术的产生

模拟电路故障诊断理论的研究是从网络元件参数可解性开始的。1960年R. S. Berkowitz首先提出了关于模拟电路诊断的可解性概念，指出：一个网络称为元件值可解的，当且仅当它的每个元件值能够从其外部端子上测得的网络特性唯一地加以确定，并提出了无源、线性、集总参数网络的网络元件值可解性的必要条件，以此拉开了模拟电路故障诊断理论研究的序幕。

从20世纪70年代起，世界各国的学者发表了许多有关模拟电路故障诊断方面的论文，提出了各种不同的原理和方法，并在1979年达到了一个高峰，奠定了模拟电路故障诊断的理论基础。国际电子电气工程师协会电路与系统学报（IEEE Trans. On CAS）为此出版了模拟电路故障诊断特刊，以后，每年电路与系统国际会议都将故障诊断列为一项专题，每年在模拟电路故障诊断领域的研究中都有一些新的进展。

1979年后，模拟电路故障诊断研究主要朝着更实用化的多故障诊断方向发展，因为任意故障诊断方法要求较多的测点，并导致较大的计算量而难以实用化。

1985年Bandler J. W.在IEEE上发表了题为模拟电路故障诊断的特邀文章，对截至当时为止的模拟电路故障诊断的理论进行了全面总结。

我国对模拟电路故障诊断理论的研究起步较晚，大约于20世纪70年代末才被较多地引起重视。以后的发展还是比较快的，主要从多故障法和字典法开始起步，主流仍然是研究多故障诊断的方法。

尽管模拟电路故障诊断已经历了 30 多年的研究，初步奠定了其理论基础，但离工业实用还存在相当的距离。这一领域的研究工作目前仍在理论探讨阶段。

4.1.3　模拟电路故障特点

总结模拟电路发展缓慢的原因大致有两个：一是模拟系统的集成度较低，传统的模拟电路规模也较小，因此采用人工测试和修理还可满足实际需要，且工业生产没有提出相对规模较大的数字系统测试那样的迫切要求，所以模拟电路测试和诊断的研究缺少强大的动力。二是模拟电路的测试与诊断远比数字系统困难，因此至今无论在理论上还是在方法上均未完全成熟，可付诸实用的方法还比较少。造成这种现象的原因大致有以下几个方面：

（1）模拟电路的故障现象往往十分复杂，任何一个元件的参数变值超过其容差时就属故障，因此模拟电路的故障状态是无限的，故障特性是连续的。而在数字电路中，一个门的状态一般只有两种可能，即 1 或 0，所以故障特性是离散的，整个系统的故障状态是有限的，便于处理。

（2）模拟电路的输入/输出关系比较复杂，即使是线性电路，其输出响应与各个元件参量之间的关系也往往是非线性的，更何况许多实际电路中还存在着非线性元件。而在数字电路中，只需用一个真值表或状态转换图就足以清楚地描述它的输入/输出特性。

（3）虽然模拟电路中非故障元件的参数标称值（设计值）是已知的，但一个具体电路的实际值会在其标称值上下做随机性变动，一般并不正好等于其标称值。另外，模拟电路中特有的一些复杂因素，诸如元件非线性的表征误差、测试误差等等，也会给诊断带来很大因难。所有这些原因，均使得模拟电路的故障诊断比数字电路的故障诊断困难得多。

目前的电子设备中，模拟电路仍占相当比重，而且模拟电路的故障问题较多且特别复杂，但不断发展的计算机辅助测试技术为此问题的解决提供了客观可能。现有的自动测试设备（ATE，Automatic Test Equipment）可以在微机控制下十分迅速地对一个待诊断电路进行各种测试，使我们能方便地获得诊断所需的大量精确数据。同时，近代网络理论也为故障诊断准备了深厚的理论基础，故障诊斯也已成为网络理论的一个重要分支。

4.1.4　故障诊断是网络理论的一个重要分支

电路理论是研究电路的基本规律及其计算方法的科学，它作为一门系统而完整的学科是在 20 世纪 30 年代建立起来的。从方法论上考察，早期电路理论着重于时域的分析，20 世纪 40 年代后电路理论研究着重于频域的分析，而在 20 世纪 60 年代后时域研究和频域研究则趋于结合。近年来，关于电路理论所涉及的一些主要课题可以概述如下：

（1）逻辑网络理论和数字滤波器；

（2）有源网络理论和有源滤波器；

（3）广义网络理论；

（4）非线性网络理论；

（5）网络的解析综合理论；

（6）集成电路中的网络理论问题；

（7）开关电路网络理论；

（8）网络的计算机辅助分析和设计；

（9）网络理论的系统理论方法；

（10）网络的故障诊断。

经过对上述主要课题的分析研究可以发现，前面所列的 10 个课题从理论上都可以概括为两类问题，即网络分析和网络综合。所谓网络分析就是在网络拓扑、网络参数和网络激励已知的情况下求网络的响应，而网络综合就是在网络激励和响应已知的情况下求出网络的结构和元件参数值。

模拟电路的故障诊断是建立在网络理论基础之上的，目前已成为网络理论的一个重要组成部分。网络理论的发展大致可分为三个阶段，如图4.1所示。

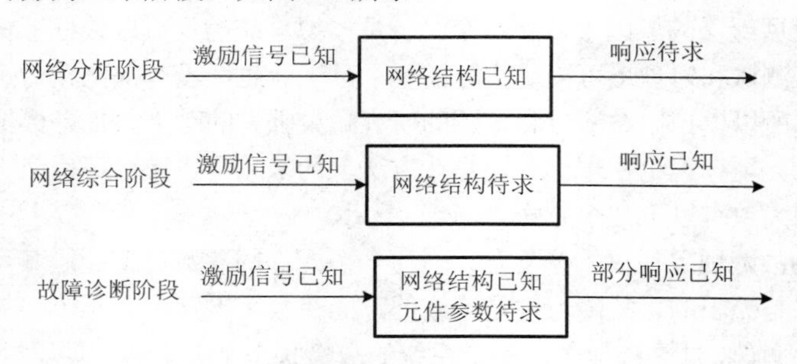

图4.1 网络理论的发展阶段

（1）网络分析阶段：主要任务是在已知网络的拓扑结构、元件参数和输入激励信号时求解网络的输出响应，主要以基尔霍夫电流定律（KCL，Kirchhoff's Circuit Laws）和电压定律（KVL，Kirchhoff Voltage Law）为理论基础，其结果一般都是唯一的，在应用上也最完善、最成功。

（2）网络综合阶段：主要任务是在已知网络的特性和指标的条件下，为了满足这些指标，选择必要的拓扑结构。网络综合的结果通常都不唯一，往往因设计人员的素质和经验以及所采用的模块和器件而不同。

（3）故障诊断阶段：主要任务是在已知网络拓扑结构和输入信号，以及故障后网络的特性条件下，要求判断网络元件的偏移值，从而确定故障位置。在这种情况下，要求它的答案只能是唯一的，否则即属于误判或者误诊。与网络分析和网络综合不同的是，故障诊断的输入信号不限于采用网络实际工作所施加的有限信号，而可根据故障诊断的需求“随意”确定。

4.2 模拟电路的故障模型

模拟电路产生故障的原因是由其原材料的缺陷，如晶圆的裂纹或者纯度不纯，加工过程的工艺缺陷，如氧化厚度不足，以及封装缺陷等引起，这些缺陷造成了模拟电路中的元件可能发生短路、开路、元件值偏移（指元件值偏移了其标称值），从而引起模拟电路功能变化，使模拟电路功能产生了下列三种可能的结果：

（1）功能完全失效，即电路根本就不工作。

（2）功能降额，电路可以工作，但是其性能规范位于可接受范围之外。

（3）电路无故障，电路所有的性能规范都位于可接受的范围之内。

因此，可以把模拟电路的故障分为以下几类（见图4.2）：

（1）软故障：又称为渐变故障，是指组件的参数值随着时间或环境条件超过了预定的容差范围而造成的故障，它们均未使设备完全失效，一般仅引起系统性能的异常或恶化。

（2）硬故障：又称为突变故障，是指由于组件的参数突然发生大的变化，如开路、短路、损坏、失效等而产生的故障。电路中发生硬故障时，经常导致系统严重失效，甚至瘫痪。

（3）永久性故障：是指一旦出现就长期存在的故障，任何时刻进行检测均可发现此类故障，例如开路、短路等。

（4）间歇性故障：是指某种特定条件下才出现或随机、存在时间短暂的故障现象，例如接触不良等。

（5）单故障与多故障：若某一时刻仅有一个组件发生故障，称为单故障；若同时有两个或两个以上的组件发生故障，则称为多故障。据统计，在实际应用中，电子设备发生单故障的概率是故障总数的 70%～80%，而且一些多故障往往又是相互联系的，因此有时也可以当作单故障处理。

（6）质变故障：元件发生故障后，其性质发生了变化，比如电阻变成电容等。

模拟电路因为故障产生的原因不同，又可以分为：

（1）由元器件引起的故障：电路中的电阻、电容、电感、晶体管、集成电路等元器件，由于使用时间过长或者质量问题而导致的性能下降甚至损坏，例如电阻阻值偏差、电容击穿等问题，最终导致元器件不能发挥正常的作用，这类故障常使电路没有输出响应。

（2）因接触不良引起的故障：电路中的各插件和焊接点的接触不可靠，例如焊接点的虚焊、假焊，开关、电位器的接触不良，空气中的某些气体成分会使电路板的某些金属线氧化、腐蚀，以及因意外的外力造成的机械性损坏等，这些都有可能造成电路的接触不良。这类故障常使电路不能完全工作，会导致间歇性地停止工作。

（3）人为原因引起的故障：人为原因主要是指元器件的选择错误、焊接没有焊好、连接线没有连对等因为人的主观意识疏漏造成的电路故障，这类故障可以通过后面的调试环节来检测和弥补。

（4）各种干扰引起的故障：模拟电路的干扰主要包括直流电源质量差，形成的交流干扰，感应和耦合产生的干扰，电路设计不当产生的电磁干扰，这些干扰可能会使电路输出的信号不是正常的响应，应该采取相应手段排除干扰。

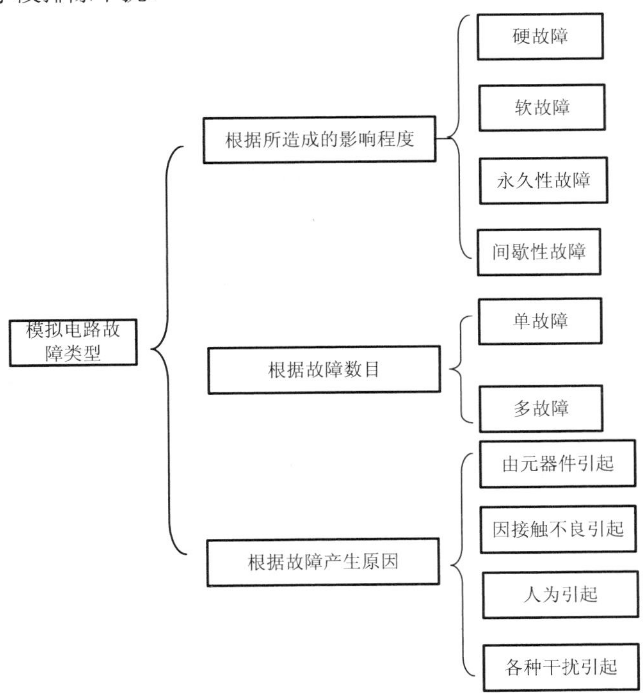

图 4.2　模拟电路故障类型

4.3　模拟电路的故障诊断方法

对于模拟电路有许多种诊断方法，从传统的人工观察法到自动故障诊断方法，这些方法随着模拟电路的发展也进行着调整。但对于现有的模拟电路，传统的诊断方法依然适用。

4.3.1 传统的故障诊断方法

1．直接观察法

直接观察法是直观地观察出比较明显的电路故障，从而直接进行故障定位。例如，观察电路运行时是否有异常声音、连接线是否松动、元器件是否损坏或者开关接触不良等可以明显直观察觉的错误，从而可以用观察法排除故障。

2．电阻测试法

用来测量电路中电阻的阻值，从而判断元器件是否正常。通过阻值的变化可以直接或者间接地得出电路中某些其他元器件的正常或者失效，还可以判断出电路是否短路或者断路。此种测试必须在断电状态下进行。

3．电压测试法

在确定电路内没有断路或者通电后无明显异常显现后，可以用电压测试法检查故障。电压测试法通常使用万用表测试各个测试点的电压值，并与标准的正常值进行比较，进而根据比较结果判断故障的原因，在用电压测试法时注意应用的相关条件，只有在条件符合的情况下，测出来的值才是真正的测量值。

4．波形显示法

在静态工作状态的正常条件下，将信号注入电路，用示波器观察各测试点的波形，从而分析电路的故障。这是检查电路最有效、最方便的方法，它不仅可以根据观察的波形，还可以根据波形中的参数值，例如峰-峰值、频率、周期等来判断电路故障的原因，这个方法最适用于振荡电路。

5．部件替代法

在基本定位到某个元器件时，可以采用部件替代法进行验证，将认为有损坏的元器件用正常的替代后，电路恢复正常，则证明了判断无误。这种方法主要用于不易直接测试故障的部件。

4.3.2 目前的故障诊断方法

随着模拟电路越来越复杂，所用的元器件也逐步趋向集成化，并且和数字电路组成混合电路，这就加大了电路诊断的难度，传统方法显然不能满足人们的需求，所以就提出了不同的测试诊断方法。按照目前流行的分类，我们把这些主要的诊断方法分为三大类：估计法、测前拟似法和测后拟似法，如图 4.3 所示。下面分别介绍这三种分类方法。

1．估计法

估计法是一种近似方法，在大多数情况下，这类方法一般只需要较少的测量数据，采用一定的估计技术，估计出最可能发生故障的元件。这类方法又可分为确定法和概率法。确定法依据被测电路或系统的解析关系，以一定的判断依据来判断最可能的故障元件。估计法中的大多数方法属于确定法，而大多数确定法中应用了最优化技术，概率法是依据统计学原理决定电路或系统中各元件发生故障的概率，从而判断出最有可能的故障元件。

2．测前拟似法

测前拟似法是指被测电路的模拟工作在测试前进行。测前拟似法发展得较早，主要是指故障字典法，这种方法首先通过电路仿真获得电路在各种故障状态下的电路特征，将特征与故障的一一对应关系列成一个字典，在实际诊断时，只要获取电路的实时特征，就可以从故障字典中查出此时对应的故障。

3．测后拟似法

测后拟似法虽然比测前拟似法起步慢，但是发展比较迅速，现在已经出现了许多不同原理的方法，这些方法可以大致分为三类（见图 4.3）。

（1）参数辨识法：是以识别模拟电路中的全部参数为目的，从而进行故障定位的方法。通过解析分析，直接从网络响应与元件参数值之间的关系中求解出元件的实际参数值，因此在测试条件充分的情况下，有可能不牵涉容差问题。但是，正因为它是通过解析分析直接从网络响应与元件参数值之间的关系中求解出元件的实际参数值，所以它只适用于故障元件的位置已明确的场合。在元件参数解法中，待诊断电路即使是线性的，其诊断方程通常也是非线性的，因此计算起来比较复杂，一般需要有较大容量的计算机。特别是当需要从非线性诊断方程中解出所有元件的参数值时，从可解件的条件出发，端口测试必须充分。根据这个原理又衍生出了导纳参数法、多频激励法、出入函数法、伴随电路法等。

（2）故障检验法：又称故障概率法、预测验证法。该方法假定模拟电路中的故障元件很少，猜测哪几个元件存在故障，然后根据电路的测量结果验证猜测是否正确，如此不断筛选，直至找到故障元件为止。故障验证法的优点是可以减少测试点的数目，简化整个测试过程，每一次验证所涉及的运算比较简单。故障验证法的缺点是要求技术人员有丰富的故障诊断经验，首先对最可能发生故障的元件进行检测，当模拟电路规模较大、电路中的故障元件数量较多时，预测验证的筛选和搜索工作量很大。后来的 K 故障诊断法、失效定界法、类故障诊断法、网路分裂法等在此基础上进行了改进。

（3）人工智能法：指将人工智能或模式识别的算法用作故障诊断模型的方法，包括故障样本的训练和测试两个过程。首先需要获得大量故障的信息，作为训练样本按某种智能算法训练诊断模型，将测试电路获取的实时电路特征信息输入智能诊断模型，自动判断出故障类型。人工智能方法能部分地解决模拟电路故障诊断的模糊性和不确定性等常规方法不能解决的问题，适用于解决非线性系统的故障诊断。该方法的不足是系统本身自适应能力与学习能力存在不同程度的局限性，从而大大影响了故障诊断的准确性。

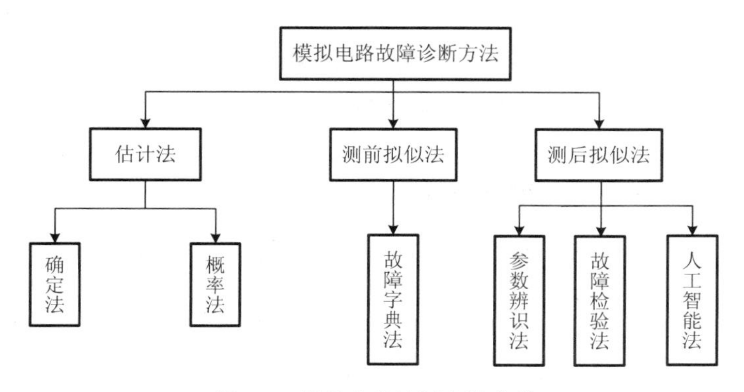

图 4.3　模拟电路诊断方法分类

4.3.3　发展中的新故障测试方法

随着模拟电子技术和集成电路的发展，人工故障诊断技术已经无法满足模拟电路故障诊断的需要，从而促使发展新的智能故障诊断技术。目前，国内外模拟电路故障诊断的研究中提出了很多新的诊断方法，部分新兴的模拟电路故障诊断技术如下。

1．基于神经网络的模拟电路故障诊断方法

人工神经网络（ANN，Artificial Neural Network）是模拟人脑组织结构和人类认知过程的信息处理系统，自1943年首次提出以来，已迅速发展成为与专家系统并列的人工智能技术的另一个重要分支。神经网络是对生物神经系统的功能抽象，以分布方式存储信息，有很强的容错能力、自组织能力、自学习能力，能够对网络的输入产生联想输出，具有处理模糊信息的能力。

把神经网络技术应用于模拟电路的故障诊断，特别适合处理那些故障诊断中无法用显性公式表示的、具有复杂非线性关系的情况，能够出色解决那些传统模式识别方法难以圆满解决的由于非线性、反馈回路和容差等引起的问题；神经网络具有超强的自学习能力和泛化能力，无须分析模拟电路的故障模型，即可对模拟电路进行故障诊断。由于神经网络的诸多优点，它在智能故障诊断中受到越来越广泛的重视，而且已显示出巨大的潜力，为智能故障诊断的研究开辟了一条新途径。但是因为模拟电路可测节点数目的限制，神经网络诊断法所获得的诊断样本有限，故而存在算法收敛速度慢、局部极值小、受网络结构复杂性和样本复杂性的影响较大等缺点。

2．基于小波分析预处理的模拟电路故障诊断方法

小波分析是近年发展起来的一种强有力的数学工具，其对非平稳随机信号具有良好的时频局部特性和变焦能力。小波理论的应用一般被限制在小规模的范围内，主要原因是：大规模的应用对小波的构造和存储花费大，而神经网络是处理大规模问题的一种强有力的工具，两者的结合就产生了小波神经网络。它继承了小波分析的时频局部特性和神经网络的自学习能力等诸多优点，从而具有较强的逼近与容错能力，同时网络结构规模和学习参数的选择有小波理论作为依据。因此小波神经网络比传统神经网络具有更好的性质，从而为模拟电路故障诊断开辟了一条新途径，成为当前测试领域研究的热点。

3．基于模糊理论的模拟电路故障诊断方法

D. GrZechc等人选用π和梯形模糊成员函数，分别对模拟电路阶跃响应测试数据进行模糊预处理后，输入多层感知机实现故障分类。A. Toarrbjal采用模糊神经元一高斯函数作为神经网络隐层激励函数，通过BP算法进行网络学习和参数调节，实现对两个CMOS模拟运算放大器的故障诊断。M. Catelnali比较了模糊方法和径向基函数神经网络的故障诊断效果，得出基于IF-THEN规则的模糊系统分类效果更好的结论。这种方法主要存在两个不足：一是模糊成员函数的选取没有具体指导原则；二是模糊规则提取不易实现。

4．基于支持向量机的模拟电路故障诊断方法

模拟电路故障诊断中的另一重要环节是模式识别和分类诊断，支持向量机是模式识别领域中建立在统计学习理论基础上的新型学习机器，其核心思想是通过最小化结构风险，解决学习机器的学习能力和泛化能力之间的矛盾，为有限样本情况下学习能力和泛化能力之间的矛盾提供了一种解决方案。由于其具有小样本、高维数、非线性等优势，提高了其泛化性和推广能力，吸引了以 Vapnik 为代表的众多学者对 SVM 算法进行深入研究和不断改进，该方法已成功地应用在模拟电路故障诊断中。

利用支持向量机的小样本、高维数、非线性等优势，如果将支持向量机与小波分析、粗糖集、粒子群优化等数学方法相结合，可以获得更好的故障诊断效果。但支持向量机仍存在明显的不足之处：

（1）支持向量机二次规划寻优过程中，训练样本的盲目增加会导致建模过程中训练样本矩阵的存储时间复杂度和计算复杂度呈指数级增加问题，降低参数寻优和建模的性能。

（2）经典支持向量机的二分类算法在解决实际电路故障的多分类情况时效果不佳。

（3）支持向量机的松弛变量和惩罚参数的选择没有合理的规则，经验性的赋值往往容易降低支持向量机的泛化性和推广能力。

上述各种方法各有优缺点，在实际诊断中，常把各种方法结合起来使用，根据实际场合的需要，取长补短，达到最佳诊断效果。目前，国内外的许多学者正在总结数十年来所积累的丰富的故障侦查及维修经验，以及用人工智能等方法把各种诊断法加以综合应用，不断学习国外的先进技术并对其加以改进，逐步挖掘出更好的测试诊断方法。

4.4　故障字典法

故障字典法是目前模拟电路故障诊断中最具实用价值的方法。它的基本思想是：首先提取电路在各种故障状态下的电路特征（以电压、电流等作标志），或者根据专家的实战经验，将这些特征与故障对应列成一个字典，在实际诊断时，只要获取被测电路的实时特征，将被测电路的特性测量值和故障字典对照，进行故障辨识，就可以从故障字典中查出此时可能对应的故障。这种方法为故障的排除提供一个明了快捷的手段。应用任何一种故障字典法都包含以下三个步骤。

（1）明确故障的诊断范围：由于故障通常大都是元件参量的变异，而模拟电路中元件参量的变值是连续的，因此可以认为故障状态是无限多的，这显然不可能在一本篇幅有限的字典中完全罗列出来。为此，在着手编制一本故障字典之前，必须首先明确这本故障字典的诊断范围。通常总是根据元件的可靠件与以往维修工作中的经验，把最常遇到的一些故障作为一本字典的诊断范围。一个故障字典运用的对象一般只是某一特定设备或某一专门电路，而不是任一设备或任一电路。而且认为常见的故障大多是硬故障，即元件的开断或短路等，而很少是元件参量连续变值的软故障。

（2）辨明故障的征兆：每种故障都有各种征兆。编纂一本故障字典时，首先必须把故障诊断范围内的每一种故障的种种征兆搜集整理在一起，再按便于查找、检索故障的某种方式进行编排。故障的征兆既可以用特定激励下的响应来体现，也可以用为了获得某一特定响应的激励来表达，有时候还需要用多种激励及其相应的多种响应来表征，以便区别不同的故障。这些征兆一般总是在诊断测试之前，通过对被诊断电路的拟似（simulation）而取得。一般是在计算机上进行拟似，必要时也可用实物拟似。

（3）在线诊断要快速准确：当待诊断对象出现故障后，即按与编写字典时辨明故障征兆相同的步骤对待诊断对象进行检测，再在字典中按所得征兆逐个查找。但实际中经常存在着这佯一种情况，即多个不同的故障有着相近的征兆，这时就需按一定的判别准则加以区分，以确定它为某一故障。

故障拟似中元件特性的表征误差、实际元件的容差以及测试过程中难免出现的测试误差等因素都会使在线诊断时所得的结果不能完全符合测前拟似所得的征兆，以至诊断不准确，甚至引起误判。为了保证诊断的正确可靠，必须提高对故障状态（即故障征兆）的分辨率。因此，在建立故障字典时，必须在给定的可测性条件下，适当选择激励点和测试点以及测试信号，以提高分辨率。

字典法本质上是一种经验性的诊断方法，因此对于那些没有条件进行解析分析或难以获得其输入/输出解析特性的系统非常适用，而且字典法的在线诊断又比较简便省时，这是它的优点。但实际上，字典法一般还只局限于处理单个故障，且故障类型都为硬故障。若要诊断多个故障及软故障，则对待测电路预先要做大量拟似，还要保证对故障状态具有较高的分辨率。

4.4.1　直流域中字典的建立

我们以图 4.4 所示的视频放大器为例来说明编写一本直流域故障字典的一般过程。

人们在诊断实践中发现，模拟电路的故障大约有 80%是硬故障，其中又有 60%～80%是电阻开断、电容短路以及三极管和二极管等引出线的开断或短路而引起的故障。这样人们自然会想到，解决实际问题应首先从解决这些硬故障入手。我们以图 4.4 所示的视频放大器为例进行计讨论。设该电路有 20 种最常见的故障状态可作为所编故障字典的诊断范围，它们在表 4.1 中按序号一、二、……、二十编排。

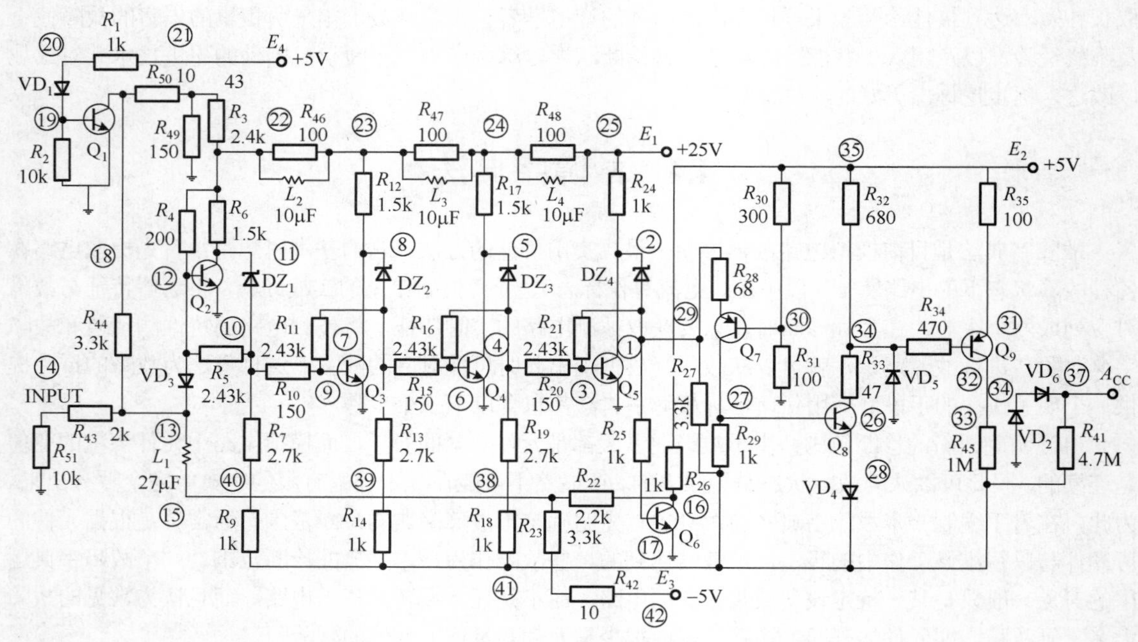

图 4.4　视频放大器电路图

表 4.1　视频放大器故障状态

故障序号	0	一	二	三	四	五	六
故障状态	正常	Q1BES	Q2CES	Q2BO	Q3BES	Q3BO	Q4BES
故障序号	七	八	九	十	十一	十二	十三
故障状态	Q4BO	Q5BES	Q5BO	Q6BES	Q6BCS	Q6BO	DZ10
故障序号	十四	十五	十六	十七	十八	十九	二十
故障状态	DZ1S	DZ20	DZ2S	DZ230	DZ3S	DZ40	DZ4S

表中，Q 表示三极管，DZ 表示稳压管；O 指开断，S 指短路，BES、CES 及 BCS 分别表示三极管相应各极之间的短路，BO 表示基极的开路。显然，这里定义的故障均系硬故障。由表 4.1 可以看出，所定诊断范围实际上未包括图 4.4 中所有的 9 个三极管，仅包括其中的前 6 个，而未考虑后 3 个，而且还不包括电感的硬故障。又由于电路中无电容，因此对该放大器电路便于在直流域中建立其故障字典。

由图 4.4 可见，该电路共有 43 个节点，其中节点 14 是输入节点，可作为激励端口。在该节点上允许施加±30V 的直流电压作为激励信号。为叙述方便起见，先设可测节点为 10 个，即节点 2、5、8、11、16、18、26、27、33、36。通常可用在±30V 直流信号激励下各可测节点上的电压作为故障征兆来建立故障字典。虽然该电路是非线性的，但这些节点电压均可由通用的电路分析程序经拟似获得。对于图 4.4 所示电路，为了获得其 20 种故障状态的征兆，在节点 14 上施加±30V 两种激励情况下，需拟似每一种故障状态在上述 10 个可测节点上的电压，这样共需拟似 2×10×20=400 个节点电压数据，加上电路处于无故障标称状态时的 20 个节点电压值，该字典中就需存储 420 个节点电压数据，以便诊断时根据测到的电压值从上述字典中查找相应的故障。

为了便于说明，这里用 SPICE 程序进行拟似，所得 120 个数据，如表 4.2 所示。

由表 4.2 可见，节点 36 上的电压对诊断这 20 种故障不提供任何有用信息。因为不论激励是+30V 还是–30V 电压，不论在无故障的标称状态还是在 20 种故障状态下，节点 36 上的电压值均在–0.47～–0.48V 范围内。节点 18 上的电压除了在故障状态一时略高以外，其余均在 0.04～0.05V 范围内。

由表 4.2 还可发现，除了上述两节点外，节点 26、27、33 上的电压值基本上是相关的，因此它们三者提供的信息完全一致，并且和节点 2 上的电压所提供的信息基本类同，但在故障状态十九及二十情况下尚有差别。所以，节点 26、27、33 在 20 种故障状态下所提供的信息事实上微乎其微，可不予考虑。因此，以上 5 个节点上的电压不必存储，在线诊断时也不用测量。

表 4.2　SPICE 程序拟似所得数据

状态激励 \ 节点		2	5	8	11	16	18	26	27	33	36
0	+30V	7.97	0.04	7.27	0.11	0.05	0.05	–4.21	–3.38	4.12	–0.47
正常	–30V	0.05	7.23	0.04	6.90	1.19	0.04	5.00	–5.93	–5.93	–0.48
一	+30V	7.97	0.04	7.27	0.11	0.05	1.80	–4.21	–3.38	4.12	–0.47
Q1BES	–30V	0.05	7.23	0.04	6.91	1.24	1.10	5.00	–5.93	–5.93	–0.48
二	+30V	7.97	0.04	7.27	0.00	0.05	0.05	–4.21	–3.38	4.12	–0.47
Q2CES	–30V	7.97	0.04	7.10	0.00	0.03	0.04	–4.26	–3.43	4.12	–0.47
三	+30V	0.05	7.23	0.04	7.49	6.70	0.05	5.00	–5.88	–5.88	–0.48
Q2BO	–30V	0.05	7.23	0.04	6.90	1.19	0.04	5.00	–5.93	–5.93	–0.48
四	+30V	7.97	0.04	7.27	0.11	0.05	0.05	–4.21	–3.38	4.12	–0.47
Q3BESSSS	–30V	7.97	0.04	7.27	6.20	0.03	0.04	–4.24	–3.42	4.12	–0.47
五	+30V	7.97	0.04	7.27	0.11	0.05	0.05	–4.21	–3.38	4.12	–0.47
Q3BO	–30V	7.97	0.03	7.57	11.12	0.03	0.04	–4.23	–3.41	4.12	–0.47
六	+30V	0.05	7.25	6.50	0.15	6.69	0.05	5.00	–5.88	–5.88	–0.48
Q4BES	–30V	0.05	7.24	0.04	6.90	1.19	0.04	5.00	–5.93	–5.93	–0.48
七	+30V	0.04	7.50	10.14	0.09	6.69	0.05	–4.21	–5.87	–5.87	–0.48
Q4BO	–30V	0.05	7.23	0.04	6.90	1.19	0.04	–4.24	–5.93	–5.93	–0.48
八	+30V	7.97	0.04	7.27	0.11	0.05	0.05	–4.21	–3.38	4.12	–0.47
Q5BES	–30V	7.96	6.53	0.04	6.93	0.03	0.04	–4.22	–3.42	4.12	–0.47
九	+30V	7.97	0.04	7.27	0.11	0.05	0.05	–4.21	–3.38	4.12	–0.47
Q5BO	–30V	8.07	9.80	0.04	6.93	0.03	0.04	5.00	–3.42	4.12	–0.47
十	+30V	7.92	0.04	7.27	0.11	6.75	0.05	–4.21	–3.38	4.12	–0.47
Q6BES	–30V	0.05	7.23	0.04	6.90	1.19	0.04	5.00	–5.93	–5.93	–0.48
十一	+30V	7.97	0.04	7.27	0.11	0.83	0.05	–4.21	–3.39	4.12	–0.47
Q6BCS	–30V	0.05	7.23	0.04	6.90	0.43	0.04	5.00	–5.93	–5.93	–0.48
十二	+30V	8.10	0.04	7.27	0.11	6.75	0.05	–4.20	–3.38	4.12	–0.47
Q6BO	–30V	0.05	7.23	0.04	6.90	1.18	0.04	5.00	–5.93	–5.93	–0.48
十三	+30V	7.97	0.04	7.27	0.11	0.05	0.05	–4.21	–3.38	4.12	–0.47
DZ1O	–30V	7.97	0.04	7.10	25.00	0.02	0.04	–4.26	–3.43	4.12	–0.47
十四	+30V	7.97	0.04	7.28	0.10	0.05	0.05	–4.21	–3.38	4.12	–0.47
DZ1S	–30V	0.05	7.23	0.04	2.27	1.22	0.04	5.00	–5.93	–5.93	–0.48
十五	+30V	0.05	7.20	25.00	3.98	6.70	0.05	5.00	–5.89	–5.89	–0.48
DZ2O	–30V	0.05	7.23	0.04	6.90	1.19	0.04	5.00	–5.93	–5.93	–0.48
十六	+30V	7.97	0.04	2.64	0.11	0.05	0.05	–4.21	–3.38	4.12	–0.47
DZ2S	–30V	0.05	7.25	0.04	6.90	1.19	0.04	5.00	–5.93	–5.93	–0.48
十七	+30V	7.97	0.04	7.27	0.11	0.05	0.05	–4.21	–3.38	4.12	–0.47
DZ3O	–30V	7.95	25.00	0.04	6.92	0.03	0.04	–4.25	–3.43	4.12	–0.47
十八	+30V	7.97	0.04	7.27	0.11	0.05	0.05	–4.21	–3.38	4.12	–0.47
DZ3S	–30V	0.04	2.60	0.04	6.90	1.18	0.04	5.00	–5.90	–5.90	–0.48
十九	+30V	25.00	0.04	7.23	0.12	6.70	0.05	5.00	–5.90	–5.90	–0.48
DZ4O	–30V	0.05	7.23	0.04	6.90	1.19	0.04	5.00	–5.93	–5.93	–0.48
二十	+30V	3.21	0.04	7.27	0.11	0.05	0.05	–4.18	–3.34	4.12	–0.47
DZ4S	–30V	0.04	7.23	0.04	6.90	1.19	0.04	5.00	–5.93	–5.93	–0.48

故障拟似时，由于电路分析程序中非线性器件特性的表达式难免与被诊断器件的特性不完全一致，因此表 4.2 中拟似的节点电压总不免有些偏差，这是需要注意的一个方面；在线诊断时，由于测试中存在误差以及待诊断电路中无故障元件的容差等因素，所测得的节点电压也不免有些偏差，这是需要注意的另一方面。因此，在建立字典时，要把最坏场合的情况考虑在内，故通常可用 Monte-Carlo 法拟似。

建立字典时，可把电路施加各次激励时所有可测节点上的电压拟似值划分几个模糊集，以便用模糊观点来确定电路中的故障状态。此举对在线诊断查找字典也比较简便有效。

模糊集的划分可按如下原则进行：把与各个故障状态以及无故障标称状态相对应的所有节点电压拟似值作为原始数据，挑选其中比较密集的数据群构成数个模糊集。各模糊集之间当然不允许有相互重叠的情况，而且各模糊集之间应尽可能分离。每一模糊集所覆盖的具体电压值可根据具体情况而定。对于表 4.2 中节点 2、5、8、11、16 上的电压数据，根据各模糊集之间不应重叠而且务须分离的原则，可具体划分为 I、II、III、IV四个模糊集：

I. 0～1.25V

II. 2.25～4.0V

III. 6.0～8.15V

IV. 9.8～11.62V

此外有额外值 25V。显然，I、II两个模糊集之间有约 1V 的间隔，II、III模糊集之间及III、IV模糊集之间均有约 2V 的间隔，而每一模糊集所覆盖的电压量程也不过 1～2V。至于额外值 25V，与前四个模糊集间隔更大。

从这里也可以看出，我们之所以删去 18、26、27、33、36 五个节点，不仅因为它们对该诊断范围内的 20 种故障状态提供的信息不多或甚至不提供任何信息，而且也是为了有利于选取更合适的模糊集。例如，上述分集情况下，如果需要考虑节点 18 上+30V 的电压激励，存在故障状态一时所出现的 1.8V，就难以处理了。

根据上述划分，可得表征各节点电压在各模糊集上的故障状态，如表 4.3 所示。

表 4.3　各节点电压在各模糊集上的故障状态

节点	激励	I 0～1.25V	II 2.25～4.0V	III 6.0～8.15V	IV 9.8～11.2V	额外值 25V
2	+30V	三、六、七、十五	二十	0、一、二、四、五、八、九、十、十一、十二、十三、十四、十六、十七、十八		十九
	−30V	0、一、三、六、七、十、十一、十二、十四、十五、十六、十八、十九、二十		二、四、五、八、九、十三、十七		
5	+30V	0、一、二、四、五、八、九、十、十一、十二、十三、十四、十六、十七、十八、十九、二十		三、六、七、十五		
	−30V	二、四、五、十三	十八	0、一、三、六、七、八、十、十一、十二、十四、十五、十六、十九、二十	九	十七
8	+30V	三	十六	0、一、二、四、五、六、八、九、十、十一、十二、十三、十四、十七、十八、十九、二十	七	十五
	−30V	0、一、三、六、七、八、九、十、十一、十二、十四、十五、十六、十七、十八、十九、二十		二、四、五、十三		
11	+30V	0、一、二、四、五、六、七、八、九、十、十一、十二、十三、十四、十六、十七、十八、十九、二十	十五	三		
	−30V	二	十四	0、一、三、四、六、七、八、九、十、十一、十二、十五、十六、十七、十八、十九、二十	五	十三
16	+30V	0、一、二、四、五、八、九、十一、十三、十四、十六、十七、十八、二十		三、六、七、十、十二、十五、十九		
	−30V	0～二十（全部状态）				

表 4.3 既然说明了±30V 激励时上述 5 个节点上所得电压落在某一模糊集时所代表的故障状态，那么一旦电路出现故障，该表能否唯一地判断该诊断范围内所有的 20 个故障呢？

故障诊断是否具有唯一性，取决于给定的可测性条件下所获得的故障征兆能否有效地区分出不同的故障状态。例如，当+30V 激励时，若节点 8 上的电压落在模糊集 I 中，则该电路中的故障必为故障三（Q2BO）；同样，当+30V 激励时，节点 11 上的电压落在模糊集III中，则该电路中的故障必为故障三，两者可相互验证。再例如，当+30V 激励时，若节点 2 上的电压落在模糊集II或为额外值 25V，则相应的故障必分别唯一地为故障二十或十九；又节点 8 上的电压若落在II、IV集或为额外值 25V，则相应的故障必分别唯一地为故障十六、七、十五。再例如，当–30V 激励时，若节点 5 上的电压落在模糊集II、IV或为额外值 25V，则相应的故障必分别唯一地为故障十八、九、十七，若节点 11 上的电压落在模糊集 I、II、IV或为额外值 25V，则相应的故障必分别唯一地为故障二、十四、五、十三。由此可见，这些故障状态，诸如二、三、五、七、九、十三、十四、十五、十六、十七、十八、十九及二十均可在 30V 激励时根据可测节点上电压是否出现在某一模糊集中而唯一地被确定。

至于另外一些故障，可利用交及对称差的运算确定之。例如，故障四就可在不出现故障二、五、十三的情况下，通过检查–30V 激励时节点 8 上电压是否落在模糊集III或节点 5 上电压是否落在模糊集 I 而被唯一地确定。故障六可在确定故障十六不出现的情况下，由+30V 激励时节点 5 上电压不落在模糊集I，而节点 8 上电压却出现在模糊集III而得以被唯一地确定。故障八可在确定故障十八不存在的情况下，由–30V 激励时节点 2 上电压不落在模糊集I而节点 5 上电压落在模糊集III中而被唯一地确定。

此外，在确定不存在故障十九的情况下，故障十和十二可由+30V 激励时，节点 5 上电压落在模糊集 I 而节点 16 上电压不落在模糊集 I 而被同时确定。但是它们虽能被确定，却难以判定具体对应哪一个故障。余下的故障一和无故障状态 0 也是如此，只有再利用节点 18 上的电压才可以区别它们。

通过上例可以看出，不同节点上的不同激励在诊断故障时所起的作用并不一样。节点 2、8、11 在+30V 激励时和节点 5、11 在–30V 激励时都对诊断起着较大的作用。

总之，建立故障字典时，在确定诊断范围后，需要选择测试点，也可改变输入激励量，甚至还可以适当调整模糊电压集量程，这样才能最终分辨清楚各种故障状态。

4.4.2 频域中字典的建立

对于线性交流电路，可根据它的频率响应来构造故障字典。频域字典法的优点是所需硬件比较简单，只要有正弦信号发生器及电压表就可以了。若有矢量电压表或频谱仪就更好了。

线性电路的频域分析理论已十分成熟，因此频域中建立故障字典的方法也较多。这些方法大都基于各种网络函数的幅频特性和相频特性，下面分别介绍之。

1. Seshu-Wakman 方法

这是一种比较早期的方法，它利用传输函数的幅频特性来构造字典。设待测电路中某一传输函数 $H(s)$ 为：

$$H(s)=\frac{k\prod_{i=1}^{n_z}(s-z_i)}{\sum_{j=1}^{n_p}(s-p_j)} \tag{4-1}$$

式中，s 为复频率，k 为一常数，z_i、p_i 分别代表传输函数的零极点，其数目分别为 n_z、n_p。这些零极点的位置及常数 k 完全决定了 $H(s)$ 的幅频特性及相频特性。因此，对于该传输函数的特性，也可由

$(n_z + n_p + 1)$ 个频率点上的 $H(s)$ 值来完全确定。换句话说，一旦获得了 $(n_z + n_p + 1)$ 个频率点上的 $H(s)$ 值，原理上就可完全确定式（2.2.1）中的 k、z_i、p_i。

在 RC 网络中，零极点均为实根，故可把我们的绝对值分别视为角频率 ω_i、ω_j，此即上、下角频率。这样很容易画出该 $H(s)$ 的伯德图。当网络中某一元件发生故障时，部分或全部折角频率也将随之改变，从而引起整个 $H(s)$ 的伯德图的改变。

总之，在建立频域中的故障字典时，应在 $(n_z + n_p + 1)$ 个频率点上计算出电路处于无故障标称状态及各种故障状态时 $H(s)$ 的幅值，由这些幅值就可构造故障字典。建立这种故障字典的一般步骤如下。

（1）首先用符号网络函数分析程序实现 $H(s)$ 的符号表达式，即将 $H(s)$ 的分子、分母多项式中的各系数用各元件符号的函数来表达。

（2）将无故障状态时元件标称值代入上式，对分子、分母多项式进行因式分解，计算出各折角频率。

（3）至少在 $(n_z + n_p + 1)$ 个测试频率点上计算出电路处于各种故障状态时的 $H(s)$ 幅值。这些测试频率宜按如下方式选取：在相邻的两个折角频率之间选取一个测试频率，同时在最高折角频率以上和最低折角频率以下也各取一个测试频率。

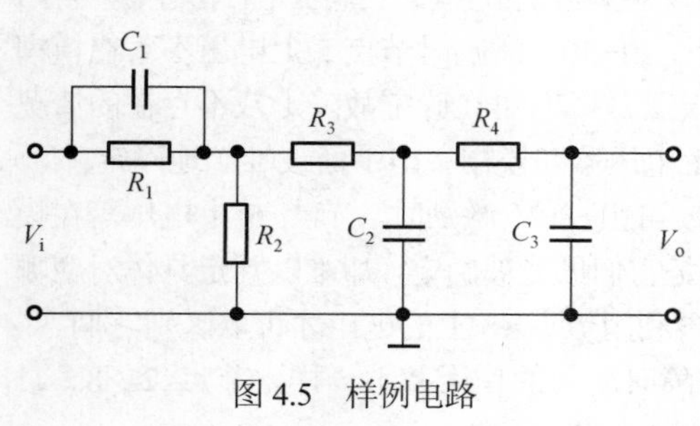

图 4.5　样例电路

（4）在上述各测试频率点上，把电路处于各种故障状态下的 $H(s)$ 的幅值按一定方式存储起来。一定方式通常是指将这些幅值直接存储，或取其与标称值的偏离进行量化、编码，以征兆形式存储。

例如对图 4.5 所示的电路，可求得其电压传输函数为：

$$H(s) = \frac{V_{o(S)}}{V_{i(S)}} = \frac{a_0 + a_1 s}{b_0 + b_1 s + b_2 s^2 + b_3 s^3} \tag{4-2}$$

式中，

$$\begin{aligned} & a_0 = R_2, a_1 = R_1 R_2 C_1, a_0 = R_1 + R_2 \\ & b_1 = R_1 C_1 R_2 + R_2 R_4 C_3 + (C_2 + C_3)(R_2 R_3 + R_1 R_3 + R_1 R_2) + R_1 R_4 R_3 \\ & b_2 = R_1 R_2 R_3 C_1 (C_2 + C_3) + R_1 R_2 R_4 C_3 (C_1 + C_2) + R_3 R_4 C_2 C_3 (R_1 + R_2) \\ & b_3 = R_1 R_2 R_3 R_4 C_1 C_2 C_3 \end{aligned} \tag{4-3}$$

由式(4-2)可知，$H(s)$ 有 3 个极点和 1 个零点。设各元件标称值为：$R_1 = R_4 = 1\text{M}\Omega$，$R_2 = 10\text{M}\Omega$，$R_3 = 2\text{M}\Omega$，$C_1 = 0.01\mu\text{F}$，$C_2 = C_3 = 0.001\mu\text{F}$。在这些标称值下，$H(s)$ 的折角频率分别为（零点）ω=100rad/s 和（极点）ω=83.3rad/s、288.6rad/s 及 2288.1rad/s。因此可选下列 5 个测试频率，即 ω=10rad/s、95rad/s、200rad/s、800rad/s 及 5000rad/s。它们分别处在相邻的零极点之间，并在最高折角频率以上及最低折角频率以下。无故障状态下标称值时的 $H(s)$ 记作 $H_0(s)$。

若对该电路定义 14 种故障状态，它们分别对应于图 4.5 中 7 个元件当其实际值相距其标称值有+50%或−50%的偏离时的状态，并分别记为 R^+、C^+ 或 R^-、C^-。由式（4-2）及式（4-3）计算出这些故障状态下 $H(s)$ 的幅值，再按表 4.4 进行量化并编码。于是在 5 个频率上可得到一个 5 位码，所得故障字典如表 4.5 所示。

由表可以看出，R_3^+ 与 C_3^+、R_3^- 与 C_3^- 都具有相同的征兆码，因此它们都是两个故障共占一个模糊集，因此不能唯一地确定单个故障元件。这时只能再增加测试频率点，例如利用更低的或更高的测试频率，这样其实各种故障都可以唯一地被确定。

表 4.4　量化表

$\lvert H(s)\rvert-\lvert H^0(s)\rvert$	码
≤±0.5dB	0
−1～0.5dB	1
−2～−1dB	2
−5～−2dB	3
≤−5dB	4
0.5～1dB	5
1～2dB	6
2～5dB	7
≥5dB	8

表 4.5　故障类型与征兆码

故障类型	征兆码	故障类型	征兆码
R_1^+	10000	R_1^-	56000
R_2^+	50000	R_2^-	21000
R_3^+	02434	R_3^-	06788
R_4^+	00214	R_4^-	00578
C_1^+	05050	C_1^-	01210
C_2^+	02334	C_2^-	06778
C_3^+	02434	C_3^-	06788

2．双线性变换方法

由网络理论可知，线性网络的网络函数可以表示为某一元件参量 r_i 的双线性函数，即

$$H(s,r_i)=\frac{a_1 i(s)r_i+a_0 i(s)}{b_1 i(s)r_i+b_0 i(s)},\qquad i=1,2,\cdots,n_b \tag{4-4}$$

式中，a、b 均为 s 的多项式，而这些多项式的系数又是各元件参数 $r_i(j\neq i)$ 的函数。可以根据 $H(s,r_i)$ 与 r_i 的上述双线性关系来构造故障字典，即对每一测试频率，在复平面上作出 $H(s,r_i)$ 与 r_i 的关系曲线，由双线性变换的特性可知，当 r_i 在一定范围内变化时，该曲线或是一条直线，或是一段弧线。将在所有测试频率上作出的这些关系曲线存储起来，就构成了一部故障字典。

测试频率仍按相邻零极点间穿插的方式选取。因此，对有 n_z 个零点与 n_p 个极点的函数 $H(s)$，至少需在 (n_z+n_p+1) 个测试频率上计算出 $H(s,r_i)$ 与某一 r_i 的关系曲线。对于单故障，这样构造出来的故障字典确实能够比较全面地反映出各种故障征兆，包括硬、软故障的征兆。

从双线性函数式（4-4）可以看出，其分子、分母的四个系数中只有三个是独立的，因此只需三个点上的 $H(s,r_i)$ 的值就可完全确定该双线性函数。于是，为了构造整个故障字典，按照式（4-4）至少需计算出 $3(n_z+n_p+1)n_p$ 个值作为基本数据，这里 n_p 为元件个数。

以图 4.5 所示的电路为例，当测试频率 ω=200rad/s 时，$H(s,r_i)$ 与各元件参量 r_i 的变化关系如图 4.6 所示。图中各元件参数在其标称值的 0.1～10 倍之间变化。在其他测试频率上，$H(s,r_i)$ 与 r_i 的关系曲线也是类似的。

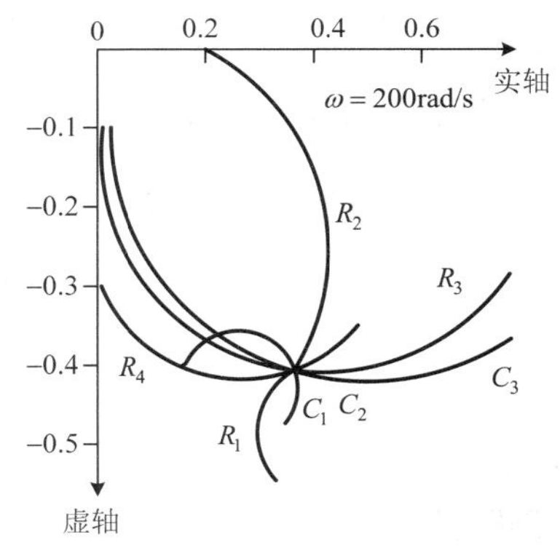

图 4.6　当 ω=200rad/s 时，$H(s,r_i)$ 与 r_i 的变化关系

3．稀疏矩阵字典法

设待测电路的某一网络函数 $H(\omega)$ 可测，且定义该电路有 n_f 种故障状态，$f=1,2\cdots,n_f$。拟似出每种故障状态在 n_ω 个频率 $(i=1,2,\cdots,n_\omega)$ 上网络函数 $H^j(\omega_i)$ 的值。令它们与标称无故障网络函数 $H^0(\omega_i)$ 的偏差为：

$$\begin{aligned}&d_{if}^*\approx H^0(\omega_i)-H^f(\omega_i)\\&i=1,2\cdots,n_\omega\\&f=1,2\cdots,n_f\end{aligned} \tag{4-5}$$

式中，$H^0(\omega_i)$ 及 $H^j(\omega_i)$ 既可表示幅值，也可表示相位。也就是说，对应某些频率，$H^0(\omega_i)$、$H^j(\omega_i)$ 可表示幅值；而对另一些频率，它们又可表示相位。若把 d_{if}^* 看作是 i 行 f 列的一个元素，则可构成一个矩阵。

考虑到元件容差的影响，可对 d_{if}^* 进行量化。设因元件容差及测试误差而引起的 d_{if}^* 偏差不超过 ψ_i，则 d_{if}^* 可按如下方式进行量化，即

$$d_{if}=\begin{cases}1, & 当 d_{if}^*>\psi_i 时,\\ 0, & 当 \left|d_{if}^*\right|\leqslant\psi_i 时,\\ -1, & 当 d_{if}^*<-\psi_i 时,\end{cases}\quad \begin{aligned}&i=1,2,\cdots,n_\omega\\ &f=1,2,\cdots,n_f\end{aligned} \tag{4-6}$$

以量化后的 d_{if} 作为元素而组成的矩阵就是要构造的故障字典。由于这个矩阵是一个稀疏矩阵，因此这种字典称为稀疏矩阵字典。为了提高故障在字典中的分辨率，通常可选用较多的测试频率，例如选 $n_\omega\geqslant 3n_b$，n_b 为元件数。

例如，以图 4.5 所示的电路为例来构造故障字典。选择测试频率 ω 为 10rad/s、200rad/s、800rad/s、2000rad/s、8000rad/s，在前三个频率上测幅值 G，后两个频率上测相角 φ，量化时相角取 ψ_i=0.025。仍考虑 7 个元件对其标称值有±50%的偏离作为它们的故障状态，则可得稀疏矩阵如表 4.6 所示。

表 4.6　图 4.5 所示电路的稀疏矩阵故障字典

故障 / 增益或相位	R_1^+	R_1^-	R_2^+	R_2^-	R_3^+	R_3^-	R_4^+	R_4^-	C_1^+	C_1^-	C_2^+	C_2^-	C_3^+	C_3^-
G　$\omega=10$	1	−1	−1	1										
G　$\omega=200$					1	−1			−1	1	1	−1	1	−1
G　$\omega=800$					1	−1	1	−1			1	−1	1	−1
φ　$\omega=2000$						−1	1	−1			1	−1	1	−1
φ　$\omega=8000$								−1				−1		−1

由表 4.6 可见，R_1^+ 与 R_2^-、R_1^- 与 R_2^+、C_2^+ 与 C_3^+ 及 C_2^- 与 C_3^- 各对故障状态之间均难以区分，因此该字典尚不完善。为此可以舍弃式（2.2.6）的量化方式而对 d_{if}^* 进行如下处理：

$$d_{if}'=\frac{d_{if}^*}{\left|\psi_i\right|},\quad \begin{aligned}&i=1,2,\cdots,n_\omega\\ &f=1,2,\cdots,n_f\end{aligned} \tag{4-7}$$

这样所得矩阵就更加便于区分各种故障状态了。但是，处理后的矩阵不再是稀疏矩阵，因此需要较大的存储容量。

再对 d_{if}' 按如下方式进行归一化处理：

$$d_{if}=\frac{d_{if}'}{\left|d_f'\right|},\quad \begin{aligned}&i=1,2,\cdots,n_\omega\\ &f=1,2,\cdots,n_f\end{aligned} \tag{4-8}$$

式中，$d_f'=\left[d_{1f}'d_{2f}'\cdots d_{n_\omega f}'\right]^{\mathrm{T}}$，$\|\cdot\|$ 表示范数，该范数通常可取为：

$$\left\|d_f'\right\|=\sum_{i=1}^{n_\omega}\left|d_{if}\right| \tag{4-9}$$

经过上述处理后，可得以 d_{if} 为元的矩阵。考虑到容差的影响，再将该矩阵中绝对值小于 $\eta\left\|d_f'\right\|$ 的诸元置为零。这里 η 是经验系数，例如取 $\eta=1/3n_\omega$。这样便可得归一化无量纲的稀疏矩阵故障字典，如表 4.7 所示。

表 4.7　归一化无量纲的稀疏矩阵故障字典

故障 / 增益或相位	R_1^+	R_1^-	R_2^+	R_2^-	R_3^+	R_3^-	R_4^+	R_4^-	C_1^+	C_1^-	C_2^+	C_2^-	C_3^+	C_3^-
G　$\omega=10$	0.99	–0.96	–0.98	–0.98										
G　$\omega=200$		–0.25	–0.14	0.16	0.81	–0.57	0.29	–0.15	–0.99	0.97	0.71	–0.53	0.80	–0.63
G　$\omega=800$					0.56	–0.76	0.38	–0.22	–0.08	–0.16	0.48	–0.45	0.52	–0.62
φ　$\omega=2000$					0.15	–0.26	0.79	–0.77	0.09	–0.14	0.45	–0.59	0.25	–0.39
φ　$\omega=8000$							0.35	–0.57			0.2	–0.39		–0.21

稀疏矩阵字典法的优点是所需存储量较少，因此能缩短运算时间，但在线诊断时有可能不利于区分故障。

4.4.3　时域中字典的建立

对于线性或非线性动态电路，可以利用它的时域响应，拟似出它在时域中的各种故障征兆，从而建立故障字典。下面先介绍两种诊断线性电路的时域字典法。

1．伪噪声信号法

在待测网络的输入端施加一个周期性的伪噪声信号 $\eta(t)$，所得响应为 $v(t)$，则可证明：对于线性电路，激励与响应的互相关系函数近似为网络的冲激响应 $h(t)$，即

$$h(i\tau) \approx \frac{1}{T}\int_0^T \eta(t-i\tau)v(t)\mathrm{d}t \tag{4-10}$$

τ 为 $\eta(t)$ 的周期，T 为测试时间，它的选择取决于信噪比。

按式(4-10)拟似出待测网络在标称状态及各种故障状态下的冲激响应，分别记作 $h^0(i\tau)$ 及 $h^f(i\tau)$。将它们的差值记为：

$$d_{if}^* = h^0(i\tau) - h^f(i\tau),\qquad \begin{array}{l} i=1,2,\cdots,n_i \\ f=1,2,\cdots,n_f \end{array} \tag{4-11}$$

式中，n_i 为在时域中进行拟似的时间点数，n_f 为各种故障状态的数目。

根据上述 d_{if}^*，既可直接将它存储起来构成字典，也可仿照上节频域中稀疏字典的构造方法对其进行量化、归一化处理后构成故障字典。

按直接方法建立字典时，式（4-11）可用延迟器、乘法器和积分器等硬件来实现，如图 4.7 所示。当然也可用计算机来拟似。

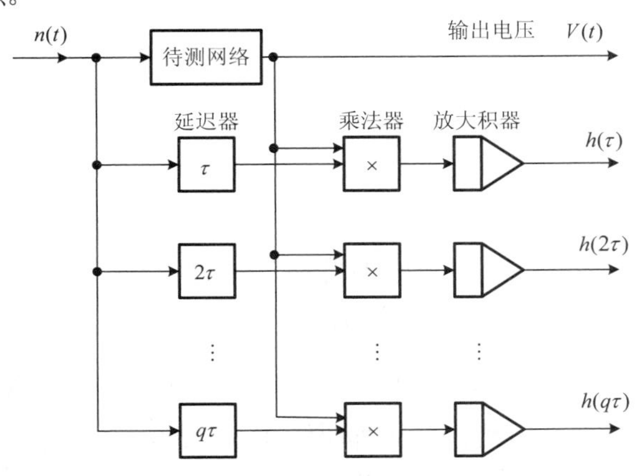

图 4.7　式（4-11）的硬件实现方法

2．激励信号设计法

对于线性待测动态电路，在其发生故障前后，若把它从其零状态驱使到零状态，两者所要求的非平凡激励信号是不相同的，因此可用激励信号参数来标志电路的各种故障，这就是激励信号设计法。

对于线性动态电路，其输入/输出特性可用下列微分方程来描述：

$$a_n\frac{\mathrm{d}^n y}{\mathrm{d}t^n}+a_{n-1}\frac{\mathrm{d}^{n-1} y}{\mathrm{d}t^{n-1}}+\cdots+a_0 y =b_0 u+b_1\frac{\mathrm{d}u}{\mathrm{d}t}+\cdots+b_m\frac{\mathrm{d}^m u}{\mathrm{d}t^m} \tag{4-12}$$

引入辅助参量 X，可将式（4-12）表示为状态方程式：

$$\dot{X}=\boldsymbol{A}X+\boldsymbol{B}u,\quad y=\boldsymbol{C}X \tag{4-13}$$

其中，

$$\boldsymbol{A}=\begin{pmatrix} 0 & 1 & 0 & 0 & \cdots & 0 \\ 0 & 0 & 1 & 0 & \cdots & 0 \\ 0 & 0 & 0 & 1 & \cdots & 0 \\ \vdots & \vdots & \vdots & \vdots & & \vdots \\ \frac{-a_0}{a_n} & \frac{-a_1}{a_n} & \frac{-a_2}{a_n} & \frac{-a_3}{a_n} & \cdots & \frac{-a_{n-1}}{a_n} \end{pmatrix} \tag{4-14}$$

$$\boldsymbol{B}=\begin{bmatrix} 0 & 0 & \cdots & \frac{1}{a_n} \end{bmatrix}^{\mathrm{T}}$$

$$\boldsymbol{C}=\begin{bmatrix} b_0 b_1 b_2 \cdots b_m & 0\cdots 0 \end{bmatrix}$$

由此我们来设计把该电路从零状态驱使到零状态的非平凡激励信号。因为状态方程式（4-13）的解为：

$$X(t)=\mathrm{e}^{A(t-t_0)}X(t_0)+\int_{t_0}^{t}\mathrm{e}^{A(t-\tau)B}u(\tau)\mathrm{d}\tau \tag{4-15}$$

故当激励信号为阶跃函数

$$u(\tau)=a_k,\quad kT\leqslant\tau<(k+1)T \quad k=0,1,2,\cdots \tag{4-16}$$

的组合时，则有

$$X\left[(k+1)T\right]=\mathrm{e}^{AT}X(kT)+(\mathrm{e}^{AT}-1)\boldsymbol{A}^{-1}\boldsymbol{B}a_k \tag{4-17}$$

令

$$\boldsymbol{U}=(\mathrm{e}^{AT}-1)\boldsymbol{A}^{-1}\boldsymbol{B} \tag{4-18}$$

则有

$$X\left[(k+1)T\right]=\mathrm{e}^{AT}X(kT)+Ua_k \tag{4-19}$$

设电路的初始状态为零，即 $X(0)=0$；又设 $a_0=1$，则

$$X\left[(n+1)T\right]=\left[(\mathrm{e}^{AT})^n+a_1(\mathrm{e}^{AT})^{n-1}+\cdots+a_n 1\right]U \tag{4-20}$$

适当选择 a_k 的值，可使上式右侧为 0，此即驱使电路又回到零状态。注意到 Cayley-Hamilton 定理，当选 a_k 的值为状态转移矩阵 e^{AT} 的特征多项式的系数时，式（2.3.11）右侧即为零。

设 A 的各特征值为 $r_1, r_2, r_3, \cdots, r_n$，注意它们都是该电路的极点，则 e^{AT} 的特征值为 $\mathrm{e}^{r_i T}, i = 1, 2, \cdots, n$。由一元 n 次方程的根与系数的关系，a_i 可表示为：

$$
\begin{aligned}
a_1 &= -\sum_{i=1}^{n} \mathrm{e}^{r_i T} \\
a_2 &= +\sum_{i=1}^{n-1} \sum_{j=i+1}^{n} \mathrm{e}^{(r_i + r_j)T} \\
a_3 &= -\sum_{i=1}^{n-2} \sum_{j=i+1}^{n-1} \sum_{k=j+1}^{n} \mathrm{e}^{(r_i + r_j + r_k)T} \\
&\vdots \\
a_n &= (-1)^n \exp\left(\sum_{i=1}^{n} r_i T\right)
\end{aligned}
\tag{4-21}
$$

这就是把式（4-12）描述的电路从零状态驱使到零状态所需的非平凡激励信号参数。由这些参数确定的信号（式（4-16））称作互补信号。a_i 是 r_i 的函数，当电路存在故障时，极点位置也相应改变，故信号参数 a_i 也随之改变。因此 a_i 的大小可视作故障征兆。

再考察式（4-14）的 C 及式（4-13）的 $y = CX$，因为其中 C 表征了网络的零点特征，因此可以从输出 $y(t)$ 观察其零点位置的变化。为此，在该互补信号作用下，输出 $y(t)$ 的零点位置的改变可以作为故障的又一类征兆。

设电路无故障时互补信号参数为 $a_1, a_2, a_3, \cdots, a_n$，在该互补信号作用下的响应的零点为 $t_1, t_2, t_3, \cdots, t_n$，处于某一故障状态下的互补信号参数为 $\hat{a}_1, \hat{a}_2, \hat{a}_3, \cdots, \hat{a}_n$，在该信号作用下的响应的零点为 $\hat{t}_1, \hat{t}_2, \hat{t}_3, \cdots, \hat{t}_n$，令 $\Delta a_i = a_i - \hat{a}_i$，$\Delta t_i = t_i - \hat{t}_i$，则可得故障征兆为：

$$
\boldsymbol{Q} \triangleq \left[\Delta a_1,\ \Delta a_2, \cdots, \Delta a_n,\ \Delta t_1,\ \Delta t_2, \cdots, \Delta t_n\right]^{\mathrm{T}}
$$

事先对待测电路拟似出其处于各种不同故障状态时的 a_i 与 t_i，从而可获得征兆 $\boldsymbol{Q}$，将它们存储起来就是一部故障字典。

例如，设图 4.8 所示的巴特沃斯滤波器中各元件标称值为 R_1=100Ω，L=141.4H，C=0.01414F，R_2=100Ω。因此 $V_{\mathrm{o}} / V_{\mathrm{i}}$ 有两个极点，没有零点。选 $\tau = 0.5\mathrm{s}$，由式（4-21）可得互补信号参数是 a_0=1，$a_1 = -1.3188$，a_2= 0.493。图中显示出了该互补信号及其作用下的输出电压 V_{o}（a 指无故障时的，b 指有故障时的（C 值改变−50%））。

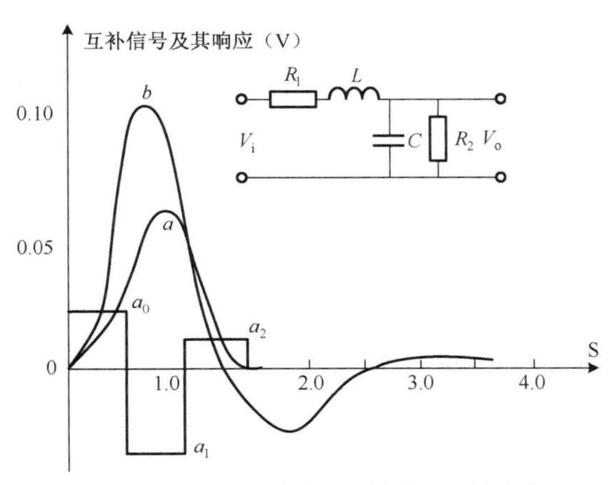

图 4.8　巴特沃斯滤波器互补信号及其响应

以上介绍了诊断线性动态电路中故障的两种时域字典法，并通过解析分析，说明了其中故障征兆的含义。事实上，时域字典法更有效的应用是非线性动态电路的故障诊断。可以在激励端口上施加不同幅度的激励信号，如阶跃波等，在响应端分不同的时刻取得其即时值。这样，在各种故障状态下拟似出这些即时值后，原则上就可构成一部时域故障字典。

4.4.4 故障的识别与分辨

这一节将讨论如何依靠故障字典，根据待测电路在线诊断时所得测试结果来唯一地确定电路处于何种故障状态，即故障的识别。

根据在线诊断所得的测试数据，通常将它们进行模糊处理并量化后作为征兆，然后查阅故障字典。此时除有可能直接识别故障外，也可以把所得征兆对照字典进行交或对称差的运算，然后将电路中的故障状态逐个区分并加以识别。

交的运算：$\{a,x_1,x_2,\cdots\}\cap\{a,y_1,y_2,y_3,\cdots\}=\{a\}$

对称差的运算：$\{a,x_1,x_2,\cdots,x_n\}\Delta\{x_1,x_2,\cdots,x_n\}=\{a\}$

在最后识别之前，这些运算有可能要多次运用或交互运用。

不仅在直流域中，在频域及时域中都有可能采用交或对称差的运算处理方法来识别故障。实践证明，交或对称差的运算处理确实是识别故障的一种重要手段。下面进一步讨论识别故障的一些方法。

1. 最小距离法

设电路的可测点集为 $M=\{1,2,\cdots,m\}$，故障状态集为 $F=\{F_1,F_2,\cdots,F_i\}$，事先存储的描述某一故障状态 f 的征兆矢量为 $u_f=\{u_{1f},u_{2f}\cdots u_{mf}\}^{\mathrm{T}}$。若在线测试结果为 u_f，当故障征兆矢量 u_f 及在线测试结果矢量 f 均未做模糊量化处理，f 与某一 u_f 之间的距离 $d(y,u_f)$ 最小时，该故障状态 f 便是可能的故障状态，即应满足：

$$d(y,u_f)=\min d(y,u_f) \tag{4-22}$$

式中，d 可取为欧氏距离，即

$$d(y,u_f)=\left[\sum_{i=1}^{m}(y_i-u_{if})^2\right]^{\frac{1}{2}} \tag{4-23}$$

也可视不同具体情况取其他距离。

2. 相关函数法

在线测试结果与故障状态 f 的存储数据之间的相关性可用下列相关函数来描述，即

$$z_f=\sum_{i=1}^{m}u_{if}y_i \tag{4-24}$$

因此 z_f 越大，说明故障状态 f 与这时电路所处状态的相关程度越高。

对于直流域中、频域中以及时域中构造的故障字典，相关函数可分别取为：

$$\begin{aligned}
z_f&=\sum_{i=1}^{m_{\mathrm{d}}}(V_i^f-V_i^0)(V_i^m-V_i^0)\\
z_f&=\sum_{i=1}^{m_{\mathrm{f}}}\left[H^f(\mathrm{j}\omega_i)-H^0(\mathrm{j}\omega_i)\right]\left[H^m(\mathrm{j}\omega_i)-H^0(\mathrm{j}\omega_i)\right]\\
z_f&=\sum_{i=1}^{m_{\mathrm{g}}}(v_i^f-v_i^0)(v_i^m-v_i^0)
\end{aligned} \tag{4-25}$$

式中，m_{d} 为直流域中所测得节点数，m_{f} 为频域中测试频率点数，m_{g} 为时域中测试时间点数；上角注 m 表示在线实测的数据，f 表示故障状态下事先存储的数据，0 表示正常无故障且标称情况下存储的拟

似数据。凡实测所得数据矢量和某一故障状态 f 的特征矢量两者足以使 z_f 达到最大值的 f，便是电路中最可能发生的故障状态。

对于稀疏矩阵故障字典，参照式（4-6），对在线测试值也进行量化（即按建立字典的相同过程）如下：

$$\bar{H}_i^m = \begin{cases} 1，当H_i^0 - H_i^m > \psi_i时 \\ 0，当\left|H_i^0 - H_i^m\right| \leqslant \psi_i时 \\ -1，当H_i^0 - H_i^m < -\psi_i时 \end{cases} \tag{4-26}$$

处理后，存储值与测试值之间的相关函数为：

$$d_f \triangleq \sum_{i \in M} d_{if} \bar{H}_i^m \tag{4-27}$$

若遇 $\bar{H}_i^m$ 为零而 d_{if} 不为零的情况，则可令：

$$d_f'' \triangleq \sum_{i \in M} \left|d_{if}\right| \left(1 - \left|\bar{H}_i^m\right|\right) \tag{4-28}$$

这样，所得的

$$d_i^* = \begin{cases} (\text{sign}\ d_f)\left[\left|d_f\right| - d_f''\right], & 当\left|d_f\right| > d_f''时 \\ 0, & 当\left|d_f\right| \ngtr d_f''时 \end{cases} \tag{4-29}$$

可以表示在线测试结果为 H_i^m 时，电路所处状态与故障状态 f 之间的相关性。

3. 匹配法

此法非常简单。若故障字典中每一故障之特征各用一条轨迹曲线表示，则其中必有某一条轨迹曲线与在线测试所得的输出响应最靠近，在简单情况下凭肉眼就可以识别。该曲线所代表的故障便是最可能的故障。事实上这与最小距离法识别基本上是相同的。

本节最后讨论一组测量对故障的分辨能力。

故障能否识别，取决于某测量对不同故障的分辨能力。

第 i 次测试的分辨能力可用下式定义：

$$D_i \triangleq \left[\sum_{f=1}^{n_f - 1} (d_{if} - d_{i\bar{f}})^2\right]^{\frac{1}{2}}, \quad \bar{f} \neq f \tag{4-30}$$

式中，n_f 为故障状态总数，$\bar{f}$ 为不同于故障状态 f 的另外的故障状态。这是根据字典矩阵中元素 d_{if} 而计算得到的距离量度，它可作为每一测量在区分不同故障状态时的作用估计。由全部测试获得的区分故障状态 f_1 及 f_2 的总分辨能力可写成：

$$D_{f_1, f_2} = \left[\sum_{i=1}^{m} (d_{if_1} - d_{if_2})^2\right]^{\frac{1}{2}} \tag{4-31}$$

$$\forall f_1, f_2 \in F, f_1 \neq f_2$$

式中，m 表示一组测试的测试总数。

4.5　混合信号测试概述

4.5.1　混合信号的发展

混合信号测试的定义：利用各种测试方法学来测试包含模拟和数字两种电路的半导体集成电路器件。

早在20世纪80年代，集成电路都是以“混杂”（hybrid）的形式存在，这种电路十分难以制造和测试。传统的模拟和数字信号测试方法在测试时，由于采用低速集成电压表测试电压、低速模拟滤波器过滤待测器件（DUT，Device Under Test）的输入信号、需要计算平均值求得重复性以及利用低速的串行总线或通用接口总线（GPIB，General Purpose Interface Bus）协议进行设备之间的通信，使得测试时间长似乎成为了一种默认的标准，结果促使这类器件价格十分昂贵。尽管这些“混杂”电路不能称为混合信号电路，但是它们却俨然成为了混合信号器件制造的先驱。

到了 80 年代中期，器件测试成本已成为生产成本的一个重要部分。除此之外，消费者也日趋追求高质量的产品，这就要求对芯片进行更加全面的测试。与此同时，随着数字信号处理（DSP，Digital Signal Processor）技术在芯片测试中的应用，混合信号测试开始变得更加快速和精确。基于 DSP 技术的测试方法开始为产生和测试混合信号提供一种更加通用的方法。把 DSP 技术和傅里叶分析综合起来应用是创造出快速、可重复性和精确测试结果的关键所在。

随着微电子技术和电子技术的不断飞速发展，电路系统的复杂程度日益增加，为了简化电路，降低成本，芯片设计人员往往把模拟电路和数字电路集成到一个芯片上。现在这种技术多用在无线通信网络、多媒体信息处理过程控制和实时控制等系统中。当前，超过60%的集成电路芯片内包含数模混合信号电路，并且随着集成电路技术的进步，数模混合电路所占的比例还将进一步扩大。

4.5.2　混合信号测试面临的挑战

混合信号既有数字信号又有模拟信号，这种不同特征的信号测试，对于混合信号而言加大了测试难度，既要考虑到数字信号的芯片封装集成性，又要兼顾模拟信号的不稳定波动性。在混合信号电路的生产和使用中，测试问题至关重要，以前单一的数字或模拟测试方法对测试混合信号电路面临诸多困难。混合信号测试的测试时间长、费用高、测试系统结构复杂，在实现上具有一定难度。模拟电路和数字电路中测试信号的极大差异通常使得测试一个数模混合信号设备变得很困难，其面临的问题主要体现在以下方面。

（1）模拟电路本身难测。模拟电路一般是非线性的，要测的参数多且要求相对精确一些，加之模拟故障模型尚不完全成熟，缺乏强有力的模拟故障激励和测试生成工具，对其测试的时间很容易变得很长，与自动测试设备的接口也不方便。

（2）模拟部分和数字部分的接口难测。

（3）有些电路数字和模拟部分相互融合不能分开。

首先，在数字电路中，故障已被明确定义，目前可以通过一些通用的测试方法来产生测试激励，施加到被测器件中，检测是否有故障。对于模拟电路，如果它的参数偏离了规范导致器件性能变坏，偏离多少是容许的？作为故障，其性能变坏的判据是什么？如果发生了故障，它的效应是否必须在初始模拟输出端观测到或在初始数字输出端检测到？这些问题可能要求在测试过程中对失效/不失效的判断过程进行适当调整。另外，在数字集成电路测试中，固定故障被作为引起故障的原因，这在设计与测试两个环节中已达成共识，但是这个观点对于研究和开发得很不充分的混合信号集成电路测试就成问题了。

其次是如何在混合信号测试中选择出其中的模拟电路。最简单的办法是通过数字和模拟电路的接口，但测试这些接口就是一个大问题。解决这个问题的根本办法就是依靠可测性设计。新的标准边界扫描方法已经完全适应于混合信号测试了，但是模拟总线尚未正式定义，要取得进一步发展，还需更在未来更大的投入。

最后是混合信号测试中激励生成问题，其中包括数字部分、模拟部分和两者之间的接口。与数字电路一样，必须寻找从可控制点将故障效应在一些路径内传输，并最后传到可观测的端点。混合信号测试生成中需要增加许多特殊的参数和要求，这使很多问题变得复杂和难以解决，但基本思路仍是路径敏化。

4.5.3　混合信号的基本测试方法

对于数模混合电路，诊断其故障更加困难，因为待诊断电路是数模混合的，所以既不能直接搬用模拟电路的故障诊断方法，也不能直接套用数字电路的各种诊断方法。下面介绍几种常用的测试方法。

1. 基于 DSP（数字信号处理）的测试

该测试方法的基本原理是：应用一个信号，这个信号可能是正弦信号通过数字计算机数字化，然后通过 DA 模块转换成模拟形式，之后模拟信号激励测试电路，它的响应信号经过 ADC 转换成数字信号后由数字计算机进行进一步的处理。它的优点是因为它的可编程性而有很强的适应性，与系统校准相关的校正参数很容易与任何模拟仪器的常规参数结合起来；缺点是要求经过 ADC 和 DAC，而且符合要求的 DSP 也不是总可以得到的。通过 ADC/DAC 可以把模拟信号和数字信号进行转换，不仅可以统一信号类型，也减少了测试的考虑因素。但是其信号的精准度也大大降低，容易造成测试误差。

2. 基于 DES 理论的混合测试

离散事件系统（DES，Discrete Event System）是 20 世纪 80 年代建立的一类具有代表性的人造系统模型。数模混合电路的测试具备运用 DES 理论所研究的系统需要具有的两个关键特征：①系统的动态过程是事件（Events）驱动而不是时间驱动；②描述系统的变量中至少有一些是离散的（Discrete）。而对数模混合电路的测试过程具有以上两个关键特征，因此可以采用 DES 理论对其进行分析。

应用 DES 理论进行数模混合电路的故障诊断有以下主要工作：

（1）对电路系统的可测试性进行判断。

（2）测试要求给定时，求取电路的最小测试集。

（3）求取电路测试的故障覆盖率。

这种方法的优点在于将对数字/模拟信号的测试统一在同一个数学模型下，不必因为电路中信号模型的不同而将被测电路按信号类型分开处理，尤其是当数字和模拟部分相互融合不能分开时，在统一的框架下进行计算、判断和处理就显得特别重要。然而 DES 理论中的关键——最小测试集的求取比较复杂，尽管在这方面目前已有大量的研究，但并未取得突破性的进展，因此该问题仍是难点之一。

3. 混合测试总线标准

为了应对日益复杂的大规模集成电路的可测试性问题，联合测试小组（Joint Test Action Group）提出了第一个边界扫描机制的标准，即 JTAG 标准，并被电气与电子工程师协会（IEEE，Institute of Electrical and Electronic Engineers）采纳形成了 IEEE1149.1 90 标准。尽管这种测试有很多优点，但其只是针对数字电路芯片提出的，因而不能解决模拟或数模混合电路的测试问题。为此，IEEE 半导体工业学会标准委员会于 1999 年 6 月批准了建立混合信号测试总线标准的 IEEE1149.4 文件。IEEE1149.4 测试总线能将板上所有芯片与板外的模拟信号激励源和对外激励做出响应的测试仪器相连。对每一块混合信号 IC 来讲，IEEE1149.4 总线规定了芯片上的矩阵开关，从而通过芯片的边界扫描寄存器就能把特定的引脚与 IEEE1149.4 总线相连。IEEE1149.4 向被测的系统级芯片提供了连接模拟激励与响应的路径。符合此标准的器件通过与 1149.1 兼容的数据寄存器（IEEE1149.1 1990 规定的标准测试接入端和边界扫描结构）控制的虚拟模拟开关阵列，就能提供模拟测试能力。通过符合 IEEE1149.4 标准的混合信号器件的每一根模拟引脚均能输入模拟电流，输出电压响应。优点就是混合电路的模拟部分能用数字边界扫描技术相同的方法来测试，其缺点是对分立元件参数值的测量误差大，不适于测试高频和射频混合电路，而且还没有具体的测试策略。

4．基于故障树的诊断方法

由于人工智能技术和计算机技术的发展，为电子设备故障诊断提供了先进的硬件设施，这就为一些复杂的智能故障诊断方法，如模糊诊断、专家系统诊断等的实际应用提供了强有力的支持。因此针对于混合信号这种复杂的电路，可以用故障树分析法进行故障定位。故障树分析法是一种图形演绎法，把一个待测电路模块最不希望出现的主输出异常现象作为故障树的顶事件，用规定的逻辑符号自上而下地分析导致事件发生的所有可能的直接因素及其相互间的逻辑关系，依次层层寻找，直到不需要进一步分析为止，以此方式找出待测电路模块内部元件可能发生的硬故障或软故障（底事件）和顶事件所代表的主输出异常之间的逻辑关系，并用逻辑门符号连成一棵倒立的树状图形。由于不用针对具体的信号特征，其通用性强，但因为还是需要测试用来辅助诊断，所以还是会涉及测试策略的选择。

5．将磁场映像技术应用到故障诊断中

这种方法的依据：电路板通电后，其上方磁场分布是电路中交变电流的辐射电磁场和周围环境磁场影响的合成。电路板元器件发生故障时，必引起电流模式发生改变，从而导致磁场分布也发生变化。这种根据电路板附近磁场分布变化对电路板进行故障诊断的技术称为基于磁场映像的印刷电路板 PCB（Printed Circuit Board）故障诊断技术。该技术无需与电路板直接接触就可以测得其磁场分布的数据，省去了各种测试夹具和连接装置，降低了测试设备对电路的干扰，给在线测试和诊断带来一定的方便和安全性，也是测试技术的最新发展方向。

4.5.4 混合信号测试的展望

混合电路的出现在很大程度上促进了测试技术的发展。人们对混合信号的测试研究的焦点已经从最初的故障测试类型和测试方法及技巧上转变到功能建模、系统建模和产品测试上，包括利用 CAD 进行测试、设计和优化。尽管对于混合信号的测试已经有了测试总线的标准和数字信号处理、DES 理论处理、基于故障树诊断和磁场映像技术等方法，但是在前述分析中已经看到各种方法都有其局限和不完善的地方。混合信号的测试的很多研究还有待进一步突破，比如混合电路的建模、仿真以及真正的仿真器的研究和开发，多引脚多功能及具有较大向量内存空间和独立引脚处理能力的 ATE 混合信号测试仪系统的研制都是其中的难点。

国内外在混合信号测试方面的研究还比较欠缺，还没有出现成熟的理论和故障诊断产品。电路的测试和故障诊断是电路系统中的重要环节，而且随着电子技术的发展，对该领域的要求会越来越高。混合信号测试的发展有以下几个比较重要的方面：

（1）进一步改进完善已有的混合信号测试方法，研究新型的测试方法与测试信息处理技术，将更好的、更优化的模型应用于混合电路测试上。

（2）另外，故障信息获取的手段和方法也是研究的一个方向，因为故障信息的准确获取是故障诊断是否成功的关键之一。一个重要的方面就是如何从不同角度获取故障信息。对电子设备来说，除了常用的电压、波形和频率之外，能否从其他方面获得故障信息，如电磁场信息、温度信号以及电路的噪声信息等，这也是有待深入研究的内容之一。

（3）在实际的信号测试中，只用一种理论对电路实施测试往往会受到很大的局限，而且当今的电路测试领域发展很活跃，出现了许多新的测试概念，一些新的理论应用到电子电路的故障诊断之中。如小波变换方法、信息融合方法、基于 Agent 的诊断方法等。随着新理论的不断发展，考虑多种理论、学科的融合也是未来的发展方向之一。

目前，在理论研究方面已经有了一定的进展，但真正在工程实践中成功应用的实例还比较少，特别是真正实用准确的电路故障诊断系统。因此，如何将先进的电路测试理论与方法应用到实际中去还有待深入研究。可以预见，随着实践研究的深入，混合电路的测试和故障诊断技术必将在未来的电子科技领域及其他相关领域得到广泛的发展和应用。

4.6　数模/模数转换器简介

混合信号把连续的模拟信号和离散的数字信号结合起来，但是这其中不可缺少相互转换的环节，两种信号的统一可减少测试诊断的复杂性。将模拟量转换成数字量的装置称为模数转换器（ADC，Analogton Digital Converter）。反之，将数字量转换成模拟量的装置称为数模转换器（DAC，Digitalto Analog Converter）。ADC 把连续的模拟信号转化为离散的数字信号，便于其进行处理。处理完后的数字信号通过 DAC 重新恢复成模拟量，送回现实世界。数据转换器是数字世界和模拟世界之间的桥梁，现已广泛用于多种领域。

4.6.1　数模转换器

1．数模转换器的基本工作原理

数模转换器的功能是把数字量转换成模拟量，通常这种转换是线性的。对于线性数模转换器：

$$V_0 = V_{\text{ref}}(D_1 2^{n-1} + D_2 2^{n-2} + \cdots + D_n 2^0) = V_{\text{ref}} \sum_{i=1}^{n} D_i 2^{n-i}$$

其中，D 是数字输入，V_{ref} 是参考电压，V_0 是模拟输出。这里模拟输出可以是电压，也可以是电流。D_i 为 1 或 0，由数字对应位的逻辑电平来决定，n 是数字输入 D 的位数。输出模拟量与输入数字量成正比。输出模拟量是由一系列二进制分量叠加而成的。对于单位数字量的变化，模拟输出是按一定的阶跃量变化的。

2．数模转换器性能参数

现在介绍评定 DCA 转换器性能的参数指标，主要可分为静态特性和动态特性。

静态特性是指数模转换器工作在直流或低频下的性能，主要由最终输出建立完全的模拟电压值决定。由于它描述的是已建立完全的电压值，所以同转换器瞬态特性没有关系。数模转换器的静态误差表现为实际传输特性与理想传输特性之间的差异，通常可分为微分非线性和积分非线性。

动态特性是指是数模转换器在两个状态之间转换时的性能。该性能通常不仅受静态因素的影响，而且还与输入数字码有关。在时域分析中，数模转换器的性能由建立时间、毛刺脉冲、失真等来描述。在频域分析中，无杂散动态范围、信噪比、总谐波失真、动态范围等是衡量转换器动态性能的重要参数。

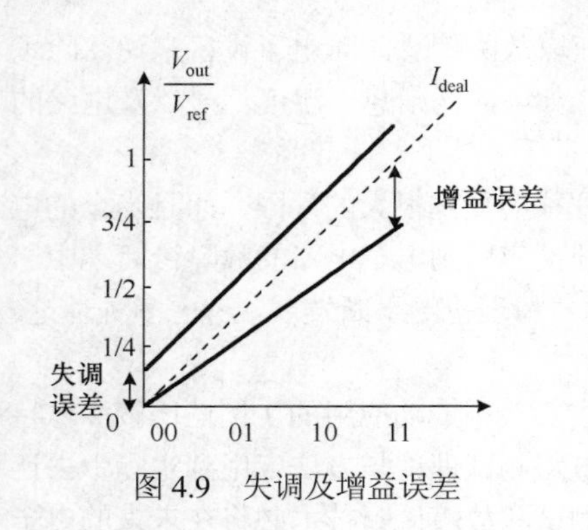

图 4.9 失调及增益误差

静态参数

（1）失调和增益误差。

数模转换器的失调误差是指模拟输出的实际起始值与理想起始值之差。转换器输入与输出关系曲线的斜率称为转换器的增益。实际转换斜率与理想转换斜率之间的误差称为增益误差。转换斜率之间的误差称为增益误差，它与失调误差无关，如图 4.9 所示。

（2）积分线性误差和微分线性误差。

积分线性误差指实际输出的模拟量值与理论值之差，即

积分线性误差=测量值–理论值

微分线性误差指的是两个相邻数码的模拟量输出的跳变值与理论的增量之差，即

微分性误差=实际测量跳变值–增量

注意，区分微分线性误差和积分线性误差的含义，前者描述的是相邻数字变化时引起的模拟值的变化。它反映了邻近数字码间的输出模拟步长的均匀性，是一种“微观”参数。而积分线性误差考虑的是模拟输出值的线性程度，即转换特性曲线上某点对理想直线的偏离情况，它是一种“宏观”参数。

（3）分辨率和精度。

分辨率是表征输出模拟量分辨程度的参数。分辨率是一项设计参数，故仅有标称值。分辨率有三种表示方法：数字分辨率、模拟分辨率和相对分辨率。DAC 的位数决定了最低有效位对应的模拟量值，故用位数表示 DAC 的数字分辨率，通常所说的分辨率就是指数字分辨率。

模拟分辨率是指 DAC 能分辨的最小输出模拟量值，即 LSB（最低有效位）大小的电流或电压，该值通常作为参考单位或基准单位。

相对分辨率用模拟分辨率与额定满度输出量程的比值表示。

精度是指对给定的数字输入，其模拟量输出的实际值和理想值之间的最大偏差，它反映了数模转换器实际的转换曲线和理想曲线之间的最大偏差。它是失调误差、增益误差、线性误差和噪声等累加的结果。

数模转换器的精度可分为绝对精度和相对精度。通常所说的精度是指相对精度。精度有两种表示方法，一种是用满量程范围的百分比表示，另一种是以最低位对应的模拟输出值为单位表示。

动态参数

（1）建立时间。

通常用建立时间来定量描述数模转换器的转换速率。建立时间是指：从输入的数字量发生突变开始，直到输出的模拟量与稳定状态相差±0.5LSB 范围内的这段时间，如图 4.10 所示。

把数模转换器的输入从全“0”阶跃到全“1”的建立时间称为满量程建立时间，而把输入发生单位数码跃变的建立时间称为 1LSB 建立时间。通常说的建立时间主要指的是满量程建立时间。建立时间是数模转换器的一个重要参数，特别是在高速应用的场合。

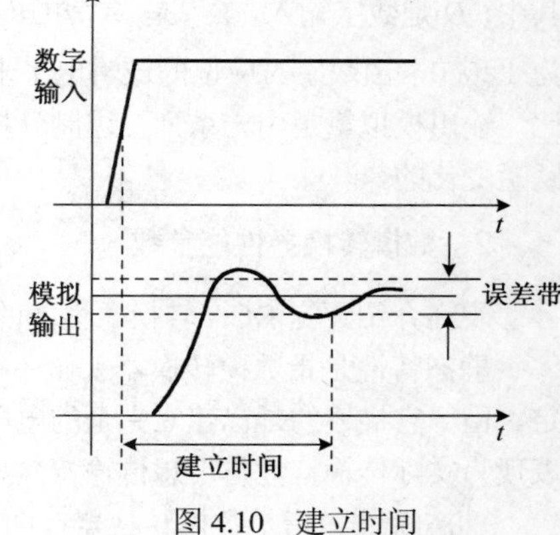

图 4.10 建立时间

（2）无杂散动态范围。

DAC 转换器的动态范围指最大输出和最小输出的比。一般用分贝表示。如果考虑数字数据通过 DAC 重构波形的频谱会发现，除了期望的频率分量外，转换器的输出还包含噪声和失真。对于用于通信领域的 DAC 转换器来说，无杂散动态范围是最重要的性

能参数。它的含义是在感兴趣的输出频带范围内，幅值最大的谐波同基波幅值的比，通常用 dB 表示。它可以从转换器的输出频率上直接反映出来。

3. DAC 转换器的主要转换网络

由于数模转换器中转换网络是核心，它的性能好坏直接影响转换器精度。因此，理解各种类型转换网络优缺点，对于高速高精度数模转换器的设计起着至关重要的作用。目前 DAC 转换器实现方法主要分为三种：电压型、电流型以及电荷分配型。下面将对每种类型进行逐一介绍。

（1）电压型 DAC。

电压型 DAC 采用的是电阻式分压，如图 4.11 所示。对 n 位的 DAC，基准电压 U_R 被 $2n$ 个阻值相同的电阻分压，各分压点的电压值分别为：

$$V(0)=\frac{U_R}{2^n}\times 0$$

$$V(2^n-2)=\frac{U_R}{2^n}\times(2^n-2)$$

$$V(2^n-1)=\frac{U_R}{2^n}\times(2^n-1)$$

每一个分压点与一个对应的模拟开关相连，模拟开关的状态由输入数字信号 $D(=D_1D_2\cdots D_n)$ 经译码后控制。当输入信号 $D=i$ 时，译码输出使开关 $S(i)$闭合，其他开关断开，此时转换器的输出为：

$$V(i)=\frac{U_R}{2^n}\times i$$

电阻分压式的 DAC 只需要用到一种电阻值，容易保证制造精度，即使阻值有较大的误差，也不会出现非单调性，这是它的优点。但是，对 n 位二进制输入的这种结构的 DAC 来说，需要 2^n 个分压电阻，以及 2^n 个模拟开关。因此随着位数增加，所需元器件的数量呈几何级数急剧增加，这是它的缺点。

（2）电流型 DAC。

电流型数模转换器是一种参考源分配结构，如图 4.12 所示是该结构的二进制实现形式。它的工作原理是：先将参考电流源的电流均分到若干个晶体管中，然后在各个支路中选择适当的电流输出。数字输入控制开关，输出电流的大小就代表了数字输入。如果需要电压输出而不是电流输出，须使用运算放大器来完成电流输出到电压输出的转换。

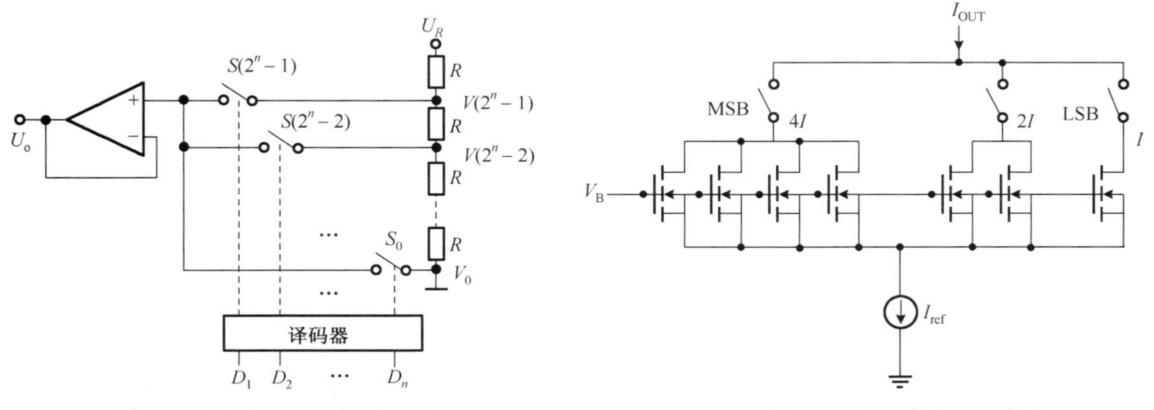

图 4.11　电压型 DAC 的原理图

图 4.12　电流型数模转换器

这种结构有两个主要缺点。首先，I_{ref}上方的晶体管序列减小了输出电压的范围，所以不适用于低电压电路，如果输出电压过低，晶体管可能进入饱和区。其次，由于每个晶体管都要参与 I_{ref} 的分配，

所以 I_{ref} 值必须是单个晶体管流过电流值的 N 倍，N 为晶体管总数，这对参考电流源提出了较高的要求。

（3）电荷型 DAC。

电荷型结构的 DAC 是通过在电容阵列中重新分配总电荷来工作的。为了说明电荷型 DAC 的原理，先给出一个典型的电荷型 DAC 电路图。

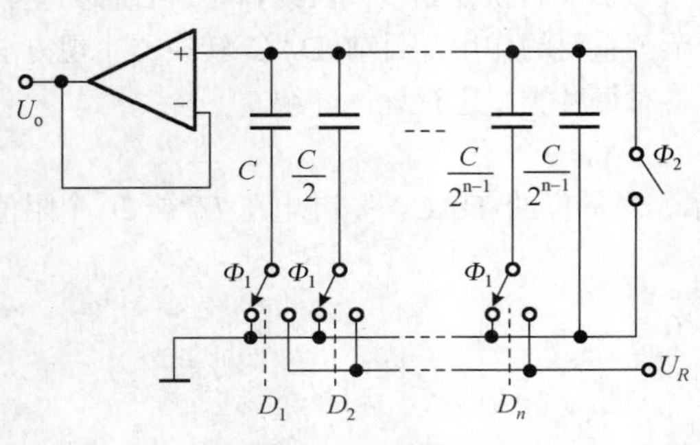

图 4.13 电荷型数模转换器

如图 4.13 所示，电荷型 DAC 正常工作需要一不交叠的两相时钟。在 Φ_2 时钟时刻，所有电容的上、下极板都连到了地，进行放电；接下来，在 Φ_1 时钟时刻，所有输入为“1”的位所控制的开关连接到基准电压 U_R，而所有输入为“0”的位所控制的开关连接到地。此时，连到 U_R 上的总电容为：

$$U_O = (D_1 2^{-1} + D_2 2^{-2} + \cdots + D_u 2^{-n})U_R$$

实现了数模转换的功能。电荷型 DAC 的优点是精度较高。但是有着面积大、对寄生电容敏感等缺点，而且需要两相时钟，因此复杂度增加。

4.6.2 模数转换器

1. 模数转换器的基本工作原理

模数转换器的工作主要经过四个步骤，分别是采样、保持、量化和编码，其工作过程可以从图 4.14 看出来。从抽样定理得知，模数转换器的采样频率必须大于输入信号频率的 2 倍，这样就可以被样值信号唯一表示。模拟输入信号进入模数转换器电路中，首先通过一个抗混叠滤波器，这个滤波器主要是清除模拟信号里频率较高的信号，抗混叠滤波器经常通过模数转换器本身的带宽有限特性来实现。然后，将上级输出信号输入到采样保持电路中。模数转换器有一个转换时间，即在信号进行采样和保持期间。在采样时钟的控制下，输入模拟信号经采样保持电路后转换为在时间上离散、幅度上连续的信号。然后，采样保持后的信号进入量化电路进行量化，之后变为在幅度和时间上均离散的信号，这个量化电路可以把参考信号划分为不同的子域，一般分成 2^N 个子域，其中 N 是数字输出编码的位数。量化步骤找出对应采样后的模拟输入的子域。知道了这个子域就允许数字处理器对相应的数字位进行编码。最后经数字编码电路进行编码得到与输入模拟信号相对应的数字信号。因此，在转换时间内，一个被采样的模拟输入信号被转换成一个等价的二进制编码数字输出。

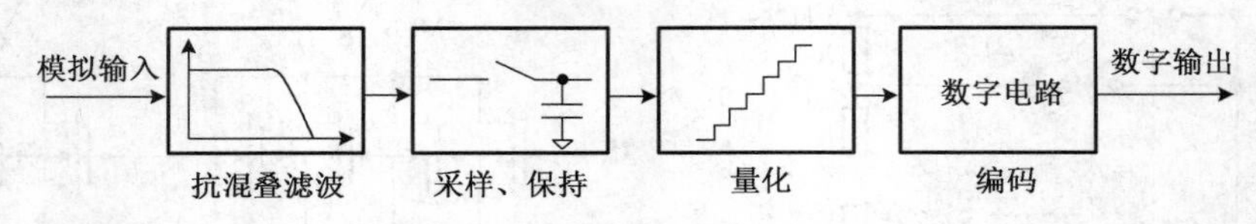

图 4.14 模数转换器的工作原理

2. 数模转换器性能参数

通常描述模数转换器的主要参数有静态参数和动态参数，分别反映实际模数转换器传递函数的优劣和进行动态实时信号转换的性能。其中静态参数主要包括微分非线性和积分非线性、失调误差和增益误差。动态参数主要包括信噪比、无杂散动态范围、谐波失真等。

（1）静态参数

① 失调误差和增益误差。

失调误差和 DAC 的很相似，是指实际产生的曲线和理想曲线之间在水平方向上存在一定的差异。增益误差是指当一个模拟电压高于标称负满量程 $\frac{1}{2}$ 最低有效位（LSB，Least Significant Bit）时，发生第一个码转换（从 100…000 到 100…001）。当一个模拟电压低于标称满量程 $1\frac{1}{2}$ LSB 时，发生最后一个码转换（从 011…110 到 011…111）。增益误差指最后一个转换的实际电平与第一个转换的实际电平之差与二者的理想电平之差的偏差，如图 4.15 所示。

② 积分非线性误差与微分非线性误差。

积分非线性（INL，Integral Non-Linearity）：指 ADC 传递函数与一条通过 ADC 传递函数端点的直线的最大偏差。微分非线性（DNL，Differential Non Linearity）：指 ADC 中任意两个相邻码之间所测得变化值与理想的 1LSB 变化值之间的差异。

（2）动态参数

① 信噪比。

信噪比（SNR，Signal Noise Ratio）指实际输入信号的均方根值与奈奎斯特频率以下除谐波和直流以外所有其他频谱成分的均方根和之比，用分贝（dB）表示。

$$\mathrm{SNR} = 20\log_{10}\frac{\mathrm{Signal}(V_{\mathrm{nms}})}{\mathrm{Noise}(V_{\mathrm{nms}})}$$

② 无杂散动态范围。

无杂散动态范围（SFDR，Spurious Free Dynamic Range）指信号振幅均方根与除谐波外的峰值杂散频谱成分的均方根值之比，如图 4.16 所示。

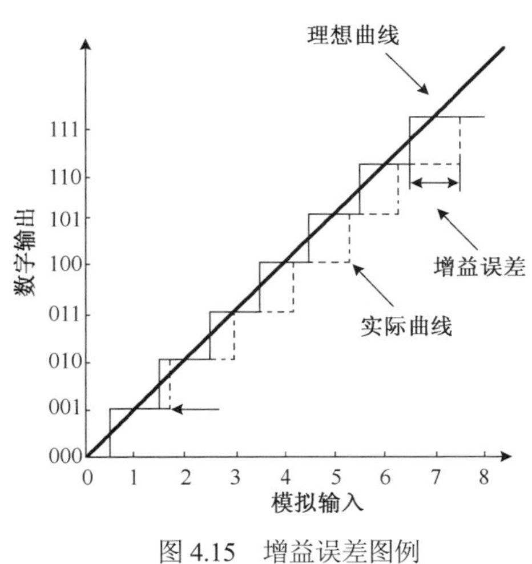

图 4.15　增益误差图例

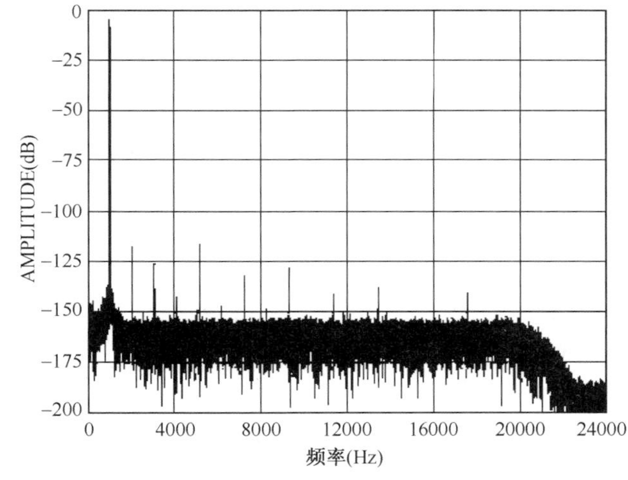

图 4.16　无杂散动态图

③ 总谐波失真。

总谐波失真（THD，Total Harmonic Distortion）指所有谐波均方根与基波的比值。

$$\mathrm{THD(dB)} = 20\lg\frac{\sqrt{V_2^2+V_3^2+V_4^2+V_5^2+V_6^2}}{V_1}$$

其中，V_1 是基波振幅的均方根值。V_2、V_3、V_4、V_5 及 V_6 是二次～六次谐波振幅的均方根值。

从静态参数和动态参数的关系来看，较高数值的 DNL 增加了量化结果中的噪声和寄生成分，限制了 ADC 的性能，表现为有限的 SNR 和 SFDR。

3．模数转换器的主要类型

ADC 转换器按实现原理和方式划分，大体可以分为积分式和非积分式两大类。

（1）积分式：双积分式、三斜积分式、脉冲调宽式、电压-频率式等。

（2）非积分式：斜坡电压（锯齿波、阶梯波）式、比较（逐次逼近、并行比较）式等。

下面将对几种主要类型的 ADC 转换原理进行介绍。

（1）逐次逼近比较式 ADC。

逐次逼近比较式 ADC 的基本原理是将被测电压U_x和一可变的基准电压U_r进行逐次比较，最终逼近被测电压，即采用了一种“对分搜索”的策略，逐步缩小U_x未知范围。图 4.17 为逐次逼近比较式的 ADC 转换过程。图中逐次逼近移位寄存器（SAR）在时钟 CLK 作用下，每次进行一次位移，其输入为比较器的输出（0 或 1），而其输出将送到 DAC，将 DAC 的转换结果再与U_x比较。DAC 的位数 n 与 SAR 的位数相同，也就是 ADC 的位数，SAR 的最后输出即是 ADC 的转换结果，用数字量 N 表示，并有

$$U_x = \frac{N}{2^n} \times U_r = eN, e = \frac{U_r}{2^n}$$

式中，e 为定值，称为 ADC 的刻度系数，单位为“V/字”，即表示 ADC 转换结果的每个“字”代表的电压量。

例如，$U_x = 8.5\text{V}$，$U_r = 10\text{V}$，当用U_r的 4 个分项逼近时，ADC 的转换结果为$N = (1101)_2 = 13$，即$U_x = \frac{(1101)_2}{2^4} \times 10\text{V} = 8.125\text{V}$。

逐次比较式 ADC 已单片集成化，常见的产品有 8 位的 ADC0809、12 位的 ADC1210 和 16 位的 AD7805 等。

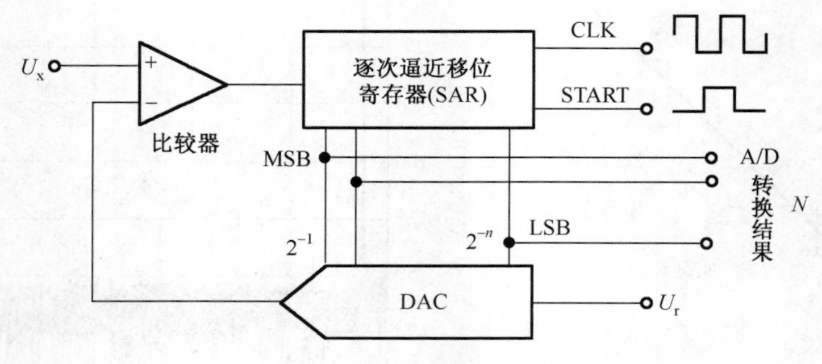

图 4.17　逐次比较式 ADC 原理图

（2）单斜式 ADC。

图 4.18 为单斜式 ADC 的原理框图。单斜式 ADC 是一个典型的非积分 V-T 式 ADC 转换形式，其工作原理是：斜坡发生器产生的斜坡电压与U_x输入比较器和接地比较器进行比较，比较器的输出触发双稳态触发器，得到时间为 T 的门控信号，由计数器通过对门控时间间隔内的时钟信号进行脉冲计数，即可测得时间 T，即

$$U_x = kT = kT_0N$$

式中，k 为斜坡电压的斜率，单位为 V/s。

斜坡电压通常是由积分器对一个标准电压U_r积分产生，斜率为：

$$k = \frac{-U_r}{RC}$$

式中，R、C 分别为积分电阻和电容。

将 k 代入得：

$$U_x = \frac{-U_r}{RC} T_0 N = eN$$

式中，$e = \frac{-U_x}{RC} T_0$ 为定值，即刻度系数。

单斜式 ADC 一般精度较低，转换速度慢，转换时间长。但是由于线路简单，成本低，可以用于精度和速度要求不高的设备中。

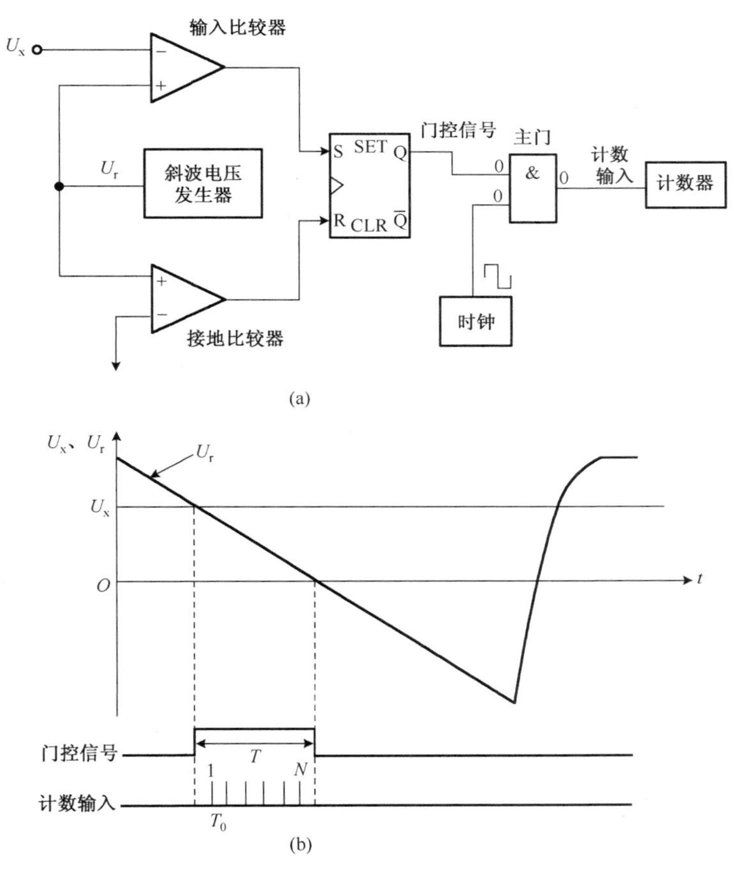

图 4.18　单斜式 ADC 的原理框图和积分波形图

3. 双积分式 ADC

双积分式 ADC 的原理是过两次积分过程，即“对被测电压的定时积分和对参考电压的定值积分”的比较，得到被测电压值。图 4.19 为双积分式 ADC 的原理框图和积分波形图。它包括积分器、过零比较器、计数器及逻辑控制电路。其工作过程是：

（1）复零阶段（t_0～t_1）。开关 S_2 接通 T_0 时间，积分电容 C 短接，使积分器输出电压 u_o 回到零（$u_o = 0$）。

（2）对被测电压定时积分（t_1～t_2）。开关 S_1 接被测电压 U_x，S_2 断开。若 U_x 为正，则积分器输出 u_o

从零开始线性地负向增长，经过规定的时间 T_1，即到达 t_2 时，由逻辑控制电路控制结束本次积分，此时，积分器输出 u。达到最大 V_{om}：

$$U_{om}=-\frac{1}{RC}\int_{t_1}^{t_2}U_x\mathrm{d}t=-\frac{T_1}{RC}\overline{U_x} \tag{4-32}$$

式中，$\bar{U}_x$ 为被测电压 U_x 在积分时间 T_1 内的平均值，积分时间 T_1 为定值，$-\frac{T_1}{RC}$ 为积分波形的斜率，U_{om} 与 U_x 的平均值 $\overline{U_x}$ 成正比。

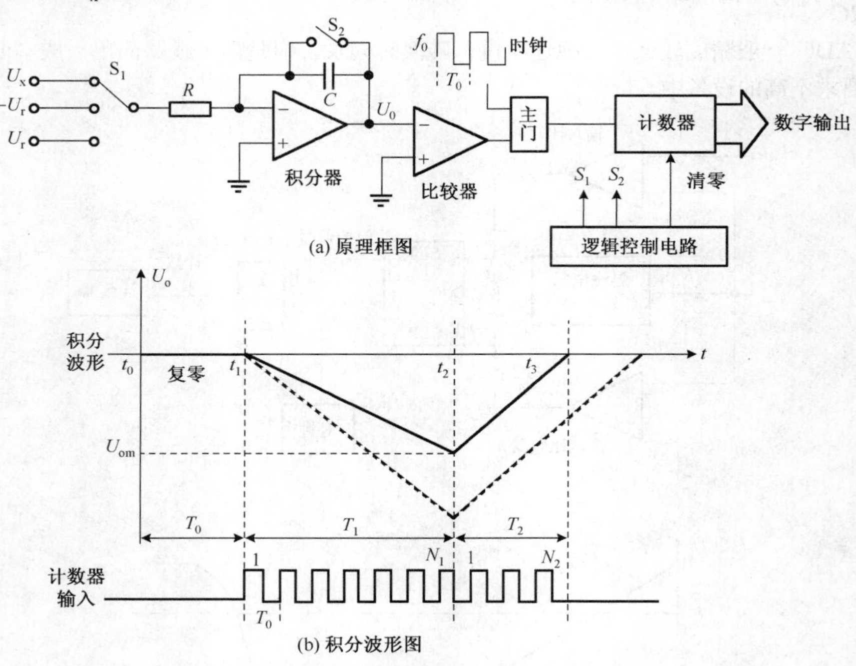

图 4.19 双积分式 ADC 的原理框图和积分波形图

（3）对参考电压反向定值积分(t_2～t_3) 若被测电压为正，则开关 S_1 接通负的参考电压$-U_r$，S_2 断开，则积分器输出电压 u。从 U_{om} 开始线性地正向增长(与 U_x 的积分方向相反)，设 t_3 时刻到达零点，过零比较器翻转，经历的反向积分时间为 T_2，则有：

$$0=U_{om}-\frac{1}{RC}\int_{t_2}^{t_3}(-U_r)\mathrm{d}t=U_{om}+\frac{T_2}{RC}U_r \tag{4-33}$$

将式（4-33）代入式（4-33），可得：

$$\overline{U}_x=\frac{T_2}{T_1}U_r \tag{4-34}$$

由于 T_1、T_2 是通过对同一时钟信号计数得到的，设计数值分别为 N_1、N_2，即 T_1=N_1T_0，T_2=N_2T_0，于是式（4-34）可写成：

$$\overline{U_x}=\frac{N_2}{N_1}U_r=eN_2, e=\frac{U_r}{N_1} \tag{4-35}$$

或

$$N_2=\frac{N_1}{U_r}\overline{U_x}=\frac{1}{e}\overline{U_x} \tag{4-36}$$

式中，e 为刻度系数（“V/字”）；N_2 是计数器在参考电压反向积分时对时钟信号的计数结果，N_2 可表示被测电压 $\overline{U_x}$，数字量 N_2 即为双积分 A/D 的转换结果。

从上述的工作过程可见，双积分式 ADC 基于 A-T 变换的比较测量原理，它能测量双极性电压，内部极性检测电路根据输入电压极性确定所需的反向积分是参考电压的极性（与被测电压极性相反）。它具有如下特点：

（1）积分器的 R、C 元件及时钟频率对 A/D 转换结果不会产生影响，因而对元件参数的精度和稳定性要求不高。

（2）参考电压 U_r 的精度和稳定性直接影响 A/D 转换结果，故需采用精密基准电压源。例如，一个 16 位的 ADC，其分辨率 1LSB=1/216=1/65536≈15×10^{-6}，那么，要求基准电压源的稳定性（主要为温度漂移）优于 15ppm（即百万分之十五）。

（3）具有较好的抗干扰能力。因为积分器响应的是输入电压的平均值（见式（4-35）、式（4-36））。假设被测直流电压 U_x 上叠加有干扰信号 u_{sm}，即输入电压 $u_x=U_x+u_{sm}$，则 T_1 阶段结束时积分器的输出为：

$$U_{om}=-\frac{1}{RC}\int_{t_1}^{t_2}(U_x+u_{sm})dt=-\frac{T_1}{RC}\bar{U}_x-\frac{T_1}{RC}\bar{u}_{sm}$$

上式说明，干扰信号的影响也是以平均值方式作用的，若能保证在 T_1 积分时间内干扰信号的平均值为零，则可以大大减少甚至消除干扰信号的影响。DVM 的最大干扰来自于电网的 50Hz 工频电压（周期为 20ms），因此，只要选择 T_1 时间为 20ms 的整倍数即可。

双积分 ADC 是 A/D 转换器件的一个大类，应用中有许多单片集成 ADC 可供选择，如常用的 ICL7106（16 位）、ICL7135（4 位半）、ICL7109（12 位）等。许多常用的手持式数字多用表是基于双积分式 ADC 设计的。

4．三斜积分式 ADC

三斜积分 ADC 是在双斜积分式 ADC 基础上，为进一步提高 ADC 的分辨力而设计的。双斜式 ADC 的分辨力受比较器的分辨力和带宽所限。采用三斜积分式，可大大降低对比较器的要求，并提高 ADC 的分辨力。

图 4.20 为三斜积分 ADC 的原理框图和积分电压波形。

如图 4.20 所示，三斜式 ADC 比双斜式 ADC 多了一个比较器，它与一个小的参数电压量 U_r 相比较，其基本原理是将原双积分式 ADC 的 t_2～t_3 的参考电压反向定值积分过程分成两个阶段 t_2～t_{31} 和 t_{31}～t_{32}。并用独立的两个计数器 A、B 分别计数，其中 t_2～t_{31} 期间为对参考电压 U_r 反向积分，当积分器输出即将到达零点前的 U_t 时，积分器切换到对 $U_r/10^n$ 积分（t_{31}～t_{32} 期间），由于 $U_r/10^n$ 很小，积分器输出的斜率大大降低了（降低了 10^n 倍），积分输出“缓慢地”进入零点。使最终达到过零的时间大大“拖长”了，因而降低了对积分器性能的要求。

当积分完成时，不难推出：

$$\frac{T_1}{RC}U_x=\frac{T_2+\frac{1}{10^n}T_3}{RC}U_r$$

考虑到 $T_1=N_1T_0,\ T_2=N_2T_0,T_3=N_3T_0$，其中 T_0 为时钟周期，则由上式可得：

$$U_x=\frac{U_r}{N_1}\left(N_2+\frac{1}{10^n}N_3\right)=eN$$

式中，$e=\frac{U_r}{N_1}$ 为刻度系数（V/字）。$N=N_2+\frac{1}{10^n}N_3$ 即为 A/D 转换结果的数字量，它由计数器 A 和计数器 B 的计数值 N_2 和 N_3 加权得到。

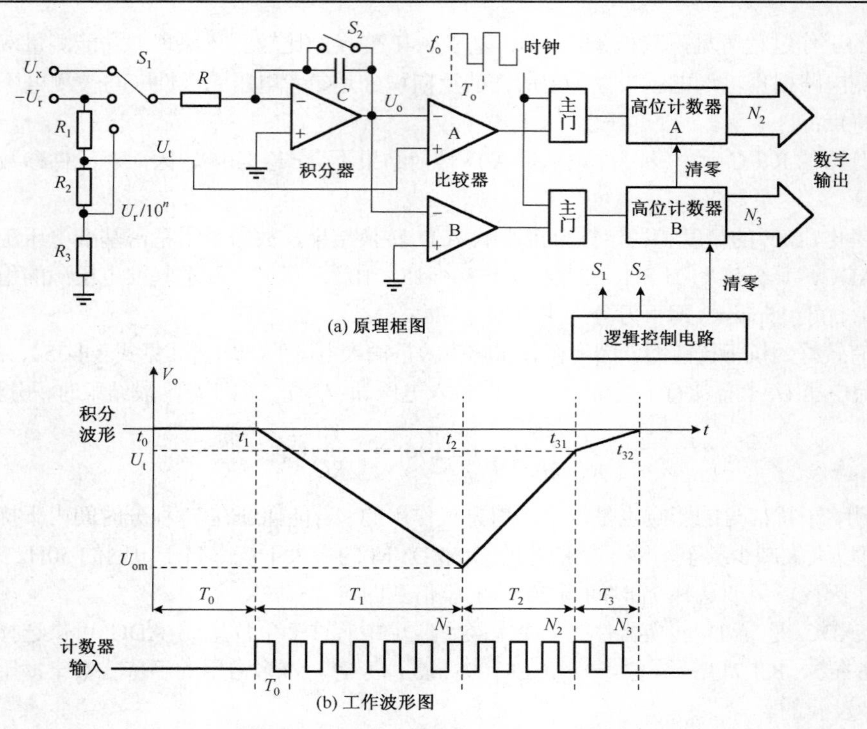

图 4.20　三斜积分 ADC 的原理框图和积分电压波形

4.7 混合信号测试总线

对于混合信号的测试，人们是从 1991 年开始考虑的，认识到在测试混合信号电路时，需要一种标准化的电路来解决这类电路的测试问题。后来就发展了 IEEE1149.4——混合信号测试总线标准。该标针的提出促进了标准的混合信号测试总线的使用，可以提高使用设备的装配水平，混合信号设计的可控制性和可观察性，支持内置的混合信号测试结构，可以减少测试开发时间、测试开销和提高测试质量。

4.7.1　IEEE 1149.4 电路结构

IEEE 1149.4 标准是 IEEE 1149.1（2001）的扩展，由本属于额外的结构被添加到一个符合 IEEE 1149.1 标准的组件内。当该组件与 IEEE Std 1149.1 一致组件被安装在一个共同的基板上时，允许通用测试操作（特别是简单互连测试）用统一的方式执行。

标准的整体基本结构如图 4.21 所示，它显示了标准中主要的元素。在 IEEE 1149.1 中，可测试性特征主要为有专用的测试访问端口，允许通过测试数据的电路和与每个数字函数组件相关的边界模块，提供应用程序核心电路的数字测试激励和数字测试结果。IEEE 1149.4 是在此基础上的扩展，并且还包含每一个模拟功能引脚的模拟边界模块（ABM）、模拟测试接入端口（AT1 和 AT2）、测试总线接口电路、一对内部模拟测试总线（AB1 和 AB2）。

它是在数字测试总线的基础上增加了模拟部分形成混合电路测试总线，从图中可以看出，当进行模拟电路测试的时候，由 TAP 控制器发出控制信号，控制 TBIC。TBIC 接收正确的控制信号后，控制内部测试总线（AB1 和 AB2），对 ABM 进行配置，从而达到模拟测试的目的。

另外，通过 TBIC 和 ABM，IEEE1149.1 标准还可以对模拟电路中一些分立元件的参数进行测量，包括电阻、放大倍数β等。例如，如果要测量某一电网的等效电阻，只要从 AT1、AT2 在电网的两端放上某一电压，再从 AT2 端口测量其相应的电流，即可得到其等效电阻。

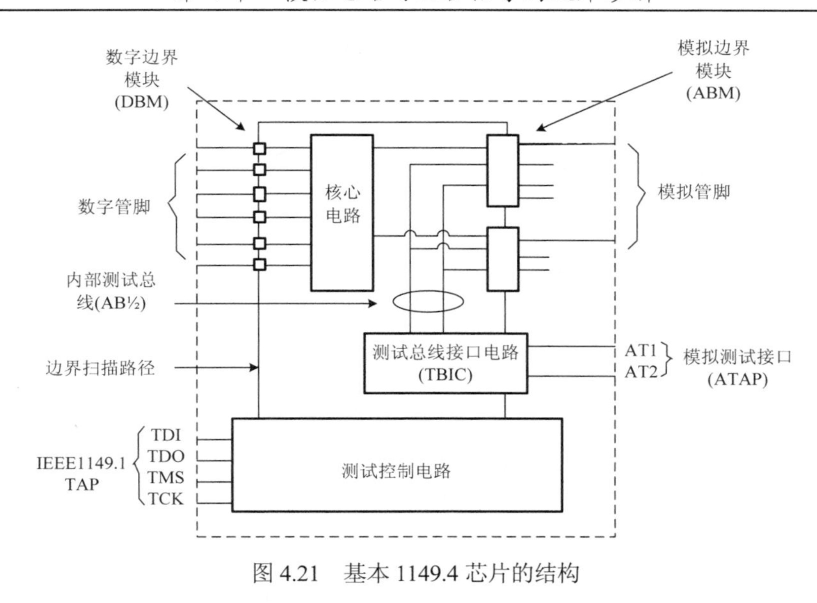

图 4.21　基本 1149.4 芯片的结构

下面针对 1149.4 新增加的部分分别进行介绍。

1．模拟边界模块（ABM）

ABM 是混合信号测试中的核心元件，主要包括一个逻辑部分和一个开关矩阵。如图 4.22 所示，在一个 ABM 中包含六个开关，其中 SB1 和 SB2 允许模拟总线作为“虚拟探测器”，以便 AT1 和/或 AT2 可以连接到任何组件引脚而不需要物理探测；SH 和 SL 规定了 VH 和 VL 对应两个电压水平。VH 和 VL 可以被视为逻辑水平并且允许简单互连模拟引脚测试同时发生，并使用相同的方法，如数字互连测试；SG 允许引脚加载参考标准电压 VG；SD 允许一旦外部测试发生，引脚可以从中心电路隔离。只要输入引脚关联，核心分离旨在保证模拟核心不受噪声或者不安全的测试信号影响。模块剩下的开关也可以实现为三态缓冲器，或者根据特定的应用程序及其灵敏度作为开关电阻，它们可以作为传输门。

2．模拟测试接入端口（ATAP）

ATAP 是为模拟测试信号提供了访问的一个模拟端口。ATAP 由至少一个模拟输入连接和一个模拟输出连接，这两个连接负责从测试台和被测元件中读取信号。

3．模拟测试总线（AB1 和 AB2）

AB1 和 AB2 是两个内部测试总线，连接到所有的模拟边界模块上，其功能与 ATAP 类似，但区别在于 AB1/AB2 只传递内部模拟测试信号，AB1/AB2 将信号从模拟边界模块（ABM）中取出信号送到测试总线接口电路（TBIC）中，然后再到 AT1/AT2 上。

4．测试总线接口电路（TBIC）

TBIC 用来控制 ATAP 和 AB1/AB2 之间的连接，即通过 TBIC 能够实现外部测试总线和内部测试总线之间的数据交换。其原理图如图 4.23 所示，它由一组十个概念开关和两个数字转换器组成。其中 S1～S8 是必要的，S9 和 S10 是可选的；S1～S4 用于 ATAP 的引脚连接内部测试的标准电压 VH 和 VL，S5～S8 用于连接内部测试总线。另外，开关矩阵允许内部模拟总线连接到内部资源 Vclamp，Vclamp 的值是在由制造商决定的；Vclamp 的目的是将内部总线控制在一个常数值，当内部测试总线未使用时，可减少可能出现的噪声问题。开关结构允许每个 ATAP 的引脚电压与临界电压 VTH 比较，给出一比特数字化参数用于后续的检查。

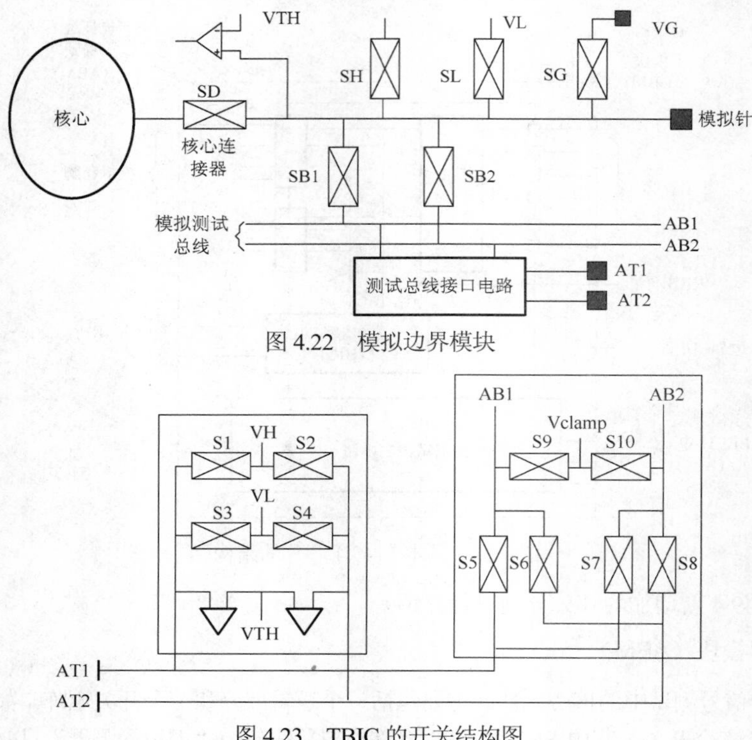

图 4.22　模拟边界模块

图 4.23　TBIC 的开关结构图

4.7.2　IEEE 1149.4 测试方法

IEEE 1149.4 可用于批量生产和在线测试，其目的是提供测试信号，收集测试响应等。该标准定义了混合信号芯片测试中的内连测试、参数测试和内部测试等的标准化测试方法。

1．内连测试

对于一个包含模拟电路、数字电路、分立元件、混合电路的 PCB，该标准提供了测试内连是否理想的标准测试方法。

2．参数测试

该标准的第二个目的是分立元件的特性测量。分立元件能够完成的功能包括电平位移、无源滤波、AC 耦合等，它们被认为是扩展化的内连接，包含简单的、扩展的和差分化的内连接。

3．内部测试

该标准的第三个目的是进行内部测试，对隔离的或安装在衬底上的元件执行相关的综合测试。所有模拟芯片的 AT1 和 AT2 引脚都连到总线上，信号源连到 AT1，响应分析仪连到 AT2 上，这种连接方式是整个标准的典型连接方式。在内部测试中，测试波形通过 AT1 和 AB2 送到测试元件上，经过元件后的响应波形通过 AB2 和 AT2 返回到分析仪上。这种内部测试有两个问题需要考虑：首先，与总线连接的寄生电容可能会非常大，因此，最好在测试过程中不要传递高频信号；其次，内部的测试结构可能会影响电路的性能和成本，因此该标准不是强制执行的。

4.7.3　IEEE 1149.4 标准指令

IEEE 1149.4 标准中有三种类型的指令：强制指令、选择指令和用户自定义指令。这里主要介绍常见指令。

1. 强制指令

（1）旁路指令（BYPASS）

BYPASS 指令主要在板级的边界扫描测试过程中旁路掉不关心的边界扫描器件，以节省边界扫描测试的时间。当 BYPASS 指令被选择时，所有的 ATAP 引脚和模拟测试总线以及所有的测试激励断开，也和边界扫描寄存器里的比特位无关；所有的模拟功能引脚连接到核心逻辑上；所有的模拟功能引脚都与内部和外部的测试总线以及所有的测试电压激励断开。

（2）采样/预置（SAMPLE/PRELOAD）

当 SAMPLE/PRELOAD 指令执行时，芯片是正常工作的，所有的 ATAP 引脚和模拟测试总线以及所有的测试激励断开，也和边界扫描寄存器里的比特位无关。所有的模拟功能引脚连接到核心逻辑上，所有的模拟功能引脚都与内部和外部的测试总线以及所有的测试电压激励断开。

（3）外测试（EXTEST）

EXTEST 指令不仅可以像 IEEE 1149.1 一样通过向所有引脚提供逻辑电平来完成简单的互连网络的互连测试，也可以允许自动测试设备对连接在功能引脚上的离散的元器件进行扩展互连测试。

EXTEST 指令在执行的时候，所有的功能引脚和核心逻辑都断开，在这种状态下使得输出引脚的状态完全由与其相连的边界扫描单元中的数据或者内部模拟测试总线上的模拟测试激励决定，而输入引脚则由与其相连的边界扫描单元或者通过内部测试总线监控。如果在测试时把输入引脚和核心逻辑断开的工具/设备不是协同的，那设计者就要确定当进行（EXTEST）外部测试执行的时候，在输入引脚上出现的信号会不会对核心逻辑引起损坏、影响其他引脚的测量或者受到核心逻辑信号的影响。

（4）探测连接（PROBE）

PROBE 指令在模拟边界扫描测试中主要起到数字边界扫描中的 SAMPLE/PRELOAD 的作用。当 PROBE 执行的时候，模拟测试存取口的一个或者两个引脚将会连接到正在通信的内部测试总线上，通过对 ABM 控制寄存器的控制，可以实现内部模拟测试总线与相应的模拟功能引脚相连。所以当该指令执行的时候，所有的引脚连接到核心逻辑上，器件是正常工作的。但是该指令允许通过 AT1 向模拟引脚加激励，也允许通过 AT2 对模拟引脚进行监控。

2. 选择指令

（1）内测试（INTEST）

INTEST 指令用来测试核心电路的好坏。该指令使模拟引脚连接到核心元件和测试总线上，激励由 AB1 提供，响应通过 AB2 调整。

（2）运行自测试（RUNBIST）

在 IEEE 1149.1 中，RUNBIST 指令是一个自我约束指令，运行后在测试数据寄存器中留下唯一的测试结果签名数据。而在 1149.4 中，所有模拟输出信号则由边界扫描寄存器中包括的数据进行定义或将其放置在非活跃驱动状态。

（3）CLAMP 指令

CLAMP 指令的主要作用是可以对功能引脚上的信号通过与之相连的 ABM 进行一次驱动。当指令执行后，所有模拟输出引脚的信号都由相应的 ABM 中的数据进行定义，可能的输出状态包括高阻、VH、VL、VG。

（4）HIGHZ 指令

高阻指令旨在保护器件核心电路。当 HIGHZ 指令被选择的时候，器件的所有模拟功能引脚都和其他电路断开（所有 ABM 里的开关都断开）；器件的 AT1 和 AT2 引脚都处于高阻状态，而与 TBIC 控制寄存器里的内容无关。

本章参考文献

[1] 刘玉平. 浅谈模拟电路故障诊断技术的发展. 科技资讯, 2007 (27)：45-46.
[2] 赵建. 模拟电路故障诊断的研究. 上海海运学院学报, 2000, 21(3)：48-55.
[3] 刘丹. 模拟电路故障诊断中故障字典应用的研究. 华中科技大学, 2006.
[4] 孙永奎, 陈光祸. 基于支持向量机的模拟电路故障诊断方法研究. 电子科技大学学报, 2009.
[5] Jun Xu, Jianliang Li, Yong Jiang. Components Locating in PCB Fault Diagnosis Based on Infrared Thermal Imaging. Second International Conference on Information and Computing Science, Britain, Manchester, 2009,2: 7-9.
[6] Baoguang Yan,Qingguo Fan, Bernstein J B,et al. Reliability Simxilation and Circuit-FailureAnalysis in Analog and Mixed-Signal Applications . IEEE Transaction on Device and Materials Reliability, 2009, 9 (3): 339-347.
[7] 张军.数模混合电路的测试与故障诊断的研究. 合肥工业大学学报, 2007.
[8] 赵景波. 模拟电子技术应用基础[M]. 北京：人民邮电出版社, 2009.
[9] 洪流, 喻虹. 医院设备管理与维修[M]. 南京：东南大学出版社, 2008.
[10] Aminian F,Aminian M, Collins H, et al. Analog fault diagnosis of actual circuits usingneural network. IEEE Transaction on Instrumentation and Measurement, 2002, 51 (3):544-550.
[11] 邹锐. 模拟电路故障诊断原理和方法. 武汉：华中理工大学出版社, 1989.
[12] 罗慧. 模拟电路测试诊断理论与关键技术研究. 南京航空航天大学学报, 2012.
[13] Jun Zhang, Chung H S, Lo A W, et al. Extended Ant Colony Optimization Algorithm for Power Electronic Circuit Design . IEEE Transaction on Power Electronics, 2009,24 (1):147-162.
[14] 黄亮. 模拟电路故障诊断研究. 北京交通大学, 2012.
[15] Aminian F, Aminian M, Collins Jr H W. Analog fault diagnosis of actual circuits using neural networks. Instrumentation and Measurement, IEEE Transactions on, 2002, 51(3): 544-550.
[16] 罗慧. 模拟电路测试诊断理论与关键技术研究. 南京航空航天大学学报, 2012.
[17] 王欣. 基于神经网络的模拟电路故障诊断方法研究与实现. 西安：西安电子科技大学学报, 2007.
[18] 金瑜. 基于小波神经网络的模拟电路故障诊断方法研究. 成都：电子科技大学学报, 2008.
[19] 王承. 基于神经网络的模拟电路故障诊断方法研究. 成都：电子科技大学学报, 2005.
[20] 李涛柱. 基于支持向量机的模拟电路故障诊断方法研究. 解放军信息工程大学, 2012.
[20] Yang C, Tian S, Long B, et al. Methods of handling the tolerance and test-point selection problem for analog-circuit fault diagnosis. Instrumentation and Measurement, IEEE Transactions on, 2011, 60(1): 176-185.
[21] Yibing T J S. New method of analog circuit fault diagnosis using fuzzy support vector machine. Journal of Electronic Measurement and Instrument, 2009, 6: 004.
[22] 孔冰. 混合信号测试理论在生产测试中应用的研究. 天津：天津大学学报, 2007.
[23] 汪涌. 基于 DES 理论的数模混合电路故障诊断技术研究. 合肥：合肥工业大学学报, 2008.
[24] 朱龙飞. 混合集成电路测试系统上位机软件设计. 电子科技大学学报, 2013.
[25] Huang K, Stratigopoulos H G, Mir S. Fault diagnosis of analog circuits based on machine learning. Design, Automation & Test in Europe Conference & Exhibition (DATE), 2010. IEEE, 2010: 1761-1766.
[26] 徐卫林, 何怡刚, 厉芸. 数模混合信号的测试与仿真. 现代电子技术, 2005, 27(22)：80-82.
[27] 李念念. 基于故障树的模拟电路故障诊断工具开发. 成都：电子科技大学学报, 2012.

[28] Czaja Z. A method of fault diagnosis of analog parts of electronic embedded systems with tolerances. Measurement, 2009, 42(6): 903-915.

[29] Kavithamani A, Manikandan V, Devarajan N. Analog circuit fault diagnosis based on bandwidth and fuzzy classifier. TENCON 2009-2009 IEEE Region 10 Conference. IEEE, 2009: 1-6.

[30] Seyyed Mahdavi S J, Mohammadi K. Evolutionary derivation of optimal test sets for neural network based analog and mixed signal circuits fault diagnosis approach. Microelectronics Reliability, 2009, 49(2): 199-208.

[31] 吴进华, 沈剑, 段育红, 等. 数模混合电路故障诊断的方法研究. 海军航空工程学院学报, 2008, 23(3)：297-301.

[32] 鲁昌华, 刘大伟. 数模混合电路测试技术的研究. 电测与仪表, 2008, 44(11)：52-54.

[33] 王青萍. 集成电路中混合信号的测试. 湖北第二师范学院学报, 2009, 26(2)：86-89.

[34] 刘大伟, 鲁昌华. 数模混合电路故障诊断方法的现状. 国外电子测量技术, 2008, 26(11)：18-20.

[35] Yang C, Tian S, Long B. Application of heuristic graph search to test-point selection for analog fault dictionary techniques. Instrumentation and Measurement, IEEE Transactions on, 2009, 58(7): 2145-2158.

[36] 尤国平. 10 位高速数模转换器的研究与设计. 福州大学学报, 2006.

[37] 李冉. 高速高精度数模转换器的研究与设计. 复旦大学学报, 2012.

[38] 詹桦. 高速数模转换器的设计. 浙江大学学报, 2003.

[39] 黄太平. 一种 8 位高精度, 低功耗 DAC 的设计. 电子科技大学学报, 2005.

[40] 方盛. 高速高精度数模转换器的研究与设计. 复旦大学学报, 2010.

[41] 古天祥, 王厚军, 习友宝, 詹惠琴等.电子测量原理. 北京：机械工业出版社, 2004.

[42] 张西多. 基于 IEEE 1149. 4 标准的混合电路边界扫描测试技术与方法的研究. 国防科学技术大学学报, 2005.

[43] 郑春平. 基于 IEEE 1149. 4 的混合边界扫描测试技术研究. 哈尔滨工业大学学报, 2008.

[44] 赵国南. 模拟电路故障诊断. 北京：电子工业出版社. 1991

第5章 电路板维修技术

电路板的诊断是为了更好的维修。谈到电子维修，对于初学者来说，都会觉得太过复杂、无从下手。维修除了具备很扎实的理论知识外，还应有比较丰富的实践经验和一定的逻辑推理能力；要有充足的资源，如原理图纸、维修辅助工具、专业的仪器仪表、丰富的配件、参考资料等。这些资源准备好后，还要具有正确使用这些资源的本领，如识读电路图、查阅文献、使用仪器仪表和工具等；最重要的是还要结合正确的维修方法。方法在维修中有着举足轻重的作用，常见的有看、摸、听、测等，故障千变万化，我们要根据不同的故障，采用不同的维修方法和技巧。

5.1 维修前的准备

5.1.1 维修设备和工具

针对电路板的维修需要一些专门的维修设备和工具，基本分为两大类：一种是通用的电路工具，一种是测量仪器。

1. 通用工具和专用工具

（1）焊接工具：锡焊——电烙铁、恒温电烙铁、热风焊台、红外焊台；气焊——乙炔、天然气、丁烷等；电焊——电弧焊、电阻焊。

（2）装拆工具：改刀（十字、一字、梅花、缺口、异形）；扳手（活动、呆扳手、梅花扳手、内六角、套筒扳手）；平口钳、台虎钳、尖嘴钳等；锤子、锯子、凿子、钻子；刀、锥；冲子；丝扳、丝攻等。

（3）辅助工具：台灯、电筒、平面镜、放大镜、电路板夹持器；电子元件、耗材、焊锡、助焊剂、电路板清洗剂、量具（直尺、卷尺、游标卡尺）、记号笔、502胶水、散热硅脂、热熔枪、热熔胶棒等。

2. 测量仪器

测量仪器主要以四种大类为主：万用表（数字、机械）、信号发生器、示波器、频率计。要求熟悉使用方法，熟悉电磁量的测量方法与测量线路的正确连接。

5.1.2 安全技术

在电路板维修期间任何操作均要保证人和设备的安全，确保100%的安全。熟悉电工、电子技术的所有安全规程，熟悉设备中可能存在的危险。

在实际操作中，以下措施是行之有效的：

（1）左手放在口袋里（防止电流经由左手和胳膊流入心脏，也避免双手触电）。

（2）穿橡胶底的鞋。

（3）攀登高处作业时，一定要系安全带。

（4）作业时若遇到有爆裂、飞溅、强烈光线等情况，请一定戴护目镜。

（5）不要独自作业（在电工、电子线路、设备维修中，尽量不要独自作业，以防工作中发生触电等意外时，能及时救援）。

（6）注意表笔、工具千万别造成电路短路（现在的电子线路特别精细，组装密度大，引脚很细很密，在测量中极易造成短路引起意外故障，较为有效的措施是在表笔上套绝缘管，在测试点引出绝缘导线，在 PCB 上查找预留好的测试点或更安全的连接处等）。

（7）维修后不能留下任何隐患（线路板、连接线、螺丝钉、机壳必须仔细还原；接插件必须正确牢固连接好；拆焊的部分不能留下焊剂、松香等痕迹；导线不能有破损、外露金属导体；不能破坏原设计的隔离、绝缘等措施）。

5.1.3　感官训练

在进行电路板维修中也要用我们的感官来判断电路板的状态，这样可以直接就解决一部分问题，所以在维修期间我们必须培养一些感官反应，例如：

（1）问

问用户或设备操作人员基本故障现象，使用情况，是否因为发生碰、跌、落、甩，是否进水等，机器故障时是否有异常声响、噪声、爆裂、冒烟、火花，异常气味等。

（2）望（看：眼）

看图纸；看动作、画面；看机器设备的开关、设置；看电路系统状态（断、短、裂纹、烧焦、变色、接错、开关放错、设置错误）等。

（3）闻（听：耳）

音质、自激、变压器叫声（开关变压器）、电机的声音、振动、碰撞、卡阻、元件爆裂声、气流声、流水声。

（4）嗅（鼻）

元件过热会有绝缘漆的气味或焦糊味儿；高压打火会有鱼腥味；变压器过载有很浓的清漆气味；电路发出的其他异常的气体气味、特定物质的气味等。

（5）触（摸、切、手）

温度（冷、冻、温、热、烫），松紧、虚实。

（6）测（仪器使用）

使用通用、专用仪器设备测量电路的电压、电流、电阻；测量信号的强度、波形、时序，测量电路的状态等。通过测量判断电路的工作条件和工作状态。

（7）思（大脑想）

对所有的感观（包括测量数据）进行综合、分析、判断，做出推断，能快速准确地找到故障所在。

5.2　检修技术和方法

5.2.1　电路检修原则

电路板的检修有一些原则，按照这种顺序可以有条不紊地定位出故障源。下面介绍一个便于记忆的维修顺序口诀：

先外头后里头，先感观后仪器；

先无电后有电，先硬件后软件；

先功能后性能，先局部后整体；

先模块后系统，先图纸后实体；

先模拟后数字，先低频后高频。

对上面的口诀解释如下。

外头：指电子电器机壳以外、电子设备的外围等。比如，电源、插头、连线、开关、使用方法对不对。调试、电缆、插座、大功率器件、自然损坏。

里头：指电子电器、电子设备机壳以内。比如，主电路板、稳压电源、电机等。

感观：是通过人的眼睛或其他感觉器官去发现故障、排除故障的一种检修方法。例如，凭维修人员的眼睛观察（图像质量、机器外观、形变、颜色、连接、火花、烧焦、短路、断路、裂纹等）；触摸（机器元件的温度、振动）；嗅气味（绝缘漆、焦糊、电解质、润滑油等异常气味）；听（机器运行是否有异响，播放的声音是否有失真、噪声、干扰等）。

仪器：指使用相关的电子仪器仪表测量电路的电、磁参数，以及波形等。

无电：指切断电子电器、电子设备的电源开关，不开机。

有电：指接通电子电器、电子设备的电源开关，开机。

硬件：指电子电器、电子设备所有元器件、连接件、固定件、机壳等物理部件。

软件：指电子电器、电子设备运行的程序等。

5.2.2 具体电路问题及故障处理顺序

在遇到具体的电路问题时，依照电源→模拟→数字，硬件→软件→系统的顺序去依次诊断解决。

下面分别介绍这几种检查的思路。

（1）电源模块：带上假设额定负载设定电源输出电压。检查电源模块的纹波、稳定度，调整率、各种保护动作点校准，保护有效性试验，动作响应时间等。

（2）模拟电路检修思路：从直流电源、信号处理、RF 收/发到电源电路常见故障。

常见问题及检查部位：

① 波形失真——直流工作点和直流偏置电路、线性电路不管是分立元件还是集成的直流工作点者是检查重点。

② 寄生振荡、干扰噪声等：电源滤波、退耦、屏蔽、元件质量、虚焊。

③ 收/发电路故障：电路失谐、频率飘移、不同步、不锁定、效率低。

（3）数字电路检查方法（CPU、接口、A/D、D/A、传感、开关量输出、显示、I/O 口、ADC、DAC、键盘、调理电路）。

① 芯片供电、时钟、复位、键盘、中断等。

② 若电路工作不稳定、出现误动作、有干扰——检查退耦、信号线上的滤波、输入/输出（I/O),隔离数字电路的问题一般具有隐蔽性、随机性和突发性，应提高数字系统抗干扰能力（软、硬兼施）。

5.2.3 故障维修方法

在检修各种各样的电子设备过程中，有许多故障维修方法可供选用。通常的做法是既要根据具体电子设备的具体故障现象，选择一种合适的测试检修方法，又要交叉组合地使用几种方法进行检修。

常用的测试检修方法基本上是相同的，本节介绍电子设备的基本测试检修方法，供读者在进行电子设备的测试检修工作时选用，或组合选用时参考。古语云："法无定法"，电子设备的测试检修方法的选择和运用，虽有一定规律可循，但更有一个针对运用和灵活性的问题，读者在实践中切忌生搬硬套。

1. 直观法

1）原理

直观法是通过人的眼睛或其他感觉器官通过感知电路、电路元器件的外观、温度、物理形变等去发现故障、排除故障的一种检修方法。

2）直观法的应用

直观法是最基本的检查故障的方法之一，实施过程中应坚持先简单后复杂、先外面后里面的原则。实际操作时，首先面临的是如何打开机壳的问题，其次是对拆开的电器内的各式各样的电子元器件的形状、名称、代表字母、电路符号和功能都能一一对上号，即能准确地识别电子元器件。直观法主要有两个方面的检查内容：其一是对实物的观察；其二是对图像或显示屏的观察。前者适合于各种检修场合，后者主要用于有图像的视频或具有操作显示屏设备的观察。

应用直观法检修电子电路时，主要分三个步骤：

（1）开机前的检查

指打开机壳之前的检查，观察电器的外表，看有无碰伤痕迹，机器上的按键、插口、电器设备的连线有无松动、脱落、损坏等；电路连接、开关或状态设置是否有误；电源是否正确。

（2）开机后检查

指打开机壳后的检查，观察线路板及机内各种装置，如查看保险丝是否熔断；连接插座是否松动、脱落、断线；元器件有无相碰、断裂；元器件有无烧焦、变色；电解电容器有无漏液、鼓包、裂胀及变形；印刷电路板上的铜箔和焊点是否良好（裂纹），有无已被他人检修、焊接的痕迹等。在机内观察时，可用手轻轻拨动一些元器件、零部件，以便直观检查是否松动、脱落、虚焊或连接不可靠。

（3）通电后的检查

这时眼要看电器内部有无打火、冒烟现象；耳要听电器内部有无异常声音；鼻要闻电器内部有无炼焦味；手要摸一些管子、集成电路等是否烫手，如有异常发热现象，应立即关机。

3）关于应用直观法的几点说明

（1）直观法的特点是十分简便，不需要其他仪器，对检修电器的一般性故障及损坏型故障很有效果。

（2）直观法检视的综合性很强，它与检修人员的理论知识、专业技能和经验等紧密结合，要运用自如，需要大量的学习、训练和实践，才能熟练掌握。

（3）直观法检视往往贯穿在整个修理的全过程，与其他检修方法配合使用时效果更好。

（4）直观法检视电路实例。

① 万用表检修一例。一块 UNI-TDT830B 万用表不能正常使用，检查发现有一个电阻烧焦，中段色环烧焦，不能识别阻值。见图 5.1。

图 5.1　电阻烧焦

② 硬盘表检修一例。将液晶电视，用 HDMI 接口接上电脑显卡，1920×1080 的分辨率，效果很令人满意。突然间电脑也骤然熄火，电脑机箱突冒焦味。再开电脑，什么反应也没有。

如图 5.2 所示，仔细观察硬盘电路，发现一个电子元件烧焦。用万用表测量，该元件短路。慢慢挑开元件两极，测量发现该元件两极正好接在给硬盘供电的 5V 电源两极上，再加上烧焦元件附近的残留物，判定该元件必为贴片钽电容。将坏硬盘上的一个容量 100 微法的黄色钽电容取出换上。这就解决了问题。

③ 电子管电路检修一例。电吉他音箱无声，拆开发现一只电阻 R32 烧焦。

图 5.2　硬盘中电子元件损坏

如图 5.3 所示，在电路中 R32 是 2.2k/2W，307V 电源的限流电阻。检查发现原因是电子管 EL34 管座引脚虚焊引起了过流。

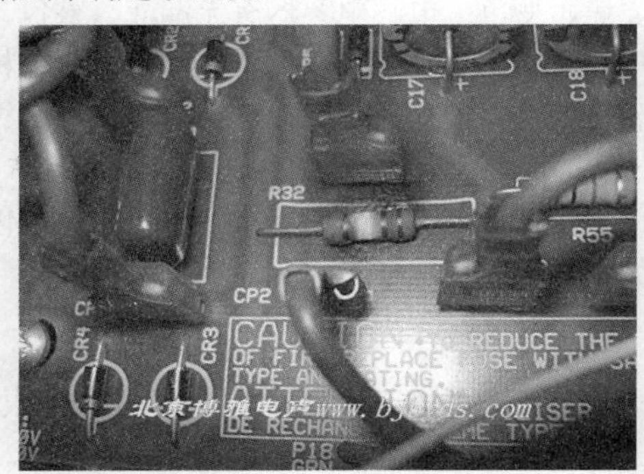

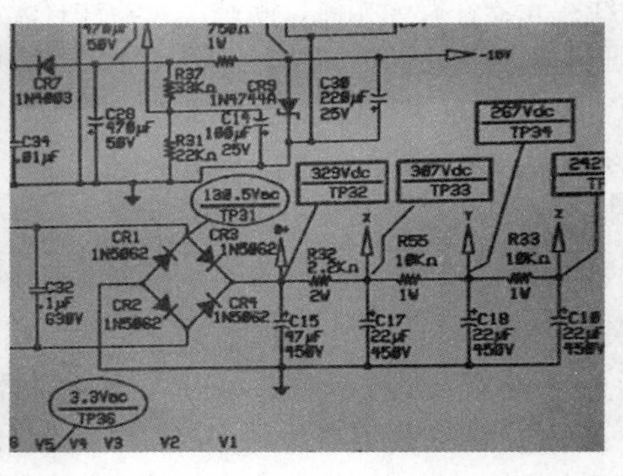

图 5.3　电子管电路检修

④ 电源检修压力。电源芯片是 LD7522，板号 R814 和 R816 两个电阻烧焦，无法辨认。见图 5.4。

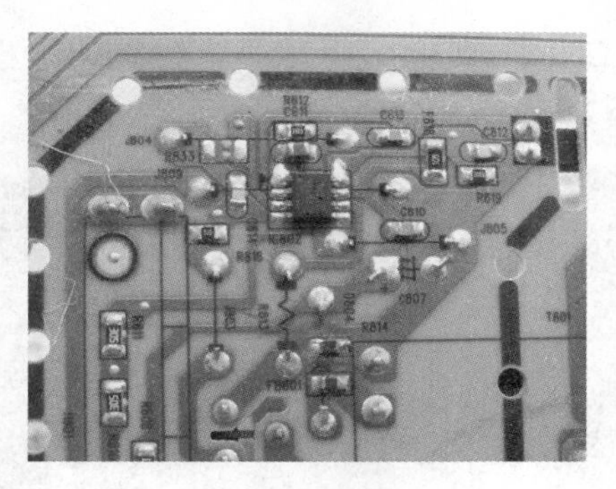

图 5.4　元件损坏

⑤ 电子无线门铃维修一例。电子无线门铃不能工作，拆开发现色环电阻 R17、R18 烧焦，如图 5.5 所示。

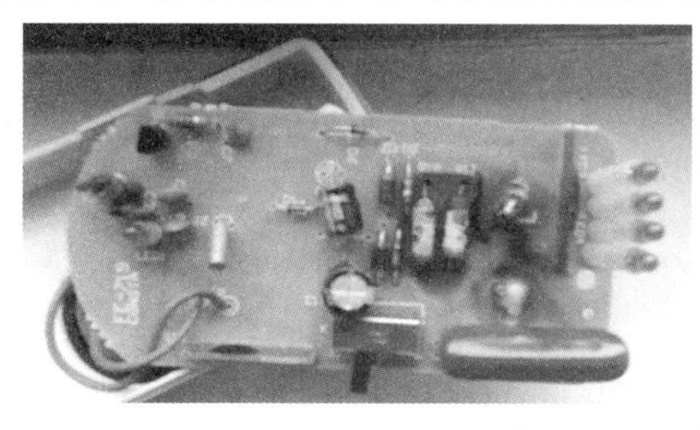

图 5.5　电阻烧坏

⑥ 引脚氧化故障维修一例。引脚氧化严重，造成接触不良，电路时断时通，如图 5.6 所示，常出现在大功率电路元件或插座上。

图 5.6　引脚氧化

⑦ 电容故障检修实例。图 5.7 是故障电路中电容鼓包、炸裂的照片。

图 5.7　电容损坏

2．电阻法

1）原理

电阻法是利用万用表欧姆挡测量电器的集成电路、晶体管各脚和各单元电路的对地电阻值，以及各元器件自身的电阻值来判断故障的一种检修方法。

2）电阻法的应用

电阻法是检修故障的最基本的方法之一。一般而言，电阻法有“在线”和“离线”电阻测量两种方法。“在线”电阻测量，由于被测元器件联接在电路系统中，万用表所测得的阻值受到其他并联支路的影响，在分析测试结果时应给予考虑，以免误判。正常所测的阻值会与元器件的实际标注阻值相等或小很多，不可能存在大于实标标注阻值的情况，若是，则表明所测的元器件存在阻值增大或开路的故障。

离线电阻：将某元件从电路板上“脱焊”再测量其阻值，由于被测元器件一端或将整个元件从印刷电路板上脱焊下来，再用万用表测量电阻的一种方法，这种方法操作起来比较麻烦，但测量的结果却准确、可靠。

（1）开关件检测。

各种电器中的开关组件很多，测量它们的接通电阻和断开电阻是判断开关组件质量好坏最常用的手段。在线电阻测量开关的接触电阻应小于 0.5Ω且阻值稳定，数字不会漂浮不定，否则为接触不良。断开电阻一般应大于几千欧为正常。

（2）元器件质量检测。

电阻法可以判断电阻、电容、电感线圈、晶体管的质量好坏。

电阻法具体操作时，一般是先测试某元件的在线电阻值。测完后，万用表的红、黑表棒互换，再测试一次阻值。这样做可排除外电路网络对测量结果的干扰。参考两次测试阻值的结果，对重点怀疑的元器件可脱焊进一步检测。

（3）接插件的通断检测。

电器内部的接插件很多，如耳机插座、电源转换插座、线路板上各式各样的接插组件等，均可用电阻法测试其好坏，如对圆孔型插座可通过插头插入与拔出来检测接触电阻。对其他接插组件检测时，可用手摇动接插件来测其接触电阻。若阻值大小不定，说明有接触不良的故障。

3）几点说明

（1）电阻法对检修开路或短路性故障十分有效。检测中，往往先采用在线测试方式，在发现问题后，可将元器件拆下后再检测。

（2）在线测试一定要在断电情况下进行，否则测得的结果不准确，还会损伤、损坏万用表。

（3）在检测一些低电压（如 5V、3V）供电的集成电路时，不要用万用表的 R×10k 挡，以免损坏集成电路。

（4）电阻法在线测试元器件质量好坏时，万用表的红黑表棒要互换测试，尽量避免外电路对测量结果的影响。

3. 电压法

1）原理

电压法是通过测量电子线路或元器件的工作电压并与正常值进行比较来判断故障的一种检测方法。

2）电压检测法的应用

电压法检测是所有检测手段中最基本、最常用的方法。经常测试的电压是各级电源电压、晶体管的各极电压以及集成块各脚电压等。一般而言，测得电压的结果是反映电器工作状态是否正常的重要依据。电压偏离正常值较大的地方，往往是故障所在的部位。

电压法可分为直流电压检测和交流电压检测两种。

（1）交流电压的检测。

一般电器电路中，因市电交流回路较少，相对而言电路不复杂，测量时较简单。一般可用万用表的交流 500V 电压挡测电源变压器的初级端，这时应有 220V 电压。若没有，故障可能是保险丝熔断，电源线、插头、插座有断路损坏。若交流电压正常，可测电源变压器次级端，看是否有低压。若无低压，则可能是初级线圈开路性故障较大。而次级开路性故障很小，因为次级电压低，线圈烧断的可能性不大。电压法检测中，要养成单手操作习惯。测高压时，要注意人身安全，身体千万不能接触表笔等外露的金属部分。

（2）直流电压的检测。

对直流电压的检测，首先从整流电路、稳压电路的输出端入手。根据测得的端子电压高低来进一步判断哪一部分电路或某个元器件有故障。

测量放大器每一级电路电压时，首先应从该级电源供电电路元器件着手，通常电压过高或过低均说明电路有故障。

直流电压法还可检测集成电路的各脚工作电压，这时要根据维修资料提供的数据与实测值比较来确定集成电路的好坏。

在无维修资料时，平时积累经验是很重要的。如收录机按下放音键时，空载的直流工作电压比加载时要高出几伏。一般电器整机的直流工作电压等于功放集成电路的工作电压。电解电容的两端电压，正极高于负极。这些经验对检测及判断很有帮助。

3）几点说明

（1）通常检测交流电压和直流电压可直接用万用表测量，但要注意万用表的量程和挡位的选择。

（2）电压测量是并联测量，要养成单手操作的习惯。测量过程中必须精力集中，以免万用表笔将两个焊点短路。

（3）在电器内有多于 1 根的地线时，要注意找对地线后再测量。

4．电流法

1）原理

电流法是通过检测晶体管、集成电路的工作电流、各局部的电流和电源的负载电流来判断电器故障的一种检修方法。

2）电流法检测法的应用

电流法检测电子线路时，可以迅速找出晶体管发热、电源变压器等元器件发热的原因，也是检测各管子和集成电路工作状态的常用手段。电流法检测时，常需要断开电路。把万用表串入电路，这一步实现起来比较麻烦。但遇到电路烧保险丝或局部电路有短路时，采用电流法测试结果比较说明问题。

电流法检测可分直接测量法和间接测量法两种。

电流法的间接测量实际上是用测电压来换算电流或用特殊的方法来估算电流的大小。欲测晶体管该级电流时，可以通过测量其集电极或发射极上串联电阻上的压降换算出电流值。

这种方法的好处是无需在印刷电路板上制造测量口。另外，有些电器在关键电路上设置了温度保险电阻。通过测量这类电阻上的电压降，再应用欧姆定律，可估算出各电路中负载的电流大小。若某路温度保险电阻烧断，可直接用万用表的电流挡测电流大小，从而判断故障原因。

3）几点说明

（1）遇到电器烧保险或局部电路有短路时，采用电流法检测效果明显。

（2）电流是串联测量，而电压是并联测量，实际操作时往往先采用电压法测量，在必要时才进行电流法检测。

5．代换试验法

1）原理

代换试验法是一种将正常的元件、器件或部件，去替换被检系统或电路中的相关元件、器件或部件，以确定被检设备故障元件、器件或部件的一种方法。在现代电子设备的测试检修过程中，由于设备的模块化程度越来越高，单元或组件的维修难度越来越大，这种修理方法越来越多地被修理部门所采用。当被检设备必须在工作现场迅速修复、重新投入工作时，替换已经失效的元器件、印刷电路板和组件是允许的。

2）应用

代换试验法在确定故障原因时准确性为 100%，但操作时比较麻烦，有时很困难，对线路板有一定的损伤。所以使用代换试验法要根据电器故障的具体情况，以及检修者现有的备件和代换的难易程度而定。应该注意，在代换元器件或电路的过程中，连接要正确可靠，不要损坏周围其他元件，这样才能正确地判断故障，提高检修速度，而又避免人为造成故障。

操作中，如怀疑两个引脚的元器件开路时，可不必拆下它们，而是在线路板这个元器件引脚上再焊上一个同规格的元器件，焊好后故障消失，证明被怀疑的元器件是开路。

当怀疑某个电容器的容量减小时，也可以采用上述直接并联的方式。

当代换局部电路时，如怀疑某一级放大器有故障，可将此级放大器输出端断开，另找一台同型号或同类工作正常的机器，在同样的部位断开，将正常的机器断开点引入所怀疑这级放大器的输入端，再作上述代换试验。若此时故障出现，则说明怀疑确实是有问题的，否则可排除怀疑对象。以上这种代换检测法尤其适合于双声道音响的疑难故障的修理，因为双声道电器的左、右声道电路是完全一样的，这为交叉代换带来了方便。

3）几点说明

（1）严禁大面积地采用代换试验法，胡乱取代。这不仅不能达到修好电器的目的，甚至会进一步扩大故障的范围。

（2）代换试验法一般是在其他检测方法运用后，对某个元器件有重大怀疑时才采用。

（3）当所要代替的元器件在机器底部时，也要慎重使用代换试验法。若必须采用，应充分拆卸，使元器件暴露在外，有足够大的操作空间，便于代换处理。

（4）在换上新的部件之前，一定要分析故障原因，确保换上新的部件之后，不会再次引起新部件故障，防止换上一个部件损坏一个部件的情况发生。

（5）替换元器件、部件时，一般应在电子设备断电的情况下进行。尽管有些电子设备即使在通电情况下替换部件也不一定造成损坏，但大部分情况下，通电替换器件或部件会引起不可预料的后果，因此，为了养成良好的修理习惯，建议不要在通电情况下替换器件或部件。

6．示波器法

1）原理

示波器法是一种对电子设备的动态测试法。通过观察电子设备故障部位或相关部位的波形，并根据测试得到的波形形状、幅度参数、时间参数与电子设备正常波形参数的差异，分析故障原因，采取检修措施。示波器法是一种十分重要的、能定量的测试检修方法。

电子设备的故障症状和波形有一定的关系，电路完全损坏时，通常会导致无输出波形；电路性能变差时，会导致输出波形减小或波形失真。波形观察法在确定电子设备故障区域、查找故障电路、找出故障元器件位置等测试检修步骤中得以广泛运用。特别是查找故障级电路中的具体故障元器件时，用示波器观察测量故障级电路波形形状并加以析，通常可以正确地指出故障电路位置。示波器法测得的波形应与被检设备技术资料提供的正常波形进行比较对照。当然，应该注意到，有些电子设备技术资料所提供的正常波形通常并不一定十分精确，因此在有些情况下，电子设备中实际测试所获得的波形与其相近似时，就认为被测设备的电路已能正常工作。

2）应用

示波器法的特点在于直观、迅速有效。有些高级示波器还具有单次触发、存储功能，以及测量电子元器件的功能，为疑难故障的分析判断提供了十分方便的手段。

（1）甲类晶体管放大器的波形测试

为保证甲类放大器无失真输出，其晶体管基极偏置电阻 R_b、发射极电阻 R_e 必须选择得合适，否则输出端会产生波形失真。示波器法可方便地观察出其波形失真与否。

图 5.8 是日本某著名品牌电器使用的电路，电路很对称，注意三极管配对，零件选择无误，调整 R_9 可调整静态电流，调整 R_{14} 可以调整电路放大倍数。

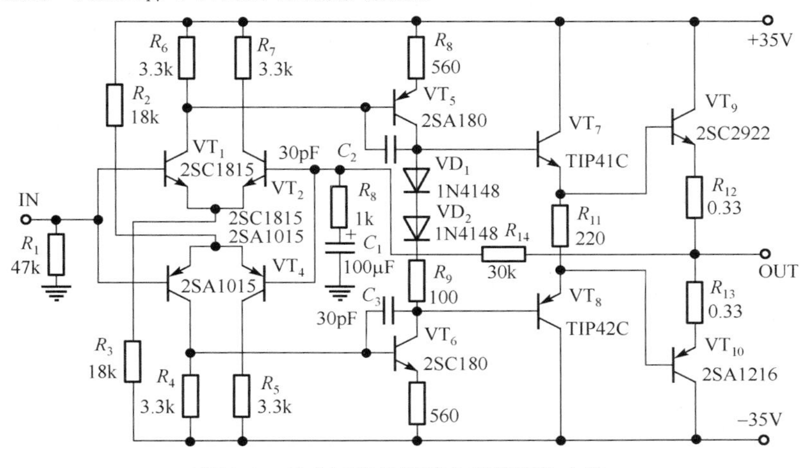

图 5.8　日本某著名品牌电器使用的电路

（2）乙类晶体管放大器的波形测试

乙类推挽放大器偏置在截止区，没有信号时静态电流很小。但由于集电极电流的非线性，在信号振幅通过零点并从一个管到另一个管交替时，会产生交叉失真。为了防止集电极电流完全截止，应在推挽晶体管基极加微小的偏压。借助于示波器，可以观察到电阻参数的选择对波形的影响。

3）几点说明

（1）示波器法的特点在于直观，通过示波器可直接显示信号波形，也可以测量信号的瞬时值。

（2）不能用示波器去测量高压或大幅度脉冲部位，如电视机中显像管的加速极与聚集极的探头。

（3）当示波器接入电路时，注意它的输入阻抗的旁路作用。通常采用高阻抗、小输入电容的探头。

（4）示波器的外壳和接地端要良好接地。

（5）要注意各波形的相对时间关系。即在对一个电路测量时，往往需要测量多个点的波形，这就必须对各个点逐次分时测量。每次测量必须用同一个时基去触发，这样才能比对各测量波形的相对时间关系。

（6）测量时要区分是被测信号的不稳定还是示波器未调试稳定引起的波形不稳。判断示波器不稳还是被测波形不稳的最简单方法是：在测量波形之前，用示波器探头先测量示波器的校准波形。如果示波器无校准波形，也可通过观察波形来判断。通常波形不稳时，在示波器上基线的前段相对稳定，而随着向右扫描，离散（即虚影）越来越大。

（7）注意波形观察法在数据域测量中的限制。波形观察法是一种时间域的测量，因此特别适用于模拟波形的测量，在某些情况下也适用于频域和数据域的测量，但对于复杂的或规律性不强的数字信号，虽然仍可观察，但很难用来判断故障，这时需要采用逻辑分析仪、数字特征分析仪等数据域测量仪器。

7. 信号寻迹法

1）原理

在电子设备测试检修过程中，我们经常采用“从输入到输出”检查顺序的信号寻迹法。信号寻迹法适宜测试检修具有同一信号的电路（如多级放大电路等）。该法是在被检电路处于动态工作情况下进行的。

2）应用

信号寻迹法通常在电路输入端输入一种信号，借助测试仪器（如示波器、电压表、频率计等），由前向后进行检查（寻迹）。该法能深入地定量检查各级电路，迅速确定发生故障的部位。检查时，应使用适当频率和幅度的外部信号源，以提供测试用信号，加到待修电子设备有故障的放大系统前置级输入端。然后应用示波器或电压表（对于小失真放大电路还需要配以失真度测量仪），从信号的输入端开始，由电路的前级向后级，逐级观察和测试有关部位的波形及幅度，以寻找出反常的迹象。如果某一级放大电路的输入端信号是正常的，而其输出端的信号没有、或变小、或波形限幅、或失真，则表明故障存在于这一级电路之中。关于输入的测试信号频率、幅度等，宜参照被检修电子设备技术资料所规定的数值，特别是在进行定量测试时，一定要严格遵循。

3）几点说明

（1）要考虑测量仪器对被测电路的影响。例如中频谐振放大器可能会因测量仪器的接入而失谐，从而使放大器失去放大作用，也有可能故障的放大电路会因测量仪器的接入而工作，在数字电路中也会出现因测量仪器接入影响电路工作的情况，所以测量时要注意测量仪器对被测电路的影响，特别是在频率较高的电路中，示波器测量一定要将探头的接地端接在被测量点附近的地，以实现测量点与示波器输入端相连的信号线与其屏蔽地等长，防止被测波形畸变失真。图 5.9 所示为数字电路因为探头屏蔽地未接好而出现的两种情况。其中错测波形（1）是信号被干扰信号调制的情况，错测波形（2）是信号被微分的情况。

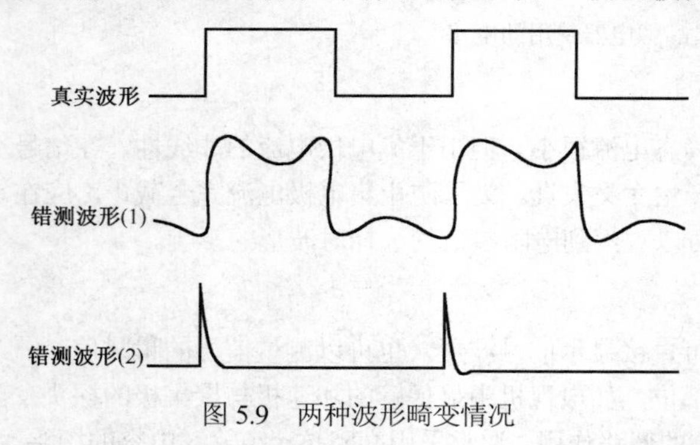

图 5.9　两种波形畸变情况

此外，有时示波器连接是正确的，但由于示波器带宽接近或低于被测信号的频率，测到的波形也会不正确。此时，示波器上显示的波形幅度往往会小于测量点的实际值。

（2）信号寻迹法特别适用于电路结构是级联或树状结构。电路结构呈网状或含有闭环回路时，往往故障定位过程很复杂，尤其是对于电路中含有闭环回路的，必须想方设法使之成为开环状态，然后再进行故障检测。

（3）对于具有多个输入端的电路，合理地选择输入信号则显得非常重要。理论上来说，要准确测试一个电路的性能必须输入与实际电路工作状态完全一样的信号，然后作为故障诊断，其目的是查找故障部位，因此并非一定要输入与电路实际工作状态完全一样的信号，有时采用不同于实际状态的信号还更利于故障的定位。特别是在数字电路中往往通过不断改变输入端的激励，然后用信号寻迹法来隔离故障。

8. 信号注入法

1）原理

信号寻迹法寻找故障的过程是“从输入到输出”，与之相反的是“从输出到输入”检查顺序的信号注入法。信号注入法特别适用于终端有指示器（如电表、喇叭、显示屏等）的电子设备。该法也是在被检电路处于动态工作情况下进行的。

信号注入法是使用外部信号源的不同输出信号作为已知测试信号，并利用被检测的电子设备的终端指示器表明测试结果的一种故障检测方法。检查时，根据具体要求，选择相应的信号源，获得不同指标（如不同幅度、不同波形等）的已知信号，由后级向前级检查，即从被检设备的终端指示器的输入端开始注入已知信号，然后依次由后级电路向前级电路推移。把已知的不同测试信号分别注入至各级电路的输入端，同时观察被检设备终端指示器的反应是否正常，以此作为确定故障存在的部位和分析故障发生原因的依据。对于注入各级电路输入端的测试信号的波形、频率和幅度，通常宜参照被检电子设备的技术资料所规定的数值。特别要注意，由于注入各级电路输入端的信号是不一致的，在条件允许的情况下，应该完全按照被检设备技术资料提供的各级规定的输入、输出信号要求进行检测。

2）应用

信号注入法常用于检测收音机、录音机或电视机通道部分。对灵敏度低、声音失真等较复杂的故障，该方法检测起来十分有效。

信号注入法检测一般分两种：一种是顺向寻找法。它是把电信号加在电路的输入端，然后再利用示波器或电压表顺着信号流向测量各级电路的波形、电压等，从而判断故障出在哪个部位；另一种是逆向检查法，就是把示波器和电压表接在输出端上，然后从后向前逐级加电信号，从而查出问题所在。

测试中需要强调的是：

（1）信号在什么地方出现，故障就可能在该测试之前，而不是之后。

（2）测试点越靠近扬声器，要求信号幅度也越大，这样才能激励扬声器到足够的音量。因此充分了解所用设备的性能是很重要的。

（3）音频放大器每级增益为 20～30dB，即 100～300 倍。若某一级要求输入信号过大，则说明该增益太低，需做进一步检查。

（4）如果信号加到某级上后，发现示波器上的波形有严重的失真，则说明失真可能发生在该级。

综上所述，采用信号注入法可以把故障孤立到某一部分或某一级，有时甚至能判断出是某一元件，例如某耦合元件。对于故障判断出在某一部分时，可进一步通过其他检测方法检查、核实，从而找出故障元件所在位置。

3）几点说明

（1）信号注入点不同，所用的测试信号不同。比如，收音机在变频级以前要用高频信号，在变频级到检波级之间应注入 465kHz 的信号，在检波级到扬声器之间应注入低频信号。

（2）注入的信号不但要注意其频率，还要选择它的电平。所加的信号电平最好与该点正常工作时的信号电平一致。

（3）因测试点与地之间有直流电位差，故信号发生器的输出端要加隔直电容。

（4）检测电路无论是高频放大电路，还是低频放大电路，都选择由基极或集电极注入信号。检修多级放大器，信号从前级逐级向后级检查，也可以从后级逐级向前级检查。

9. 分割法

1）原理

电路分割法，即把电子设备内与故障相关的电路，合理地、一部分一部分地分割开来，以便明确故障所在的电路范围。该法是通过多次的分隔检查，肯定一部分电路，否定一部分电路，这样一步一步地缩小故障可能发生的所在电路范围，直至找到故障位置。

分割测试法特别适用于包括若干个互相关联的子系统电路的复杂系统电路，或具有闭环子系统，或采用总线结构的系统及电路中。复杂系统一般都是由若干个逻辑子系统组合而成的，整个系统由于太复杂，不能立即采用常规的方法查找出故障，但是在找出有故障的子系统之后，还是可以采用一般的测试检修方法，找出故障根源。为此，通常是在断开其中一个子系统（电路），观察断开该子系统后对原故障现象的影响，或商接检测该子系统电路，以认定故障的具体部位。该法在电子设备故障检查中通常是在缩小区域找出故障电路这一步骤时的一种常用的测试检查方法。

2）应用

分割法对电子电路是由多个模块或多个电路板及转插件组合起来的电路，应用起来较方便。例如，某电器的直流保险丝熔断，说明负载电流过大，同时导致电源输出电压下降。要确定故障原因，可将电流表串在直流保险丝处，然后应用分割法将怀疑的那一部分电路与总电路分割开。这时看总电流的变化，若分割开某部分电路后电流降到正常值，说明故障就在分割出来的电路中。

分割法依其分割方法不同分为对分法、经验分割法及逐点分割法等。

所谓对分法，是指把整个电路先一分为二，测出故障在哪一半电路中；然后将有故障的电路再一分为二，这样一次又一次地一分为二，直到检测出故障为止。

经验分割法则是根据人们的经验，估计故障出在哪一级，将该级的输入、输出端作为分割点。

逐点分割法，是指按信号的传输顺序，由前到后或由后到前逐级加以分割。其实，在上面介绍的信号注入法已经采用了分割法。

应用分割法检测电路时要小心谨慎，对有些不能随便断开的电路要给予重视，不然故障没排除，还会增添新的故障。

3）几点说明

（1）分割法严格说不是一种独立的检测方法，而是要与其他的检测方法配合使用，才能提高维修效率，节省工时。

（2）分割法在操作中要小心谨慎，特别是分割电路时，要防止损坏元器件及集成电路和印刷电路板。

10. 短路法

1）原理

短路法又称电容旁路法，是一种利用适当容量和耐压的电容器，对被检电子设备电路的某一部位进行旁路检查的方法。这是一种比较简便快速的故障检查方法。短路法适宜判断电子设备电路中产生电源干扰和寄生振荡的电路部位。

2）应用

短路法主要适用于检修故障电器中产生噪声、交流声或其他干扰信号等，对于判断电路是否有阻断性故障十分有效。

应用短路法检测电路过程中，对于低电位，可直接用短接线对地短路；对于高电位，应采用交流短路，即用 20μF 以上的电解电容对地短接，保证直接高电位不变。对电源电路不能随便使用短路法。

例如，有一台收音机噪声大，这时可用一只 100μF 电容器，从检波级开路将其输入、输出端短路接地，这样逐级往后进行。当短路某一级的输入端时，收音机仍有噪声，而短路其输出端即无噪声时，则表明该级是噪声源也是故障级。从上述介绍中可看到，短路法实质上是一种特殊的分割法。

3）几点说明

（1）短路法只适用于噪声大的故障，对交流声和啸叫故障不适用。作为啸叫故障往往发生在环路范围内，在这一环路内任一处进行短接，将破坏自激的幅度条件，使啸叫声消失，导致无法准确搞清楚故障的具体部位。

（2）短路法检测主要是放大管的基极、发射极之间短接，不可采用集电极对地短路。

（3）对于直耦式放大器，在短接一只管子时将影响其他晶体管的工作点，这点有时会引起误判。

11. 比较法

1）原理

比较法是指将待检测的电子设备与同类型号的、能正常工作的电子设备进行比较、对照的一种方法，通常是通过对整机或对有疑问的相关电路的电压、波形、对地电阻、元器件参数、*V-I* 特性曲线等进行比较对照，从比对的数值或波形差别中找出故障。在检修者不甚熟悉被检查设备电路的相关技术数据，或手头缺少设备生产厂给出的正确数据时，可将被检设备电路与正常工作的设备电路进行比对。这是一种极有效的电子设备检修方法，该方法不仅适用于模拟电路，也适用于数字设备和以微处理器为基础的设备检修。

2）应用

如果在电子设备的测试检修过程中，有一台正常工作的同类型号的电子设备可供作同类比对法之用，则将为设备的测试检修带来极大方便。特别是对于缺乏实际测试检修经验的初学者来说，同类比对法显得更为重要。当然，同类比对法的重要性还不仅仅体现在这方面。其实，在电子设备的某些特殊电路（如脉冲数字电路）中，有时用其他的测试检修方法很难找到电子设备的故障根源，通过同类比对相关电路的电压值、波形等，就能比较容易地找到设备故障根源。

一般来说，作为一个有经验的电子设备检修者，通常都善于在日常积累记录正常电子设备的电路、波形、对地电阻、元器件参数等数据和资料。这样，在缺少同类比对的正常电子设备时，亦能顺利地完成电子设备的检修工作。

3）注意事项

使用同类比对法时要注意：当发现某测点不正常时，不一定故障就在该测点，可能是其他部分引起该测点不正常，因此，定位故障时要注意多点信息相关。

12. 隔离法

1）原理

将部分电路从主电路分开使其停止工作的一种检修方法。

2）应用

适用于各部分既能独立工作，又可能相互影响的电路（如多负载并联排列电路、分叉电路）。这时可将某电路各个部分一个一个地断开，一步一步地缩小故障范围。尤其对电源负载有短路或部分短路的故障，检查起来尤为方便。

13. 故障恶化法

1）原理

人为实施某种方法使故障更加严重的一种维修方法。

2）应用

对间歇性或随机性故障，为了使故障暴露出来，可采用故障恶化法，如振动、边缘校验（施加极限电源电压）、加热（如用电烙铁烘烤集成电路）、冷却（如用酒精棉球擦拭集成电路外壳），对连接器、电缆、插头、插入式单元等施加物理扭转、拨动等，促使故障暴露，但应注意避免造成永久性破坏。

14. 暗视法

1）原理

在黑暗环境中观察电路中是否有打火现象的一种检修方法。

2）应用

暗视法是在相对较暗的环境下，观察因接触不良或其他原因造成的微弱电火花，来寻找故障点的方法。此法能比较直观而简捷地发现故障点。对于工作电流比较大的元件虚焊故障比较有效。

15. 中间插入法

1）原理

将信号直接从多级电路中间部分输入的一种方法。

2）应用

在串联排列且级数较多的电路中，可采用直接插入中间一级，测量其输入与输出情况，来判断故障范围，比逐级测量（不论是由后向前或由前往后测量）法快捷。

16. 越级法

1）原理

将被怀疑的部分直接跳跃过去的一种维修方法。

2）应用

越级法就是越过被怀疑的那一级（或几级）电路，把信号从被怀疑的前一级（或几级）直接引到被怀疑电路的后面一级。此法适用于同类多级串联电路的检修。串联的各级电路要具有相同的频率特性与足够的放大倍数，且对应点的电位相同。若对应点的电位不同，在越级时必须采用电容跨接。

17. 串联灯泡法

1）原理

将灯泡串入电源与负载之间的一种维修方法。

2）应用

所谓串联灯炮法，就是取掉输入回路的保险丝，用一个 60～100W/220V 的灯泡跨接在保险丝两端。由于灯泡有一定的阻值，如 100W/220V 的灯泡，其阻值约为 480Ω（指热阻），所以能起到一定的限流作用。这样，一方面能直观地通过灯泡的明亮度来大致判断电路的故障；另一方面，由于灯泡的限流作用，不会立即使已有短路的电路烧坏元件。当排除短路故障后，灯泡的亮度自然会变暗，最后再取掉灯泡，换上保险丝。

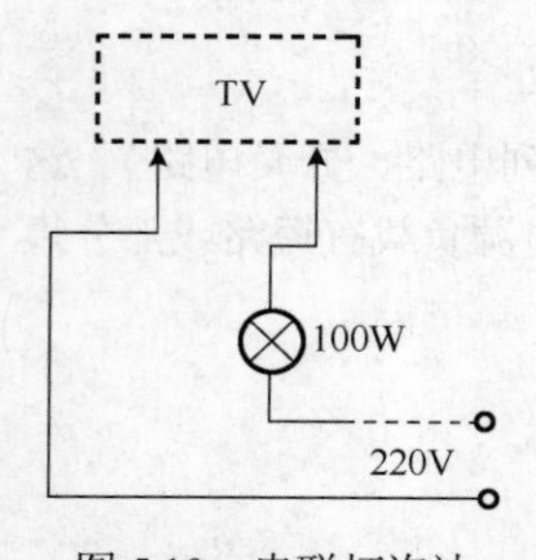

图 5.10 串联灯泡法

如图 5.10 所示，在平时检修彩电时，在电源电压回路中串入白炽灯。不仅能有效防止因产生大电流而损坏机内电路，而且还可根据灯光的发光亮度不同，分别初判断机内某处电路故障点。如接通电源后灯泡不亮，则说明彩电的电源开关存在故障，或者机内电源保险丝烧断、整流电路及开关电路存在问题；如果灯泡的亮度特别亮，则判断机内存在严重的短路故障；当灯泡瞬间淡亮一下又呈现特别亮时，则说明彩电内的行电路或场电路中的一些元件产生老化漏电等故障。

18. 假负载法

1）原理

利用其他的电阻代替电路作为电源部分的负载的一种维修方法。

2）应用

当开关电源无输出或输出电压异常时，可以采用假负载法来判断故障是出在电源本身还是出在负载电路中。方法是在电源输出端接一个与负载功率、阻抗大致等效的电阻作为假负载：若接上假负载后电源工作正常，则说明故障出在负载电路中；反之，则说明电源有问题。假负载的大小可根据输出电压及负载能力来定，比如电源的输出电压是 12V，负载电流在 1.5A 以上，则可选 10Ω/10WW左右的电阻；如电源的输出电压是 110V，负载电流在 2A 以上，则可用一个 60～100W/220V 的灯泡来作为假负载。大多数开关电源都可采用此法，但也有少数开关电源不宜采用此法。比如，对于在多频显示器中采用行逆程脉冲激励的自激式开关电源，就不宜采用假负载法。

19．拆除法

1）原理

拆除对电路正常工作影响不大的元件的一种方法。

2）应用

电路中的元器件，有些是起辅助性作用的，如滤波电容器、旁路电容器、保护二极管、压敏电阻等。当这些元器件损坏后，有可能会影响整个电路的正常工作，在缺少代换元器件的情况下，将这些元器件应急拆除，暂留空位，电路可基本恢复工作。

20．拆次补主法

1）原理

用次要部位的元器件代替主要部位的元器件的一种方法。

2）应用

维修电子设备如果缺少某个元器件，有时可以采用“弃车保帅”的方法，将次要地位的元器件拆下来，用以代换主要电路上损坏的元器件，使电子设备恢复工作，这种应急维修方法就是“拆次补主”法。

采用“拆次补主”法不影响设备的主要性能，不会缩短设备寿命。但也应该注意：一些次要电路在某种条件下作用不大，但在另一条件下作用却很大。因此，要根据设备的实际情况进行应急维修，不能生搬硬套。

5.2.4　小结

各类电子设备总免不了出故障，又因电器设备的种类繁多，可能出现的毛病也千奇百怪。但就检测技术本身而言，还是有很强的规律性的。人们只要掌握了这些规律，又在实践中逐步日久天长地积累经验，就能迅速判断出故障原因，准确有效地排除故障。

电子线路的检测方法很多，以上主要介绍了直观法、电阻法、电压法、电流法、代换试验法、分割法、短路法、信号注入法和示波器法等多种方法。实际检修中到底采用哪一种检测方法更有效要看故障电器的具体情况而定。

检修时通常先采用直观法，一些典型的故障，往往用直观法检测就能一举奏效。对于较隐蔽的故障，可以采用信号注入法或示波器法，其中信号注入法对检测收音机的音量及音质方面的故障较适合，而示波器法对检测失真或灵敏度差等故障更有效。

万用表检测：包括电阻法、电压法和电流法。这三种是检修中最基本、最重要的方法。通过万用表的检测，能为其他各种检修方法提供故障存在的准确的依据。

而有些故障不便于测试，常采用代换试验法、短路法和分割法。这些方法的应用，往往能把故障压缩到较小范围之内，使维修工作的效率提高。

这里要强调的是每一种检测方法都可以用来检测和判断多种故障，而同一种故障又可用多种检测方法来进行检测。检修电器故障时应灵活运用本章介绍的各种检测方法，才能保证检测工作事半功倍。

总之，检修过程是一种综合性过程，它建立在对电路结构的深刻理解、正确无误的逻辑思维判断和熟练的操作技巧之上。只有认真掌握检修的一般规律，并不断地总结积累经验，初学者是不难学会检修各类常用电器设备的。

第6章 微机系统的故障诊断

微机系统是相当复杂、规模相当大的数字系统，要进行全面的测试是十分困难的。一般只能采用功能性测试或运行性能测试，但这类测试远非完备。然而，系统内即使存在一些未侦出的故障，它们对于经过测试的运行也不会产生不良的影响，至少对于当前的运用来说是无害的。

鉴于大系统测试的困难，通常把微机系统划分为若干子系统，分别进行测试。例如，可划分为这样一些子系统：ROM、RAM、数据通道或I/O系统、微处理器（MPU，Microprocessor Unit）或运算器（ALU，Arithmetic Logical Unit）等，其中，ROM也可以被看作RAM的特例，而I/O器件也可以被当作一种简化了的MPU来处理。

对于子系统，从原则上说，可以单独地或综合地使用前面第2章和第3章所述的那些方法来进行测试。问题在于，被测子系统的规模和复杂性往往仍嫌过大，特别是，由于制造厂保密，我们对被测件的内部结构一般知道得很少。因此，除了制造厂自己有可能采用结构性测试外，一般也只能进行功能性测试或运行性能测试。

此外，随着新工艺的发展，导致不易定义的新故障类型的出现，需要针对特殊的工艺建立新的故障模型，采取特殊的测试方法。

6.1 存储器的测试

半导体随机存取存储器（RAM，Random Access Memory）是一种应用极广的LSI元件。图6.1示出了RAM的基本功能结构。由于RAM本身构造的复杂性，可能发生的故障类型较多，一般只能进行读写功能测试。即通过改变寻址序列和数据图形来检查存储器的读写功能，包括检测所有存储单元能否正确读出、写入和保持数据，地址译码器等外围电路能否正常工作等。此外，由于RAM中存在一些对测试序列（测试花样）敏感的故障，因而产生出多种读写测试方法。

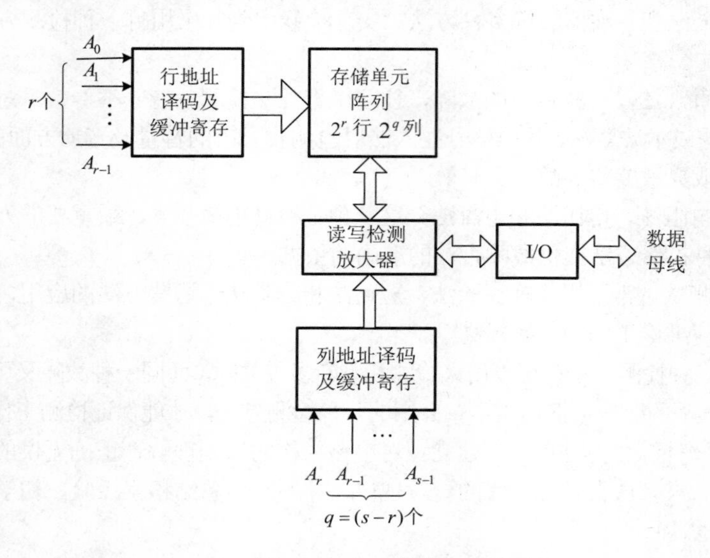

图6.1 RAM的基本功能结构

6.1.1 RAM 中的故障类型

建立存储单元的故障模型是研究存储器故障检测方法的先决条件。需要注意的是：故障模型与缺陷在存储器中位置相关，所以存储器故障检测的首先步骤是搞清楚缺陷是在周边电路中，还是在整个单元中。存储器的周边电路一般由译码电路、写驱动电路、敏感放大器以及寄存器构成，虽然可以采用随机逻辑的方式处理芯片的测试，但是响应却只有通过存储单元发现，当然对周边电路的故障检测也是存储器故障检测的重要一环。

我们首先要对存储器件的结构组成有一个充分的了解，进而分析该芯片的故障机理，在此基础上才能确定器件的故障模式、建立故障测试模型以及对故障的可测试性进行分析，这样才好决定使用哪种测试方法。

RAM 中的故障大体上可以分为“硬”故障和“软”故障两大类，不过两者之间可能有些交叉重叠，界限不甚分明。硬故障一般表征为永久性故障，而软故障则往往取决于某些特定的、外界施加的参数，例如定时、电源电压或数据样式等，软故障是较难侦查的。

下面对 RAM 中的故障类型及其产生的原因和后果做一简述。

1．硬故障

存储器件的硬故障是指芯片在设计中存在或在制造过程中产生的永久性物理缺陷，或在使用过程中“烧坏”，如电路中短路、开路等构成器件坏死性失效，造成永久性故障。表现在失效机理上有侵蚀、电迁移、键合退化、离子沾污等。下面介绍几种典型的硬故障：

（1）引线断路。由于金属化不足，或因受过大应力而断裂。

（2）译码器故障。由于译码器内部断路或短路，以致全部或部分地址不能接受寻址。

（3）I/O 漏电。I/O 电路内的晶体管失效。

（4）击穿。钳位二极管（齐纳管）或晶体管 P-N 结击穿。

（5）机械损伤。在制造过程中产生的或在装板时发生的引脚折断。

（6）存储单元损坏。常在制造过程中形成，也可能在老化时产生，其表现是某个存储单元呆滞于某一状态而不能改变。

2．软故障

软故障主要是指动态 RAM（对于某些高阻负载的静态 RAM 也要考虑）存储单元中的信息会随机地发生差错。这种差错经纠正后，原存储单元仍能正常工作。存储单元出现故障失效后又能恢复正常工作的现象，称为存储器件的软失效。主要包括：

（1）寻址失误。由于行或列地址译码电路中开关时间的变化所致，毛病常出现在更换地址之时。

（2）重写或复读。若上述开关时间变得过长，则一个比特可能不是被写入一个存储单元中，而是重复写入两个或多个存储单元中；同理，在读出时，则可能一下子不是读出一个存储单元内容，而是读出两个或多个存储单元的内容。

（3）写入后恢复时间过长。这将使得在写入后立即读取时存储器不能提供应有信息，或者也表现为存取速度变慢了。

（4）读写检测放大器恢复时间过长。当存取的数据有一长列相同的比特值（例如都是 1）时，在忽然变为另一比特值（例如一长串 1 之后，忽然跟着一个 0）时，由于检测放大器先前所产生的偏压不能立即恢复，以致存储器不能正确地对存储内容做出响应。

（5）存取速度慢。除上述一些会使实际存取速度变慢的原因外，还可能由于其他原因使得驱动器电路输出端的电容性电荷存积，使得陷电流流通时间变得过长，从而致使存取速度变慢，在 TTL 型 RAM 中存取时间可能有±30%的离散。

（6）对数据花样的敏感性。由于 LSI 片子内存储单元非常密集，彼此之间可能存在寄生耦合。此外，由于上述各种开关、寻址、存取速度的变化，以致某个存储单元的内容也可能受到邻近存储单元中读写操作的影响（例如变为应有存储值的补值）。

（7）窜漏。由于存储器内部多工作的母线和传输门电路彼此之间的寄生耦合而产生信号的窜漏。窜漏是否会产生不良影响，取决于存储器内部集成晶体管的输入阈值。此外，也取决于数据或寻址序列、温度和电源电压。

（8）刷新故障。由于存储电容漏电过快导致在规定的最短时间之前就失去了存储内容。存储电荷的衰变时间与温度关系很大，在 100℃的温度摆幅中，可能从 1s 变到 1ms。

（9）温度敏感性。虽然大多数 RAM 产品的指标规定可工作到 70℃，但在较高温度时，除了上述对刷新周期的不良影响，有些器件在常温下工作良好，而在温度升高时会变成对数据花样敏感。因此在常温下进行快速测试并不一定能说明问题，因为在此情况下被测件由于自热而致的温升甚微。

6.1.2 测试的若干原则性考虑

由于上述故障类型的复杂性，即使是进行经典的功能性测试也是困难的。因此，对于存储器，一般只做读写测试来验证其运行性能，为此，需要对下列各方面进行测试。

（1）寻址的唯一性。目的在于肯定一切存储单元都存在，而且是互相区分的并且是唯一的，由于无法得知寻址所得到的单元是否就是我们所选定的单元，所以必须在其他一切单元都存有一个 1 时读出一个唯一存有一个 0 的单元，或者在其他一切单元都存有一个 0 时读出一个唯一存有一个 1 的单元。应对每一存储单元都进行这样的测试。于是导致这样的一种测试花样：在诸 1 之中逐步移动一个 0，以及在诸 0 之中逐步移动一个 1。

（2）地址译码器的开关速度。该速度取决于译码器在转接前和转接时的状态。在大多数静态 RAM 以及某些动态 RAM 中，可以用示波器观察数据输出端来侦查开关速度的变化，可以利用一个适当的测试序列以一切可能的组合方式来切换各译码电路，以便交替地读出 0 和 1。

（3）存储单元、行、列的扰动。这类扰动型故障在用户的成品中仍然存在，故一个良好的测试程序对这些潜在的每一类故障都应至少包含一个测试序列。

（4）对数据花样的敏感性。这是存储器故障的一种重要原因，必须设法以适当的数据花样来进行测试。

（5）写入后恢复。如前所述，这是一次或多次写入后电路或存储单元的恢复能力，以及写入后在一最短时间内执行正确读出的能力。

（6）刷新的性能。为了检查动态 RAM 的刷新性能，可以采用两类不同的测试刷新序列。第一种类型是写入后让存储器处于静止状态一段时间，然后测试其读出结果；第二种是使存储器以最高节拍速率进行工作，而控制其寻址序列使得在等待时间内一切存储单元都不被刷新。在进行刷新测试时，应注意被测件自热的影响。内部温度每增加 10℃，刷新所需时间可能缩短 50%～100%。

总而言之，从以上所述不难看出，存储器测试是检测芯片中那些由设计及生产制造过程而引入的缺陷，逐个检测所有的故障是不现实的。对存储器的测试，关键是在于产生适当的测试花样，以检查存储单元的简单读写功能、寻址系统的正常工作情况、存储单元间的相互干扰和信息的保持能力。下面将分别介绍一些常用的测试方法。

6.1.3　存储器测试方法

1．行进法

行进法（Marching）亦称行进样式（Marchpast），行进样式是较简单的测试样式之一，具有快速而且效率较高的特点，具体方法如下：

（1）先在整个存储器中写入全部为 0 的背景。

（2）读出第一个存储单元，结果应为 0。

（3）把一个 1 写入第一个单元，再读出这第一个单元，结果应为 1。

（4）对第二、三、四……单元重复上列步骤（2）和（3），直到最后第 N 个单元。

（5）这时全部单元的内容均为 1，即全部为 1 的背景。

（6）读出第一个存储单元，结果应为 1。

（7）把一个 0 写入第一个单元，再读出这第一单元，结果应为 0。

（8）对第二、三、四……单元重复上列步骤（6）和（7），直到最后第 N 个单元。

从步骤（6）开始也可以倒过来进行，即是先从第 N 个单元开始，依次进行至第一个单元为止。

上列测试步骤可用公式表示如下：

$$\left.\begin{array}{l}\sum\limits_{\forall_{ij}}[RC_{ij},W(1)C_{ij}]_0 \\ \sum\limits_{\forall_{ij}}[RC_{ij},W(0)C_{ij}]_1\end{array}\right\} \qquad (6\text{-}1)$$

式中，C_{ij} 表示第 i 行第 j 列的存储单元；RC_{ij} 表示读出存储单元 C_{ij}；$W(1)C_{ij}$ 表示把 1 写入单元 C_{ij}；$W(0)C_{ij}$ 表示把 0 写入单元 C_{ij}；$\forall_{ij}$ 表示全部 C_{ij} 的集合；$\sum\limits_{\forall_{ij}}$ 表示 $\forall_{ij}$ 集内的总和；逗号“，”是公式内各有序操作之间的分隔符；下标 0 或 1 表示背景为 0 或为 1。

由公式直接可求出测试的复杂度为：

$$2(1+1)N+N=5N \qquad (6\text{-}2)$$

若 N=4k，每一操作周期需时 500ns，则测试只需费时 10ms。

复杂度表明了测试的操作次数，而总的测试时间即为复杂度与每一操作所需时间的乘积。显然，复杂度越小，测试时间就越短。

2．走步法

走步法（Walking）是在全 0 背景下，对一个单元写入一个 1，读出全部单元的内容，结果应该是除写有 1 的一个单元外，其余应均为 0；接着，把一个 0 写入该单元，又恢复了全 0 背景，然后对另一单元重复上述步骤，用公式表示为：

$$\left.\begin{array}{l}\sum\limits_{\forall_{ij}}[W(1)C_{ij},R(\forall_{ij}),W(0)C_{ij}]_0 \\ \sum\limits_{\forall_{ij}}[W(0)C_{ij},R(\forall_{ij}),W(1)C_{ij}]_1\end{array}\right\} \qquad (6\text{-}3)$$

第一轮在全 0 背景下进行 1 的走步，第 2 轮在全 1 背景下进行 0 的走步。

这种测试可以验证每一单元均能写入 0 亦能写入 1，而且不会引起其他单元内容的改变。当然，本法和行进法一样检查了寻址的正确性。此外，本法还能侦查出放大器恢复过慢的毛病。

该方法的复杂度显然是：

$$2(1+N+1)N+2N=2N^2+6N \tag{6-4}$$

上式左边最后一项 $2N$ 是写入全 0 背景和全 1 背景所需的操作。

走步法还有几种变体，一种是走列（Walkcol），即成列地走步，用公式可表示为：

$$\left.\begin{aligned}&\sum_j\left\{\left[\sum_i W(1)C_{ij}\right],R(\forall_{ij}),\left[\sum_i W(0)C_{ij}\right]\right\}\\&\sum_j\left\{\left[\sum_i W(0)C_{ij}\right],R(\forall_{ij}),\left[\sum_i W(1)C_{ij}\right]\right\}\end{aligned}\right\} \tag{6-5}$$

其复杂度显然是：

$$2(N^{\frac{1}{2}}+N+N^{\frac{1}{2}})N^{\frac{1}{2}}+2N=2N^{3/2}+6N \tag{6-6}$$

另一种变体是走补列（Walkcolcomp），即是在走列中，每一列内的一半单元值为另一半单元的补值，公式为：

$$\sum_j\left[\sum_{i=0}^{\frac{1}{2}N^{\frac{1}{2}}-1}W(1)C_{ij},\sum_{I=\frac{1}{2}N^{\frac{1}{2}}}^{N^{\frac{1}{2}}}W(0)C_{ij},R(\forall_{ij}),\sum_{i=0}^{\frac{1}{2}N^{\frac{1}{2}}-1}W(0)C_{ij},\sum_{i=\frac{1}{2}N^{\frac{1}{2}}}^{N^{\frac{1}{2}}}W(1)C_{ij}\right]_{0/1} \tag{6-7}$$

即第 0 至 $\frac{1}{2}N^{\frac{1}{2}}-1$ 行（存储器的一半）背景为 0，另一半第 $\frac{1}{2}N^{\frac{1}{2}}$ 至 $N^{\frac{1}{2}}$ 行背景为 1，第二轮测试则恰好相反，本法的复杂度仍为 $2N^{\frac{3}{2}}+6N$。

再一种变体是走双列（Walkcol2），即是两列两列地走步，公式表示为：

$$\sum_{j=0}^{\frac{1}{2}N^{\frac{1}{2}}-1}\left\{\left[\sum_i W91)\left(C_{ij},C_{ij}+\frac{1}{2}N^{\frac{1}{2}}\right)\right],R(\forall_{ij}),\left[\sum_i W(0)\left(C_{ij},C_{ij}+\frac{1}{2}N^{\frac{1}{2}}\right)\right]\right\}_{0/1} \tag{6-8}$$

其复杂度为：

$$2\left(2N^{\frac{1}{2}}+N+2N^{\frac{1}{2}}\right)\left(\frac{1}{2}N^{\frac{1}{2}}\right)+2N=N^{3/2}+6N \tag{6-9}$$

最后一种变体是走对角线，常称为 Diapat（Diagonal pattern）法，其公式为：

$$\sum_{k=0}^{(N-1)^{\frac{1}{2}}}\left\{\sum_{i=0,j=i+k}^{(N-1)^{\frac{1}{2}}}W(1)C_{ij},R(\forall_{ij}),\sum_{i=0,j=i+k}^{(N-1)^{\frac{1}{2}}}W(0)C_{ij}\right\}_{0/1} \tag{6-10}$$

复杂度为：

$$2\left(N^{\frac{1}{2}}+N+N^{\frac{1}{2}}\right)N^{\frac{1}{2}}+2N=2N^{3/2}+6N \tag{6-11}$$

此法有助于检查放大器的恢复过程，即是在读出一长串相同的比特值后转换到一个新的（相反的）比特值时是否有过长的时延。

3．奔跳法

奔跳法（Galoping）是这样的一种测试：对某一被测单元 C_{ij} 写入一个数据值（例如写入一个 1），对不含 C_{ij} 的一组存储单元均写入相反的数据值（例如写入 0），然后交替地读出被测单元的内容。与被测单元 C_{ij} 交替读出的这一组单元，可以是同一行或同一列中的单元，或者是与被测单元相邻接的单元，抑或者是存储器内除 C_{ij} 外的一切其他单元。

显然，对于存储器内的每一个 C_{ij} 单元都应依次进行同样的测试，这种所谓奔跳测试，主要目的在于针对一切可能的数据变迁来测试一切可能的地址变迁，并且在读出过程中反复检查寻址的正确性和唯一性。

若与被测单元 C_{ij} 交替读出的一组单元就是存储器内除该 C_{ij} 以外的一切其他单元，则这种测试样式称为 Galoping 或称为 Galpat（即 Galoping patern），其公式为：

$$\sum_{\forall_{ij}}\left\{RC_{ij},W(1)C_{ij},\sum_{\substack{\forall_{ij}\\k\neq i\\i\neq j}}(RC_{ki},RC_{ij}),W(0)C_{ij}\right\}_{0/1} \tag{6-12}$$

其复杂度为：

$$2\left[1+1+2(N-1)+1\right]N+2N=4N^2+4N \tag{6-13}$$

若奔跳中写入一列 1，并在同反之间奔跳，然后遍及诸列，则称为跳列 Galcol（即 Galoping column），若在被测单元的主对角线上来回奔跳，这种奔跳方式称为跳对角线（Galdng）（即 Galloping diagona）。

还有一种奔跳方式称为乒乓法（ping-pong），这是仅在地址与被测单元只相差一个比特的单元之间奔跳，公式为：

$$\sum_{\forall_{ij}}\left\{RC_{ij},W(1)C_{ij},\sum_{\forall_{kl}}\left[RC_{kl},RC_{ij}\right],W(0)C_{ij}\right\}_{0/1} \tag{6-14}$$

其中，kl 与 ij 的二进数有一个比特之差。例如，设有一个 N=64 比特的存储器，其存储单元地址为 000000～111111，若在 $C_{ij}=C_{011,100}$ 写入一个 1 时，则应在 $C_{011,100}$ 与 $C_{111,100}$、$C_{011,100}$、$C_{010,100}$、$C_{011,000}$、$C_{011,101}$、$C_{011,110}$ 6 个单元之间来回奔跳读出。

明显可见，在一个 N 单元的存储器中，需使用 $\log_2 N$ 比特地址，因此 C_{kl} 的数目为 $\log_2 N$ 个，于是乒乓法的复杂度为 $2N\cdot\log_2 N$。

最后一种奔跳花样是写入恢复奔跳法 Galwrec（Galloping Write Recovery），此法类似于 Galpat，只不过不是读背景，而是写入背景，其公式为：

$$\sum_{\forall_{ij}}\left\{\sum_{kl,kl=ij}\left[RC_{kl},W(1)C_{RL},RC_{ij},RC_{kl},W(0)C_{kl,}RC_{ij}\right]\right\}_{0/1} \tag{6-15}$$

其复杂度为：

$$2\left[(1+1+1+1+1+1)N\right]N=12N^2 \tag{6-16}$$

此法对于检查写入后恢复时间（完成一个写入周期以后母线恢复正常的时间）很有效。

4．棋盘法

棋盘法（Checkerboard）亦称 Damier 法，这是以 1 和 0 相间地写满整个存储器，如国际象棋的黑白相间的棋盘那样，然后依次读出全部存储器内容，公式为：

$$\sum_{(i+j)=2k} W(1)C_{ij}, \sum_{(i+j)=(2k+1)} W(0)C_{ij}, R(\forall_{ij}) \tag{6-17}$$

其复杂度为：

$$2\left(\frac{1}{2}N+\frac{1}{2}N+N\right)=4N \tag{6-18}$$

该方法可检查行间或列间的短路以及刷新的效能。

还有一种类似于棋盘法的测试花样，称为Masest法，它也是从1和0相间地写满整个存储器，只不过是读出方式不同，Masest法的读出有点类似于奔跳法。在Masest法中，先读出一个存储单元C_{ij}；接着读出相对于存储阵列中心与C_{ij}对称的一个单元$\overline{C}_{ij}$，也就是说，$\overline{C}_{ij}$的地址二进码是C_{ij}地址码的补码；然后又重新再次读出C_{ij}，以这样的方式读出一切C_{ij}，用公式表示，即为：

$$\sum_{(i+j)=2k} W(1)C_{ij}, \quad \sum_{(i+j)=(2k+1)} W(0)C_{ij}, \quad \sum_{ij}(C_{ij}, C_{ij}, C_{ij}) \tag{6-19}$$

不难看出，此法的复杂度为：

$$2\left(\frac{1}{2}N+\frac{1}{2}N+3N\right)=8N \tag{6-20}$$

此法有助于检查地址译码器逻辑是否正常。

5. 移动倒转法

一种有点类似于行进法的新方法称为移动倒转法（Moving Inversions），简写为Movi。此法是在全0的背景上，以某种特定的序列逐步使各存储单元的内容倒转为1，然后又逐步使之由1倒转为0，如此反复进行，这就是本法名称的由来。

本法的基本操作是在某一地址上读出一个内容为0（或1）的单元，然后写入一相反的内容1（或0），再读出这个相反的内容1（或0）以资验证，即

$$\sum_{\forall_{ij}} \left\{ RC_{ij}, W(1)C_{ij}, RC_{ij} \right\}_{0/1} \tag{6-21}$$

其复杂度为：

$$2\times(3N)=6N$$

实际上这种基本操作要进行两次，一次从地址0开始到地址（N–1）为止，然后再倒转来做一次，即从地址（N–1）开始到地址0为止，于是基本操作的复杂度实际上是：

$$2\times(6N)=12N$$

这种基本操作以一种特定的序列反复进行，就是每轮RWR（读、写、读）操作的选址是由最低位比特开始逐步反复改变一位的比特，具体地说，以4k的RAM为例就是依表6.1所列次序进行RWR。

表中箭头指出交替倒转的那一位地址比特，由表6.2不难看出，对于一个N比特存储器，其存储单元的地址有$\log_2 N$个比特，因此上述复杂度为3N的基本操作共需进行$\log_2 N$轮。于是整个测试的复杂度为

$$(\log_2 N)(12N)+N=12N\log_2 N+N$$

其中，最后一个N是事先写入背景0所需的操作。

表 6.1　移动倒转法

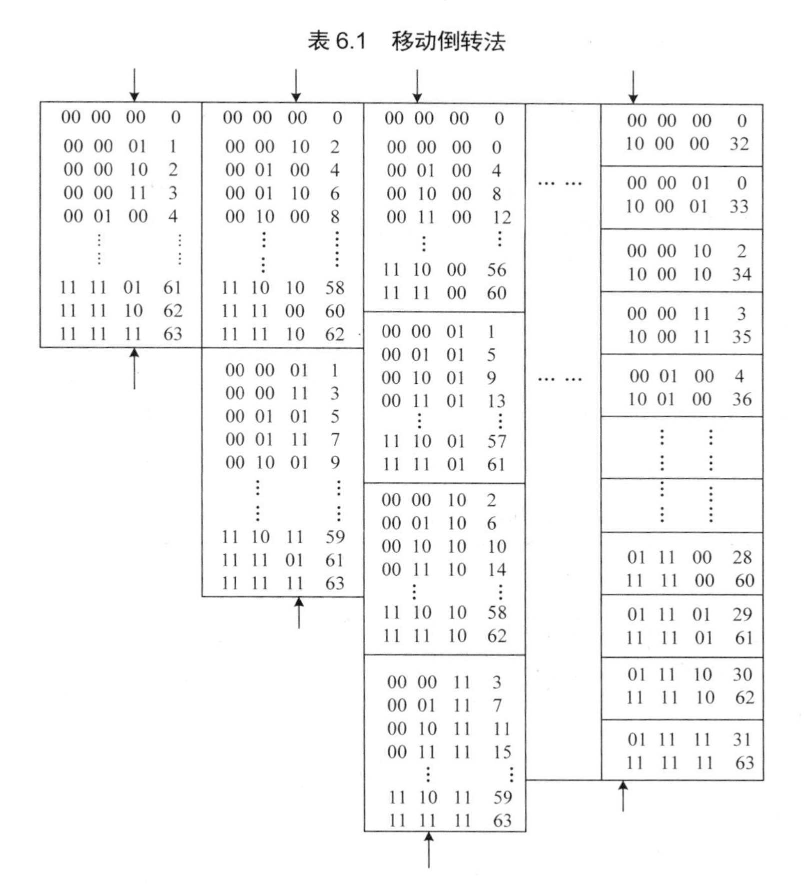

Movi 法既做出了功能性测试，同时也做出了动态测试。功能性测试保证任一存储比特不受另一单元中操作的影响，并可检查出因地址比特间的耦合而导致的选址错误。

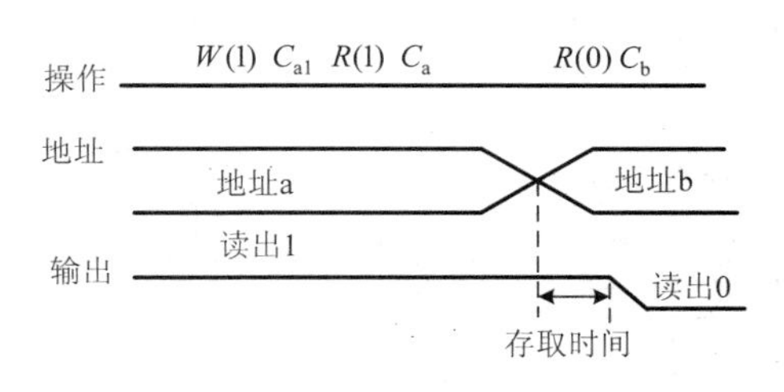

图 6.2　RWR 操作的时间关系

动态测试则可检查最佳和最劣的存取时间，在 Movi 法中，RWR 操作导致在不同地址的两个相继读出，而且读出的内容也不同，如图 6.2 所示。它能检查由一个地址变迁到另一个地址时的存取时间。由于写 1 和写 0 都以正向地址序列和反向地址序列各进行一次，所以存取时间事实上在 4 种不同的情况下进行了检查，如图 6.3 所示。

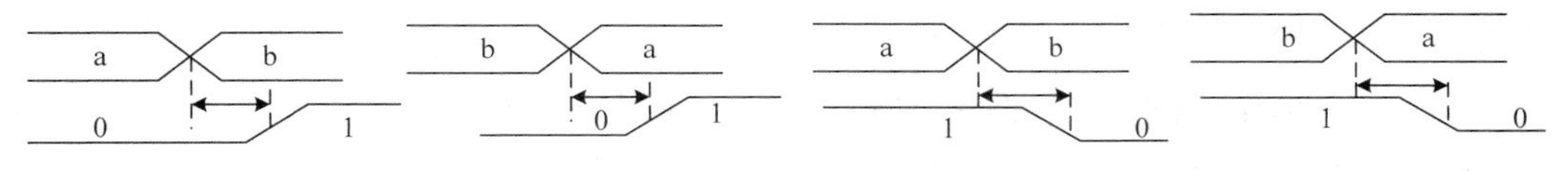

图 6.3　存取时间的 4 种情况

在存储器中，时间的重合也是很重要的，这牵涉到数据定位时间和数据保持时间，以及写入脉冲的宽度。在一个写入操作之前及之后倒转全部地址及数据，可以检查这些时间，如图 6.4 所示。在正常的工作中，在写入脉冲之前的一段规定的时间内，地址和数据信号都已达到稳态；突然的改变可以揭露地址逻辑电路的毛病，在写入动作完毕之后，地址信号又重新变为正常，以便随后读出操作。

Movi 法是在较充分的测试与较短的测试时间之间的一种较好的折中。它与经典的方法相比（如走步、奔跳等），测试长度短，当地址多于 4 位时，Movi 的测试长度就短于奔跳法，原因在于奔跳法要测试一切可能的地址跳跃，而 Movi 则仅产生并测试一些基本的重要的跳跃。

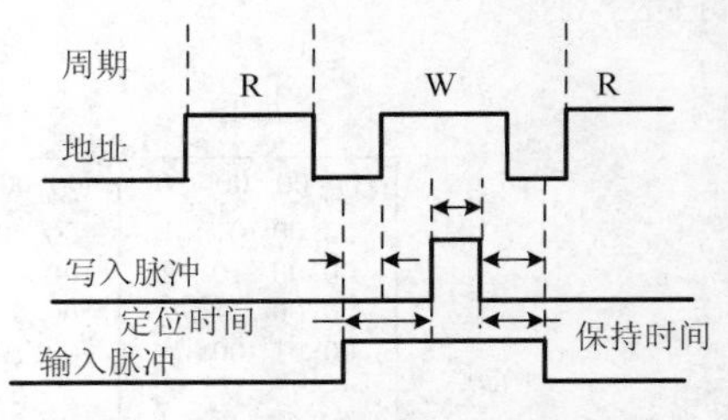

图 6.4　数据定位时间和保持时间

6.1.4　各种测试方法的比较

各种测试方法的主要差别在于所写入的数据以及读出和写入操作的顺序有所不同，由此而致各种不同测试方法的测试能力亦有所不同，表 6.2 总结了前述各种测试方法的大致性能，表中的符号“∨”表示对该项有一定能力，符号“∨∨”表示有强的能力。

表 6.2　各种测试方法的比较

测试序列（测试方法）	可测特性											所需测试周期（复杂度）	所需时间（S）[4k RAM]
	地址唯一性	地址译码器切换速度	单元扰动	邻元扰动	列扰动	邻列扰动	行扰动	邻行扰动	对数据的敏感性	写入后恢复	刷新		
棋盘（Checkerboard）（Damier）									√			$4N$	0.008
行进（Marching）	√√		√	√	√	√			√			$5N$	0.010
Masest	√	√											
乒乓（Ping-Pong）	√	√		√√								$8N$	0.016
走双列（Walkcol2）	√	√			√	√						$2N$	0.048
跳对角（Galdiag）	√√	√√	√		√	√						$2N\cdot\log_2 N$	0.138
走列（Walkcol）	√	√										$2N^{3/2}+4N$	0.261
走对角（Diapat）	√√	√	√	√	√	√	√					$2N^{3/2}+6N$	0.265
移动倒转（Mavi）	√√	√	√	√	√	√	√	√	√			$2N^{3/2}+6N$	0.290
跳列（Galcol）	√	√	√	√	√√	√						$12N\cdot\log_2 N+N$	0.514
跳行（Galline）	√	√	√	√			√√	√				$4N^{3/2}+4N$	0.514
走步（Walkpat）	√√	√		√	√				√			$2N^2+6N$	16
奔跳（Galpat）	√√	√√	√	√	√√	√						$4N^2+4N$	32
跳写恢复（Gaipat）	√√	√√	√	√	√√	√				√√		$12N^2$	96
刷新（Refresh）											√√	4N+4ms	12

这里对于跳列（Galcol）对刷新的测试能力略做解释，在 $\sum_k (RC_{ik}, RC_{ij})$ 的操作中，行地址 i 是不变的，在同一行中依次读出每列的一个单元 C_{ik}，然后再转到另一行，重复进行类似的操作，依次读出每列的另一单元。如果行地址每次增 1，则要读出一列的全部单元，需时约 $2(N^{\frac{1}{2}}-1)N^{\frac{1}{2}}$ 个周期。对于 N=4k 的 RAM，若操作周期为 500ns，则相当于 3.94ms，这比通常的刷新周期 2ms 长得多。也就是说，在一次刷新的周期内，我们来不及读完一列中的全部存储单元。为此，可采取隔行（i 增 2）或隔两行（i 增 3）的读出方式，即在一次刷新周期内可读出一列中的一半单元（需时约 1.97ms）或 1/3 的单元（需时约 1.31ms），经两个或三个刷新周期读完一列中的全部单元，通过调节存储器的操作周期（调节其时钟节拍速率），可使一轮读数的时间接近于规定的刷新周期，从而可以侦查出有关刷新方面的毛病。

其他的测试方法不具备上述测试能力。因此，在测试动态 RAM 时，应另行做刷新测试，方法如下：对一切存储单元都写入一个 0，然后中断 2ms，再读出一切存储单元，看读出是否的确为 0；再对一切存储单元写入 1，中断 2ms 再读出，看是否的确为 1。

对于 4k RAM，读或写全部单元需时约 N 个周期。因此整个刷新测试需时约为：

$$4N\text{操作周期}+4\text{ms}$$

若操作周期为 500ns，则共需时 $4\times2+4=12$ms。

6.2　ROM 的测试方法

只读存储器 ROM 是存储固定信息的存储器，在工作过程中，其内容只能读出。存入 ROM 中的信息具有非易失性，在断电后 ROM 中的信息也不会丢失。ROM 在需要存储固定数据的场合有广泛的应用，如计算机系统的引导程序、监控程序、函数表等都存储在 ROM 中。并且 ROM 是数字电路中常见的也是比较重要的一类器件，甚至在某些场合只读存储器 ROM 中的数据是否正确对电路板是否能正常工作起到至关重要的作用。在现在的集成电路板中，有一类带多 ROM 的数字电路板。因此，如何较好地实现对只读存储器 ROM 的测试也是非常重要的。

1．只读存储器 ROM 的分类

ROM 按照编程和擦除方式的不同分为固定只读存储器（ROM，Read Only Memory）、可编程只读存储器（PROM，Programable ROM）、可擦除可编程只读存储器（EPROM，Erasable Programable ROM）以及闪存存储器（Flash Memory）等类型。

（1）ROM 也称掩膜只读存储器，其内容是在制造时由厂家用特殊的方法烧录进去的，用户无法更改，使用时只能读出，适用于专用场合或用量较大的定性产品，用户可向厂家定做。

（2）PROM 在出厂时，并没有存入任何有效的信息，内部全是“1”或者“0”，用户可用专门的编程器将自己的数据写入，只可写入一次且一旦写入后无法修改，适用于已经成熟的系统。

（3）EPROM 包括紫外线可擦除只读存储器 EPROM、电可擦除只读存储器 E^2PROM 两种。EPROM 利用紫外线擦除，擦除速度较慢，E^2PROM 利用电信号擦除，擦除速度快。可擦除是指将已存入 ROM 中的内容擦掉，擦除之后，用户可以重新编程写入新的内容。

（4）闪存存储器保留了 EPROM 结构简单的优点，又具有 E^2PROM 快速擦除和读取的特性，集成度高，容量大，使用方便，是一种全新的存储器。

2．EPROM 测试方法

目前电路板用得最多的是 EPROM，所以本书针对 EPROM 讲述适合的测试方法。对 EPROM 的检查主要包括两部分内容：①读出的数据是否正确；②读出的数据是否对应其正确的位置（地址）。可靠而精确的 EPROM 故障测试必须能检查出任何故障单元。

适用于 EPROM 测试的有两种方法：“校验和法”和“和数校验法”。下面分别介绍这两种方法，并举例分析。

（1）校验和法。

“校验和法”是指将程序机器码写入 ROM 时，保留一个单元（一般是最后一个单元，此单元不写程序机器码而是写“校验字”，将要写入的程序数据按字节或字分成若干数据单元，每个单元为 n 位（通常是 8 位或 16 位），然后将各单元数据累加求和，各位都能参与校验过程，保留和的位数与数据单元位数相同，求和过程中不计溢出位（模 256 或模 65536）。一种是直接把求和的结果放到“校验字”中，另一种是求和取反后放入“校验字”中。检测的时候用同样的方法进行求和，若结果一致，则存储正确；不一致，结果有误。

（2）和数校验法。

“和数校验法”是指 EPROM 中每单元存放 8 个字节，设每位出错的概率为10^4，则码长为 8 的码字中含有 1 个差错的概率为：

$$C_8^1 \times 10^{-4}(1-10^{-4})^7 = 8\times 10^{-4}\times(0.9999)^4 \approx 8\times 10^{-4}$$

含有 2 个差错的概率为：

$$C_8^2 \times 10^{-8}(1-10^{-4})^6 = 28\times 10^{-8}\times(0.9999)^3 \approx 2.8\times 10^{-7}$$

含有 3 个差错的概率为：

$$C_8^3 \times 10^{-12}(1-10^{-4})^5 = 56\times 10^{-12}\times(0.9999)^2 \approx 5.6\times 10^{-11}$$

同理，含有 4 个差错的概率为7×10^{-15}；

同理，含有 5 个差错的概率为5.6×10^{-19}；

同理，含有 6 个差错的概率为2.8×10^{-23}；

同理，含有 7 个差错的概率为8×10^{-28}；

同理，含有 8 个差错的概率为10^{-32}；

含有 2～8 个差错的概率为：2.8×10^{-7}。

由上述分析可见，出的差错越多，概率越小。发生 2 个或 2 个以上差错的概率为2.8×10^{-7}，它是发生单个差错的可能性的$1/2857$。

基于以上分析，考虑到发生 2 个及 2 个以上错误的概率很小，对 EPROM 的检测可以采用和数校验法。首先对标准电路板按照 EPROM 中的地址空间将程序代码按字节或字累加，舍掉最高进位，最后的结果是和数的低 8 位或 16 位，从而得到一个长度为 8 位或 16 位的校验码，将校验码存入标准数据库中。当检测 EPROM 时，将所有程序按上述方法相加后，与标准数据库中的校验码比较。一般来说校验码为 16 位较 8 位可信度高。

和数校验法的优点是：简单、省时、能有效检测单个位的错误，考虑到发生 2 个及 2 个以上错误的概率很小，这种方法总的来说还是比较安全可行的。

6.3 微处理器的测试

微处理器是一种功能极强的可编程芯片，在各个领域得到了广泛的使用，因此微处理器的故障测试无论对于设计者、生产厂家及用户都是非常重要的。又因为其是一种特殊的数字系统，测试的方法与一般的数字系统类似，但有其特殊之处，主要是需要测试其功能是否与设计相符。微处理器（μP）是一种复杂的大规模集成电路，对它的测试提出了很多新问题，使测试大大异于经典的逻辑电路测试。从μP 使用者的角度来说，一般不知道μP 内部的实际结构或其等效逻辑电路图，因为μP 的版图常是制造厂的秘密，使得对它们的测试很困难。但是，由于微处理器的复杂性以及对其内部逻辑有限的可控性和可观察性，此外，在μP 中除了经典的呆滞型故障和短路故障外，还有可能出现一系列的新型故障，例如：

（1）当某一个bit_j取一定值（0 或 1）时，bit_i将呆滞于 0 或 1；

（2）当某一个bit_j取一定值时，bit_i不能由 0 变迁为 1（但能由 1 变迁为 0），或反之；

（3）bit_i和bit_j的作用互相颠倒，或出现错乱；

（4）对指令花样的敏感性，即对于各种指令的不同顺序组合的响应会出现不同的执行时间等。

另一方面，在一个使用μP 的系统中，μP 和 RAM、ROM 及 I/O 电路同样都是系统的组成部件，它们的工作互相牵连，因而在一个系统中，μP 的测试与其他部件的测试往往不能互相割裂。同样，在一个μP 内部各功能块的故障也常不能互相孤立地分别处理。对于一个使用μP 作为元件的系统来说，μP 是嵌入在系统内部的，在系统外部的可观测点也会大受限制。

凡此种种，都大大增加了对μP 或μP 系统测试的困难。

6.3.1 μP 的算法产生测试

利用一定算法来产生测试花样的测试方法，属于功能性测试的类型。我们把μP 划分为若干个可能单独测试的功能块，然后设法利用与某一功能块的工作有关的指令子集来测试该功能块，通常采取所谓由小到大（start smal）的测试策略，一般首先测试程序计数器和各寄存器，然后借助于已通过了测试的功能块依次利用必要的指令子集来测试其他功能块。

一旦决定了测试的顺序，并分析了所需测试花样的规律之后，即可抽象出一种算法。利用专门设计的硬件依照算法来进行算术或逻辑运算，从而自动产生出所需的测试花样。如上节所述的存储器测试方法，亦属于一种算法产生测试。

这里以 Intel 8080 微处理器的测试为例加以说明。正如所知，8080 型μP 可以按图 6.5 所示那样划分为几个功能块。表 6.3 列出了 8080 的指令分组与各功能块的关系。这样就可对各功能块依次进行测试，测试第一个功能块时，使μP 执行与该功能块有关的一组指令；测试第二个功能块时，使μP 执行另一组有关的指令（其中可包含前一组测试中用过的若干指令）。如此类推，一直到对一切功能块均进行过测试，而且整个指令集中的每一条指令都曾被执行过一次或多次时为止。由于某些指令可能在这些功能块的测试中都没有使用，所以最后一步就是令μP 执行这些剩下来尚未经测试的全部指令，其全部流程如图 6.6 所示。

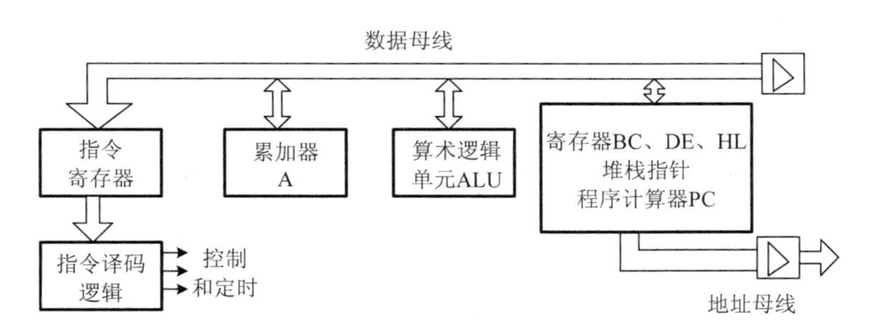

图 6.5 8080 微处理器结构

表 6.3 8080 指令分组

组号	组内指令	受影响的模块	指令操作识别符
1	MOV、MVI	寄存器、累加器、存储器	$\bar{D}_7D_6+\bar{D}_7\bar{D}_6D_2D_1\bar{D}_0$
2	RLC、RRC、RAL、RAR、DAA、CMA、STC、CMC	累加器、CY 标志	$\bar{D}_7\bar{D}_6D_2D_1D_0$
3	ADD、ADC、ADI、ACI、SUB、SBB、SUI、SBI、XRA、OR、ANA、CMP、ANI、XRI、ORI、CPI	算术逻辑单元标志位	$D_7\bar{D}_6+D_7D_6D_2D_1\bar{D}_0$
4	INX、DCX、LXI、DAD	寄存器对	$\bar{D}_7\bar{D}_6\bar{D}_2D_0$
5	STAX、LDAX、STA、LDA、SHLD LHLD	累加器、HL	$\bar{D}_7\bar{D}_6\bar{D}_2D_1\bar{D}_0$
6	INR、DCR	寄存器、累加器、存储器	$\bar{D}_7\bar{D}_6D_2\bar{D}_1$
7	CALLcond、RTNcond	CY、S、P、Z 标志	$D_7D_6\bar{D}_1\bar{D}_0$
8	POSH、POP	堆栈指针	$D_7D_6\bar{D}_3\bar{D}_1D_0$

续表

组号	组内指令	受影响的模块	指令操作识别符
9	JMPcond	CY、P、S、Z 标志	$D_7D_6\bar{D}_2\bar{D}_1D_0$
10	XTHL	HL、SP	—
11	XCHG	DE、HL	—
12	PCHL	PC、HL	—
13	SPHL	SP、HL	—
14	CALLuncond	SP、PC	—
15	NOP	PC	—
16	JMPuncond	PC	—
17	RETuncond	SP、PC	—
18	RST	PC	—

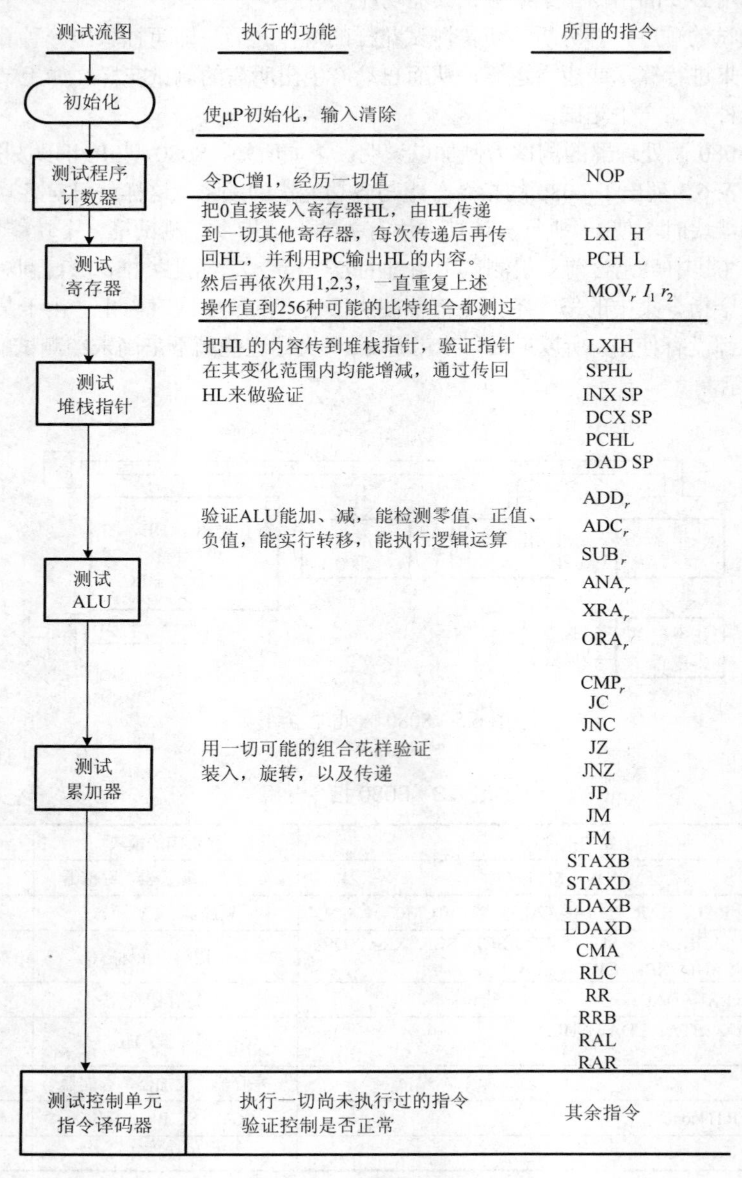

图 6.6 微处理器测试流程

算法产生测试的优点可用对程序计数器的测试和对寄存器的测试来说明[54]。

1. 程序计数器的测试

测试程序计数器事实上只需 6 条指令，而且没有很长的测试花样，我们所想做的只不过是要证实程序计数器能在它的计数范围内增量或减量。我们令一条简单指令重复执行 *n* 次，然后在每次执行指令之后观察被测件，看程序计数器是否有所改变，如图 6.7 的流程图所示。图 6.8 示出了测试系统的一例。

如果测试用的寄存器 T 与被测μP 中的程序计数器 PC 同步地增 1，那么就可以利用 T 来与被测μP 的 PC 输出相比对，从而验证被测μP 中的 PC 是否工作正常。

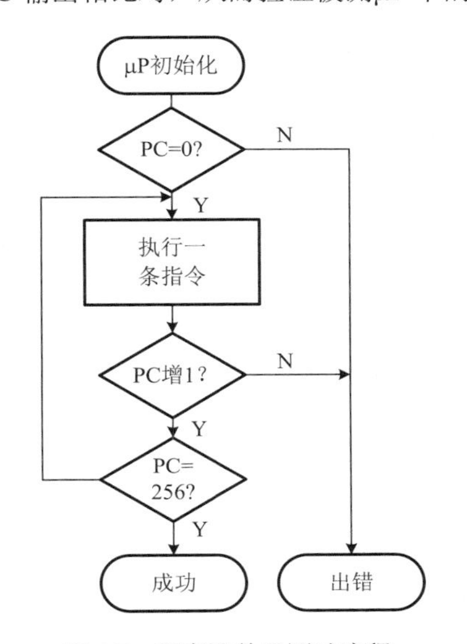

图 6.7　程序计数器测试流程

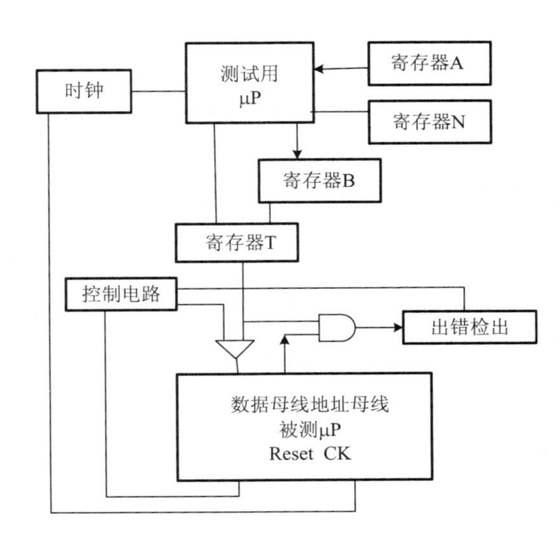

图 6.8　程序计数器测试系统例

另一个寄存器 B 中存有被测μP 的有关指令，在测试用μP 的控制下，B 的内容传入 T，于是 T 可以接到被测μP 的数据母线上，向被测μP 提供了实际可执行的指令。

寄存器N存有基本测试花样应重复的次数;而寄存器A则跟踪着记下测试花样已经执行过的次数，当二者相等时，测试系统就退出循环。控制电路可使被测μP 初始化，使被测μP 的数据母线资用，并控制着何时寄存器 T 的内容与被测μP 的地址母线上的值进行比对。

2. 寄存器的测试

寄存器的测试稍微复杂一些，因为这要求在测试过程中更换测试花样，并需要采用多条μP 指令。因此，测试所需用的硬件也略多一点，如图 6.9 所示。需添加寄存器 X 来存储测试所需执行的 32 条指令，以及控制测试系统的 50 条指令。还需用一个暂存寄存器来存储μP 指令列，随后通到寄存器 T，使之能向被测μP 提供可执行的指令。

在图 6.9 中，既然寄存器 A 被用来对暂存寄存器寻址，所以需用另一个寄存器 J 来记住基本测试执行过的次数。这个寄存器 J 使测试者能写入一个基本测试，并对它进行变址寻址，从而能只用一条指令来使之重复执行若干次。

关于 8080 微处理器的具体测试，可参阅文献[57]。此外，文献[55]提出了一种算法产生测试花样发生器的方案，亦可供参考。

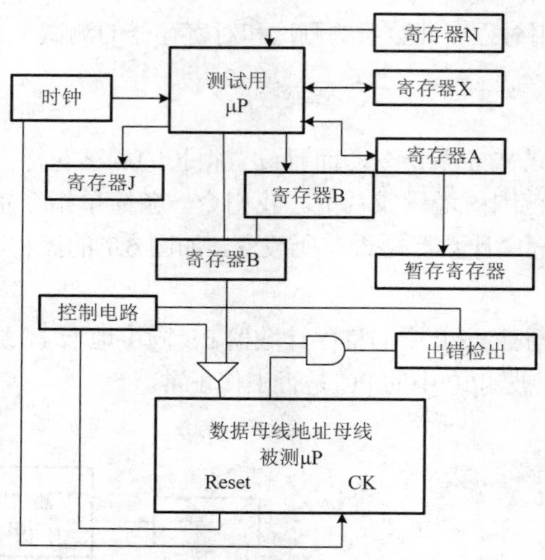

图 6.9　寄存器测试系统

6.3.2　μP 功能性测试的一般方法

1．一般化模型

鉴于各种微处理器在指令集、寻址方式、数据的存储和操作以及控制机构等方面差别较大，因此希望能从中抽象出一个一般化的模型来研究，以寻求一种一般通用的测试方法。

不管怎样，一个μP 从功能上总可以划分为操作（数据处理）和控制两个部分。

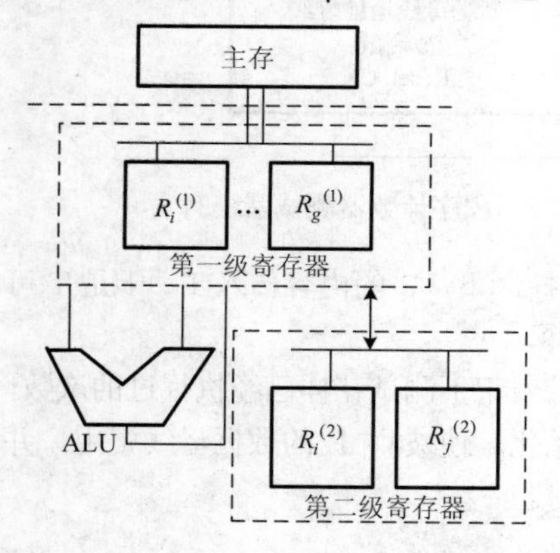

图 6.10　微处理器操作部分结构

（1）操作部分。

操作部分包括寄存器、算术逻辑单元（ALU）、数据传送部件（多路选择器、多路分配器、数据母线）等，其模型如图 6.10 所示，其中第一个寄存器 $R^{(1)}$ 在执行指令时，可直接通过数据母线与μP 系统的主存储器 M 通信，其寻址方式包括显示（累加器、通用寄存器）和隐式（变址寄存器、程序计数器、堆栈指针）。第二级寄存器 $R^{(2)}$ 在执行指令时，则不直接与主存 M 通信。

（2）控制部分。

μP 的控制部分在取得指令并进行指令译码后，产生一系列适当的控制信号（称为初级命令 C），去为数据传送选择适当的源地址和目的地址，启动正确的传送通道，使 ALU 执行适当的操作。此外，还产生若干状态信号，以便将μP 的内部状态通知外界。由于所有这些控制的实现方式、方法很多，无法做出有形的模型，只能在无形的指令一级进行模型化。我们可以把指令分为 A（转移控制）和 B（操作控制）两大类。

A 类指令：在取得指令之后，μP 还要与主存储器 M 打交道，这包括主存储器 M 与第一级寄存器 $R^{(1)}$ 之间通过各种寻址方式传送数据的指令，如输入/输出指令、有条件及无条件转移指令、转子和返回指令等。

B 类指令：μP 在取出 B 类指令之后，在执行过程中不再同主存储器 M 打交道。B 类指令可细分为如下四类：

B_1 类指令——是各种算术和逻辑运算指令；

B_2 类指令——是第一级寄存器之间的传送指令；

B_3 类指令——是第一级寄存器与第二级寄存器之间的传送指令；

B_4 类指令——是第二级寄存器之间的传送指令。

当然，只有在拥有第二级寄存器的μP 中才会有 B_3 和 B_4 类指令。Intel 8080 微处理器中没有 B_3 和 B_4 类指令，因为 Intel 8080 微处理器中没有第二级寄存器。

在建立了μP 的模型之后，我们进一步来建立μP 的故障模型，然后再寻求对这些故障模型的测试。

2. 故障模型

（1）操作部分的故障。

① 数据传送部件中的故障。

第一，多路选择器中的故障：

F_1：没有数据源；

F_2：选错了一个数据源；

F_3：选到了多个数据源，使多路器的输出是多个数据源的“线与”或者是“线或”。

第二，多路分配器中的故障：

F_4：没有选到目标；

F_5：选到了一个错误的目标，或选到了多个目标（选到几个错误目标，或者选到了一个正确目标以外还同时选到一个或多个其他的错误目标）。

第三，数据母线中的故障：

F_6：一条或多条数据线呆滞于 0 或 1；

F_7：一条或多条数据线构成了“与”联接或者“或”联接（由于线间短路或耦合所致）。

② 数据寄存器中的故障。

F_8：一个或多个寄存单元呆滞于 0 或 1；

F_9：一个或多个单元不能实行由 1 到 0 或由 0 到 1 的变迁；

F_{10}：一对或更多个单元之间有耦合（即第 i 单元中的变迁引起另一个单元 j 中也随之发生变迁）。

③ ALU 中的故障。

由于各型μP 中 ALU 的运算范围很广，若一一做出模型，将使整个μP 模型变得十分复杂。因此，对 ALU 不设特定的故障模式，而是假定对 ALU 能获得一个完备测试集，即能求得这样的一个实际上能施加于 ALU 输入端的测试集，使得在 ALU 输出的相应结果能受到核对。

（2）控制部分的故障。

本来应建立这样的一种故障模型，当它出现时将会产生许多任意组合控制信号 C。然而这样的故障模型难以掌握，因此，只好在更高一级提出故障模型（功能级的故障），并且假定在一个时刻内，只出现下列故障之一（同一时刻内可同时出现操作部分的故障）：

F_{11}：译码错误，即对于任一指令，因译码错误而导致实际执行了另一条指令；

F_{12}：未能产生出应有的初级命令 G_{ji}；

F_{13}：总是产生某个初级命令 G_i；

F_{14}：在产生应有的 C_i 时，同时额外地产生了另一个初级命令 C_j；

F_{15}：产生错误的状态信号。

A 类指令和 B 类指令是可以分别进行测试的。若 A 类指令被错误译为 B 类指令或反之，不论同时还存在其他故障与否，这种故障总能被侦查出来。如前所述，A 类指令导致主存储器与第一级寄存器 $R^{(1)}$ 之间的通信，而 B 类指令则对主存储器不起作用，若发生了 A 被错译为 B 或反之的故障，那么就必定能从被测μP 的状态信号引脚上侦查出来。如果状态信号不能做出正确反应，就是出现了故障 F_{15}。而根据上述 F_{11} ～ F_{15} 故障不同时出现的假设，若出现 F_{15}，就不会出现 F_{11}，也就是指令不会被错译。

3．测试

下面分别阐述各类指令的测试。

（1）A 类指令的测试。

① 由主存储器传送到第一级寄存器($M \to R_i^{(1)}$)。

传送未实现 —— 存在故障F_4、F_{12}；误传到$R_j^{(1)}$，或传到了$R_i^{(1)}$而又同时传到了$R_j^{(1)}$——存在故障F_5；M 与另一寄存器$R_j^{(1)}$的某一个或多个比特之间发生短路而形成“与”或者“或”联接（$M*R_j^{(1)} \to R_i^{(1)}$）—— 存在故障$F_{13}$或$F_{14}$；这里，符号“*”代表逻辑与或者逻辑或操作。

② 由寄存器到主存储器（$R_i^{(1)} \to$ M）的传送未实现——存在故障F_4、F_{12}；误传（$R_j^{(1)} \to$ L）——存在故障F_2、F_{12}或F_{14}；发生$R_i^{(1)}*R_j^{(1)} \to$ M——存在故障F_2、F_{12}或F_{14}。

③ 两级寄存器之间的不良影响。

第二级寄存器$R_k^{(2)}$的内容被第一级寄存器$R_i^{(1)}$的传送所破坏——存在故障F_{13}或F_{14}。

（2）B_1类指令的测试。

B_1类指令是算术和逻辑运算指令，一般在两个第一级寄存器之间执行，即

$$R_i^{(1)}\ \theta_k\ R_j^{(1)} \to R_j^{(1)}$$

这里θ_k表示一个操作（如加、减等），寄存器$R_i^{(1)}$的内容与$R_j^{(1)}$的内容经θ_k操作后，所得结果存入寄存器$R_j^{(1)}$。

① B_{11}类故障。

被错译为B_2、B_3或B_4类指令——存在故障F_{11}，这可以通过测试程序来侦出。

② B_{12}类故障。

选错了源或目的寄存器——存在故障F_1、F_2、F_4、F_5；选到了多于一个目的寄存器，即除发生$R_i^{(1)}\ \theta_k\ R_j^{(1)} \to R_j^{(1)}$外，还发生了$R_i^{(1)}\ \theta_k\ R_j^{(1)} \to R_k^{(1)}$——存在$F_5$、$F_{13}$或$F_{14}$；选到了额外的源寄存器，即是以$R_i^{(1)}*R_g^{(1)}$代替了$R_i^{(1)}$和/或以$R_j^{(1)}*R_d^{(1)}$代替$R_j^{(1)}$——存在$F_3$、$F_{13}$或$F_{14}$。

③ B_{13}类故障。

无操作或操作错误——存在故障F_{11}，这可能是由于译码错误而产生的，也可能是 ALU 内部的硬件故障，这类故障可用经典的方法来测试。

④ B_{14}类故障。

$R_k^{(2)}$不能被装入——存在故障F_{12}或F_{14}，产生了额外的C_k，使得与数据母线相连的$R_K^{(2)}$寄存器被装入了母线的静止逻辑值。令$R_k^{(2)}$的内容传送到一个第一级寄存器$R_i^{(2)}$，即可侦出此种故障。

（3）B_2类指令的测试。

B_2类指令是第一级寄存器之间传送的指令，即$R_i^{(1)} \to R_j^{(1)}$。

① 传送未实现——存在故障F_1、F_4、F_{13}。

② 误传，即选错了源或选错了目的寄存器，或源和目的寄存器都错——存在故障F_2、F_3、F_5、F_{11}或F_{13}。

③ 第一级某两个寄存器间有短路，即是发生了$R_k^{(1)}*R_i^{(1)} \to R_j^{(1)}$——存在$F_3$、$F_{13}$或$F_{14}$。

④ 译码错误——存在F_{11}。

⑤ 发生了两级寄存器之间的传送$R_i^{(1)} \to R_j^{(2)}$或引起了$R_j^{(2)} \to R_p^{(2)}$——存在F_{12}或F_{14}故障。

（4）其他测试。

B_3和B_4类指令的测试，可以类推。由于目前常用的μP 中无第二级寄存器，故在此不再赘述。

在对一切 A 类和 B 类指令测试完之后，再对程序计数器、堆栈指针及变址寄存器测试其增量、减量功能。

最后，作为举例，我们举出 B_{11} 和 B_{12} 类故障的一种具体测试算法。

（1） B_{11} 类测试。

具体测试时，对于每一个操作 θ_k 可以选择 5 个适当的操作数 O_1 、O_2 、O_3、O_4 和 O_5 ，它们应满足下列条件：

$$O_1\ \theta_k\ O_2 \neq O_1；\quad O_1\ \theta_k\ O_2 \neq O_2$$
$$O_1\ \theta_k\ O_2 \neq O_3；\quad O_4\ \theta_k\ O_5 \neq O_2$$

测试的算法如图 6.11 所示，这里假定共有 n 个第一级寄存器，在它们之间可能的操作 θ_k 共有 m 种，不难证明这是 B_{11} 测试的一种算法。

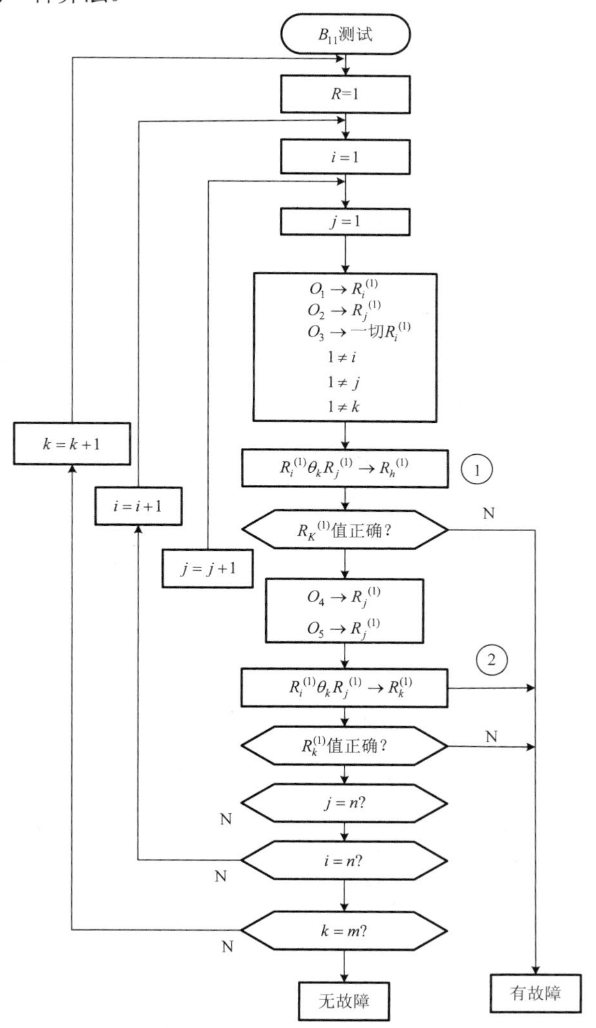

图 6.11　B_{11} 测试算法流程

在第一遍执行 $R_i^{(1)}\ \theta_k\ R_j^{(1)} \rightarrow R_k^{(1)}$ 时（图 6.11 中的方框①），若 B_1 类指令被错译成 B_2 类指令，则实际将执行第一级寄存器之间的传送；于是送存于 $R_k^{(1)}$ 的内容将是 O_1 或 O_2 或 O_3 ，而它们都异于 $R_i^{(1)}\ \theta_k\ R_j^{(1)} = O_1\ \theta_k\ O_2$ 操作所应得的正确值。若 B_1 类指令被错译为 B_4 类指令，则实际将执行第二级

寄存器之间的传送；于是第一级的 $R^{(1)}$ 将保留其原有的 O_3 值而不变。若 B_1 类指令被错译为 B_3 类指令，则实际将执行第一级与第二级寄存器之间的传送，于是，$R_k^{(1)}$ 一般将保留原有的 O_2 值，或者最低限度是 $R^{(1)}$ 之值将异于 $O_1\ \theta_k\ O_2$ 操作所得的正确值，除非是恰好某个第二级寄存器 $R_P{}^{(2)}$ 的内容正好等于 $O_1\ \theta_k\ O_2$，并且恰好是把 $R_P{}^{(2)}$ 的内容错传到 $R_k^{(1)}$。然而，最后这种十分偶然的故障情况，在第二遍执行同一操作 $R_i{}^{(1)}\ \theta_k\ R_j{}^{(1)} \rightarrow R_k^{(1)}$ 时（图 6.11 中的方框②）必然能被侦出。因为，若故障都是永久性故障，则这时 $R_k^{(1)}$ 仍被传入 $R_P{}^{(2)} = O_1\ \theta_k\ O_2$ 之值，而正确的 $O_4\ \theta_k\ O_5$ 之值却是异于 $O_1\ \theta_k\ O_2$ 的。

（2）B_{12} 类测试。

对于 B_{12} 类测试，所取的 5 个操作数应满足下列条件：

$$O_1\ \theta_k\ O_2 \neq O_2；\quad O_4\ \theta_k\ O_2 \neq O_1\ \theta_k\ O_2 \neq O_1\ \theta_k\ O_3；\ O_4\ \theta_k\ O_5 \neq O_4\ \theta_k\ O_2$$

测试算法如图 6.12 所示。

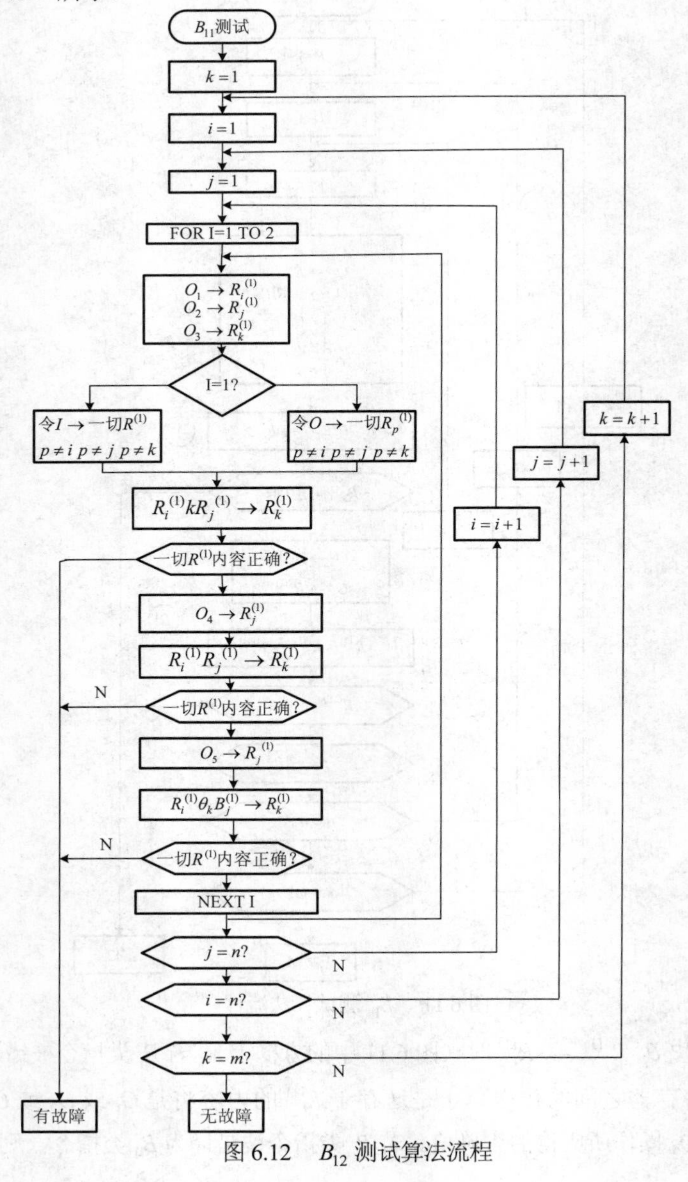

图 6.12　B_{12} 测试算法流程

对于 B_{13} 和 B_{14} 的测试，可类推。

至于 B_2、B_3、B_4 类指令，其测试的算法及证明都较烦，这里不予赘述。

6.3.3　μP 功能性测试的系统图方法

微处理器的系统图（亦称 s 图）是基于微处理器的系统体系结构和指令集的图形化模型，并将二者有机地结合在一起，为测试的组织提供形象化的描述。图 6.13 示出了一个假想微处理器的系统图。图中的节点表示微处理器中的各寄存器，IN（输入）和 OUT（输出）表示微处理器与外部存储器和 I/O 设备之间的连接。在进行微处理器测试时，测试数据可由 IN 节点输入，并由 OUT 节点观察其输出。从输入与输出之间的关系，即可求得微处理器的测试。

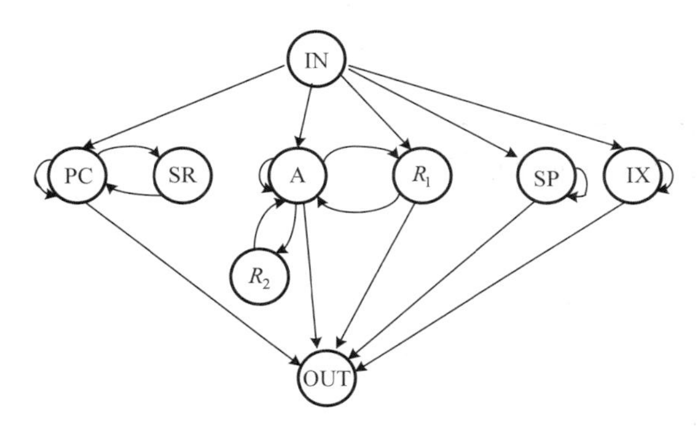

图 6.13　假想微处理器的系统图

图中　A——累加器；
　　　PC——程序计数器；
　　　SP——堆栈地址寄存器；
　　　RI——通用寄存器；
　　　R2——暂存寄存器；
　　　SR——子程序地址寄存器；
　　　IX——索引寄存器。

表 6.4 指出了微处理器指令集的操作与系统图中相应边的关系。

表 6.4　微处理器操作与系统图的关系

指令	操作	系统图中的边
MVI R,a 其中 R ∈ {A,R1,SP,IX}	R ← a	IN → R
MOV Ra，Rb 其中 Ra,Rb ∈ {A,R1，R2}	Ra ← Rb	Rb → Ra
ADD A,R1	A ← A+R1	A → A R1 → A
JMPa	PC ← a	IN → PC PC → OUT
ADD A,(IX)	A ← A+(IX)	IX → OUT IN → A A → A
CALLa	SR ← PC PC ← a	PC → SR IN → PC PC → OUT

续表

指令	操作	系统图中的边
RET	PC ← SR	SR → PC PC → OUT
PUSH R 其中 R ∈ {A,R1}	SP ← R SP ← SP+1	SP → OUT R → OUT SP → SP
POP R 其中 R ∈ {A,R1}	SP ← SP-1 R ← (SP)	SP → SP SP → OUT IN → R
INCR R 其中 R ∈ {A,SP,IX}	R ← R+1	R → R
MOV(IX),R 其中 R ∈ {A,R1}	(IX) ← R	IX → OUT R → OUT

用微处理器系统图测试的故障模型如下：

（1）寄存器译码故障。

$\mathrm{R}(i) \rightarrow \{\Phi\}$；表示未选中任何寄存器。

$\mathrm{R}(i) \rightarrow \{R_j\}$；表示选错了寄存器。

$\mathrm{R}(i) \rightarrow \mathrm{R}(j)$，$\mathrm{R}(k)$，…；表示同时选中了多个寄存器，其结果是选中寄存器数据的“线与”或“线或”。

（2）指令操作译码故障。

$\mathrm{E}(i) \rightarrow \{\Phi\}$；表示未执行操作。

$\mathrm{E}(i) \rightarrow E_j, i \neq j$；表示执行了错误操作。

$\mathrm{E}(i) \rightarrow \mathrm{E}(j)$，$\mathrm{E}(k)$，…；表示同时执行了多个操作，其结果是单个操作数据的“线与”或“线或”。

（3）数据存储故障。

存储单元 s-a-0/s-a-1 故障；单元之间的耦合故障。

（4）数据传送故障。

同数据存储故障。

在测试中使用的测试数据为 $N/2$ 码，即 N 位二进制代码中有 $N/2$ 位为 1。在这种代码中任何不相同的测试数据的“线与”或“线或”的结果均不属于 $N/2$ 码。因此，用这种代码作为测试数据有利于确定各种故障类型。作为 $N/2$ 码的一个子集，可用它测试存储器和数据传送路径的呆滞型故障和耦合故障。以 8 位代码为例，其代码为：11110000、11001100、10101010、00001111。

测试可分两步进行。第一步测试寄存器写入和读出指令，因此，必须按一定的写入顺序向系统图中各寄存器（节点）写入不同的测试数据（$N/2$ 码）。然后，再按一定的读出顺序读出各寄存器的数据。这样就可测试出所有寄存器译码和数据存储故障，以及写/读过程中涉及到的数据传送路径上的故障和操作译码故障。

测试的第二步是测试数据处理类操作和未经测试的传送操作。对每个操作的测试是个别进行的。首先将测试数据写入各寄存器，然后执行相应指令并通过待测边观察其结果。如在观察结果时，因结果途径其他节点读出而改变了节点内容，则必须重新装入原来的数据，以保证测试每条边时系统图中各节点的内容互不相同。这样，就可将第一步测试余下的译码故障和数据传送故障测试出来。

6.4　利用被测系统的应用程序进行测试

一个使用微处理器（μP）来构成的系统，其所用的程序取决于该系统的具体应用。一般来说，应用程序存于 ROM 中。本节所阐述的测试方法，就是利用被测系统本身的应用程序来对该系统进行测试，而不另外编写专门的测试程序。换而言之，被测系统本身的应用程序就是它自己的测试程序。

此法原则上属于算法型功能性测试。它是一种简单的整体测试，特别适于预防性及诊断性维护修理工作。此法不需要专门的昂贵测试设备，不必另行编制测试软件，亦无需为被测系统准备可更换的插件（如专用的 ROM 以及供对照用的“好” μP 等）。因而，该方法是十分经济的，而且还可免除更换插件时通常不可避免的对受扰环境的敏感性影响。

这种方法仅对在被测系统的应用中实际被使用的部分（特别是μP 部分）功能进行测试。由于在一个实际应用中，很少会使用到μP 的全部指令和系统的全部功能（例如，很可能只使用 Z-80 的 158 条指令中的 30 条指令），因此测试是远非穷竭性的。这是本法的缺点，同时这又是它的优点所在。可以说，这种方法所做的测试具有十分强烈的针对性，非常节约。系统所未使用的指令和功能是否有问题，完全无损于该系统的正常应用，是可以置之不顾的。

这种方法主要是法国 Grenoble 大学工学院 O. Ruobach 等人不久之前研究出来的，目前仍在发展之中。

6.4.1　基本概念

测试时显然必须能对被测系统内的μP 进行访问，即要求能以某种方式对μP 给予命令（输入某些数据来对μP 实施一定的控制），并在某处能观察到μP 的输出（对命令的响应），从而判断出其工作是否正常，即侦查出故障存在与否以及诊断出故障的性质和所发生的部位。

设有一个简单的系统，如图 6.14 所示。图中的 MPU 包括μP 的附属电路（如时钟、I/O 缓冲器、中断管理等）在内，ADM 是地址存储器，PS 是外围设备选择电路。由图 6.14 可见：

（1）就命令而言，数据母线 D 是可命令的；但对地址母线 A 而言，则由于有单向缓冲器，所以是不可命令的。

（2）就观察而言，数据母线 D 是可观察的，至于地址母线 A，则当地址译码器选通时是可观察的；否则，只有外围寻址能被观察。

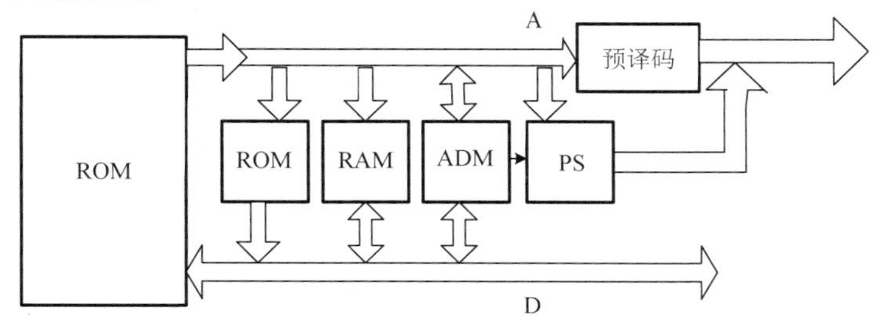

图 6.14　微机系统结构

6.4.2　应用程序的模型化

不应忘记，我们的目的是利用被测系统的应用程序来进行测试。应用程序本身也就是测试程序。为了能有系统地组织测试，首先应该对应用程序进行模型化（modelization）处理，然后再进行确定性测试或随机性测试。

所谓模型化，就是设法用一种直接用于测试的表现方式来表达被测系统的应用程序。为此，定义了三个重要的概念：命令点和观察点；程序段；程序列。

（1）命令点和观察点（command points and observation points），它们分别是应用程序中能输入所选命令（数据）和输出有意义结果的地方。

一个命令点实际上是一条指令，它能取得外界输入的数据（命令），这些数据构成了测试的操作数（operand）。因此，实际的命令点可以是明显的输入指令和程序中存储器的读出指令。

一个观察点实际上也是一条指令，其执行结果可在系统的输出端被观察到。于是，具体的观察点将取决于被测系统原有的观察（输出）手段。实际的观察点可以是输出指令和存储器的写入指令。

（2）程序段（phrase）是对测试有意义的一段最短的有序指令序列，分段的原则如下：

① 程序段起头的一条指令应是一个命令点，这使得该程序段成为可命令的，或者程序段的最末一条指令应是一个观察点，这使得该程序段成为可观察的。

② 我们只能从一个程序的第一条指令进入该段，并且只能从该段的末一条指令脱离出来。因此，如图 6.15 所示的两程序都不能成为一个程序段（图中的 I_n 表示第 n 条指令），而应该按图 6.16 所示的方法来划分程序段。图 6.16 所示的一般是含有转移（branching）指令的情况。因此，转移指令应是一个程序段的末尾指令，而转移所指向的那一指令则应是一个程序段的起始指令。

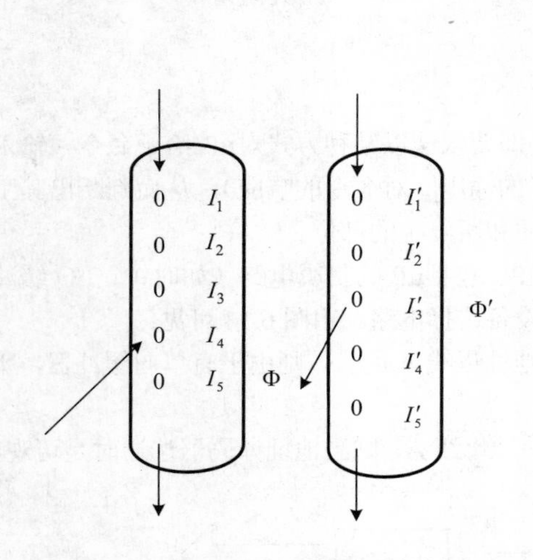

图 6.15 不正确程序段的划分

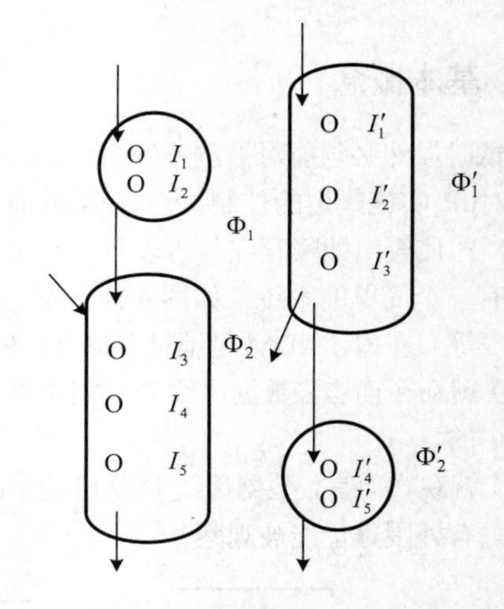

图 6.16 正确程序段的划分

（3）程序列（Sequence）是相继命令点与观察点之间一组程序段的序列。一个程序列的末一个程序段是该程序列的唯一的可观察的程序段。

模型化的程序可以用一个控制图（control graph）表示，图中的一个节点就是一个程序段，而节点间的变迁则由一个接续谓语（predicate of sequencing）来命令。整个控制图有一个唯一的初始程序，但可以有一个或多个终结程序段。从初始程序段到一个终结程序段的路径，代表程序的一个单元的执行过程（elementary execution）。从一个终结程序段经由某一路径回到初始程序段，就可以容许再次执行一个单元执行过程。

按照以上所述，下列一部分 Z-80 程序可划分为 $\Phi_1,\Phi_2,\cdots,\Phi_8$ 共 8 个程序段，如图 6.17(a)所示。这些程序段连成 3 个程序列，并以控制图表示为如图 6.17(b)所示的形式。

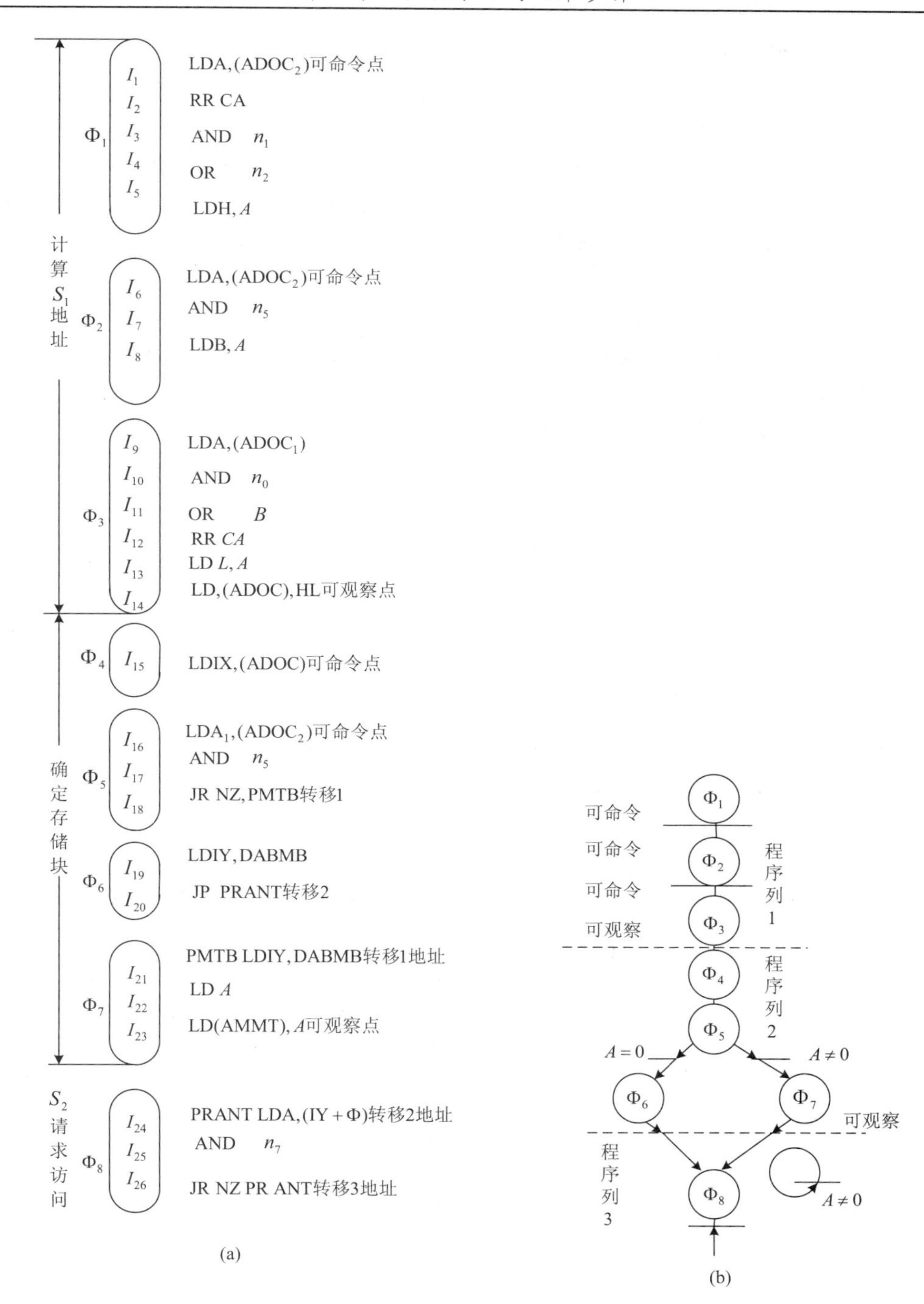

图 6.17　控制图

6.4.3　关系图

一旦程序被模型化之后，就可以着手研究变量在一个程序段内传播的情况，根据正常系统与有故障系统的传播差异，即可达到测试的目的。我们用一种图解方式来研究输入变量与输出变量之间的关系，并称之为关系图（graph of dependance）。

1. 一条指令的关系图

一条指令所涉及的诸变量，一般而言是存储器、寄存器或外部输入、输出等，而运算则是一些处理器（如 ALU、译码器、地址计数器等），但由于这些部件常隐含于有关的功能中，所以它们并不常出现在关系图上。执行一条指令所需的某些简单功能（如取指令，从一个寄存器传送到另一寄存器）以及一些重复性的功能（如顺序计数器的增量）可以不写到关系图上，以使图面简洁。标志位（如符号、零值等）只有在被有效地使用时（例如依标志位的值而转移）才写在关系图上。

面向关系图，可以把各种指令划分为 3 类。

（1）数据传递类。

包括在寄存器之间、存储器与寄存器之间、外界与存储器之间的一切传递指令，以及堆栈操作指令，其关系图属于下列各类型之一：

简单传送指令，其关系图如图 6.18 所示。

含有地址计算或堆栈操作的指令，其关系图如图 6.19 所示。

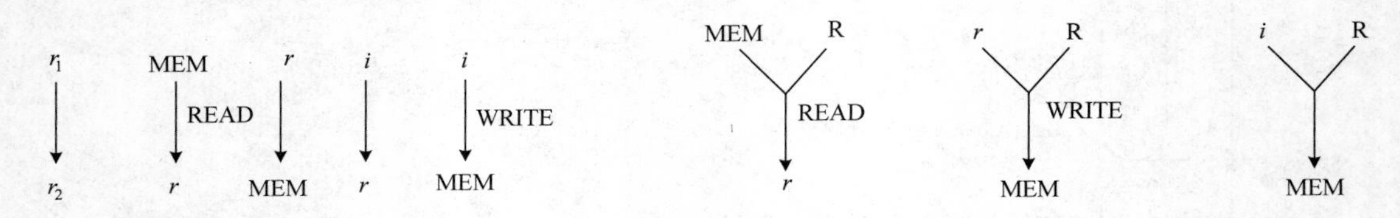

图 6.18 数据传递类关系图　　　　图 6.19 含地址计算指令的关系图

图中，MEM 是 RAM 中的数或来自外围的数，r 是一个内部寄存器（8 位）或一对寄存器（16 位）；i 是立即数；R 是由寻址方式隐含地利用的一个或一对寄存器；READ 是存储器的读出操作；WRITE 是存储器的写入操作。

（2）算术和逻辑运算（数据处理）类。

包括对来自存储器的数据执行一个算术或逻辑运算的一切指令，其关系图如图 6.20 所示。

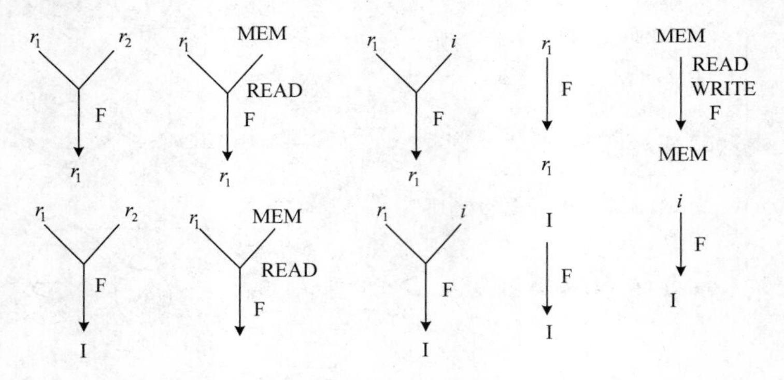

图 6.20 运算类指令关系图

图中，F 是执行的算术或逻辑运算；

I 是指示器，如 SP、PC 或地址指针等。

（3）转移类。

包括一切有条件及无条件转移指令、调入指令和返回指令。对于关系图来说，这类指令被看作为空指令，因为它们只涉及到程序的排列。因此，无条件转移指令和调用指令以及返回指令是完全透明的。有条件转移指令中明确指出了指示符的运用，所以在关系图上应在相应的变迁上标明相应的指示符。例如，下列 IP 指令。

JP：JR NZ,PMTB

其控制图和关系图将分别如图 6.21(a)和(b)所示。

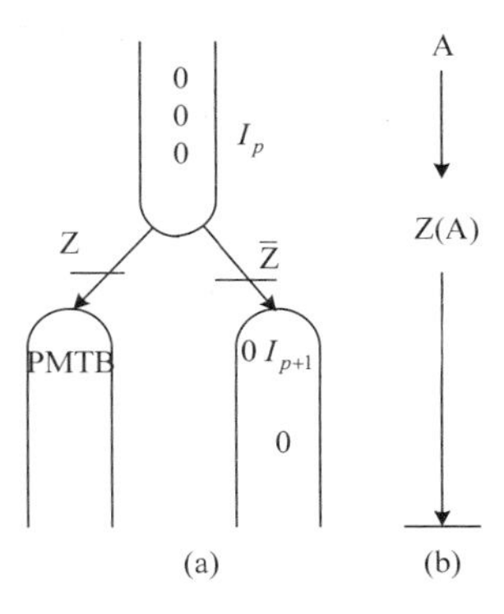

图 6.21 转移类指令关系图

2. 一个程序段的关系图

一个程序段的关系图是该程序段内各指令的关系图联结而成的结果。该程序段执行之初所需的变量称为程序段的输入变量；该程序段执行之末所得的结果称为程序段的输出变量；该程序段执行过程中所使用的其余一切变量均称为工作变量。例如，图 6.17 的程序，它的各程序段的关系图可绘制成如图 6.22 所示。

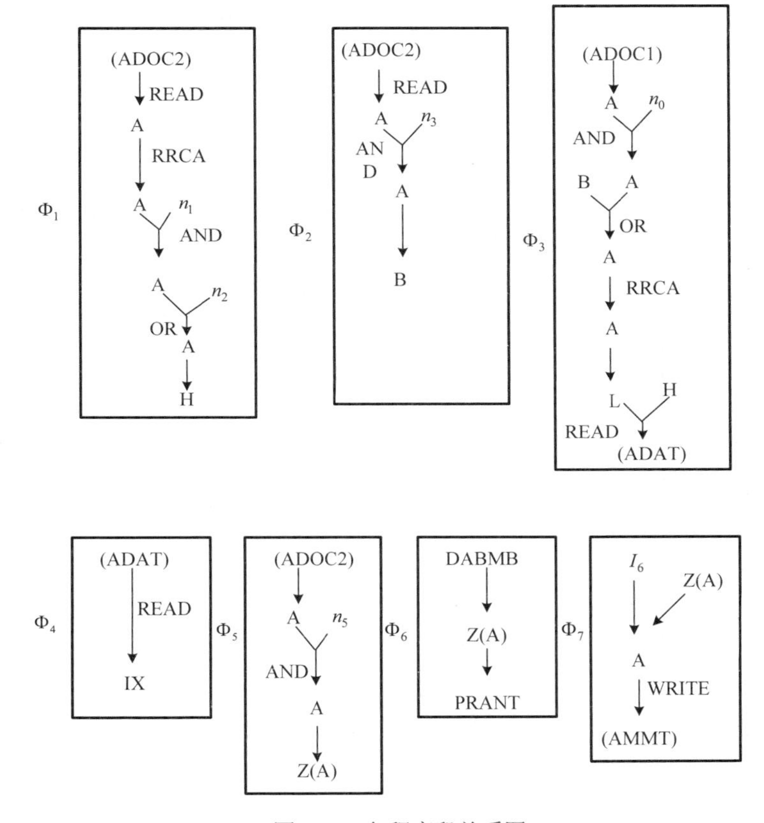

图 6.22 各程序段关系图

6.4.4 测试的组织

一个应用程序包括若干条执行通路。所谓一条通路，就是一串有序的程序列，通路的起始是一个初始程序命令段，末尾是一个终结程序段，整个应用程序就是该程序中一切可能的通路的集合。测试时，显然要选定能包括程序中所用的一切程序段及其变迁并验证其排序的一个最小的通路集。

测试应该沿所选定的每一条通路逐条进行，在通路的每一个观察点（每一个程序列的最末一条指令）应确定在该点所能观察到的各种硬件功能和指令，并应确定能通过该通路的可命令的输入值的范围。

例如，在图 6.17 所举程序的例子中，对于第一个程序列 $S_1 = \{\Phi_1, \Phi_2, \Phi_3\}$ 来说，我们看到所涉及的硬件及其功能如下：

硬件	功能	操作
MPU	F_{11}	RRCA
	F_{12}	OR
	F_{13}	AND
	F_{14}	$LD_{r1,r2}$
	F_{15}	发地址至ROM
	F_{16}	发地址至RAM
	F_{17}	发数据至ROM
	F_{18}	收存来自ROM的数据
	F_{19}	收存来自RAM的数据
RAM	F_{21}	读出
	F_{22}	写入
ROM	F_{31}	读出

各功能 F 和各指令 I 之间的对应关系如表 6.5 所示。

表 6.5 功能与指令的对应关系

	I_1	I_2	I_3	I_4	I_5	I_6	I_7	I_8	I_9	I_{10}	I_{11}	I_{12}	I_{13}	I_{14}
F_{11}		×										×		
F_{12}				×							×			
F_{13}			×							×				
F_{14}					×			×					×	
F_{15}	×	×	×	×	×	×	×	×	×	×	×	×	×	×
F_{16}	×					×			×					×
F_{17}														×
F_{18}	×	×	×	×	×	×	×	×	×	×	×	×	×	×
F_{19}	×					×			×					
F_{21}	×					×								
F_{22}														×
F_{31}	×	×	×	×	×	×	×	×	×	×	×	×	×	×

由此可见，对于可观察到的功能来说，可列出：

可观察的功能	被观察的硬件	被观察的指令
F_{15}	MPU	$I_1 \sim I_{14}$
F_{16}	MPU	I_1、I_6、I_9、I_{14}
F_{17}	MPU	I_{14}
F_{18}	MPU	$I_1 \sim I_{14}$
F_{19}	MPU	I_1、I_6、I_9
F_{21}	RAM	I_1、I_6、I_9
F_{22}	RAM	I_{14}
F_{31}	ROM	$I_1 \sim I_{14}$

对于受观察的指令来说，则从结构的观点可以列出表 6.6。

表 6.6　指令与结构的关系

指令	受测试的硬件和功能			被观察的硬件
	MPU	ROM	RAM	
I_1	F_{15}、F_{16}、F_{18}、F_{19}	F_{31}	F_{21}	MPU、ROM、RAM
I_2	F_{11}、F_{15}、F_{18}	F_{31}		MPU、ROM
I_3	F_{13}、F_{15}、F_{18}	F_{31}		MPU、ROM
I_4	F_{12}、F_{15}、F_{18}	F_{31}		MPU、ROM
I_5	F_{14}、F_{15}、F_{18}	F_{31}		MPU、ROM
I_6	F_{15}、F_{16}、F_{18}、F_{19}	F_{31}	F_{21}	MPU、ROM、RAM
I_7	F_{13}、F_{15}、F_{18}	F_{31}		MPU、ROM
I_8	F_{14}、F_{15}、F_{18}	F_{31}		MPU、ROM
I_9	F_{15}、F_{16}、F_{18}、F_{19}	F_{31}	F_{21}	MPU、ROM、RAM
I_{10}	F_{13}、F_{15}、F_{18}	F_{31}		MPU、ROM
I_{11}	F_{12}、F_{15}、F_{18}	F_{31}		MPU、ROM
I_{12}	F_{11}、F_{15}、F_{18}	F_{31}		MPU、ROM
I_{13}	F_{14}、F_{15}、F_{18}	F_{31}		MPU、ROM
I_{14}	F_{15}、F_{16}、F_{17}、F_{18}	F_{31}	F_{22}	MPU、ROM、RAM

总之，就所选定的最小通路集，逐条通路进行测试，遍及整个最小通路集。随后，应计算所得测试的效力，即相对于所选一切故障的覆盖程序，若验明所得测试相对于诸故障是不完备的，那么就还应通过下列两种方法之一来进行补充测试，使之趋于完备。

令所选最小通路集内的某一通路执行多次，或者再选不属于所选最小通路集的另一条或多条通路再做补充的测试。

6.4.5　通路测试的算法

对一条通路进行测试时，我们把该通路划分为若干程序列，目的在于针对每一程序列（针对通路的每一个观察点）来确定所能观察到的各硬件功能和指令。

在实践中，我们可能遇到几种不同的情况：

（1）该程序的输入变量可能是可命令的，这就是测试矢量或立即数，这是一些事先已确定了的输入；或不可命令的，这是由该通路前面的程序列计算出来的值。

（2）该程序列的各输出变量是可观察的或不可观察的，但根据程序列的定义，必然存在一个，而且只存在一个可观察的输出变量。这些情况可以示意地如图 6.23 所示。图中(X)和(Y)是可命令的输入变量或立即数；A 是不可命令的输入变量；（Z）和（T）是可观察的输出变量；B 和 C 是不可观察的输出变量。

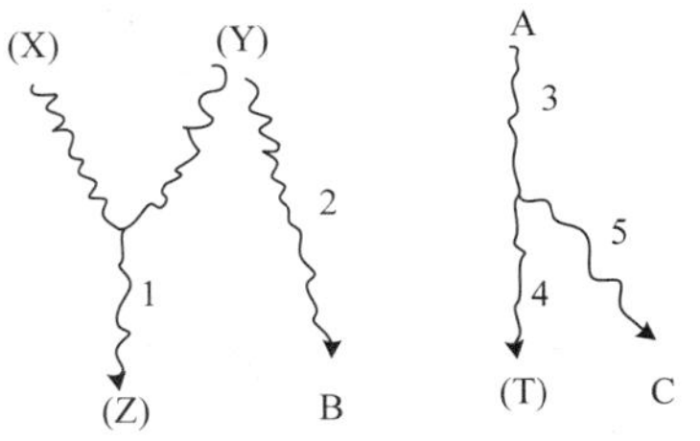

(a) 程序列S_1　　(b) 程序列S_2

图 6.23　程序列的几种情况

在图 6.23 中，我们注意到：

（1）程序列 S_1 中，路径 1 是可命令且可观察的。换而言之，这条路径上的一切指令及其有关功能和所属硬件在观察点上都能受到测试。路径 2 则是可命令而不可观察的，也就是说，这条路径 2 上的一切指令及其有关功能和所属硬件，将要在另一程序列的观察点上被测试。如果数据 B 是位于随后程序列的一条可观察的路径上，就要顺流而下，即路径 2 上的性能要在随后的程序列中的观察点上被测试。

（2）在程序列 S_2 中，路径 3 和 4 是可观察但不可命令的，其不可命令的输入 A 显然是前面某一可命令而不可观察的程序列的一个输出。因此，在程序列 S_2 的观察点可以测试前面程序列路径上的各指令、功能和硬件。这就是逆流而上。至于程序列 S_2 中的路径 5，它是既不可命令也不可观察的，要对它进行测试，应令变量 C 顺流而下到一个观察点，同时令变量 A 逆流而上达到一个可命令的输入点或一个立即数。

于是，在测试中，若在 S_1 的观察点 O_1 上发现有出错，那么就可归纳于路径 1 上有关的指令、功能和硬件有故障；若在 S_2 的观察点 O_2 上发现有出错，就可归纳于路径 3 和 4 以及 A 前面的有关路径（源于一个可命令输入或立即数）上的指令、功能和硬件有故障。在 S_1 和 S_2 的观察点 O_1 和 O_2 上不能判断路径 2 和路径 5 是否工作正常，要等到变量 B 和 C 分别在下游程序列的观察点被观察时，才能做出判断。

下面举一例子来说明这个算法。这是一个假设的例子，目的在于把算法的各种可能情况都包括在内。

设有一条通路，它包含 3 个程序列 S_1、S_2 和 S_3，分别由下列程序列及其程序段组成：

$$S_1=\{\Phi_1,\Phi_2,\Phi_3\}$$

$$S_2=\{\Phi_4,\Phi_5\}$$

$$S_3=\{\Phi_6,\Phi_7\}$$

图 6.24 示出了其关系图。为简单起见，在各路径旁边用标号代表所执行的指令，而指令则由它所激活的各硬件和各功能表征。

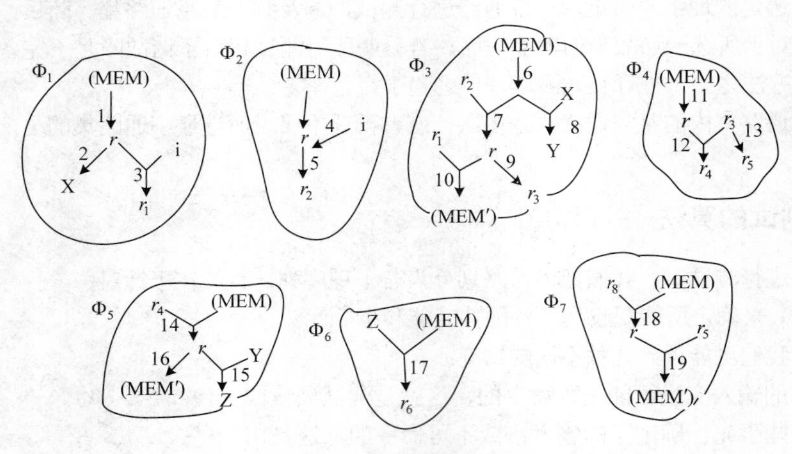

图 6.24 各程序列的关系图

测试过程如下：

（1）T_1 测试，即通过 S_1 程序列测试：

$$S_1=\{\Phi_1,\Phi_2,\Phi_3\}$$

由 Φ_1 程序段可见，通路 1 和 3 是可命令的，而输出 r_1 是不可观察的，故应顺流而下到 Φ_3 程序段的 r_1；由 Φ_2 程序段可见，通路 4 和 5 是可命令的，同样输出 r_2 是不可观察的，故应顺流而下到 Φ_3 程序段的 r_2；由 Φ_3 程序段可见，由于不可命令点 r_1 和 r_2 已由 Φ_1 和 Φ_3 顺流而下，因此，通路 6、7 和 10 是既可命令又可观察的。因此，T_1 测试为

$$T_1=\{1,3,4,5,6,7,10\}$$

（2）T_2 测试，即通过 S_2 程序列的测试：

$$S_2=\{\Phi_4,\Phi_5\}$$

由Φ_4程序段可见，r_3是不可命令点，应逆流而上由Φ_3程序段的通路 9 得r_3；而Φ_4中的r_4是不可观察点，应顺流而下到Φ_5程序段的r_4。由Φ_5程序段可见，通路 14 和 16 既是可命令的，又是可观察的。因此，T_2测试为：

$$T_2 = \{9，11，12，14，16\}$$

（3）T_3测试，即通过S_3程序列的测试：

$$S_3 = \{\Phi_6, \Phi_7\}$$

由Φ_6程序段可见，Z 是不可命令的，应逆流而上到Φ_5的 Z，经通路 15 到 Y。Y 仍是一个不可命令点，再逆流而上到Φ_3的 Y，经通路 8 到 X。X 还是一个不可命令点，再逆流而上到Φ_1的 X，经通路 2 成为可命令点。Φ_6的r_6是一个不可观察点，应顺流而下到Φ_7的r_5，因Φ_7中的r_5是一个不可命令点，故逆流而上到Φ_4的r_5，经通路 13 成为可命令点。因此，Φ_7的通路 18 和 19 既是可命令的，又是可观察的。因此，T_3测试为：

$$T_3 = \{17，18，19，15，8，2，13\}$$

由上可见，通过 3 个程序列的 3 个测试，即可实现对 3 个程序列所包含的硬件和功能的测试。上述测试的全过程如图 6.25 所示。

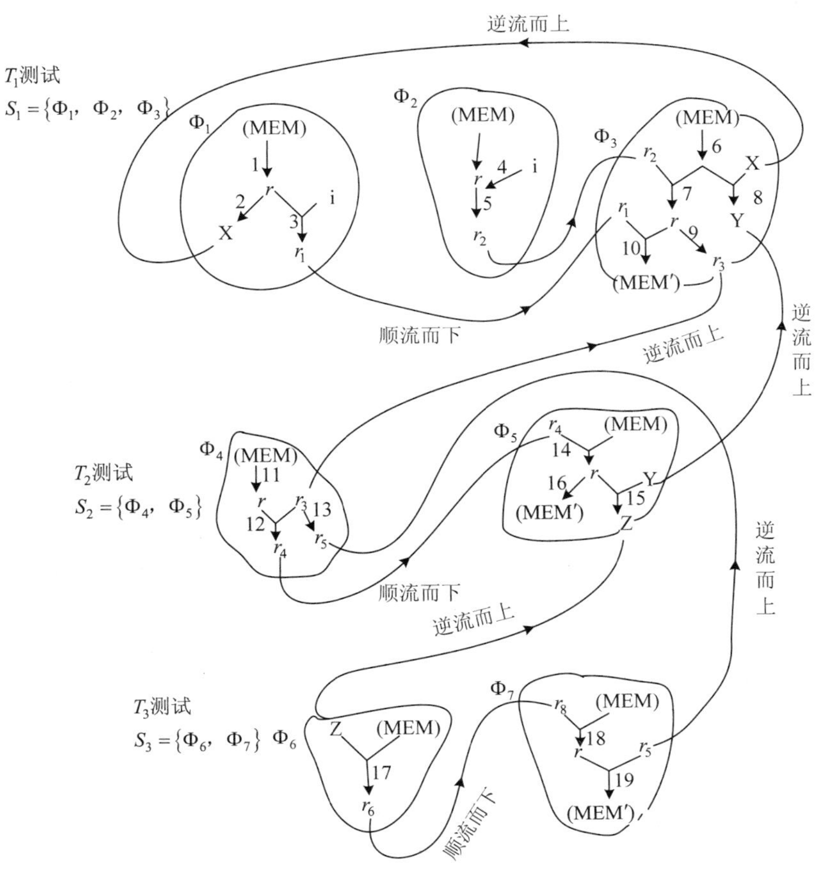

图 6.25　各程序列测试的相互关系

习 题

1．拟定出两种行进法的流程图及程序。
2．拟定出各种走步法的流程图及程序。
3．拟定出各种奔跳法的流程图及程序。
4．拟定出移动倒转法的程序。
5．任选一段微机应用程序，并利用该应用程序进行测试。

本章参考文献

[1] A. J. van de goor and C. A. verruijt. An overview fo deterministic Functional RAM chip testing, ACM computing surveys,vol.22,NO.1,P5-33.
[2] 雷静. 存储器测试方法的研究与测试程序的实现. 电子科技大学学报, 2009.
[3] 张兴忠, 阎宏印, 武淑红. 数字逻辑与数字系统. 北京：科学出版社, 2004.
[4] P. Mzaumder and K. Chakraborty.Testing and testale Design of high-density Random-Acessmemories. Boston: Kluwer Acadeimc Publishers, 1996.
[5] 刘小波. 雷达数字电路板故障诊断研究及实现. 电子科技大学学报, 2010.
[6] 徐建茹. 电路板通用自动测试系统设计及技术研究. 西北工业大学学报, 2001.

第 7 章　可测性设计

研究的测试方法是在给定的数字系统中，利用适当的算法求出其最小完备测试集。其测试过程常常是十分繁杂的，即使是借助于计算机进行测试，也需要使用大量的内存空间和耗费巨大的机时。随着逻辑电路日趋复杂，大规模集成和超大规模集成电路迅速发展，使芯片的集成度越来越高，而供外部测试的引脚却很少，测试问题日趋困难，甚至使芯片测试比芯片本身的设计和生产要付出更高的代价。为了减少测试的困难，人们普遍接受的途径是在设计过程中就注意到电路的可测性，即所谓可测性设计，使之设计、制造出高质量的数字系统。在有些文献中，可测性设计也称为易测性设计。

在实际的数字系统设计中，常常应用比较简单的方法就可以提高其可测性，例如：

（1）增加数字电路的测试点，断开长的逻辑链使得测试生成简化。如图 7.1 所示的电路，在块 1 和块 2 的输出端引出测试点。显然，块 1 和块 2 测试点的测试生成比相对于原始输出的测试生成要简单得多。

（2）提高时序电路初始状态的预置能力，可以简化测试过程，而无须寻求同步序列或引导序列。在触发器、寄存器和计数器等设置清 0 或者置 1 端，用硬件解决预置问题，使得时序电路的预置变得很简单。

（3）对冗余电路增加测试点，使得电路相对于测试点是非冗余的，可以消除冗余对测试的影响。

（4）采用禁止逻辑断开反馈线，把时序电路测试变成组合逻辑电路测试。对内部的时钟系统，采用禁止逻辑隔离内部时钟，引入外部时钟便于测试同步。图 7.2 示出了隔离时钟的一种方法。

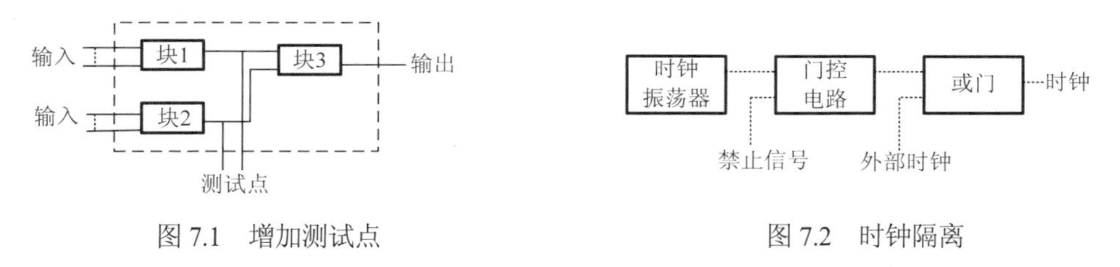

图 7.1　增加测试点　　图 7.2　时钟隔离

（5）对数字系统中的复杂电路可增加附加测试电路，以实现单独测试。

上面所举的这些提高可测性的设计方法，只要增加比较少的硬件就可达到简化测试的效果。然而，这些简单的方法对提高数字系统的可测性的作用是十分有限的，因而必须寻求各种新的设计思想，改变传统的设计方法，以提高其可测性。

7.1　可测性设计的概念

7.1.1　可靠性的定义

在 20 世纪 40 年代，当时的性能先进但结构复杂的电子设备，只有 30%的时间能有效工作，严重影响了日常工作，这迫使人们开展对可靠性的正规研究。1966 年美国军用标准 MIL-STD-721《可靠性维修性术语定义》中给出了最早的可靠性定义，即“产品在规定条件下和规定时间内完成规定功能的能力”。可靠性是产品的基本属性，是衡量产品质量的重要指标。广义的可靠性是指产品在其寿命期内完成规定功能的能力，其不仅包含狭义可靠性还包含可维修性。对产品而言，可靠性越高就越好。可靠性高的产品，可以长时间正常工作（这正是所有消费者需要的）；从专业术语上来说，就是产品的可靠性越高，产品可以无故障工作的时间就越长。

可靠性已经列为产品的重要质量指标加以考核和检验。长期以来，产品的技术指标和性能一直作为衡量电子元器件质量好坏的标准，但是这不能完全反映出元器件的好坏。因为，如果产品不可靠，即使其技术性能再好也得不到发挥。从某种意义上说，可靠性可以综合反映产品的质量。

可靠性在提高产品质量、延长使用寿命以及制定管理策略等方面有显著的帮助，已使其成为工程设计、企业管理、经营决策、产品或系统的运行和维修等活动中不可缺少的考虑因素，成为提高管理水平和经济效益的重要手段，因此可靠性日益受到了人们的广泛关注和重视。

7.1.2 可靠性的主要参数指标

对新电子设备和分系统或子系统，可靠性往往用平均故障间隔时间（MTBF）和平均维修时间（MTTR）进行定量要求。最初对可靠性数量特征参数的认识来源于产品现场使用的可靠性，通过对产品现场使用可靠性统计，用各种数量特征参数对其进行描述。因此，现场使用统计是带有随机性的，在讨论可靠性数量特征时，就必须用到概率论和数理统计方法。

1．平均故障间隔时间（MTBF，Mean Time Between Failure）

按 GJB451 的论述，平均故障间隔时间（MTBF）是可修复产品的一种基本可靠性参数。就是从新的产品在规定的工作环境条件下开始工作到出现第一个故障的时间的平均值。MTBF 越长表示可靠性越高，正确工作能力越强 。其度量方法为：在规定的条件下和规定的时间内，产品工作时间总数与故障总次数之比。对于可修复的产品而言，平均故障间隔时间即是故障间隔时间的平均值，对于不可维修的产品而言，它是寿命的平均值。由于该指标在可靠性评价中，结果直观、计算简便，从而得到了广泛的应用。

对于一批产品来说：

$$\mathrm{MTBF}=\sum_{i=0}^{n} t_i / N$$

式中 t——第 i 个产品无故障工作时间；

N——产品的数量。

2．平均维修时间（MTTR，Mean Time To Repair）

这个概念最早在 IEC 61508 中提出，目的是为了清楚界定术语中时间的概念。MTTR 是随机变量恢复时间的期望值，是指可修复产品的平均修复时间，就是从出现故障到修复中间的这段时间。MTTR 越短表示易恢复性越好。它包括确认失效发生所必需的时间，以及维护所需要的时间，必须包含获得配件的时间，维修团队的响应时间，记录所有任务的时间，还有将设备重新投入使用的时间。

7.1.3 可测性设计的提出

评价一个产品的好坏主要看它的三大因素：可靠性、性能和价格，而可靠性起着主要作用。为了提高系统的可靠性，人们做了大量的研究。一个系统的可靠性如何，就是看测试技术能否及时和准确地发现其内部故障的水平。

因此人们提出了可测性设计的概念。可测性定义为：产品能及时准确地确定其状态（可工作、不可工作、性能下降），隔离其内部故障的设计特性。可测性设计（DFT，Design For Testability）是指一种设计方法，其目的是提高所设计系统的可测试性；提高测试可信度和故障覆盖率；制定测试方案、指定测试条件并提供配套的软件进行故障的诊断与准确定位；尽量降低测试人力、物力成本。

可测性设计的目的是降低测试的难度，减少测试开发和应用的成本，并且达到高的测试质量。测试成本包括许多方面，如测试向量生成的成本、故障模拟和产生故障定位信息的成本、测试设备的成本，以及与测试过程相关的成本，即检测和隔离故障需要的时间。由于这些成本可能很高，甚至超过设计成本，所以把测试成本控制在一个合理的范围之内是很重要的。控制测试成本的一种方法就是使用可测性设计。

可测性设计是对一个设计完成的电路或待测电路不进行故障模拟就能定量地估计其测试难易程度的一类方法，包括以下三方面的内容。

（1）可控制性（controlability）：通过电路的原始输入向电路中的某个节点赋规定值（0 或 1）的难易程度。

（2）可观察性（observability）：通过电路的输出了解电路中某个节点值的难易程度。

（3）可测性（testability）：可控制性和可观察性的结合，是电路中故障检测难易程度的度量。

可测性设计的出发点是设法改善芯片中待测电路节点的可控制性和可观察性。改善可控制性，就是通过在有限的主输入引脚处加入专门设计的输入测试矢量，以使在所关心的相关节点处出现所需的预期信号电平。改善可观察性，就是在既定的输入矢量条件下，将所关心相关节点出现的任意实际电平驱赶到主输出引脚处生成无歧义的输出测试矢量，以便和期望的输入/输出测试矢量对进行比对，得出判别后的测试结论。一般来说，为了实现这两点，还需要加入必要的测试用逻辑电路专门的输入/输出引脚设计。

可测性设计的意义主要有三点：

（1）缩短产品进入市场的时间，即 TTM（Time To Market）：由于在设计时考虑了可测性设计，从而使得 ATPG 可以进行，这样测试图形的生成时间大大减少，使得整个的设计周期大大缩短，大大加快了产品进入市场的时间。

（2）降低测试费用，即 COT（Cost Of Test）：由于在设计时考虑了可测性设计，这就使得自动测试图样产生（ATPG，Automatic Test Pattern Generation）可以进行，而 ATPG 压缩了测试图形，因此减少了测试图形的数目，使得测试过程简单，从而降低测试费用。

（3）提高产品质量：可测性设计可以使设计获得较高的故障覆盖率。

7.2　可测性设计的发展

7.2.1　可测性的起源与发展过程

20 世纪 70 年代，美军在装备维护过程中发现，随着系统的复杂度不断提高，经典的测试方法已不能适应要求，甚至出现测试成本与研制成本倒挂的局面。有资料表明复杂电子系统糟糕的故障可观测性设计使产品的维护成本比制造成本增加了 1～9 倍。

可测性的概念最早产生于航空电子领域。较早的航空电子设备的测试过程通常采用以分析输入、输出端口为主的黑箱方式进行。随着电子设备功能和结构日益复杂，可靠性、维修性要求日益增高，黑箱方法已越来越难以满足需求。为此，要求测试人员以更积极的方式介入测试过程，不仅要承担传统测试中激励生成者和响应分析者的角色，而且要成为整个测试过程的主导者和设计者，通过改善被测试对象的设计使其更便于测试，即提高被测对象的可测性。

可测性这一术语是 1975 年首先由 F. Liour 等人在《设备的自动测试性设计》一文中提出的。随后，美国国防部相继颁布了 MIL-STD-471A 通告 II《设备或系统的机内测试、外部测试、故障隔离和可测试性特性要求的验证及评价》、MIL-STD-470A《系统及设备维修性管理大纲》、MIL-STD-2165《电子系统及设备的可测试性大纲》等一系列与可测性相关的标准规范。其中，1985 年，美国颁布的 MIL-STD-2165 可测试性大纲将可测性作为与可靠性及维修性等同的设计要求，并规定可测性分析、设计及验证的要求及实施方法，该标准的颁布标志着可测性作为一门独立学科的确立。可测性概念提出后，相继用于电子产品诊断电路设计及研究等各个领域。可测性技术不仅对维修性设计特性产生重大的影响，而且影响到系统的效能及全寿命周期费用。

尽管可测性问题最早是从航空装备维护保障角度提出的，但随着集成电路（IC）技术的发展，满足 IC 测试的需求成为推动可测性技术发展的主要动力。从发展趋势上看，半导体芯片技术发展所带来的芯片复杂性的增长远远超过了相应测试技术的进步。因此，复杂芯片系统的测试和验证问题将越来越成为其发展的制约甚至瓶颈。面对复杂性增长如此迅速的芯片技术，将测试和验证问题纳入芯片设计的范畴几乎成为解决该问题的唯一途径，这也是目前可测性设计技术和相应的国际标准在近些年来得到快速发展的重要原因。武器装备和 IC 的测试需求共同推动了可测性设计技术的蓬勃发展。

7.2.2 国内情况

国内装备的可测性设计从 20 世纪 80 年代开始逐渐得到重视。1990 年 4 月发布的航标 HB6437—90《电子系统和设备的可测试性大纲》至今已有 15 年，但可测性问题仍然没有得到很好的解决，甚至成为装备保障过程中最为突出的问题。主要存在 4 个问题：

（1）没有落实测试性设计与电子系统/设备设计的早期结合。尽管目前在系统/设备研制工作开始时就编制了该产品研制的测试性大纲，制订了测试性工作计划，但在系统顶层设计中，除了一些概念性要求和对几乎所有产品都相同的指标外，对测试性设计缺少周密的总体考虑和明确的技术途径，没有与测试可控性、测试可观性、设备与测试端口的兼容性等测试性设计要素有关的具体设计要求，明确地列入系统和设备的接口控制。

（2）产品的研制、生产和使用在各阶段各环节的测试互不相关。产品的研制、生产和使用过程都离不开测试，国外早已有人提出纵向测试兼容性的概念，以协调各阶段和各维修级别的测试能力。国内目前对这一概念并未给予足够重视，各阶段的测试要求、方法、设备仍是由不同的设计人员考虑、设计和实现的，这不仅造成测试软硬件开发工作上的重复，增加了测试方面的人力与资源开销，而且不能保证各阶段、各级别测试的统一性、兼容性、完整性和一致性。

（3）缺乏有效的测试性验证方法和明确的责任人对测试性指标进行考核。目前新研制的所有装备，都有明确的责任人（质量师）对其可靠性指标（MTBF）进行考核，直至达到要求，这对产品的可靠性是有力的保证。然而，对可测试性却没有像可靠性试验那样严格有效的试验手段，也没有明确的责任人，而是更多地依赖于设计师对测试性设计的理解和重视程度，以及可测性设计水平和经验，很难对产品的故障检测率、故障隔离率、虚警率等重要测试性指标予以科学的验证确认，因而不能及时发现其测试性设计方面存在的缺陷和问题，而要留待批量交付用户以后，在使用过程中考察，给用户带来风险。

（4）缺乏有效的关于测试性设计的计算机辅助设计与仿真软件工具。目前国外除采用试验手段进行测试性设计验证外，在设计阶段还采用软件工具进行计算机辅助设计，可以模拟故障、自动生成测试向量、通过仿真测试验证故障检测与隔离能力，对完善测试性设计起了很大作用。国内在没有有效的测试性验证试验手段的情况下，产品设计阶段也缺乏有效的软件设计手段加以弥补。

7.2.3　关键的技术

可测试性设计一般包含两个方面的内容：为了使测试变得简单，增加适量的电路。在测试过程中，必须向电路施加一定量的测试序列，即测试向量。而测试向量应尽可能简单。

可测试性技术自出现以来，得到了迅速的发展，按可测性机制的特点，大体可以分为 3 个发展阶段，即专用可测性设计阶段、结构化可测性设计阶段和标准化可测性设计阶段。

1．专用可测性设计

很多可测性设计技术是为印制电路板开发的，有些可以应用于 IC 设计。由于这些技术并不是简化测试生成的完整设计方法，并且应用时根据设计者的观点使用，所以被称为专用的。这些技术的目的是为了提高系统的可控性、可观测性和可预测性。

一般来说，应用比较广泛的专用可测性技术如下。

（1）设计易于初始化的电路。初始化是将一个时序电路在某个已知的时刻，比如刚上电或者初始化序列完成后，带入一个已知状态的过程。一般测试向量是从 ATG（Automatic Test Generation）软件中得到的，而一般的 ATG 软件不提供初始化序列的产生，所以要避免那些需要设计者构造一些巧妙的输入初始化序列的电路。

（2）在测试过程中禁止内部的单脉冲电路。

（3）单稳多频振荡器（单脉冲电路）会在电路内部产生脉冲，使得外部测试仪器难以与被测电路保持同步。

（4）在测试过程中禁止内部的振荡器和时钟。

（5）使用自动运行的振荡器和时钟将带来类似于单脉冲电路引起的同步问题。

（6）将大计数器和移位寄存器分割成小的单元。

（7）计数器和移位寄存器是很难进行测试的，因为它们的测试序列通常需要很多时钟周期。为了提高可测性，必须分割这些器件，使得它们的串行输入和时钟易于控制，并且可以对输出数据进行观测。

（8）将大的组合电路分割成小的子电路以减少测试生产成本。

（9）由于测试生成和故障模拟的时间复杂度比电路规模的线性函数增长更快，因此将大的电路分割成小的部分是非常有效的降低成本的方法。

（10）避免使用冗余的逻辑。

目前，专用可测性设计已逐渐被其他的可测性技术所代替。尽管如此，对于分立元件较多、复杂程度较低的电路而言，专用可测性设计方法仍然是一种不可或缺的方法。

2．结构化可测性设计

结构化可测性设计就是从可测性的观点对电路结构提出一定的设计规则，使得设计的电路容易测试，它主要解决电路中的状态可控、可观测以及电路规模等方面的问题，降低测试矢量的复杂性，提高故障覆盖率。扫描法和内建自测试就是两种实用的结构可测性设计方法。

（1）扫描法。

扫描设计主要被用于数字时序电路的设计流程中。扫描设计是将时序电路的触发器转换为扫描触发器，然后将它们依次连接成一条扫描链。这样，当电路工作在扫描方式时，就可以利用扫描链移入、移出数据。

扫描设计有效改善了时序电路的可控性和可观性，优点是把测试时序电路的测试转化为组合电路的测试。但也对原始电路产生了负面影响，一是增加了输入/输出的数目，二是增加了电路面积，三是串行扫描链导致电路测试时间较长。

（2）内建自测试。

内建自测试是可测性设计的另一种重要方法。它的基本思想是电路自己生成测试向量，而不是要求外部施加测试向量，它依靠自身来决定所得到的测试结果是否正确。它一般包括测试激励生成电路、测试响应压缩电路、测试响应比较电路、理想响应存储电路和测试控制电路。

激励生成器生成电路所需的测试向量。有许多方法可以生成激励，使用最多的方法是穷举法和随机法。计数器就是穷举法的一个较好的例子，而线性反馈移位寄存器（LFSR，Linear Feedback Shift Register）则属于一种伪随机模式发生器。响应分析器是将电路所产生的响应与已知正确的响应序列相比较，以便确定电路的测试结果。一般来说，响应分析器先将响应序列进行压缩，得到响应的特征，然后将其与期望的特征进行比较，以确定测试的结果。响应分析器的典型实现是多输入特征寄存器（MISR，Multi-Input Signature Register）。

内建自测试技术通过将外部测试功能转移到芯片或安装芯片的封装上，使得人们不需要复杂、昂贵的测试设备；同时由于内建自测试与待测电路集成在一块芯片上，使测试可按电路的正常工作速度在多个层次上进行，提高了测试质量和测试速度。此外，还可将内建自测试技术与传统的扫描技术相结合，充分利用两者的优点，可以获得更高的故障覆盖率，有效地完成复杂电路的测试。

3．基于边界扫描机制的标准化设计

鉴于结构化可测性设计方法的上述缺点，有必要开发一种更为简单的、标准化的可测性设计方法。为此，1986—1988 年，以欧洲和北美会员为主的联合测试行动组织（JTAG，Joint Test Action Group）率先开展了边界扫描技术的研究，提出了一系列 JTAG 边界扫描标准草案。1990 年，IEEE 组织和 JTAG 组织共同推出了 IEEE 1149.1 边界扫描标准。IEEE 1149.1 定义了一种标准的边界扫描结构及其测试接口，其主要思想是：通过在芯片引脚和芯片内部逻辑电路之间，即芯片的边界上增加边界扫描单元，实现对芯片引脚状态的串行设定和读取，从而提供芯片级、板级、系统级的标准测试框架。边界扫描机制可以实现下列目标：

（1）测试电路板上不同芯片之间的连接。

（2）测试芯片及电路板的功能。

（3）应用边界扫描寄存器完成其他测试功能，如伪随机测试、特征分析、低速静态测试等。

边界扫描机制提供了一种完整的、标准化的可测性设计方法。自从边界扫描标准出现以来，市场上支持边界扫描机制的芯片及设计开发软件与日俱增，其应用越来越广泛。需要指出的是，边界扫描机制适用于集成度比较高的电路，对于集成度较低的电路而言，采用结构化可测性设计方法有可能会得到更为优化的设计结果。

7.2.4 国际标准

制定可测性国际标准的目标是尽可能使测试方法、结构、接口和数据格式标准化，这也是保证可测性设计技术通用性和可复用性的重要基础。

可测性国际标准的制定起源于 20 世纪 80 年代末期，当时基于结构化的可测性设计方法已经相当成熟，但存在过程复杂、设计周期较长、成本高、设计方法不兼容、产品的维修性较差等缺陷，严重影响了可测性设计技术的应用。鉴于结构化可测性设计方法的上述缺点，有必要开发一种更为简单、标准化的可测性设计方法。

联合测试行动组织（JTAG）于 1987 年提出了一种新型的电路板可测性设计方法——边界扫描测试技术。1988 年，IEEE 和 JTAG 组织达成协议，共同开发边界扫描测试架构，并于 1990 年形成了 IEEE 1149.1 标准，也称为 JTAG 标准，同时提出了规范化描述边界扫描结构语言的建议。1993 年 6 月对 IEEE

1149.1 做了补充和修改，定为 IEEE 1149.la。1994 年 IEEE 认证通过了 IEEE 1149.lb，对 IEEE 1149.la 做了补充，对边界扫描结构描述语言进行了规范。最新版本为 IEEE 1149.1—2001，包含了 IEEE 1149.la 和 IEEE 1149.lb 标准，并进行了修订。此外，还分别形成了混合信号测试总线标准 IEEE 1149.4、模块试验和维护总线协议标准 IEEE 1149.5 及高级数字网络的边界扫描测试标准 IEEE 1149.6。

在 IEEE 最近颁布的基于内嵌芯核的系统芯片（SOC）测试标准 IEEE P1500 中，也借鉴和采纳了 IEEE 1149.1 中的许多原理和技术，并在总体上与 IEEE 1149.1 兼容。由于该技术是由 JTAG 提出的，所以常被称为 JTAG 标准，其接口和总线常被称为 JTAG 接口和 JTAG 总线。

1. 数字集成电路与数字系统的可测性设计国际标准——IEEE 1149.1

IEEE 1149.1 标准的核心是在芯片引脚和芯片内部逻辑之间（即集成电路的边缘）增加附加的扫描单元，通过边缘扫描单元控制和观察芯片引脚的状态，因此被称为边缘扫描测试（BST，Boundary-Scan Test）。IEEE 1149.1 为数字集成电路和数模混合集成电路的数字部分定义了测试访问端口与边界扫描体系结构。该标准定义的特征元素致力于为基于高复杂性数字集成电路和高密度表面装配等工艺技术的印制电路板的测试问题提供解决方案。该标准也提供了访问和控制置入数字集成电路内部的、专为测试用途而设计的特征元素的方法和途径。这些特征包括内部扫描路径、自测试功能以及支持已装配产品业务应用的其他特征。

应用 IEEE 1149.1 可以实现以下测试：

（1）器件间互连测试。

（2）器件和电路板的静态功能测试。

（3）器件自测试。

2. 模拟及数模混合信号电路的国际测试标准——IEEE 1149.4

IEEE 1149.4 混合信号测试总线标准对 IEEE 1149.1 标准中描述的数字电路的测试性结构进行了扩展，以便于为混合信号电路提供类似功能。同时描述了这种体系结构以及控制和访问混合测试数据的方法，定义、规范和推动标准混合信号测试总线的使用，将其应用于器件和部件的层次级别，提高混合信号电路设计的可控性和可观察性，支持混合信号内置测试结构以降低测试开发时间和测试成本，提高测试质量。

IEEE 1149.4 规定了一个标准的结构，在实际应用该标准的时候，该标准结构需要放置到待测混合芯片内部。该标准规定，每个结构包括 6 个引脚，其中 4 个引脚与 IEEE 1149.1 中的测试端口（TAP，Test Access Port）相同，而且功能也保持一致。IEEE 1149.1 标准中包含着 EXTEXT 指令，可用来检测内连可靠性问题，现在该指令仍存在，只是功能有所扩展，将模拟电路部分的模拟功能引脚也包含了进来。

如第 4 章图 4.21 所示，在 IEEE 1149.4 标准中规定，每一个引脚都需要有一个边界模块，对于数字引脚，边界模块（DBM，Digital Boundary Module）与 IEEE 1149.1 中是一致的；而对于模拟引脚，则需要模拟边界模块（ABM，Simulation Boundary Module）。

图 4.21 给出了符合 IEEE 1149.4 的芯核电路的一般结构。混合信号测试总线应包括能完成下述功能的模拟边界模块：

（1）布线测试：能测试印制电路部件（PCA，Printed Circuit As-sembly）中布线的短路和断路。

（2）参数测试：进行模拟量参数测量，同时也测量 PCA 中分立组件信号的有无及具体值。

（3）内部测试：不管混合信号元件是否属于 PCA，都要对其内部电路进行测试。

3．模块级测试与维护总线国际标准——IEEE 1149.5

IEEE 1149.5 标准是模块测试和维修总线协议，这一标准详述了一个串行的背板测试与维护总线，它通常由一个或多个逻辑板组成，这种总线可用于将不同设计组或供应商提供的模块综合为可测试和维护的子系统，它主要用于电子系统和模块的测试与维护。

它支持下列功能：

（1）模块测试：在生产过程中测试模块并将故障元件隔离。

（2）子系统测试：一个子系统中的模块离线测试，以及模块之间的互连测试。

（3）子系统诊断：系统内在线诊断，以提供诊断记录、自测试初始化、子系统资源的重新配置以及其他诊断功能。

（4）软、硬件开发：通过对背板总线的控制和监视，提供访问模块和子系统状态的通路，并减少开发软件与硬件的时间和开销。

4．高级数字化网络的测试与可测性设计国际标准——IEEE 1149.6

IEEE 1149.6 是高级数字化网络的边缘扫描测试标准，该标准的主要任务是提出一种支持鲁棒性边界扫描测试的IC设计方法，其目标是能够快速准确地检测和诊断出交流电路上的互连缺陷。它完善了混合系统测试的方法，使得电路中几乎所有的模块可以相互连接，统一在测试主模块的管辖之下。Agilent 公司的芯片已经实现了 IEEE 1149.6 所要求的功能，完全支持 IEEE 1149.6 的交流测试模式。

5．基于内嵌芯核的系统芯片（SoC）的国际测试与可测性设计标准——IEEE P1500

IEEE P1500 内嵌芯核测试标准（SECT，Standard for Embedded Core Test）是一个针对 SoC 的 IP 测试的标准。它主要侧重于嵌入式核测试需求的两方面规定。

（1）一个围绕核的测试外壳（Wrapper）。P1500 工作组提出了一种类似于 IEEE 1149.1 结构的模块级边界扫描结构 Wrapper。它给出的是一种带有全扫描的核（含有两条平行的扫描链）。实际上，该核具有边界扫描性的环绕寄存器。

（2）片上测试访问机制用来连接测试外壳和测试图形发生器。用于 SoC 测试的 IEEE P1500 侧重点在于制定内核提供者和内核集成者之间的接口标准。同时它要求定义一套指令寄存器以及控制指令而不是规定测试控制信号。

它可以完成以下功能：

（1）实现隔离：即在测试某一 IP 核时，基于它的任何核内外测试行为不会影响到芯片上其他部分的功能。

（2）实现核访问：可以对核进行施加测试向量和输出测试响应等测试操作。

（3）实现核互连访问：保证任何互连测试都不会对核电路产生影响。

7.2.5　可测性设计发展趋势

随着集成电路的发展，可测性设计已成为集成电路设计中必不可少的环节之一。可测性设计的目标仍然以提高测试速度、提高故障覆盖率为主，而且越来越重视内部的自动测试结构和多种结构组合的混合技术。然而，目前可测性设计技术在理论和应用环节上仍存在很多制约其发展的难点和技术问题，尚远不能满足复杂性增长对测试验证的需求。

目前可测性设计面临的难题有：

（1）随着设计规模迅速提升，测试向量数目的急剧增加，迫切需要有效的测试向量压缩手段，压缩的同时要考虑解压。

（2）芯片在测试过程中功耗比正常工作时高得多，不仅会危害到电路的稳定性，而且测试时芯片局部过热，可能会损害芯片，降低良品率。

（3）基于 IP 核复用技术，IC 的设计规模和实现功能有了一个突变，由原来的专用功能 VLSI 发展到目前的 SoC，基于核的 SoC 的测试存在许多难题。

可测性设计的思想自提出以来就备受关注，并且得到了迅速发展。一开始可测性设计仅仅针对电子领域，实际上，可测性的概念并不仅仅局限于电子技术领域，其应用可以逐渐延拓到其他领域。可以预见，在 21 世纪，可测性技术将在如下领域得到成功的发展与应用：

（1）数模混合电路系统的可测性设计。

（2）软件可测性设计。

（3）软硬件集成可测性设计。

（4）机电一体化系统的可测性设计。

由此可见，可测性设计的重要性在未来将会越来越突出，并且会更多地用于实际生产。

7.3　可测性的测度

数字系统中可测性的测度是表征电路可测性难易程度的一个量。在电路设计过程中，就应该对所设计电路的可测性进行分析计算，以估计电路的可测性。为了便于数字系统的测试，对于可测性太差的电路必须对其进行修改设计，以提高其可测性。

可测性测度的定义和算法有多种，它们适合于不同的场合。然而，不论是哪一种算法，都有精确性和简单性两个基本要求。可测性的计算必须比测试产生过程简单而且运行快，如果可测性计算快，且能精确地预言测试产生的困难性，并且定位到电路的某一部分，那么这些信息就可以通过 CAD 直接用到电路的修改设计中。

可测性包括可控性和可观测性两部分。数字系统中许多点都是无法接触的，这些点上的故障是否可以测试，以及测试的难易程度，显然取决于电路的原始输入是否能方便地控制这些点的逻辑值，以及这些点的逻辑值能否容易地敏化到电路的原始输出加以观测。

7.3.1　基本定义

如上所述，数字电路可测性的测度常用可控性和可观测性来表征。在这里，我们介绍 L. H. Goldtein 提出的门级电路可测性分析方法。

对于组合电路，节点 N 的组合 0 可控性 $CC^0(N)$和组合 1 可控性 $CC^1(N)$是使 N 点为 0 或 1，需要分配逻辑值的组合节点的最少个数。这里组合节点是指电路的原始输入或标准组合单元（如基本门、触发器或其他基本组合逻辑单元）的输出。节点 N 的组合可观测性 $CO(N)$取决于两个因素：第一是节点 N 与一个原始输出之间标准组合单元的个数；第二是为了把节点 N 的逻辑值传播到原始输出，需要分配逻辑的组合节点的最少个数。

对于时序电路，节点 N 的时序 0 可控性 $SC^0(N)$ 和时序 1 可控性 $SC^1(N)$ 是指使节点 N 为 0 或 1，需要设置特定逻辑值的时序节点的最少个数。这里，时序节点是标准时序单元的输出。时序可控性表明控制埋藏在电路中的节点所需要的时序的数目。同样，节点 N 的时序可观测性 $SO(N)$取决于节点 N 与一个原始输出之间的标准时序单元的个数，以及为了把节点 N 的值传播到原始输出而必须控制的标准时序单元个数。

根据以上定义，显然对于数字电路中一个原始输入节点 I 的可控性为：

$$CC^0(I) = 1 \tag{7-1}$$

$$CC^1(I) = 1 \tag{7-2}$$

$$SC^0(I) = 0 \tag{7-3}$$

$$SC^1(I) = 0 \tag{7-4}$$

对于组合电路，由于 I 是电路的原始输入端，I 的逻辑值 0 或 1 可以直接设置，而不需要通过其他原始输入端的设置而使之为 0 或 1。所以，原始输入端的组合可控性都为 1。对于时序电路，原始输入端为 0 或 1，不需要控制任何时序节点，所以其时序可控性为 0。

数字电路的一个原始输出端 V，不管是组合电路还是时序电路，其原始输出端 V 的值均可直接被观测，而无须控制或观测电路的任何其他节点。因此，显然有：

$$CO(V)=0 \tag{7-5}$$

$$SO(V)=0 \tag{7-6}$$

由以上分析可见，数字电路各节点的可控性和可观测性的值越小，该数字电路的可测性就越好，即容易对该数字电路进行测试。

数字系统可测性的定义有多种，上面介绍的 L. H. Goldstein 于 1979 年发表的门级电路可测性定义是针对电路结构来进行计算的，计算比较复杂，只适用于中小规模集成电路。

大规模集成电路可看作是由一些中小规模电路为基本元件构成的。设计者无须再了解这些中小规模电路的内部结构。同时，这些中小规模电路的设计已经标准化，难以改进其内部结构。再者，大规模电路含有数以万计的逻辑门，可测性改进设计至门级将使计算十分繁杂，即使在计算机上也很难求解。为此，有专家在分析了布尔函数的概率函数性质的基础上，提出了功能（模块）级上的可控性和可观测性的定义，从而得到了一个新的功能级上的可测性分析方法。

此种分析方法的要点如下：

数字电路各点为 0、1 的概率和输出对该点的布尔差分的概率反映了该点的可测性。如将逻辑信号 $x=1$ 的概率 $P(x=1)$ 记为 X，则 $x=0$ 的概率 $P(x=0)=1-X$。

节点 x_i 的可控性定义为：

$$C(x_i)=P(x_i=1)-P(x_i=0)=2P(x_i=1)-1 \tag{7-7}$$

显然，$C(x_i)$满足：

$$-1 \leqslant C(x_i) \leqslant 1 \tag{7-8}$$

且有

（1）$|C(x_i)|$ 越小，x_i 取 0 和 1 的概率差越小，x_i 点容易控制。

（2）$|C(x_i)|$ 越大，x_i 取 0 和 1 的概率差越大，x_i 点难以控制。

（3）若 $C(x_i)>0$，则 x_i 点取 0 值难以控制；$C(x_i)<0$，则 x_i 点取 1 值难以控制。

（4）对电路的原始输入端，认为取 0 值和 1 值的概率均等，故其可测性测度为 0。

为此，可测性的定义为：设 Z 为电路的原始输出端，x_i 为一节点，对故障 x_i s-a-e（$e \in \{0，1\}$），因 $\frac{\mathrm{d}Z}{\mathrm{d}x_i}$ 表示 x_i 敏化至 Z 的条件。$\frac{\mathrm{d}Z}{\mathrm{d}x_i}=1$ 越难满足，该故障敏化至输出越困难，显然 x_i 点的可观测性就越差。故将 x_i 的可观测性定义为：

$$O(x_i) = P\left(\frac{\mathrm{d}Z}{\mathrm{d}x_i}=1\right)$$

显然，

（1）对原始输出端 Z 本身，其可观测性 $O(Z)=P\left(\frac{\mathrm{d}Z}{\mathrm{d}Z}=1\right)=1$。

（2）$O(x_i)$是[0，1]区间上的实函数。

（3）对无扇出重汇聚电路有：

$$O(x_i)=P\left(\frac{\mathrm{d}Z}{\mathrm{d}x_i}=1\right)P\left(\frac{\mathrm{d}Z}{\mathrm{d}y}\cdot\frac{\mathrm{d}y}{\mathrm{d}x_i}=1\right)$$
$$=P\left(\frac{\mathrm{d}y}{\mathrm{d}x_i}=1\right)\cdot O(y)$$

当模块函数 $y=f(x_1\cdots x_i\cdots x_n)$ 之 $P\left(\frac{\mathrm{d}y}{\mathrm{d}x_i}=1\right)$ 已知时，可观测性的计算变成逐级递推形式。

7.3.2　标准单元的可测性分析

标准单元指基本的门电路、触发器或其他基本组合逻辑电路。标准单元输出节点的可控性和可观测性显然是输入节点的可控性和可观测性的函数。

为了计算标准单元输出节点的可控性，必须考虑能使输出为给定值的所有可能的输入组合。而计算这些输入组合的可控性之和，取这些和的最小值并加以单元深度，即定义为输出节点的可控性。规定标准组合单元的组合深度为 1，而时序深度为 0；标准时序单元的组合深度为 0，而时序深度为 1。

可以证明，在由标准单元所组成的树形结构的电路中，对节点 N 的可控性 $\mathrm{CC}^e(N), e\in\{0，1\}$，等于为使 $N=e$ 而需分配逻辑值的组合节点的最小个数。

为了计算标准单元时输入节点的可观测性，必须考虑单元输入所有可能的分配，使得给定输入的变化能敏化到一个或多个单元输出。所以，输入节点的可观测性定义为下列三者之和。

（1）最容易观测的被敏化的输出的可观测性。

（2）在代价最小的敏化输入条件下，各敏化输入的可控性之和。

（3）单元深度。

如图 7.3 所示为一个三输入端或非门构成的标准组合单元。其逻辑函数为：

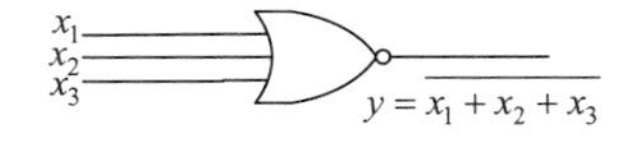

图 7.4　标准组合单元

$$y=\overline{x_1} \tag{7-9}$$

为使输出端 $y=1$，必须令 3 个输入端 x_1、x_2 和 x_3 皆为 0。所以，输出端 y 组合 1 的可控性为：

$$\mathrm{CC}^1(y)=\mathrm{CC}^0(x_1)+\mathrm{CC}^0(x_2)+\mathrm{CC}^0(x_3)+1 \tag{7-10}$$

式中第四项的 1 是因为对标准组合单元，其组合深度为 1。

同样，输出端 y 时序 1 的可控性为：

$$\mathrm{SC}^1(y)=\mathrm{SC}^0(x_1)+\mathrm{SC}^0(x_2)+\mathrm{SC}^0(x_3) \tag{7-11}$$

式中第四项实际为 0，这是因为对标准组合单元，其时序深度为 0。

为使输出端 $y=0$，只要使输入端 x_1、x_2、x_3 中有一个为 1 就可以了。所以，输出端 y 组合 0 的可控性为：

$$\mathrm{CC}^0(y)=\min[\mathrm{CC}^1(x_1),\mathrm{CC}^1(x_2),\mathrm{CC}^1(x_3)]+1 \tag{7-12}$$

为了观测输入端 x_i，则要求观测 y 并使其他两个输入端保持为 0。因此有：

$$\mathrm{CO}(x_i) = \mathrm{CO}(y) + \mathrm{CC}^0(x_j) + \mathrm{CC}^0(x_k) + 1 \tag{7-13}$$

$$\mathrm{SO}(x_i) = \mathrm{SO}(y) + \mathrm{SC}^0(x_j) + \mathrm{SC}^0(x_k) \tag{7-14}$$

其中，$i \neq j \neq k$，且 $\in \{1,2,3\}$。

仿照上面的方法，可以推出各种标准组合单元的可控性和可观测性的一般表达式如下。

多输入标准与门单元（见图 7.4）：

$$\mathrm{CC}^0(y) = \min[\mathrm{CC}^0(x_i)] + 1, \quad 1 \leqslant i \leqslant m \tag{7-15}$$

$$\mathrm{CC}^1(y) = \sum_{i=1}^{m} \mathrm{CC}^1(x_i) + 1 \tag{7-16}$$

$$\mathrm{CO}(x_i) = \mathrm{CO}(y) + \sum_{\substack{i=1 \\ j \neq k}}^{m} \mathrm{CC}^1(x_j) + 1 \tag{7-17}$$

多输入标准或门单元（见图 7.5）：

$$\mathrm{CC}^0(y) = \sum_{i=1}^{m} \mathrm{CC}^0(x_i) + 1 \tag{7-18}$$

$$\mathrm{CC}^1(y) = \min[\mathrm{CC}^1(x_i)] + 1, \quad 1 \leqslant i \leqslant m \tag{7-19}$$

$$\mathrm{CO}(x_i) = \mathrm{CO}(y) + \sum_{\substack{i=1 \\ j \neq i}}^{m} \mathrm{CC}^0(x_j) + 1 \tag{7-20}$$

图 7.4　多输入端与门　　　图 7.5　多输入端或门

标准异或门单元（见图 7.6）：

$$\mathrm{CC}^0(y) = \min[\mathrm{CC}^1(x_i) + \mathrm{CC}^1(x_2), \mathrm{CC}^0(x_1) + \mathrm{CC}^0(x_2)] + 1 \tag{7-21}$$

$$\mathrm{CC}^1(y) = \min[\mathrm{CC}^1(x_i) + \mathrm{CC}^0(x_2), \mathrm{CC}^0(x_1) + \mathrm{CC}^1(x_2)] + 1 \tag{7-22}$$

$$\mathrm{CO}(x_i) = \mathrm{CO}(y) + \min[\mathrm{CC}^0(x_j), \mathrm{CC}^1(x_j)] + 1, \quad i, j = 1,2,\ j \neq i \tag{7-23}$$

如果将扇出也作为一种标准组合单元来处理，其扇出支路和扇出点的可控性和可观测性可定义如下，如图 7.7 所示。

$$\mathrm{CC}^0(y_i) = \mathrm{CC}^0(x) + 1, \quad i = 1,2,\cdots,m \tag{7-24}$$

$$\mathrm{CC}^1(y_i) = \mathrm{CC}^1(x) + 1, \quad i = 1,2,\cdots,m \tag{7-25}$$

$$\mathrm{CO}(x) = \min[\mathrm{CO}(y_i)] + 1, \quad 1 \leqslant i \leqslant m \tag{7-26}$$

作为标准时序单元的例子，图 7.8 示出了一个有复位输入的负沿触发的 D 触发器。为了将输出 Q 置为 1，必须置 D 端输入为 1，并保持复位线 R 为 0，时钟线 C 上产生一个下降沿。因此，输出端 Q 的组合 1 可控性为：

$$\mathrm{CC}^1(Q) = \mathrm{CC}^1(D) + \mathrm{CC}^1(C) + \mathrm{CC}^0(C) + \mathrm{CC}^0(R) \tag{7-27}$$

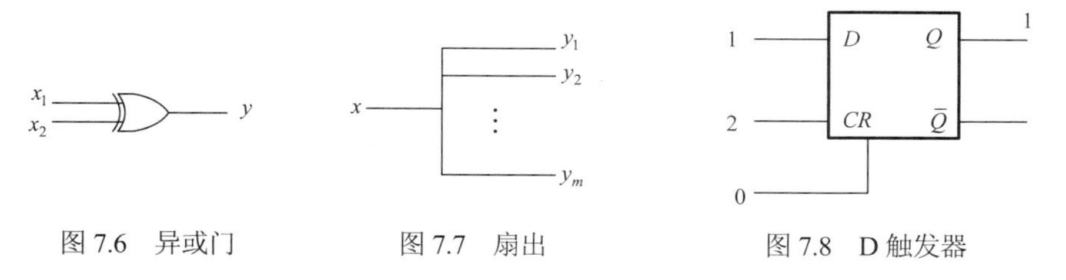

图 7.6　异或门　　图 7.7　扇出　　图 7.8　D 触发器

输出端 Q 的时序 1 的可控性为：

$$\mathrm{SC}^1(Q)=\mathrm{SC}^1(D)+\mathrm{SC}^1(C)+\mathrm{SC}^0(C)+\mathrm{SC}^0(R)+1 \tag{7-28}$$

式（7-27）中用 $\mathrm{CC}^1(C)+\mathrm{CC}^0(C)$ 来表示在 C 上产生一个下降沿，因为只有 C 端既可控为 1，又可控为 0，才能产生这个下降沿。

输出端 Q 的 0 可控性，应将 Q 置为 0，为此有两种可行的方法：一是在时钟线为 0 时将复位线 R 置 1；另外一种是由 D 端置 0 来打入触发器。因此，Q 的 0 可控性为：

$$\begin{aligned}\mathrm{CC}^0(Q)=\min[&\mathrm{CC}^1(R)+\mathrm{CC}^0(C),\mathrm{CC}^0(D)+\\&\mathrm{CC}^1(C)+\mathrm{CC}^0(C)+\mathrm{CC}^0(R)]\end{aligned} \tag{7-29}$$

$$\begin{aligned}\mathrm{SC}^0(Q)=\min[&\mathrm{SC}^1(R)+\mathrm{SC}^0(C),\mathrm{SC}^0(D)+\\&\mathrm{SC}^1(C)+\mathrm{SC}^0(C)+\mathrm{SC}^0(R)]+1\end{aligned} \tag{7-30}$$

由 D 触发器的逻辑关系，可以方便地得到 R、C 和 Q 点的可观测性。显然，复位线 R 的逻辑值可以通过输出端 Q 来观察。如果先将触发器置 1，然后用复位线置 0，则有：

$$\mathrm{CO}(R)=\mathrm{CO}(Q)+\mathrm{CC}^1(Q)+\mathrm{CC}^0(C)+\mathrm{CC}^1(R) \tag{7-31}$$

$$\mathrm{SO}(R)=\mathrm{SO}(Q)+\mathrm{SC}^1(Q)+\mathrm{SC}^0(C)+\mathrm{SC}^1(R)+1 \tag{7-32}$$

时钟线也可以间接地通过触发器的输出端来观测。如果先将触发器置 1，然后打入 0，或者先将触发器置 0，然后打入 1，则有：

$$\begin{aligned}\mathrm{CO}(C)=\min[&\mathrm{CO}(Q)+\mathrm{CC}^0(R),\mathrm{CC}^1(C)+\mathrm{CC}^0(C)\\&+\mathrm{CC}^0(D)+\mathrm{CC}^1(Q),\mathrm{CO}(Q)+\mathrm{CC}^0(R)\\&+\mathrm{CC}^1(C)+\mathrm{CC}^0(C)+\mathrm{CC}^1(D)+\mathrm{CC}^0(Q)]\end{aligned} \tag{7-33}$$

$$\begin{aligned}\mathrm{SO}(C)=\min[&\mathrm{SO}(Q)+\mathrm{SC}^0(R),\mathrm{SC}^1(C)+\mathrm{SC}^0(C)\\&+\mathrm{SC}^0(D)+\mathrm{SC}^1(Q),\mathrm{SO}(Q)+\mathrm{SC}^0(R)\\&+\mathrm{SC}^1(C)+\mathrm{SC}^0(C)+\mathrm{SC}^1(D)+\mathrm{SC}^0(Q)]+1\end{aligned} \tag{7-34}$$

对于各种标准时序单元，用类似的方法可推出各自的可控性和可观测性的公式。

7.3.3　可控性和可观测性的计算

根据可控性和可观测性的定义及各种标准单元的可控性和可观测性公式，即可对数字系统各节点的可控性和可观测性进行计算。

为了计算数字系统各节点的可控性，首先将原始输入的组合可控性置为 1，时序可控性置为 0。然后，从原始输入开始，按照电路描述，用标准单元可控性的公式，依次计算电路各节点的可控性。只要标准单元输入的可控性已知，便可算出其输出的可控性。依次类推，重复上述过程，直到求出稳定的整数为止。如果电路中存在反馈电路，则需要进行迭代才能稳定。

为了计算各电路节点的可观测性，首先将原始输出端的可观测性置为 0。然后，从原始输出开始，并按照标准单元的可测性公式，用前面已算出的可控性数据，即可依次求出各点的可观测性。重复上述过程，直到求出稳定的可观测性。

如果电路中存在扇出，其扇出点的可观测性为各扇出分支可观测性的最小值。

一个网络或系统的可测性可定义为网络或系统内所有节点的可测性之和，即有：

网络或系统的“0”可控性为：

$$\sum \mathrm{CC}^0 = \sum \mathrm{CC}^0(n), \qquad n \in w \tag{7-35}$$

“1”可控性为：

$$\sum \mathrm{CC}^1 = \sum \mathrm{CC}^1(n), \qquad n \in w \tag{7-36}$$

可观测性为：

$$\sum \mathrm{CO} = \sum \mathrm{CO}(n), \qquad n \in w \tag{7-37}$$

式中 n——系统内的节点；

w——系统内所有节点之集合。

在计算结果中，如果节点 N 的可控性为无穷大，则 N 是不可控的。即节点 N 的逻辑值与电路的原始输入端无关，而只依赖于电路中其他点的逻辑值。显然，节点 N 也是不可测试的。为了改善电路的可测性，设计者必须修改设计，使节点 N 变成可控的。类似地，如果节点 N 的可观测性为无穷大，则节点 N 是不可观测的。在所计算的节点中，对电路中可测性较差的地方，应增加必要的测试点，并进行电路设计的优化，以提高其可测性。

实践表明，可测性的计算对电路设计者很有帮助。借助于 CAD，可对电路进行优化设计，在测试产生之前，就计算出可观测性，这将大大简化其测试工作。

7.4 可测性设计方法

计算机辅助测试已经成为大规模集成电路或超大规模集成电路的计算机辅助设计的有机组成部分。在逻辑电路设计过程中，应该算出电路的可测性，并对可测性差的部分修改设计，否则，集成电路的设计一旦完成并投入生产以后，测试就变得十分昂贵、困难。

数字系统的可测性设计，目前常采用两种方法。一种是可测性的改善设计；另一种是可测性的结构设计。当然，对于以上两种方法又可细分为多种。

可测性改善设计的算法流程如图 7.9 所示。当数字系统的逻辑功能设计完成之后，首先计算出可测性的测度，并根据给定的测度限值进行比较，若大于限值则应对该数字系统进行改善设计。其常用的方法是在适当的位置上插入简单门，以提高系统的可控性，而在适当的位置上引出观测点，以提高系统的可观测性。图 7.10 说明了插入与门和或门可控性的影响，以及引出观测点对可观测性的影响。

假若 I 是系统中测度较大的节点，当插入与门时，通过控制端 C 实现“0”控制，使得 I 点的“0”可控性测度降为 $\mathrm{CC}^0(\mathrm{I})=2$。为了不影响原系统的正常工作，在工作时，应使 C=1；当 I 点插入或门时，通过控制端 C 实现“1”控制，使得“I”的可控性测度降为 $\mathrm{CC}^1(\mathrm{I})=2$。为了不影响原系统的正常工作，在工作时，应使 C=0。如在 I 点引出观测点，显然可观测性测度降为 C(I)=0。

以图 7.10 所示电路为例，说明可测性改善设计的具体实现。

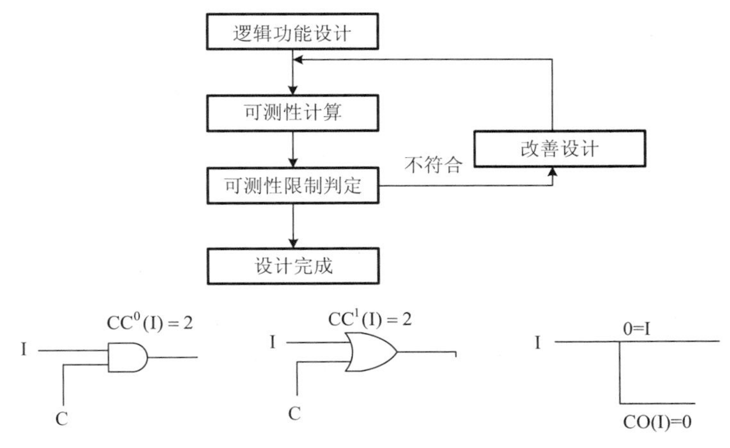

图 7.9　改善设计的算法流程

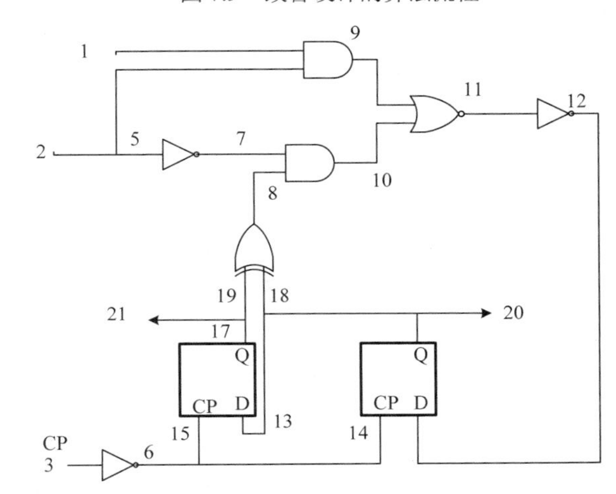

图 7.10　举例电路

由图 7.10 得“0”可控性测度计算如下：

$CC^0(1)=CC^0(2)=CC^0(3)=1,$　　原始输入

$CC^0(4)=CC^0(5)=CC^0(6)=CC^0(9)=2$

$CC^0(7)=CC^1(5)+1=CC^1(2)+1+1=3$

$CC^0(10)=\min[CC^0(7),CC^0(8)]+1=4$

$CC^0(11)=CC^1(9)+1=CC^1(1)+CC^1(4)+2=5$

$CC^0(12)=CC^1(11)+1=CC^0(9)+CC^0(10)+2=8$

$CC^0(13)=CC^0(16)+1=CC^0(12)+CC^0(14)+CC^1(14)+2=6$

$CC^0(14)=CC^0(15)=3$

$CC^0(16)\ =15$

$CC^0(17)=CC^0(13)+CC^1(15)+1=23$

$CC^0(18)=CC^0(16)+1=16$

$CC^0(19)=CC^0(17)+1=24$

$CC^0(8)=\min[CC^0(18)+CC^0(19),CC^1(18)+CC^1(19)]+1=35$

综上得 $\sum_{i=1}^{19} \mathrm{CC}^0(i)=166$ 。

可见在节点 8 处 $\mathrm{CC}^0(0)$=35，可控性最差。如果在该点处插入一与门，则 $\mathrm{CC}^0(0)$ 将由 35 降为 2，且有 $\sum_{i=1}^{19} \mathrm{CC}^0(i)=133$ 。

可见电路的可控性测度减小，可控性提高。若在节点 17 和 18 处再插入与门，其可控性将进一步提高。

同样，对图 7.10 所示电路，可计算出“1”可控性测度和可观测性测度。通过插入或门和引出观测点则可降低“1”的可控性测度和可观测性测度。用计算机实现数字系统的可测性的自动设计是目前正在研究的课题，经过计算机实现自动设计，插入门的位置可以获得最佳选择，对降低可测性测度具有更加明显的效果。

改善设计的最大问题是必须增加电路的原始输入（控制点）和原始输出（观测点）。然而，对于芯片或电路板，其引脚总是有限的。目前解决这一矛盾的方法有如下三种。

（1）使用译码器。假如一个电路需要提高可控性的点很多，如有 2*N* 个，显然，无法将这 2*N* 个点都作为原始输入的控制点。这时，可设计一个控制端，以区别电路的工作状态和测试状态。在测试状态，*N* 个输入端经过译码器得到 2*N* 个输出，分别去控制 2*N* 个点。这样，增加 *N*+1 个外部引线即可实现内部 2*N* 个点的不同控制，从而提高电路的可控性。

（2）使用串行移位寄存器。在电路板上增设串行移位寄存器，使欲增加的控制点的控制值可以串行移入寄存器，由寄存器对控制线加以控制信号。而观测点上的观测值由寄存器收回，然后再串行移出，即可观测电路内部节点的值。增设移位寄存器，芯片或电路板只需增加一个数据输入端和一个数据输出端及少量的控制端，如图 7.11 所示。显然，这种方法增加了测试时间。

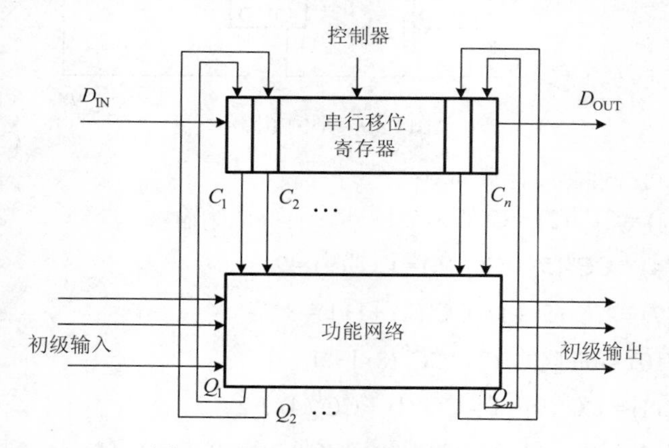

图 7.11 使用串行移位寄存器方法

（3）使用针床。另一种增加测试点的办法是用针床测试仪。针床测试仪也是一块电路板，它有很多探针，能够同时与被测板反面的许多焊接点接触，并连到测试设备，从而使许多点可以同时直接地被控制和观测。问题是测试设备必须有足够多的测试输入和输出点，才能控制和观测针床板上每一个探针。同时使被测板上许多点增加了负载，可能引起被测板某些接收和驱动的问题。机械结构也必须保证每一个探针与被测板各焊点的可靠接触。用针床还可以单独地测试电路板上的各集成电路芯片，无须把它们拆下来测试。不过，在单独驱动某一个芯片时，必须小心；否则，可能由于过驱动而损坏电路。

7.5　内建自测试设计

随着科学技术的发展，人们逐步认识到，对复杂的数字集成电路的测试问题，只靠改进测试码产生算法是不够的，而必须将可测性设计到电路中去。实践证明，扫描通路法是电路可测性设计中行之有效的方法。然而，扫描通路法是将测试数据以串行方式作为扫描通路的输入和输出，这在时间上的开销是很大的。因此，德国的 B. Konemann 等人在 1979 年提出了内建自测试（BIST，Built-in Self Test）设计的方法。这一方法对于规模庞大、结构复杂的 VLSI 芯片的测试，无疑是难能可贵的。

BIST 方法可以分为两类，一类是在线 BIST，包含了并发和非并发方式；另一类是离线 BIST，包含了功能和结构方式。在线 BIST 是指在正常工作模式下进行 BIST 测试。并发在线 BIST 方式是指测试与电路的正常操作同时进行，常用于编码和比较电路中。非并发在线 BIST 方式是指在被测电路空闲状态下进行测试，常用在故障诊断中，测试过程可随时中断，而且正常操作可以随时恢复。离线 BIST 是指测试不在电路的正常工作条件下进行，它可用在系统级、板级和芯片级测试中，也可用于制造、现场和操作级测试，但不能测试实时故障。功能性离线 BIST 常用来对功能描述的被测电路进行测试，诊断软件常采用这种方式。而结构性离线 BIST 是基于被测电路结构描述的测试方式，其测试生成和响应压缩都采用一定方式的线性反馈移位寄存器。在现实应用中，功能性离线 BIST 应用较广。

BIST 结构一般包括三个功能模块，即测试控制模块、测试码发生模块和测试回答鉴定模块，如图 7.12 所示。当系统处于测试模式时，测试码生成模块在控制器控制下生成测试矢量施加到被测电路上，通过测试回答鉴定模块将被测电路的输出响应序列压缩并与正确特征值进行比较，获得测试结果。从图中可以发现，测试控制器是测试系统与外部连接的桥梁。它通过外部接口接收控制信号启动或停止自测试并控制内部模块在工作模式和测试模式之间切换，在测试过程中控制内部测试的时序和调度。

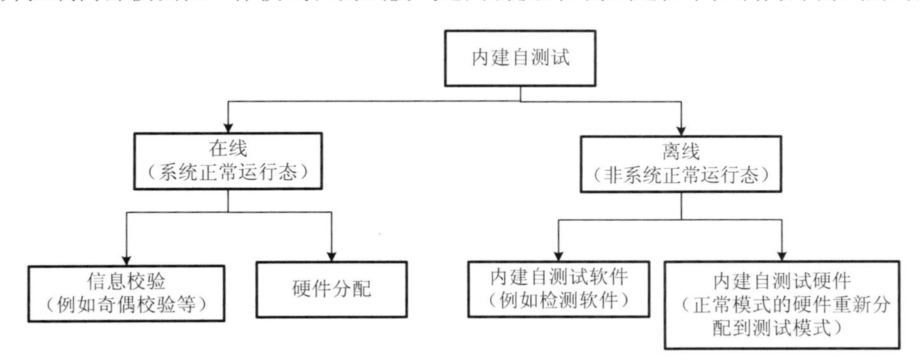

图 7.12　内建自测试分类

测试码生成器生成电路所需的测试向量。有许多方法可以生成激励，使用最多的方法是穷举法和随机法。计数器就是穷举法的一个较好的例子，而线性反馈移位寄存器（LFRS，Linear Feedback Shift Register）则属于一种伪随机模式发生器，响应分析器是将电路所产生的响应与已知正确的响应序列相比较，以便确定电路的测试结果。一般来说，测试回答鉴定器先将响应序列进行压缩，得到响应的特征，然后将其与期望的特征进行比较，以确定测试的结果。响应分析器的典型实现是采用特征分析器。然而，TPG 和 TAE 都是用多位线性反馈移位寄存器来实现的。

根据需要，BIST 测试的电路可以是一个数字逻辑电路（这时 BIST 称为 LgoicBIST），也可以是存储器（这时 BIST 称为存储器 BIST）或其他模拟电路，如图 7.13 所示。

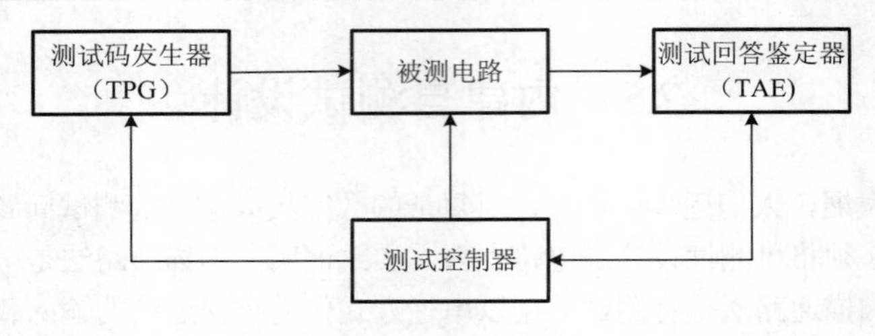

图 7.13 BIST 结构

7.5.1 多位线性反馈移位寄存器

图 7.14 示出了 n 位线性反馈移位寄存器的一般结构形式。其中 $A_1, A_2, \cdots, A_n$ 是寄存器串联成的移位寄存器；$\oplus$ 表示异或门电路；h_i 是反馈控制，$h_i \in \{0,1\}$。当 $h_i = 0$ 时，则该条反馈线不存在；当 $h_i = 1$ 时，表示 A_i 的输出经 h_i 反馈线和异或门馈送到移位寄存器的输入。由于该电路的输出与输入是线性关系，所以称为线性反馈移位寄存器。图 7.15 是一个实际的 4 位线性反馈移位寄存器。

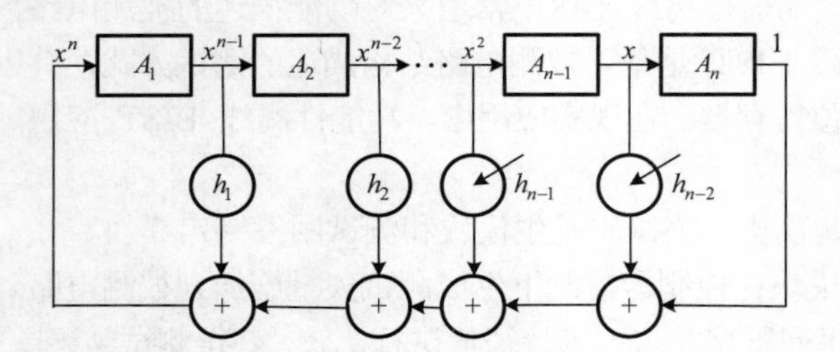

图 7.14 线性反馈移位寄存器结构

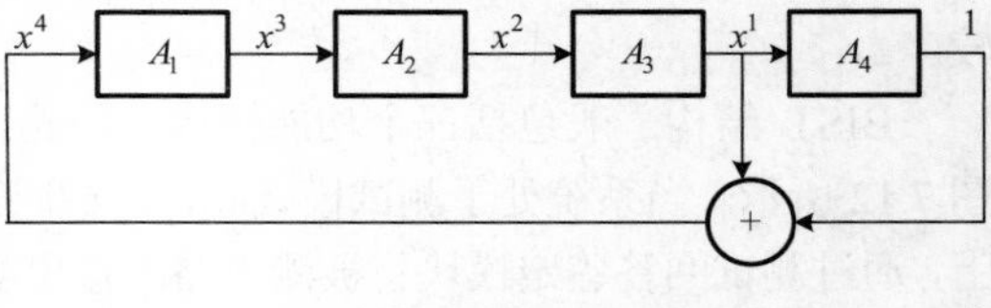

图 7.15 4 位线性反馈移位寄存器

图 7.15 的 4 位移位寄存器 $A_1 \sim A_4$ 的现在状态分别用 x_1、x_2、x_3 和 x_4 表示，当送入一个移位脉冲后，A_1～A_4 的下一状态分别用 x_1^1、x_2^1、x_3^1 和 x_4^1 表示，显然有：

$$\left.\begin{aligned} x_1^1 &= x_3 + x_4 \\ x_2^1 &= x_1 \\ x_3^1 &= x_2 \\ x_4^1 &= x_3 \end{aligned}\right\} \tag{7-38}$$

写成矩阵形式有：

$$\begin{bmatrix} x_1^1 \\ x_2^1 \\ x_3^1 \\ x_4^1 \end{bmatrix} = \begin{bmatrix} 0 & 0 & 1 & 1 \\ 1 & 0 & 0 & 0 \\ 0 & 1 & 0 & 0 \\ 0 & 0 & 1 & 0 \end{bmatrix} \begin{bmatrix} x_1 \\ x_2 \\ x_3 \\ x_4 \end{bmatrix} \tag{7-39}$$

令

$$\boldsymbol{X} = \begin{bmatrix} x_1 \\ x_2 \\ x_3 \\ x_4 \end{bmatrix} \tag{7-40}$$

$$\boldsymbol{T}=\begin{bmatrix}0&0&1&1\\1&0&0&0\\0&1&0&0\\0&0&1&0\end{bmatrix} \tag{7-41}$$

$\boldsymbol{X}$ 经过一次移位后记为 $\boldsymbol{X}_1$，再移位一次记为 $\boldsymbol{X}_2$，如此等等。则有

$$\boldsymbol{X}_1=\boldsymbol{TX} \tag{7-42}$$

继续下去：

$$\boldsymbol{X}_2=\boldsymbol{TX}_1=\boldsymbol{T}^2\boldsymbol{X} \tag{7-43}$$

一般形式为：

$$\boldsymbol{X}_j=\boldsymbol{TX}_{j-1}=\boldsymbol{T}^2\boldsymbol{X}_{j-2}=\cdots=\boldsymbol{T}^j\boldsymbol{X} \tag{7-44}$$

式中，$\boldsymbol{X},\boldsymbol{X}_1,\cdots,\boldsymbol{X}_j$ 称为状态矢量；$\boldsymbol{T}$ 称为转移矩阵。

对于转移矩阵 $\boldsymbol{T}$，必存在一个正整数 S，使得 $\boldsymbol{T}^S=\boldsymbol{E}$，这里 $\boldsymbol{E}$ 为单位矩阵。满足上述条件的最小 S 记为 M，称 M 为线性反馈移位寄存器的周期。这样，序列 $\boldsymbol{X},\boldsymbol{X}_1,\cdots,\boldsymbol{X}_j$ 是一个循环码序列，其周期为 M。在本例中，$\boldsymbol{X}_j$ 只有 4 位，循环码的最长周期不可能超过 $2^4-1=15$。事实上，图 7.15 的 4 位线性反馈移位寄存器的工作周期即为 15。

由上可见，线性反馈移位寄存器的循环周期越长，则可表征的状态就越多。因此，应寻求最长周期的线性反馈移位寄存器，用它既可以作为内测试中的伪随机数发生器，又可作为特征分析器。

可以证明，线性反馈寄存器的特征多项式为：

$$h(x)=x^n+h_1x^{n-1}+h_2x^{n-2}+\cdots+h_{n-1}x+1 \tag{7-45}$$

根据式（7-45），并由逻辑电路图，就可以求出给定电路的特征多项式。例如，在图 7.15 所示的 4 位线性反馈移位寄存器中，$h_1=0$，$h_2=0$，$h_3=1$，所以，它的特征多项式为：

$$h(x)=x^4+x+1 \tag{7-46}$$

同样可以证明，如果一个 n 位线性反馈移位寄存器的特征多项式 $h(x)$ 是 n 次本原多项式，则该 n 次线性反馈移位寄存器具有最长周期。因此，只要求出本原多项式，就可以构造具有最长周期的线性反馈移位寄存器。不少文献都列出了不同 n 值的本原多项式。如

4 次本原多项式为：

$$h(x)=x^4+x+1 \tag{7-47}$$

8 次本原多项式为：

$$h(x)=x^8+x^4+x^3+x^2+1 \tag{7-48}$$

16 次本原多项式为：

$$h(x)=x^{16}+x^5+x^3+x^2+1 \tag{7-49}$$

不过，n 次本原多项式并不是唯一的。若 $h(x)$ 是本原多项式，其反多项式 $h^*(x)$ 也是 n 次本原多项式。例如，对 4 次本原多项式有：

$$\begin{aligned}h^*(x)&=x^4h(1/x)=x^4\left(\frac{1}{x^4}+\frac{1}{x}+1\right)\\&=x^4+x^3+1\end{aligned} \tag{7-50}$$

式（7-50）也是 4 次本原多项式，它的循环周期也为 15。

7.5.2 伪随机数发生器

众所周知，对于有限序列不可能是真正随机的，我们只希望所产生的序列具有某种随机性，因此，称伪随机序列。具有最长周期的线性反馈移位寄存器所产生的状态序列就是一个伪随机序列，其总的状态数是有限的，最长不会超过2^n。因此，在内建自测试设计中，常用线性反馈移位寄存器作为伪随机数发生器，用来产生各种测试码。

伪随机测试生成是 BIST 技术中最普遍的测试生成方法，它是一种用硬件结构自动产生测试矢量的方法。当给该结构预置某一非零初始向量时就可以自动产生测试矢量。这些测试矢量的生成具有很多随机特性，但测试生成又是完全可以重现的，所以称这种生成方式为伪随机测试生成。伪随机测试生成可以有效地避免费时、复杂的算法求解测试矢量的过程，设计的费用较低，而且其硬件开销较少。另外，测试矢量的数目与被测电路的结构有关，支持在线测试。缺点是故障覆盖率不易计算，测试时间相对较长。

图 7.16 示出了一个 4 位伪随机数发生器，它用 4 个 D 触发器作为单位时间延迟的记忆元件，并用异或门所组成的 4 位线性反馈移位寄存器来实现。由图 7.16 可见，该电路是具有 4 次本原多项式x^4+x^3+1的线性反馈移位寄存器。该电路只要初始状态不为 0000，则它的输出序列就是周期为$2^4-1=15$的序列，其输出序列如表 7.1 所列，即为 11 11 01 01 10 01 00 01 11 1…

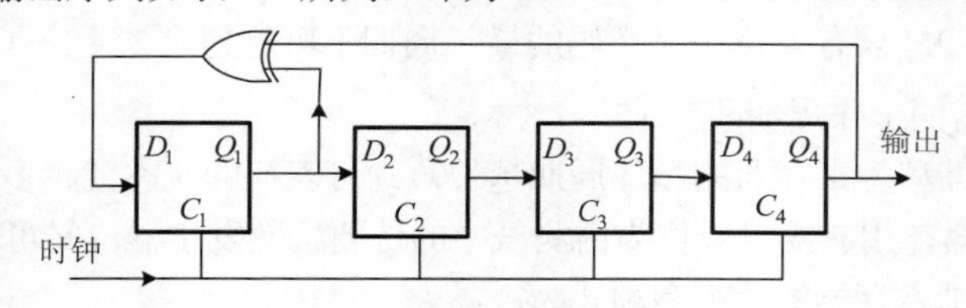

图 7.16 4 位伪随机数发生器

表 7.1 4 位伪随机数发生器的状态转移

	步 序	Q_1	Q_2	Q_3	Q_4	输出
初始状态	0	1	1	1	1	1
	1	0	1	1	1	1
	2	1	0	1	1	1
	3	0	1	0	1	1
	4	1	0	1	0	0
	5	1	1	0	1	1
	6	0	1	1	0	0
	7	0	0	1	1	1
	8	1	0	0	1	1
	9	0	1	0	0	0
	10	0	0	1	0	0
	11	0	0	0	1	1
	12	1	0	0	0	0
	13	1	1	0	0	0
	14	1	1	1	0	0
开始重复	15	1	1	1	1	1

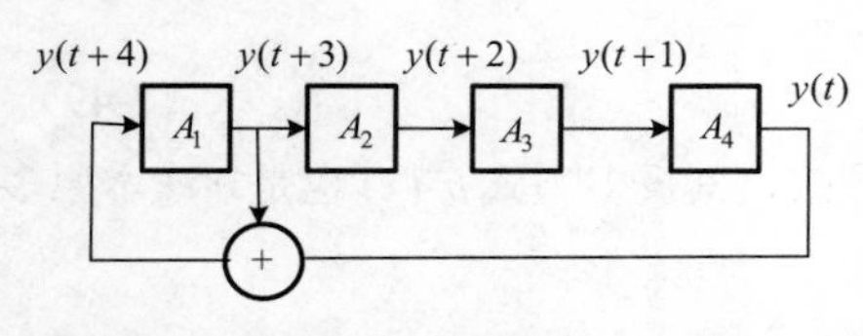

图 7.17 4 位线性反馈移位寄存器一般结构

如将图 7.16 改画成图 7.17 的一般结构形式，且将该线性反馈移位寄存器的输出记为$y(t)$，即在t时刻的输出为$y(t)$，则A_4下一时刻的输出将是A_3当前的输出。故A_3的输出是$y(t+1)$。类似地，A_4下两时刻的输出将是A_2当前的输出，故A_2的输出为$y(t+2)$。

同样，A_1的输出为$y(t+3)$，而A_1的输入为$y(t+4)$。从反馈网络的结构显然可见：

$$y(t+4)=y(t+3)+y(t) \tag{7-51}$$

利用这一递归关系，只需已知初始状态，就可以求出序列 $y(t)$。例如，初始状态为 1000，即 t=0 时，$y(0)=0$，$y(1)=0$，$y(2)=0$，$y(3)=1$。利用递归关系式（7-51），可得 $y(4)=1$；当 t=1 时，显然有 $y(t)=0$，$y(t+1)=0$，$y(t+2)=0$，$y(t+3)=1$，再利用递归关系可得 $y(t+4)=1$。以此类推，即可得到与上面相同的输出序列。

在内建自测试设计中，如果需要测试一个四输入端的组合电路，就可采用图 7.17 的 4 位线性反馈移位寄存器来产生测试矢量，15 步以后就实现了除 0000 之外的穷举测试。如果当组合电路规模增大，输入端数增加，而不需要穷举测试时，就可以用它作为伪随机输入，实现所需的测试。

7.5.3　特征分析器

在内建自测试设计中，其测试码的生成可以用线性反馈移位寄存器构成的伪随机数发生器 TPG 来产生。而测试响应则用测试回答鉴定器 TAE 来判定，在实际应用中，TAE 是一个特征分析器。

特征分析器就是在线性反馈移位寄存器的基础上增加一个外部输入端，如图 7.18 所示。这时，即使初始状态为 0000，只要外部输入序列为 100000000…，同样可以产生周期为 15 的伪随机序列。因为，在第一步，由于外部输入为 1，使电路进入 1000 状态。此后，

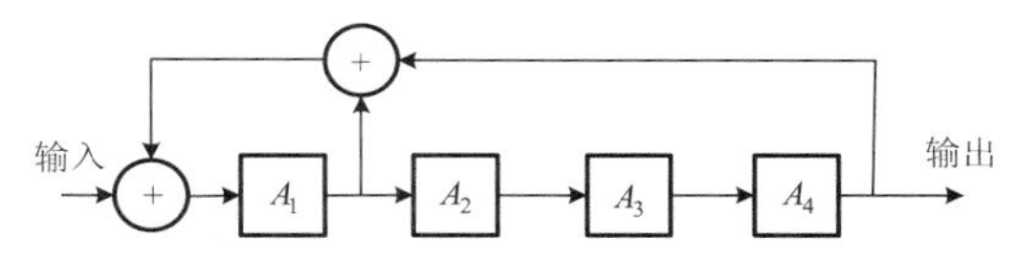

图 7.18　特征分析器原理结构

外部输入为 0，对电路的状态改变无影响。这一过程可用布尔函数的多项式除法来描述，其外部输入序列为 10000…且作为被除数，该线性反馈移位寄存器的特征多项式为 $x^4+x^3+1=x^4+x^3+0\cdot x^2+0\cdot x+1$，即为 11001 且作为除数，则其商就是输出。

按照多项式的除法运算规则，除数（特征多项式）、被除数（输入数据流）、商（输出数据流）以及余数（寄存器中的留数）之间的关系可列于表 7.2。因为用七段显示器来显示十六进制数中 10～15 的符号 A、B、C、D、E、F 时，无法区分 B 与 8、D 与 0，因此，这里用 A、C、F、H、P、U 来代替常规的符号。

```
             000  111  101  011  001 ——→ 输出数据流
      11001 √1000  000  000  000  000 ——→ 输入数据流
             1100  1
             ———————
              100  10
              110  01
              ———————
               10  110
               11  001
               ———————
                1  111  0
                1  100  1
                ——————————
                   111  00
                   110  01
                   ———————
                    10  100
                    11  001
                    ———————
                     1  101  0
                     1  100  1
                     —————————
                        110  00
                        110  01
                        ———————
                              1 ——→ 重复
```

表 7.2　特征分析器的工作过程

时钟周期	输入数据流 X	移位寄存器存数				特征多项式	留数 $R(X)$	
		A_4	A_3	A_2	A_1	$X\oplus A_1\oplus A_4$	二进制	十六进制
0	1	0	0	0	0	1	0 0 0 0	0
1	0	0	0	0	1	1	0 0 0 1	1
2	0	0	0	1	1	1	0 0 1 1	3
3	0	0	1	1	1	1	0 1 1 1	7
4	0	1	1	1	1	0	1 1 1 1	U
5	0	1	1	1	0	1	1 1 1 0	P
6	0	1	1	0	1	0	1 1 0 1	H
7	0	1	0	1	0	1	1 0 1 0	A
8	0	0	1	0	1	1	0 1 0 1	5
9	0	1	0	1	1	0	1 0 1 1	C
10	0	0	1	1	0	0	0 1 1 0	6
11	0	1	1	0	0	1	1 1 0 0	F
12	0	1	0	0	1	0	1 0 0 1	9
13	0	0	0	1	0	0	0 0 1 0	2
14	0	0	1	0	0	0	0 1 0 0	4
15	0	1	0	0	0	1	1 0 0 0	8
16	0	0	0	0	1	1	0 0 0 1	1
17	0	0	0	1	1	1	0 0 1 1	3
18	0	0	1	1	1	1	0 1 1 1	7
19	0	1	1	1	1	0	1 1 1 1	U
20	0	1	1	1	0	1	1 1 1 0	P

在实际应用中，我们所关心的并不是移位寄存器输出的数据流，而是在某一测试窗结束时寄存器中的存数 $R(X)$（亦称留数）。常将线性反馈移位寄存器中的存数 $R(X)$称为特征，它能反映输入数据流（测试响应）的特性，从而做出有无故障的判断。因此，线性反馈移位寄存器也叫作特征分析器。

利用特征分析器来测试数字系统，任何测试响应的一位出错，不管它出现在哪里，也不管测试在什么地方停止，都能得到不同的特征，从而被诊断。下面举例说明。

有输入序列：

$$X = 10101010101010101010 \tag{7-52}$$

$$Y = 00010000000000000000 \tag{7-53}$$

$$X + Y = 10111010101010101010 \tag{7-54}$$

在上面 3 个输入序列中，Y 序列只有一位为 1，即意味着$(X+Y)$序列与 X 序列只有一位不同。将上面 3 个序列分别输入到图 7.19 所示的特征分析器中，如初始状态为 0000，则输出序列分别有：

$$Q(X) = 00000100010010111110 \tag{7-55}$$

$$Q(Y) = 00000001111010110010 \tag{7-56}$$

$$Q(X+Y) = 00001101101000001100 \tag{7-57}$$

分析上面 3 个输出序列，显然$Q(X+Y)=Q(X)+Q(Y)$，并且，输入序列$(X+Y)$与 X 只相差一位，而输出序列$Q(X+Y)$ 与$Q(X)$ 相差甚多。如果观测输入 20 步以后寄存器的留数（特征），则有：

$$R(X) = 0111 \tag{7-58}$$

$$R(Y) = 0011 \tag{7-59}$$

$$R(X+Y) = 0100 \tag{7-60}$$

虽然，留数内容只有 4 位，$R(X)$ 与 $R(X+Y)$ 就有两位不同，完全能反映出两个输入序列之间的差别。

当特征分析器的输入连到某一观测点时，就能得到一个确定的特征，如果该特征与正常特征不同，就说明被测电路存在故障。

7.5.4 内建自测试电路设计

内建自测试电路设计是建立在伪随机数的产生、特征分析和扫描通路基础上的。采用伪随机数发生器生成伪随机测试输入序列，应用特征分析器记录被测试电路输出序列（响应）的特征值，利用扫描通路设计，串行输出特征值。当测试所得的特征值与被测电路的正确特征值相同时，被测电路即为无故障；反之，则有故障。被测电路的正确特征值可预先通过完好电路的实测得到，也可以通过电路的功能模拟得到。

由于伪随机数发生器、特征分析器和扫描通路设计所涉及的硬件比较简单，适当的设计可以共享逻辑电路，使得为测试而附加的电路比较少，容易把测试电路嵌入芯片内部，从而实现内测试电路设计。内建逻辑块观测（Built-In Logic Blook Observation）设计，简称 BILBO 设计，是一种具体实用的内测试电路的设计方法，它是在复杂大规模集成电路中，设计一种多功能逻辑块。它既可以作为一般的寄存器，又可以作为线性反馈移位寄存器和多输入特征分析器，并具有扫描通路，从而实现内测试。

图 7.19(a)给出了一个 8 位 BILBO 寄存器，$L_i(i=1,2,\cdots,8)$ 是系统触发器，它是 BILBO 设计的核心。$Z_i(i=1,2,\cdots,8)$ 是系统触发器的 8 条输入线，它们连接到被测电路的输出点或观测点；$Q_i(i=1,2,\cdots,8)$ 是 8 个系统触发器的输出；S_{IN} 和 S_{OUT} 分别是扫描通路的输入和输出；B_1 和 B_2 是两条控制线，可以控制或选择 BILBO 的 4 种不同工作方式。

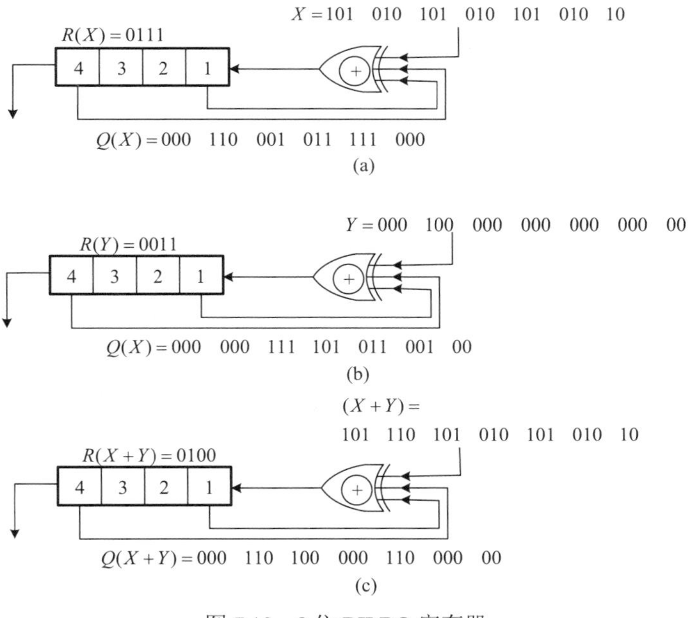

图 7.19　8 位 BILBO 寄存器

当 B_1B_2 =11 时，8 个触发器是相互独立的，如图 7.19(b)所示。这是基本的系统工作方式，在系统正常工作状态下可以用作存储单元。数据可以从 $Z_1,Z_2,\cdots,Z_8$ 送入触发器，从 $Q_1,Q_2,\cdots,Q_8$ 输出。

当 $B_1B_2=00$ 时，BILBO 寄存器构成一个串行移位寄存器，如图 7.19(c)所示。此时 BILBO 工作于串行扫描工作方式。由扫描输入 S_{IN} 串行移入数据，经移位后，从扫描输出 S_{OUT} 串行输出寄存器的内容，因此，触发器 $L_1 \sim L_8$ 形成了一条扫描通路。当然，寄存器中的内容也可以从触发器的输出端 $Q_1,Q_2,\cdots,Q_8$ 并行输出。

当 B_1B_2=10 时，BILBO 寄存器连接成一个具有最长周期的线性反馈移位寄存器，如图 7.20(d)所示。显然，这是一个多输入的并行特征分析器，其特征方程为 $x^8+x^6+x^5+x^4+1$。这种工作方式的 BILBO 有两个作用，其一是在 $Z_1,Z_2,\cdots,Z_8$ 取固定值时，用作伪随机数发生器，以生成测试矢量；其二是用作并行输入的特征分析器，记录 8 个并行序列的特征值。如果将工作方式由 B_1B_2=10 变为 B_1B_2=00，就可以通过扫描输出观测到该特征值。

在这里使用了并行输入的特征分析器，它比单输入的特征分析器具有更好的效果。并行多输入特征分析器同时压缩记录多个输入序列。例如，对于 8 位线的响应序列，如果用单输入特征分析器，则需 8 个并行工作，这在内测试设计中将花费更多的芯片面积。如果只用一个单输入特征分析器，则需通过多路转换器，分别记录 8 个序列的特征值，这又将花费更多的时间。并行多输入反馈移位寄存器仍然是线性时序电路，对多个输入序列的记录符合线性关系。

当 B_1B_2=01 时，寄存器内容清零。

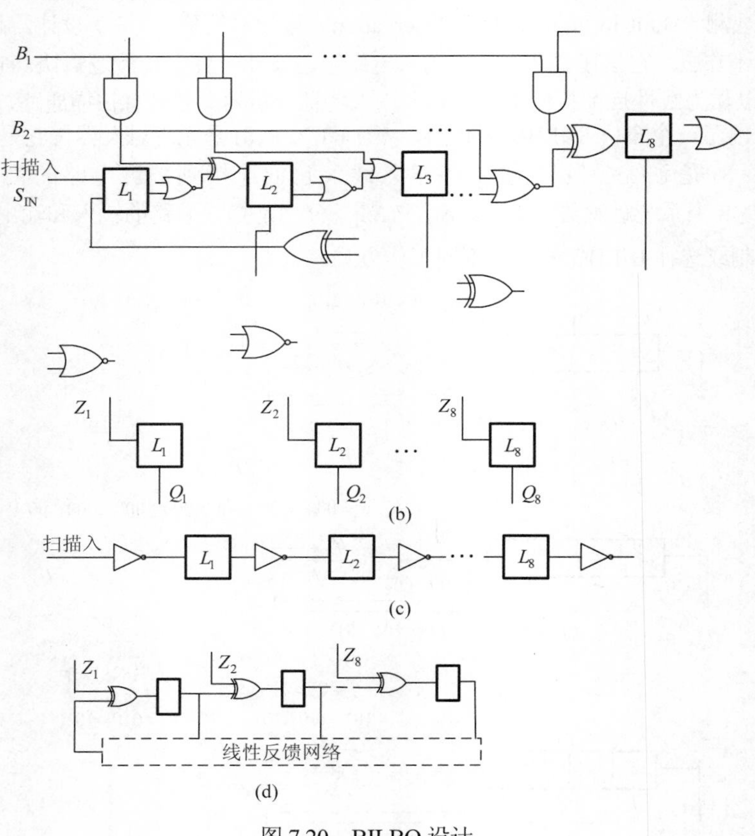

图 7.20　BILBO 设计

BILBO 寄存器在系统中的实际使用方法如图 7.21 所示。BILBO（1）寄存器对应组合电路（1），且组合电路（1）接受 BILBO（1）寄存器产生的伪随机测试码，组合电路（1）输出响应序列又送给 BILBO（2）寄存器，组合电路（2）接受 BILBO（2）寄存器产生的伪随机测试码。组合电路（2）输出响应序列又输送给 BILBO（1）寄存器。一般来说，随机组合逻辑系统对于随机测试是敏感的。因此，如果 BILBO 寄存器的输入 $Z_1,Z_2,\cdots,Z_s$ 为固定值，则 BILBO 寄存器作为一个具有最大周期的线性反馈移位寄存器，可以产生伪随机测试序列。当测试组合电路（1）时，BILBO（1）寄存器作为伪随机数发生器，以产生测试输入，而 BILBO（2）寄存器作为特征分析器，记录组合电路（1）输出序列的特征。然后，再使 BILBO（2）寄存器工作于串行扫描方式。将 BILBO（2）中存放的特征值串行地从扫描输出端 S_{OUT} 输出，并与正确特征值比较就可以完成对组合电路（1）的测试。类似地，用 BILBO（2）寄存器作为伪随机数发生器，BILBO（1）寄存器作为特征分析器，便可测试组合电路（2）。系统正常工作时，BILBO 寄存器用作触发器或移位寄存器，与组合电路共同完成正常系统的逻辑功能。

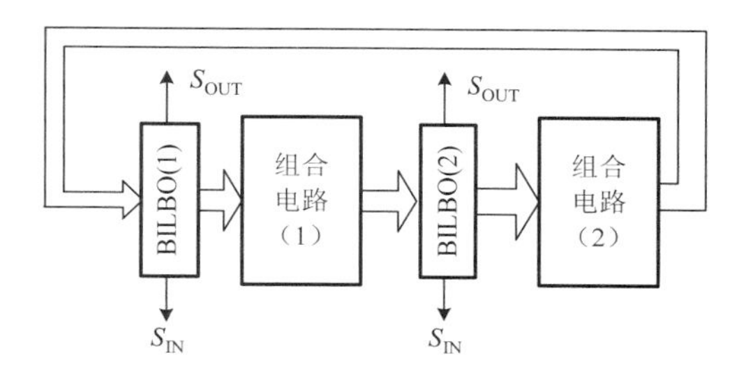

图 7.21　BILBO 在系统中的作用

BILBO 设计的测试码生成和故障检测都在芯片内部实现，测试过程是在内部时钟控制下高速进行的。因此可以得到足够长的随机测试序列，提高其故障侦出概率。内测试电路设计的缺点是电路中增加了异或门，会增大电路延迟时间，降低电路速度，且成本略有增加。

7.6　边界扫描技术

上面介绍的各种可测性设计技术，对于不同的生产厂家其具体实施各不相同，因而通用性较差。为了建立一个标准的测试体系，1985 年，飞利浦（PHILIP）公司率先组织了由欧洲的主要电子公司组成的欧洲联合测试工作组 JETAG（Joint European Test Action Group），开展了可测性设计工业标准的研究。后来北美国家的一些大公司也参加了该组织，称之为 JTAG。1987 年 JTAG 提出了系统级测试芯片和电路板测试体系规范 1.0 版。1988 年又提出了 2.0 版，并提交 IEEE 计算机协会的测试技术委员会。1990 年 2 月，IEEE 标准委员会通过“IEEE 标准测试端口和边界扫描测试体系规范”，定为 IEEE 1149.1—1990 标准。1990 年 8 月，美国国家标准局（ANSI）也承认了该标准。目前，我国也正在制定相应的标准。

边界扫描技术是为获取 VLSI 等新型电子器件的测试信息、解决其测试问题而提出的一种先进的测试和可测性设计技术，是一种与其他方法不同的可测试性技术。它要求从最初设计中考虑到测试结构。边界扫描技术是从芯片结构到整个系统设计思想的革命性改变。

边界扫描测试是一种虚拟的测试技术，是非接触式的测量方法，克服了传统探针接触测试带来的困难，提高了电路节点的可控性和可观察性。通过边界扫描结构构建 BIST 电路，只需要很少的额外开销。除此之外，JTAG 总线可以对芯片或模块进行功能测试，实现器件的编程等。

边界扫描机制的主要思想是：通过在芯片引脚和芯片内部逻辑电路之间，即在靠近芯片的输入/输出引脚上增加一个移位寄存器单元。因为这些移位寄存器单元都分布在芯片的边界上（周围），所以被称为边缘扫描寄存器（Boundary-Scan Registercell）。当芯片处于调试状态时，这些边界扫描寄存器可以将芯片和外围的输入/输出隔离开来。通过这些边界扫描寄存器单元，可以实现对芯片输入/输出信号的观察和控制。对于芯片的输入引脚，可以通过与之相连的边界扫描寄存器单元把信号（数据）加载到该引脚上；对于芯片的输出引脚，也可以通过与之相连的边界扫描寄存器“捕获”（CAPTURE）该引脚上的输出信号。在正常的运行状态下，这些边界扫描寄存器对芯片来说是透明的，所以正常的运行不会受到任何影响。这样，边界扫描寄存器提供了一个便捷的方式用以观测和控制所需要调试的芯片，从而提供芯片级、PCB 板级以至系统级的标准测试框架。

在边界扫描机制中，各边界扫描单元以串行方式连接成扫描链，从而既可以通过扫描输入端 TDI 将测试代码以串行扫描的方式输入，对相应的引脚状态进行设定；也可以通过扫描输出端 TDO 将系统的测试响应串行输出，对数据进行分析。对存在多个边界扫描链的电路板或模块，可以通过串接的方式连成一个长的边界扫描链，或通过可寻址扫描器件对多链进行访问，或通过多个 TAP 测试通道进行并行测试访问等多种方式实现。这样，边界扫描测试就具有对芯片级、电路板级、系统级等各层电路进行互连测试和 BIST 测试的能力。

边界扫描测试技术提供了一种新的完整方法，能够克服测试复杂数字电路板的技术障碍。在实际测试电路板时，不再需要借助于复杂和昂贵的装置，并且提供了一种独立于电路板技术的测试方法。边界扫描机制的应用可以大大地提高电路系统的可控性和可观察性。边界扫描技术降低了对测试系统的要求，可实现多层次的全面测试，但实现边界扫描技术需要超出 7%的附加芯片面积，同时增加了连线数目，且工作速度有所下降。

7.6.1 JTAG 边缘扫描可测性设计的结构

JTAG 边缘扫描可测性设计是一个四线测试总线结构（TAP）。它通过一个测试控制器去扫描集成电路的输入/输出引脚，以测试这些引脚的状态，并进入集成电路内部去访问在设计中设置的内测试电路（BIST），以测试集成电路的内部逻辑状态。因此，JTAG 边缘扫描可测性设计实际上是内测试技术与扫描测试技术的结合。图 7.22 示出了 JTAG 的基本结构。

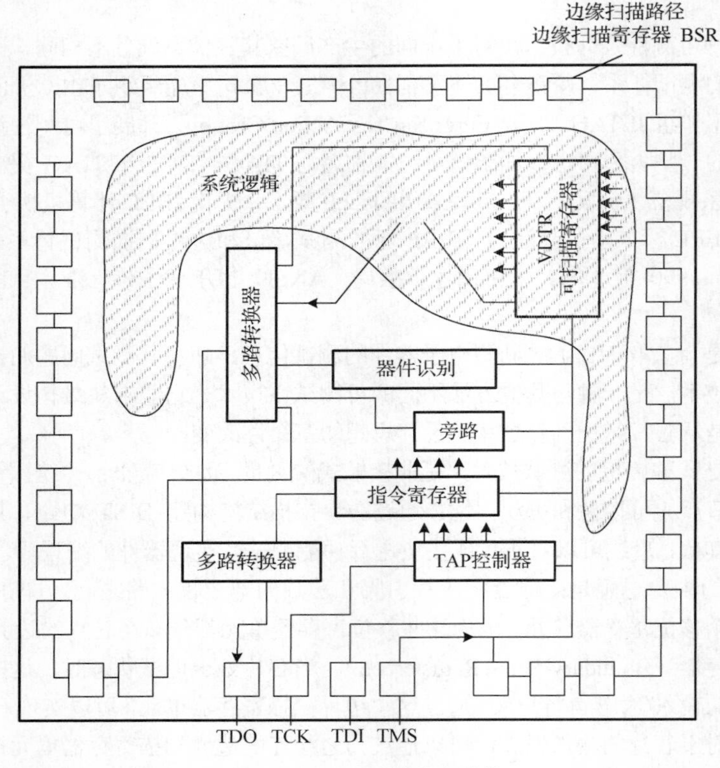

图 7.22 JTAG 的基本结构

1. 测试总线

JTAG 的测试总线规定有 4 条：

（1）TDI——测试数据输入端。

（2）TDO——测试数据输出端。

（3）TMS——测试方式选择输入端。

（4）TCK——测试时钟输入端。

此外，还有可供选用的 TRST 测试复位输入端。

2．BSR 边缘扫描寄存器

边缘扫描寄存器 BSR（Boundary Scan Register）构成边缘扫描路径。边缘扫描寄存器的每一个单元由存储器、发送/接收器和缓冲器组成。这些基本单元都置于集成电路的输入/输出端附近，并将它的首尾相连构成一个移位寄存器链，其首端接 TDI，末端接 TDO。当测试时钟 TCK 加入时，从 TDI 加入的测试数据即可在移位寄存器中移动——扫描。由于移位寄存器链位于集成电路四周的边缘上，故称为“边缘扫描寄存器”。

边缘扫描寄存器的工作是受工作方式及多路转换开关控制的。每个扫描单元的基本结构如图 7.23 所示。每一个扫描单元可以保持一个逻辑值，这个值可以串行输入也可并行输入该单元。同样，可串行输出也可并行输出该单元的内容。图 7.24 示出了由多路转换开关控制的输入与输出的各种组合情况。

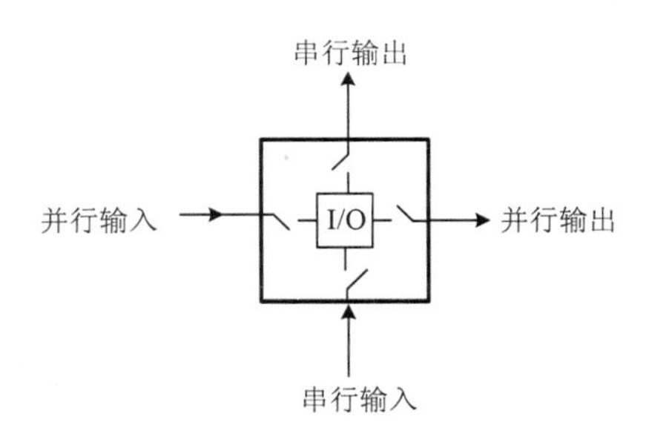

图 7.23　扫描单元的基本结构

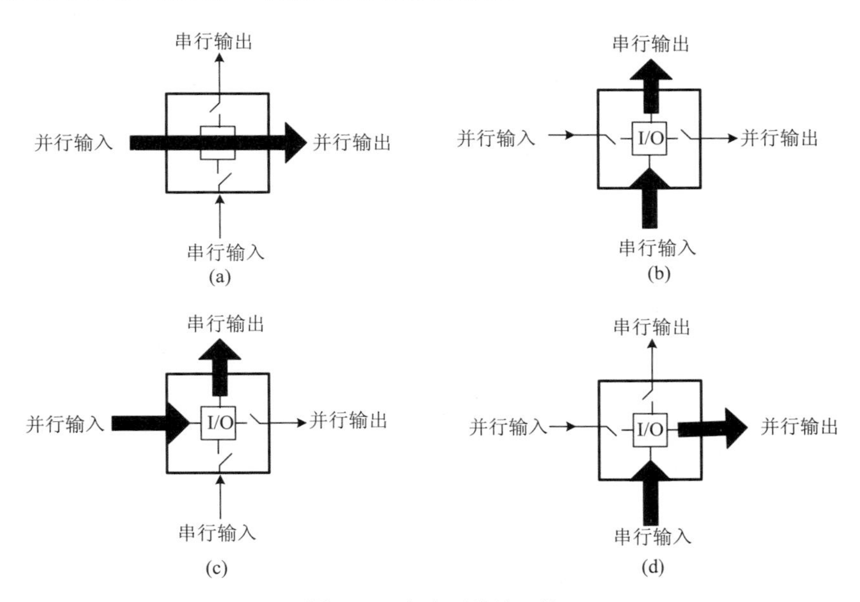

图 7.24　多路开关的工作

3．测试用数据移位寄存器 UDTR

测试用数据移位寄存器是一个可串行扫描且可并行输入/输出的寄存器。通过多路转换开关使串行扫描端既可与 TDI 相连，也可与 TDO 相连。并行端与集成电路内部逻辑相连，以便将测试数据经串行扫描并行送入电路内部作为测试向量。同时，也可将内部数据并行取出而以串行扫描方式通过 TDO 端输出，从而判断测试结果。作为 JTAG 标准，对 UDTR 未做强行规定，其形式和放置的位置均可由设计者决定。不过，一般是用 UDTR 将各功能模块包围起来，以便单独对各功能块进行测试。此外，UDTR 也可作为内测试（BIST），在内部产生测试信号并判断测试结果。

4．辅助寄存器

辅助寄存器包括器件识别寄存器及旁路寄存器。器件识别寄存器用于寄存表征参加扫描的寄存器或集成电路的识别码。旁路寄存器只有一位，用于将不参加串行扫描的数据寄存器的数据在此旁路掉以减少扫描时间。

5．指令寄存器

指令寄存器的作用是向各数据寄存器发出各种操作码，并确定其工作方式。

6．TAP 控制器

TAP 控制器是控制整个 JTAG 工作的。它接收 TMS 和 TCK 信号，输出各扫描数据寄存器和指令寄存器等所需的时钟信号，并在指令寄存器的配合下产生复位、测试、启动 BIST、输出缓冲器允许等信号。同时，还要产生如下 3 个重要信号：

（1）更新（Update）：更新输出单元的数据寄存器内容。

（2）移位（Shift）：移动数据寄存器内的数据。

（3）捕获（Capture）：并行装载作为输入单元的数据寄存器。

7．多路转换器

多路转换器在指令寄存器和控制器的控制下，用以选择扫描路径及选择某一个寄存器的数据，而将其输出送到 TDO 端。

7.6.2 工作方式

JTAG 边缘扫描有 4 种工作方式。

1．内部测试方式

内部测试方式用于测试电路板上各集成电路芯片的内部故障。在这种测试方式下，测试图形通过 TDI 输入，并通过边界扫描通路将测试图形加于每个芯片的输入引脚寄存器中。而从输出端 TDO 串行读出存于输出引脚寄存器中各芯片的响应图形，从而根据输入图形和输出响应，即可对电路板上各芯片的内部工作状态进行测试，其结构如图 7.25 所示。

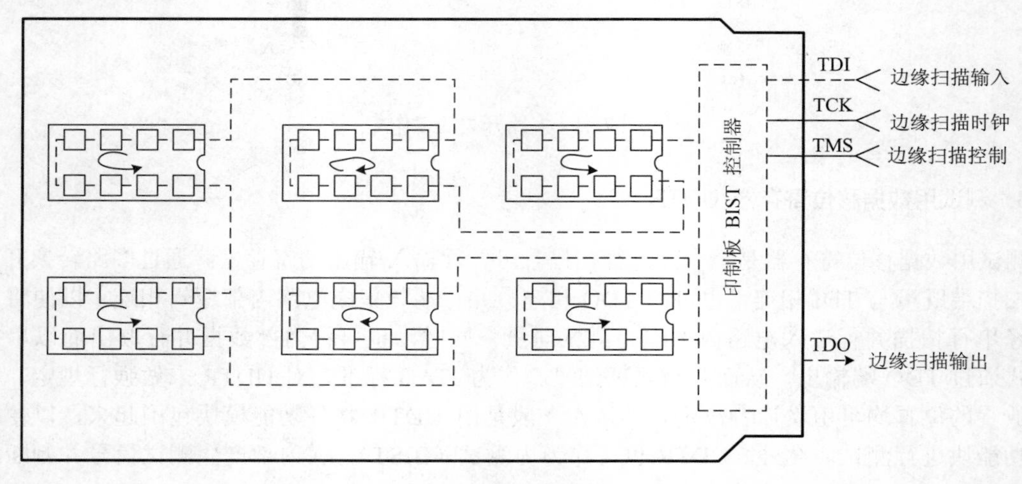

图 7.25 电路板的边缘扫描

2．外部测试方式

外部测试方式用于测试电路板上各集成电路芯片间连线的呆滞型故障、开路故障和短路故障，如图 7.26 所示。测试图形从 IC1 的 TDI 端输入，经边缘扫描通路加至每个芯片的输出引脚寄存器。每个芯片的输入引脚寄存器则接收响应图形，如 IC2 的 C 脚寄存器接收 IC1 的 A 脚寄存器的信息。显然，正确的信息应为 1，如果电路板的走线 AC 与 BD 间发生短路，则 C 脚寄存器接收的信息变为 0。同样，IC3 的 F 脚寄存器接收 ICl 的 E 脚寄存器的信号，E=1，如果芯片间的引线 EF 发生开路，则 F 脚寄存器仍为 0，而不会变为 1。因此，将从 TDO 端输出的边缘扫描寄存器的串行信号及从电路板原始输出 PO 的信号与正确的信号相比较，就可以诊断电路板引线及芯片引脚间的开路、短路及呆滞型故障。

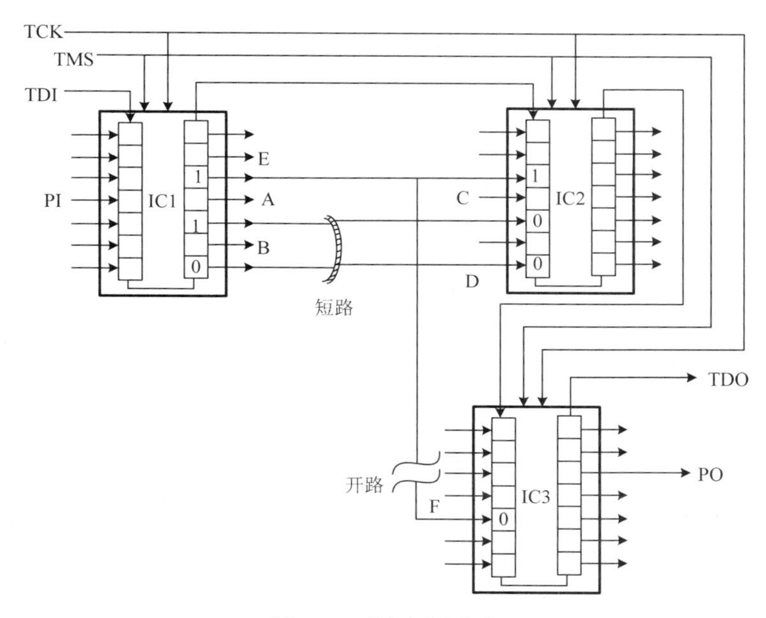

图 7.26　外部测试方式

3．采样测试方式

采样测试方式用于实时诊断一个正在工作的系统。此时，扫描寄存器实时监视电路板上各芯片的输入和输出引脚的数据流。

4．电路板正常工作方式

此时，边缘扫描寄存器不影响电路板的正常工作，使电路板处于正常工作状态。

7.6.3　边缘扫描单元的级联

管理扫描单元的目的在于当测试需要输入数据时能及时产生，而当需要测试响应时，能够将其取出。例如，为了捕捉一个芯片输入脚上的数据，可以利用芯片输入脚上的扫描单元的并行输入来产生测试图形，然后再经扫描单元串行移位，并从 TDO 端输出，而得到测试响应数据。在被测试的电路板上，所有的边界扫描单元可以经 TDI 和 TDO 串联起来，而形成一个大的扫描通路。对于一个大的电路板而言，可以具有多个扫描通路，它可由边缘扫描的 TAP 控制器及多路转换器来控制。

在电路板的设计中，所有的边缘扫描器件的 TAP 控制器的 TMS 端都是并联的，TCK 端也是并联的，如图 7.27 所示。这种并行连接，可以同时管理所有的边界扫描器件的状态。在常规操作时，数据要串行地送入和移出扫描通路。如果欲将数据送入 IC3 器件的边缘扫描寄存器，则首先必须把数据移入 IC1 和 IC2，并在时钟控制下，一位一位地移动，其结果增加了测试时间，降低了测试效率。为了提高测试效率，可以使用旁路寄存器。旁路寄存器只有一位，它一端与 TDI 相连，另一端与 TDO 相连。当旁路寄存器为 1 时，旁路寄存器可使 TDI 与 TDO 短接（旁路），从而节省了移位时间，提高了测试效率，其连接如图 7.28 所示。

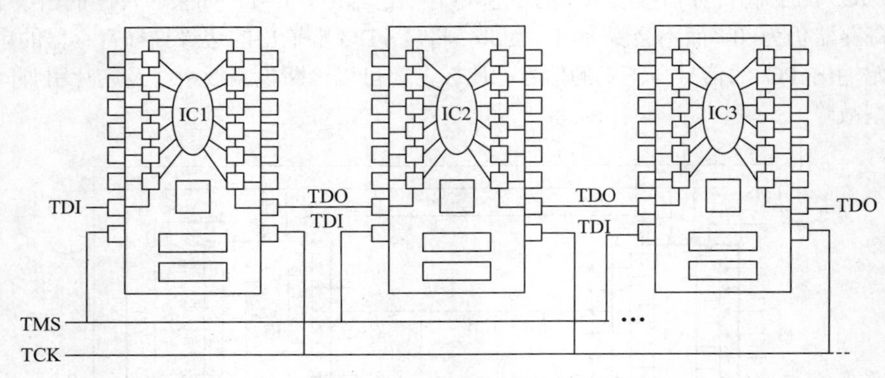

图 7.27 边缘扫描的级联

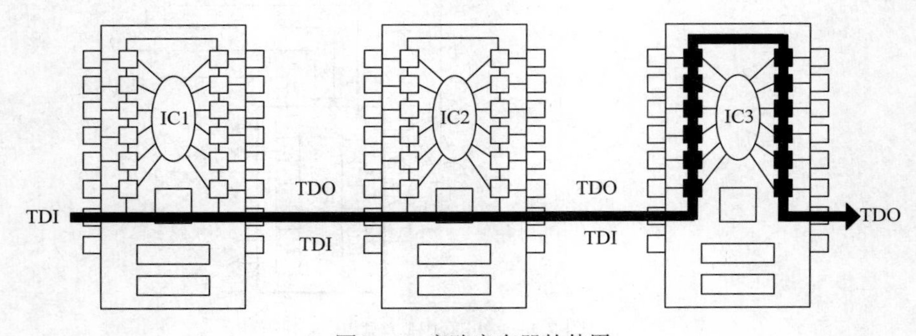

图 7.28 旁路寄存器的使用

7.6.4 JTAG 的指令

在边界扫描设计中，可从 TDI 处以串行方式将指令移入指令寄存器。指令用于确定哪一个测试数据寄存器被选择且接入 TDI→TDO 的扫描链中。在执行指令进行测试的过程中，必须保证扫描链上的每个 IC（或 PCB）都有一个数据寄存器接入到这根扫描链上。

在 IEEE 1149.1 的标准中有两类指令。一类是公共指令，即每个边界扫描设计都是通用的；另一类是专用指令，这是设计者或生产厂商为专用的测试数据寄存器完成特定的测试功能而专门设计的，这一类指令一般都由设计者或生产厂商提供详尽的说明。

公共指令又分为两种。一种是 IEEE 1149.1 的标准规定必须有的，它包括 3 条指令：旁路（BYPASS）、采样/预装（SAMPLE/PRELOAD）和外测试（EXTEST）。另一种是非必须有的（但是如果要有，必须符合 IEEE 1149.1 的标准），它包括 4 条指令：内测试（INTEST）、运行内测试（RUNBIST）、取器件标志码（IDCODE）和用户指令（USERCODE）。此外，还有其他两个可选择的指令：组件（CLAMP）指令和输出高阻（HIGH）指令。下面对 JTAG 部分指令进行简要介绍，可以参考表 7.3。

表 7.3　IEEE 1149.1 标准指令

指　令	行 为 方 式
BYPASS	通过某一单元旁路寄存器传送数据，绕过 ASIC 的边界链路，缩短了扫描其他元件所必需的扫描链路
EXTEST	将已知值驱动到 ASIC 的输出引脚，测试电路板级连接和 ASIC 的外部逻辑模块
SAMPLE/PRELOAD	SAMPLE 获取系统引脚的数据值，将数据并行装入获取寄存器触发器。PRELOAD 将测试数据模板置入输出寄存器
INTEST*	对 ASIC 逻辑模块应用测试模板，并从逻辑模块获取响应。仅在 TDI 和 TDO 之间连接边界扫描寄存器
RUNBIST*	当 TAP 控制器处于 S-Rum-Idle 时，主 ASIC 进行自检
IDCODE*	将 IDCODE 寄存器（器件识别寄存器）中的数据移出，给测试者提供厂商名、部件序列号和其他数据，如果在 TAP 中不存在 IDCODE 寄存器，指令将默认送到 BYPASS 寄存器

注：*表示可选指令。

（1）BYPASS 指令。

BYPASS 指令是一条 11…1 的全 1 串指令。它的功能是选择该 IC（或 PCB）中的数据寄存器为旁路寄存器 BR，即使该 IC（或 PCB）的扫描链仅由一位的 BR 构成。BYPASS 指令通过 1 位旁路寄存器从 TDI 到 TDO 扫描数据，而不是通过整个边界扫描链路。这样就绕过了还没有被测试的芯片，并缩短了测试其他元件所必需的扫描链路。这里之所以把全 1 串数据作为旁路指令，是考虑到如果该 IC 的 TDI 若开路，则自动选择旁路寄存器，以免对其他的 IC 的测试或运行产生不必要的影响。

（2）SAMPLE/PRELOAD 指令。

SAMPLE 指令用于在不影响核心逻辑正常工作的条件下，将有关采样点（即边界扫描设计中的并行输入端）的信号捕获至边界扫描寄存器中，以便进行监测和分析核心逻辑电路的工作情况。PRELOAD 指令与 SAMPLE 指令的逻辑功能是一样的，只是此时装入边界扫描寄存器中的数据是操作者已知或已确定的。例如，在进行某种测试时，可以先预装一个特定的数据，使边界扫描寄存器输出一种完全安全的状态。

（3）EXTEST 指令。

EXTEST（外部测试）指令可用来测试芯片外部的互连，也就是将模板扫描进获取/扫描寄存器，然后再将该数据并行装入边界扫描链路的输出寄存器。当芯片置于测试模式时，测试模板就会呈现在芯片输出引脚，并驱动与其他芯片的相互连接，进而从其他芯片中获取信号值，并扫描出来以进行互连结构的完整性分析。

（4）INTEST 指令。

INTEST（内部测试）指令可用来隔离和测试电路板上每个元件的内部电路。该指令将测试模板扫描进获取寄存器，然后再将数据并行装入边界扫描链路的输出寄存器。当芯片被置于测试模式时，连接到 ASIC 输入端口的输出寄存器单元将对芯片的逻辑进行训练，形成可以在获取/扫描寄存器单元上获取的输出信号，然后扫描出来进行分析。在将一个模板扫描出来的同时，则会将另一个模板扫描进寄存器。

由于利用边界扫描设计进行内测试时，激励的向量通常是以串行方式输入的，因此测试的准确度很低，只能对核心逻辑做低速的测试，即近似于静态测试。所以这种测试优势不能满足核心逻辑电路的测试要求，此时应考虑核心逻辑电路应具有可以正常工作速度进行测试的自测试功能。

7.6.5　JTAG 应用举例

图 7.30 示出了美国 TI 公司为测试电路板上的存储器而设计的符合 JTAG 规约的内置自测试结构（BIST）。U_1、U_2 和 U_3 是 TI 公司为适应 JTAG 规定而设计的边缘扫描寄存器。U_1 是带有内置自测试

所需的伪随机图形发生器（PRPG）和存储测试结果的并行加载的特征分析器及其接收/发送集成电路，它具有图形发生和暂存特征数据的功能。U_2和U_3除用作缓冲器外也具有伪随机图形发生的能力。

BIST控制器是由ROM和状态发生器组成的带有指令寄存器（IR）的集成电路，它控制着整个测试过程。BIST控制器和U_1、U_2、U_3组成扫描闭合电路，它与扫描路径的耦合是三态的，因此，在不进行测试时，不会影响存储器的正常工作。此外，BIST控制器不仅为PRPG提供初始测试图形，而且为U_1、U_2、U_3等边缘扫描移位寄存器提供 TMS、TCK和操作指令等信号。

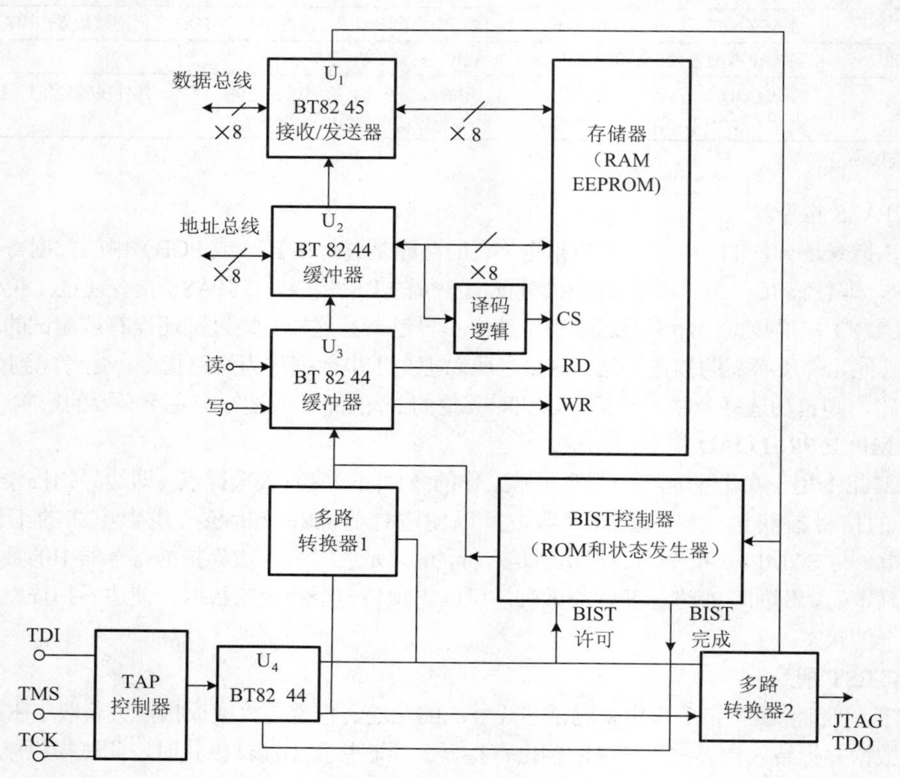

图7.29 内置自测试结构

在存储器正常工作时，BIST不工作。存储器和数据总线、地址总线、读写线等通过边缘扫描单元U_1、U_2、U_3双向连接。测试时，U_1、U_2、U_3将数据总线、地址总线、读写线等与被测存储器断开，BIST控制器则与U_1、U_2、U_3构成扫描通路。当TAP控制器发出BIST许可信号后，BIST状态发生器发出测试时钟TCK。BIST控制器进行IRSCAN（指令寄存器扫描）、DRSCAN（数据寄存器扫描）及LOOP（循环）等3个基本操作。IRSCAN把命令码扫描存入指令寄存器，以确定边缘扫描寄存器的动作；DRSCAN则将实际测试数据扫描存入边缘扫描寄存器，作为测试图形。然后，再次启动IRSCAN发出测试运行命令，即将边缘扫描寄存器里的数据送入被测存储器或读出存储器里的数据，并经扫描通路从TDO输出。如此反复执行IRSCAN、DRSCAN、LOOP，被测存储器地址里一个个地写入 PRPG 中的数据，直到全部地址写入后，再一个个地将数据串行扫描输出。其扫描路径为 BIST控制器$\rightarrow U_3 \rightarrow U_2 \rightarrow U_1 \rightarrow$BIST控制器。每次测试的结果暂存在$U_1$的PSA寄存器中。

在测试过程中，TPA控制器定期访问U_4，监视BIST是否发出“BIST完成”信号。如果收到该信号，“BIST允许”信号就关断。此时，BIST控制器就退出扫描路径，而接通一个外部扫描路径，这个路径是TAP控制器$\rightarrow$多路转换器1$\rightarrow U_3 \rightarrow U_2 \rightarrow U_1 \rightarrow$多路转换器2$\rightarrow$TAP控制器。此时，TAP

控制器启动另一数据扫描，将 U_4 中 16 位 PSA 的内容扫描出去，经多路转换器 2 送到 TDO，使之进入 TAP 控制器并与正常值比较，从而测试出存储的工作状态。

7.6.6 JTAG 的特点

采用 JTAG 边缘扫描的可测性设计，使所设计的芯片具有如下特点。

1. 互通性强

由于 JTAG 是一个国际承认的标准，因此各公司生产的带有 JTAG 的芯片均可组成一个数字系统，而使整个系统能方便地实现 JTAG 边缘扫描的可测性能力，提高了系统的可测性。

2. 降低了对测试系统的要求

JTAG 采用了串行扫描技术，其串行格式只与扫描通路中边缘扫描寄存器单元的排列有关，从而大大压缩了测试图形的宽度，并可用简单测试仪器或微机实现扫描控制，降低了测试成本。

3. 测试能力强

JTAG 不仅能测试集成电路芯片输入/输出引脚的状态，而且能够测试芯片内部的工作情况及数字系统各芯片之间的连线故障。边缘扫描对芯片引脚的测试可提供 100%的故障覆盖率，且能实现高精度的故障定位。

4. 缩短产品设计周期

JTAG 大大改善了电路芯片及系统的可测性，大大减少了产品开发中的测试时间，缩短了产品的设计和开发周期。同时，也节省了现场测试和维修所需的人力、物力，从而进一步节省了开支。

本章参考文献

[1] 张新锋. 不确定性结构与系统可靠性度量研究. 西安电子科技大学, 2007.

[2] 王蓬. 整机可靠性指标预计方法研究. 西安理工大学, 2004.

[3] 郭兵. SoC 技术原理与应用[M]. 北京：清华大学出版社, 2006.

[4] EEE114911-2001, IEEE Standard Test Access Port and Bounda-ry-Scan Architecture [S].

[5] Wang L T, Stroud C E, Touba N A. System-on-chip test architectures: nanometer design for testability[M]. Morgan Kaufmann, 2010.

[6] 庞伟区. 数模混合信号芯片的测试与可测性设计研究. 湖南大学, 2008.

[7] Chickermane V, Foutz B, Gallagher P, et al. Design-For-testability planner: U.S. Patent 7,926,012[P]. 2011-4-12.

[8] CAI Z, HUANG K, HUANG D, et al. Design-for-Testability and Test of Garfield Series SoC's. Microelectronics, 2009, 5: 002.

[9] 陆思安, 史峥. 面向系统芯片的可测性设计. 微电子学, 2001, 31(6)：440-442.

[10] 陈宁. 混合集成电路可测试性设计的研究. 北方工业大学, 2009.

[11] 王坤. 可测性设计技术的发展. 科技致富向导, 2013 (23): 90-90.

[12] Liu W Y, Huang J Y, Hong J H, et al. Testable design and BIST techniques for systolic motion estimators in the transform domain[C]. Testing and Diagnosis, 2009. ICTD 2009. IEEE Circuits and Systems International Conference on. IEEE, 2009: 1-4.

[13] 陈星, 黄考利, 连光耀, 等. 从 1149.1 标准到 1149.7 标准分析边界扫描技术的发展. 计算机测量与控制, 2009 (8): 1460-1462.

[14] 姜岩峰, 张东, 王鑫. IEEE 1149. 4 模拟和混合信号测试总线标准. 电子测试, 2011 (7): 16-19.

[15] 李修杰, 詹于杭. 模块测试与维护总线. 航空电子技术, 2003, 34(2): 8-16.

[16] Emmert G. Method for improving design testability through modeling[C]. AUTOTESTCON, 2010 IEEE. IEEE, 2010: 1-4.

[17] Ungar L Y. Testability design prevents harm. Aerospace and Electronic Systems Magazine, IEEE, 2010, 25(3): 35-43.

[18] 谈恩民. 数字电路 BIST 设计中的优化技术. 上海交通大学, 2007.

[19] 张永光. 芯片设计中的可测试性设计技术. 浙江大学, 2005.

[20] 段军棋. 基于边界扫描的测试算法和 BIST 设计技术研究. 成都：电子科技大学, 2004.

[21] 吕彩霞. JTAG 的设计与研究. 北京交通大学, 2006.

[22] Da Rolt J, Das A, Di Natale G, et al. A scan-based attack on Elliptic Curve Cryptosystems in presence of industrial Design-for-Testability structures[C]. Defect and Fault Tolerance in VLSI and Nanotechnology Systems (DFT), 2012 IEEE International Symposium on. IEEE, 2012: 43-48.

[23] 毛晟. JTAG 控制器的设计. 西安电子科技大学, 2008.

[24] 李玉山, 来新泉. 电子系统集成设计导论[M]. 西安电子科技大学出版社, 2008.

[25] 王厚军. 可测性设计技术的回顾与发展综述. 中国科技论文在线, 2008, 3(1)：52-58.

[26] 温熙森, 易晓山. 可测试性技术的现状与未来. 测控技术, 2000, 19(1)：9-12.

[27] 谢明恩. 可测试性设计技术及应用研究. 南京航空航天大学, 2007.

[28] 于德伟. 基于边界扫描的数字系统可测性设计研究. 哈尔滨工业大学, 2006.

[29] 何仑, 杨松华. 基于 SOC 测试的 IEEE P1500. 微计算机信息, 2005, 21(06Z): 53-55.

[30] 王坤. 可测性设计技术的发展. 科技致富向导, 2013 (23): 90-90.

[31] 吴倩. JTAG 软核测试与应用设计. 北京交通大学, 2008.

[32] 姜岩峰, 张晓波, 杨兵. 集成电路测试技术基础[M]. 北京：化学工业出版社, 2008.

第 8 章　网络化测试仪器

8.1　分布式自动测试系统

8.1.1　分布式系统概述

计算机技术的发展可以通过使用计算机的不同方式来描述。在 20 世纪 50 年代，计算机是串行处理机，一次运行一个作业直至完成。这些处理机通过一个操作员从控制台操纵，而对于普通用户则是不可访问的。在 20 世纪 60 年代，需求相似的作业作为一个组以批处理的方式通过计算机运行以减少计算机的空闲时间。同一时期还提出了其他一些技术，如利用缓冲、假脱机和多道程序等的脱机处理。70 年代产生了分布式系统，不仅作为提高计算机利用率的手段，也使用户离计算机更近了，用户可以在不同的地点共享并访问资源。80 年代是个人计算机的 10 年：人们有了自己专用的机器。由于基于微处理器的系统所提供的出色的性能/价格比和网络技术的稳步提高，90 年代成为分布式系统的 10 年。

若一个系统的部件在不同地方，部件之间要么不存在或仅存在有限的合作，要么存在紧密的合作，则该系统就是分散式系统。当一个分散式系统不存在或仅存在有限合作时，就被称作网络系统；否则就被称为分布式系统，其表示在不同地方的部件之间存在紧密的合作。如果一个系统具有多个处理单元、硬件互连、处理单元故障无关、共享状态等特征，它就是一个分布式系统。

分布式系统可以有不同的物理组成：一组通过通信网络互连的个人计算机，一系列不仅共享文件系统和数据库系统而且共享 CPU 周期的工作站（而且在大部分情况下本地进程比远程进程有更高的优先级，其中一个进程就是一个运行中的程序），一个处理机池（其中终端不隶属于任何一个处理机，而且不论本地进程还是远程进程，所有资源得以真正地共享）。

分布式系统是无缝的，也就是说网络功能单元间的接口很大程度上对用户不可见。分布式计算的思想还被应用在数据库系统、文件系统、操作系统和通用环境中。

另一种表示同样思想的说法是用户把系统看成一个虚拟的单处理机而不是不同处理机的集合。向分布式系统发展的主要推动因素在于：

（1）固有的分布式应用。分布式系统以一种很自然的方式开始存在。例如，在人类社会中，人群在地理上是分布式的并且分布式地共享信息。一方面，一个分布式数据库系统中的信息产生于不同的分支机构（子数据库），因此本地访问可以很快进行；另一方面，系统也提供了全局视图来支持各种全局操作。

（2）性能/成本。分布式系统的并行性减少了处理瓶颈，全方位提高了性能，也就是说，分布式系统提供了更好的性能价格比。

（3）资源共享。分布式系统能有效地支持不同地方的用户对信息和资源（硬件和软件）的共享。

（4）灵活性和可扩展性。分布式系统可以增量扩展，并能方便地修改或扩展系统以适应变化的环境而无须中断其运行。

（5）实用性和容错性。依靠存储单元处理单元的多重性，分布式系统具有在系统出现故障的情况下继续运行的潜力。

（6）可伸缩性。分布式系统容易扩大规模以包括更多的资源（硬件和软件）。

目前对分布式系统主要有两种刺激因素：技术上的变化和用户的需求。技术上的变化有两方面：微电子技术的进步生产出快速而廉价的处理器；通信技术的进步使得高效的计算机网络进入实用阶段。

计算机之间的长距离且相对慢速的通信链路长期以来就存在着，然而出现了快速、廉价且可靠的局域网（LAN）技术。这些局域网通常以10～100Mbps（兆比特每秒）的速率运行；与此同时，城域网（MAN）和广域网（WAN）也变得越来越快和更加可靠。通常情况下，局域网跨越的地域直径不超过几公里，城域网可覆盖的直径达几十千米，广域网可扩展到整个世界。最近异步传输模式（ATM）被认为是未来的新兴技术，它可以为局域网和广域网提供高达1.2Gbps（千兆比特每秒）的数据传输速率。

在用户需求上，很多企业实际上都是相互合作的，例如办事处、跨国公司、大学计算中心等，它们都要求共享资源和信息。

8.1.2 分布式系统结构及其特点

分布式系统中的计算机、处理器，或更准确地说分布式系统中的进程，又称为分布式系统的自治节点。“自治”意味着这些节点有自己的控制机制，所以并行计算机不能被认为是分布式系统。作为软件的概念，运行中的系统可以被理解为一个能够进行通信的进程的集合。这些进程有时能够在一台计算机上运行。当然，在大多数情况下，一个分布式系统至少包含通过硬件连接的多个处理器或多台计算机，如图8.1所示。

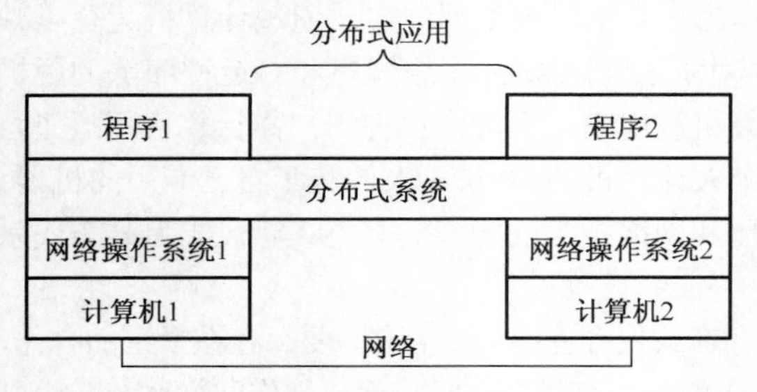

图8.1 分布式系统

从硬件来看，构成分布式系统的计算机是自治的或者说是独立的；其次，从软件来看，用户把分布式系统看成是一个而不是多个计算机系统。由此引出分布式系统的几个重要特征：

- 系统对用户隐藏了其中不同计算机的差异和通信方式。
- 用户同系统的交互方式是统一的和一致的，而不管实际处理发生的地点和时间。
- 系统相对来说易于扩展和调整规模，因为系统隐藏了计算机加入和退出系统的细节。
- 系统可以做到持续可用，因为用户可能察觉不到损坏的系统组件被替换，新的组件的加入可以服务更多的用户。

分布式系统可以使程序员从底层的、复杂的和烦琐的工作中解放出来，更好地专注于应用逻辑的实现。分布式应用的开发从针对操作系统的开发转变为针对一个分布式系统的开发。

以下是分布式系统应具有的属性：

（1）进程数目任意，每个进程也被称作一个逻辑资源。

（2）处理器数目任意，每个处理器也被称作一个物理资源。

（3）基于消息传递的通信，提供了合作式消息传递方式。

（4）进程间合作，或者说多个进程用于协同解决同一个任务而不是几个独立的任务。

（5）通信延迟，两个处理单元（PE）间的通信延迟不可忽略。

（6）故障独立，没有任何单个逻辑或物理的资源故障会导致整个系统的瘫痪。

（7）故障化解，即系统必须提供在资源故障的情况下重新配置系统拓扑和资源分配的手段。

基于以上定义可以看出：计算机网络（局域网、城域网和广域网）不是分布式系统，这是因为不同站点的进程没有协同工作；一个物理共享存储器的多处理机不是分布式系统，因为它没有故障独立性。分布式共享存储器是一个逻辑共享存储器系统，但是它具有资源故障独立性并支持故障化解的特点，因此该系统可以被当作特殊的分布式系统。

在一个分布式系统中，一系列为了解决同一个问题而合作的进程运行在不同的 PE 上，用户可能知道也可能不知道这些进程的位置；在工作站模型（C/S 模型）中，通过区分本地进程和远程进程，用户通常知道进程的位置，系统通过支持进程迁移可在不同的 PE 之间共享 CPU 周期；在处理机池模型中，用户不知道进程的位置。处理机池中的 PE 没有直接隶属于它们的终端，分布式共享存储器模型就是一种特殊的处理机池模型。

8.1.3　分布式系统的优势

从分布式系统角度来分析，计算机硬件和操作系统是通过网络连接的一个分布式资源系统。资源可以是系统中的任何东西，主要有计算机、打印机、存储设备、文件系统、数据、Web 页、网络等。基于以上特点分布式系统比集中式系统有以下几个优势。

1．资源共享

仅从字面上理解，资源共享并非分布式系统中的独有特征，集中式计算机系统就是一个共享资源。这里要谈的共享恰恰不是集中式资源的共享，而是分布式资源的共享。只有从这个角度理解这一要求，才能体会出分布式系统中资源共享的深层次含义。

这里要强调的共享可以分成两种：一是硬件资源共享，包括 CPU、存储器、大容量磁盘、打印机和其他外部设备等；二是软件资源共享，包括软件工具、软件平台、商用软件、软构件及软部件等。

为了完成上述两种资源的共享，必须进行管理，这就需要提供资源管理程序，每组共享资源一般均属于某台计算机。为了使这些资源很好地为大家所共享，在机器中都要设置一个资源管理程序，用于处理其他用户对于这些资源的共享要求。

例如，在客户/服务器模型中，服务器提供各种共享资源服务，如文件服务、打印服务或数据库服务等，客户由用户直接使用，处理与用户的交互（用户输入和屏幕显示），负责向服务器发送请求，等待并接收服务器发回的应答信息，处理后给用户显示。在本模型中，客户和服务器本身并不要求必须是计算机，可以是各种处理进程。

2．开放性

分布式系统可以大到通过互联网（Internet）连接成千上万台机器形成的全球性系统，也可以小到由局域网（LAN）连接几台机器形成的小系统。最小的系统中可能只有三五台计算机，而最大的系统则可能包含有成百上千甚至上万台计算机。而不管系统多大，其系统软件和应用软件应当不需要变化或很少变化就能正常运行。

在分布式系统的客户机和服务器中，提供服务的软件应该是可扩充的，所以对开放系统的一般要求为“可以提供多种用户能够修改和扩充的设施”，客户机和服务器需要系统软件来调度任务的执行，并使它们可以互相通信，这就是可扩充性。根据应用需要，系统应是可裁减的，即删除系统中的某些软件或硬件单元，系统仍能正常工作。

分布式系统应该提供一个开放的服务集合，可能有许多不同的服务，一个服务也可能有许多不同的版本。例如，不同的文件命名和访问方法可能在一种工作站上提供类似于 MS-DOS 的设施，在另一种工作站上提供类似于 UNIX 的设施，每个客户程序可为特定应用选择并装载合适的设施进入其执行环境，同样，系统能使标准化的硬件做到即插即用。

这些性能统称为开放性。

3．并发性

并发性和并行性在分布式系统中是一种内在的特征。在分布式系统中，有许多计算机，每台计算机都具有自己的CPU和存储器。若有 M 台计算机，每台计算机中有一个CPU，那么就会有 M 个进程并行执行。从分布式系统对于资源共享的基本要求来看，可能有以下两种并发性：

（1）许多用户同时发出命令并与机器交互。在这种情况下，应用进程都在用户工作站上运行（并行），相互之间没有冲突。

（2）许多服务器进程并发运行，每个进程响应不同的客户请求。在这种情况下，服务器之间存在并行进程，每台服务器中又存在并发进程，这些并发进程要响应不同的请求，但有可能要共享同一资源，因此必须解决并发控制问题。

4．容错性

首先要承认计算机是会出错的，现在要讨论的问题是出错后怎么办?那就是容错。容错有两个基本方法，即硬件冗余和软件恢复，这些方法同样适用于分布式系统。

分布式系统由于其结构特征，其直接效果就是计算机故障的不显性。一个工作站的故障只影响到一个用户，而不影响其他用户需要的服务。如果系统中有几个类似的服务器，即使一个服务器出现故障了，也不会对用户需要的服务构成影响。最常见的服务就是打印和文件服务。在文件服务中，文件可以在几个服务器上存放副本来获得此特征。

一般情况下，当程序出错时，该程序所处理的计算任务是不完全的，它所影响的永久性数据将会不一致。因此，在分布式系统中，如果客户机或服务器上的软件出现故障，需要将永久存放的数据恢复到与故障前一致的状态。这一课题仍是分布式系统中正在研究的问题。一种办法是建立基于事务的文件服务器，它能保证这些服务器操作的原子性，即要么连续执行一组修改操作，要么不执行任何操作。

8.1.4 分布式自动测试系统

分布式测试是指测试系统的软硬件分布在网络中的计算机上，仅仅通过消息传递机制进行数据通信和动作协调，实现对测试仪器的远程监控。它将分散在不同的地理空间中的各种不同测试设备挂接在网络上，通过网络控制命令下达、信号和数据传输，实现跨地区、跨空间、跨平台的资源及信息共享和仪器设备的协调工作，共同完成复杂的测试任务。

随着科学技术的发展，测试任务日趋复杂，对远程测量的要求也越来越高，如复杂设备运行状态监测、核爆炸试验、风洞试验、航空航天测试等，由于测量数据量巨大，地域广度分散，加之测试的实时性和可靠性要求以及远距离协同操作的要求，需要进行大量分布式综合测试和并行处理，对于这样的测试环境多采用分布式测试系统。分布式测试系统的优势在于可以实现资源共享，降低测试系统的成本。这种测试使现有资源得到了充分的利用，从而实现多系统、多专家的协同测试与诊断。它解决了已有总线在仪器台数上的限制，使一台仪器为更多的用户所使用，实现测量信息的共享及整个测试过程的高度自动化、智能化，同时减少了硬件的设置。分布式测试可以不受地域限制，不受时间和空间的限制，随时随地地获取所需的信息，还可以实现测试仪器的远距离测试与诊断，这些都提高了测试效率。

分布式测试系统的组成方式多种多样。如采用 VXI 总线或 GPIB 总线的程控仪器结构，如图 8.2 所示。这种结构要求在每个监测点建立一套独立的测试系统，分别由终端计算机和 VXI 仪器、PXI 仪器或 GPIB 仪器组成，然后每个终端机和服务器通过网络连接，从而组成分布式测试系统。这种结构中，每个节点都由终端计算机控制，中心服务器不具备远程控制的能力。每个节点，不管监测参数多少，哪怕只监测一个参数，也要由一台计算机和一台仪器组成测试系统，系统结构复杂且造成系统资源浪费。随着网络技术的不断发展，为仪器总线发展面临的问题提供了解决办法。新一代自动测试系统模块化架构平台如图 8.3 所示。由网络化测试仪器组成的分布式测试系统较好地解决了这一系列问题。

网络化仪器组建的分布式测试的最大优点是资源共享，控制分散，信息集中，多个用户可以共享测量仪器，改变了测量技术以往的面貌，打破了在同一地点进行数据采集、分析处理和显示的传统模式。

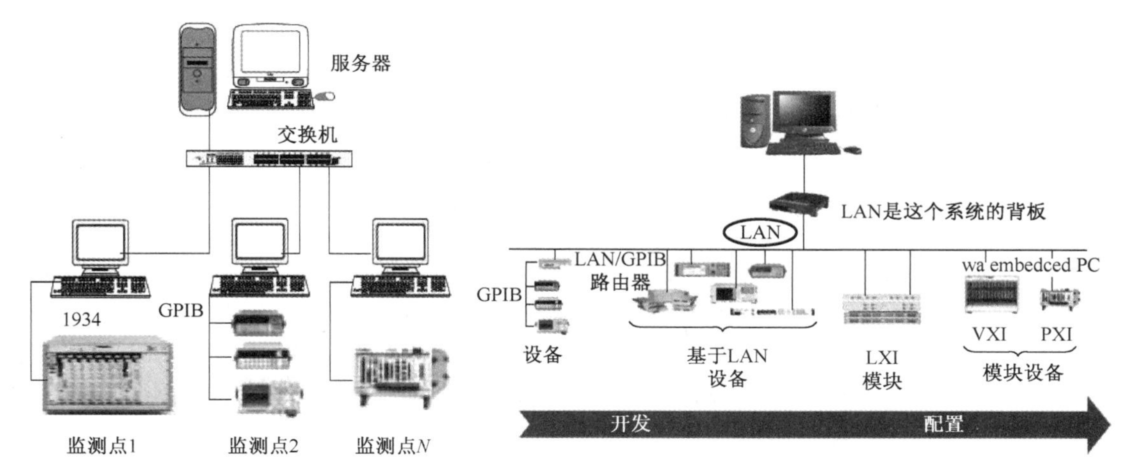

图 8.2　利用传统仪器构建的分布式测试系统　　图 8.3　利用网络化测试仪器组建的分布式测试系统

构建分布式的自动测试系统需要考虑以下基本要素。

1．开放性和各子系统间的相互操作性

测试网络的体系结构应该是开放性的，只有这样不同厂家提供的不同类型的网络化测试设备才有可能具有通用性的特点，才能在真正意义上实现“互联、互通、互操作”。

2．系统的实时性和各子系统间的时间同步

测试网络在系统实时性方面要满足两个基本要求：有限的时间延时和可靠的信号传输。即在限定的时间范围内将信息正确地传输到目的地。网络的实时性是一个复杂的问题，在构架网络化的自动测试系统时，需要制定合适的网络实时通信决策，以提高网络通信服务质量。各个子系统间的协调工作需要同步信号的配合，如何进行跨地域跨平台的子系统间的信号和时间同步是实现高质量的网络化自动测试系统的关键。

3．可靠性和安全性

因为自动测试系统可能在条件恶劣的环境下使用，所以网络化的自动测试系统在软硬件设计时，必须考虑较高的可靠性、抗干扰性。除了测试功能的可靠安全之外，系统自身的网络安全也是需要考虑的一个方面。如何防范病毒、黑客的入侵和非法操作，也是设计一个安全可靠的自动测试系统时需要重点考虑的方面。

4．成本低廉

成本的问题永远是自动测试系统设计的一个需要考虑的因素。有的时候，因为性能指标的缘故，在成本问题上不得不做让步。但是在同样可以满足设计要求时，成本低廉的设计方案往往是最受用户欢迎的。

8.2 网络化测试仪器

8.2.1 网络化测试仪器概述

网络化测试仪器能够通过网络进行测量和数据采集，可以实现设备的远距离测试和测试设备、测试信息等资源的共享，降低测量系统构建成本，实现测试系统的高度自动化、智能化。通过实时的仪器测控和数据传输，现代测量系统已经跨越了空间限制，能实现远程状态监测和故障诊断。与传统测试仪器相比，网络化测试仪器可以随时随地获取所需信息，信息获取速度快、有效性强。

网络化测试仪器已经成为大型设备研制和重大工程中不可或缺的重要组成部分。特别是近些年来，我国与西方发达国家的设备发展尚有较大差距，发展设备的首要问题是提高设备的现代化程度。而设备的现代化离不开信息化和网络化建设，信息化建设会大力推动设备现代化进程。以网络为中心的设备测试将测试系统中地域分散的基本功能单元通过网络互连起来，构成一个分布式的测试系统，对网络化测试仪器采集到的数据进行存储、处理和分析，同时以服务的形式通过网络向各种测试和诊断的应用系统提供数据和诊断服务。因此，测试仪器的网络化是实现以网络为中心的设备测试信息系统的前提，而测试信息系统对于实现测试数据、测试资源的共享提供了必要条件。信息化和网络化建设需要不断地提高现有测试设备的网络化支持能力。

8.2.2 网络化测试仪器设计规范

1. 软件规范

1）软件层次规范

很多厂家在网络化测试仪器的软件设计中的层次结构不清。根据软件分层的思想，结合网络化测试仪器功能的特点，网络仪器应按照如图 8.4 所示的架构来划分层次。

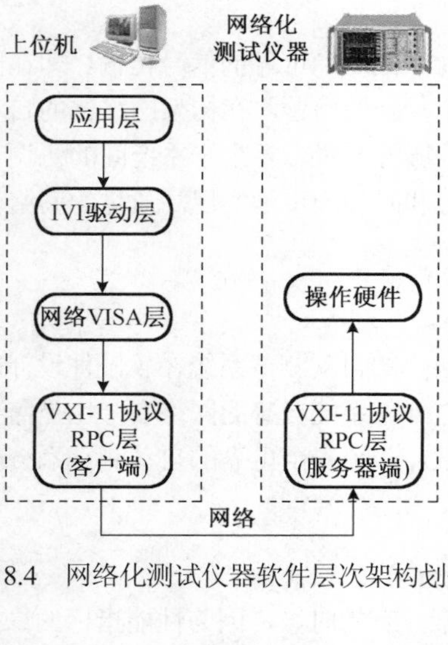

图 8.4 网络化测试仪器软件层次架构划分

所谓软件层次架构，就是先把软件分割成不同层次，再用一定的方式方法将各个层次联系起来，从而完成整个软件功能。每一层都由一组相关的类或者组件构成，共同完成特定的功能。层与层之间存在自上而下的依赖关系，即上层组件可访问下层组件的接口函数，而下层组件不依赖上层组件。每个层向上层提供接口函数。通过对软件设计进行适当的分层，将会大大提高软件的可测试性、可管理性和可控制性。

网络化测试仪器的软件分为上位机软件和网络化测试仪器软件两大部分。上位机软件须向用户提供操作接口以发送控制命令，而网络化测试仪器本身的部分软件则负责解析由上位机发过来的控制命令，向用户提供所需要的仪器功能。上位机的应用层为用户提供了人机交互界面和控制接口，用户操作应用层，应用层将调用基于 VISA I/O 资源库的驱动程序，即 IVI 驱动函数。这些函数中对相应的配置信息进行 SCPI 指令封装，然后调用 VXI-11 客户端中定义的函数将该指令封装为符合一定格式的网络数据包发送到仪器 VXI-11 服务器端，服务器端对网络数据包进行解析后，调用实际的硬件操作函数驱动仪器，完成对仪器的配置和应用，最后将数据返回仪器的使用者。下面将从软件层次架构的各个组成部分来规范各部分的设计。

（1）应用层：在该层中，主要涉及 IETF RFC 1738 和 IETF RFC 2616。IETF RFC 1738 标准指定一个统一资源定位器（URL），介绍了一个紧凑的字符串的语法和语义通过互联网提供的资源表示，这些字符串称为“统一资源定位符”（URL）。而 IETF RFC 2616 标准描述了 HTTP 是一个客户端和服务器端请求和应答的标准（TCP）。客户端是终端用户，服务器端是网站。通过使用 Web 浏览器或者其他的工具，客户端发起一个到服务器上指定端口（默认端口为 80）的 HTTP 请求。

根据相关标准的要求，网络化测试仪器必须使用户能够通过浏览器或者驱动接口函数访问和控制。通过浏览器访问的模式，即 B/S 模式（Browser/Server，浏览器/服务器模式），网络化测试仪器必须提供与 W3C 浏览器兼容的 HTML 网页和与 HTTP 兼容的 Web 服务器。网络化测试仪器要在端口 80 接收用户操作发出的 HTTP 连接请求，作为响应，仪器将提供一个欢迎界面，该界面包含了仪器的基本信息，其中必须包含的内容有：

- 设备型号；
- 制造商；
- 序列号；
- 描述信息；
- 网络化测试扩展功能；
- 版本号；
- 主机名；
- 网卡地址<XX-XX-XX-XX-XX-XX>；
- TCP/IP 地址<DDD.DDD.DDD.DDD>；
- 固件和/或软件版本；
- 网络时钟同步协议的当前时间（如果实现了网络时钟同步协议）；
- 当前时钟源；
- 网络化测试设备地址字符串。

同时，欢迎界面至少应该有两个超链接或者导航按钮用来提供仪器的详细信息或网络化测试仪器网络配置。第一个链接包含网络配置的内容，其中必须包含的内容有：

- 主机名；
- 描述信息；
- TCP/IP 配置模式；
- IP 地址；
- 子网掩码；
- 默认网关；
- DNS 服务器地址。

第二个链接则包含同步配置网页的内容。

除了 B/S 模式，LXI 仪器还必须向用户提供驱动接口函数以供用户访问。为了使用户更加直观地操作，推荐仪器开发者向用户提供操作界面，使用户无须知道函数的细节而直接操作仪器。通过这种界面访问仪器的方式即 C/S 模式（Client/Server，客户端/服务器模式）。

这两种模式各有优势。其中，B/S 模式将仪器需要实现的核心功能集成在了服务器上，减轻了设备维护和升级的成本，用户只需安装浏览器程序即可对设备进行数据交互，还可以在页面上进行实时数据刷新。在组装测试系统时，不同网络化测试仪器间仅通过交换机/路由器、网线和安装有浏览器程序的计算机即可快速组成测试系统，极大地节省了组建测试系统的时间、成本，降低了测试系统维护和操作的难度。

而 C/S 模式则一般由客户端和服务器端两部分组成，客户端与服务器端之间基于 TCP/IP 协议进行通信，通过套接字（SOCKET）进行数据传输。其中，客户端完成与用户的各种交互过程，服务器端则负责各种操作的解析和管理。这种结构的主要特点是功能可以分布在不同的设备上，客户端计算机上执行一部分功能，服务器端则执行另一部分功能，从而合理配置资源，将不同的数据处理任务合理分配到客户端和服务器端两边。

（2）IVI 驱动层：IVI-3.1 即可互换虚拟仪器驱动架构规范，它是在 VPP 规范的基础上定义仪器的标准接口、通用结构和实现方法，用于开发一种可互换、高性能、更易于开发维护的仪器的编程模型。通过仪器的可互换性，可节省测试系统的开发和维护费用。IVI 技术提升了仪器驱动器的标准化程度，使仪器驱动器从基本的互操作性提升到了仪器类的互操作性。通过为各仪器类定义明确的 API，测试系统开发者在编写软件时可以做到最大程度的与硬件无关，当替换过时的仪器或采用更高性能的新仪器进行系统升级时，测试程序源代码可以不用做任何更改或重新编译，从而大大提高了代码的可重用性，同时也缩短了测试系统开发周期以及系统维护费用。

IVI-3.15 是适用于网络仪器的同步接口规范。该规范在 IVI 的基础上定义了具体的同步接口 API，将实现同步和触发功能的函数和属性的名称、返回值等参数进一步规范化，为编程实现同步与触发提供标准。该标准由五大子系统组成：同步 Arm 子系统、同步触发子系统、同步事件子系统、同步事件日志子系统和同步时间子系统。同步 Arm 子系统提供如何使用入站事件来控制 LXI 设备何时接收触发信号的机制；同步触发子系统提供如何使用入站事件来控制 LXI 设备何时触发测量或者其他操作的机制；同步事件子系统提供控制 LXI 设备产生出站事件的机制；同步事件日志子系统记录了 LXI 设备接收和发送的事件并且定义了记录 LXI 设备事件的格式；LXI 同步时间子系统则用于寻找并确定 IEEE 1588 主时钟以及实现时间同步。

应用层操作底层硬件时，网络化测试仪器必须提供一种 IVI 驱动程序来间接调用仪器硬件以操作控制，且其驱动必须符合相应的 IVI 规范，从而达到可互换的目的。同时，网络化测试仪器的触发和事件所需的 IVI 驱动接口函数必须符合 IVI-3.15 IviLxiSync 规范。

（3）网络 VISA 层：主要为符合相关 VISA 规范。VISA 即虚拟仪器软件结构框架，VISA 规范是 VPP 联盟指定的 I/O 接口软件标准及相关规范的总称。

其中，VPP-4.3.2 规范为多个厂商的仪器驱动等软件开发程序提供了一个统一的标准，针对 C 和 BASIC 语言，强调了在特定框架内源代码与二进制级别的兼容性。VPP-4.3.3 规范为多个厂商的仪器驱动等软件开发程序提供了一个统一的标准，针对 G 语言，强调了在特定框架内源代码与二进制级别的兼容性。VPP-4.3.4 规范为多个厂商的仪器驱动等软件开发程序提供了一个统一的标准，描述了 VISA COM I/O 结构模型、配置模型和接口仪器语言的文件内容和语义。

网络化测试仪器的 IVI 驱动应该能接受 VISA 资源名。IVI 驱动程序必须建立在 VISA I/O 资源库上，因此在实现 IVI 驱动程序时必须要支持 VISA 函数库。VISA 是网络化测试设备驱动的一个重要组成部分，作为网络化测试仪器软件层次架构的一部分，VISA 函数要通过 TCP/IP 协议承担应用程序与仪器交互的 I/O 功能。

VISA 具有与设备种类、接口的类型、总线类型、驱动开发环境、编程语言都没有关联的兼容性和独立性，由这种特性可知，VISA 是一个开发仪器驱动的通用标准 I/O 库，并非只针对 VXI 总线仪器。用户只需开发一个调用 VISA 的应用程序，即可控制基于 VXI、GPIB、以太网等各种接口的设备。VISA 的内部结构主要分为资源管理模块、资源操作模块和资源模板模块。其中资源管理模块负责实现对不同种类仪器的资源进行标准化管理与控制；资源操作模块中的 I/O 管理函数负责完成仪器通信，

VISA 开发者可以根据接口和总线类型扩充和实现该模块，VISA 针对不同资源类别定义了对应的接口；资源模板模块主要是对事件、锁和属性机制的处理。因此，VISA 针对不同总线类别的仪器资源不同，I/O 通信的具体实现方式也不同，但是接口和管理方式是标准的，同时这种结构使得 VISA 具有优良的可移植性和兼容性。

VISA 库函数是 VISA 资源的核心，相应地分为资源管理类、资源操作类和资源面板类函数。VISA 资源管理类函数有：viOpenDefaultRM、viOpen、viClose 等；资源操作类函数有：寄存器基仪器通信函数 viIn8、viIn16、viIn32 等，消息基仪器通信函数 viRead、viWrite 等，格式化 I/O 函数 viPrintf、viScanf 等；资源面板类函数有：事件处理函数 viEnableEvent、viDisableEvent、viInstallHandler、viUninstallHandler、viWaitOnEvent 等，获取或设置资源属性函数 viGetAttribute、viSetAttribute 等。

（4）VXI-11 协议层：GB/T 21547.1 是 VXI 总线规范的一部分，规定了网络仪器协议。该协议可用于基于 TCP/IP 网络的控制器和器件之间的通信。本规范唯一直接提及的网络是支持互联网协议组的网络，其中所定义的技术可在其他网络上应用。本规范在互联网协议组上层使用开放网络计算远程过程调用，ONC/RPC 协议仅作为在网络上的协议规范使用，并未指定特定的应用接口。网络仪器主机也可支持其他网络协议。

根据相关标准的总结：实现对网络化测试仪器控制的 VISA 接口函数或者 IVI 驱动接口中的函数，必须把控制权交给网络发现协议 VXI-11 的客户端，由 VXI-11 的客户端来完成与 VXI-11 服务器端的通信，VXI-11 服务器端则与仪器驱动函数通信。网络化测试仪器必须通过此过程来实现对仪器的“发现”，并与仪器建立连接、实现通信。

VXI-11 协议定义了三个通道：主通道（Core Channel）、异常通道（Abort Channel）和中断通道（Interrupt Channel）。主通道定义了 15 个函数，通过这 15 个函数完成对仪器网络控制的大部分控制任务；异常通道定义了 1 个函数，用于仪器控制端对仪器优先级较高或紧急的控制任务；中断通道定义了 1 个函数，用于仪器向控制器反馈信息。所有三个通道函数均采用 RPC 方式进行调用。VXI-11 协议由三个通道配合共同完成对仪器的控制任务。但是一般情况下，通过主通道即可完成对仪器的一般控制任务。

RPC 即远程过程调用，主要是区别于 LPC（本地过程调用）。LPC 用在多任务操作系统中，使得同时运行的任务能互相会话。这些任务共享内存地址空间，使任务同步和互相发送信息。RPC 类似于 LPC，主机运行的程序需要调用某个函数，而函数在网络中其他主机上实现。通过 RPC 方式远程调用这个函数，函数在另外的主机上执行，最后把执行的结果再发送回发送 RPC 请求的主机，此种函数调用的方式即为远程过程调用。

一般来说，网络程序的应用方式为：客户发送命令给服务器，服务器向客户端发送应答。设计网络应用程序即编写一些调用操作系统的系统调用函数来完成特定网络操作的应用程序。而远程过程调用 RPC 是一种不同的网络程序设计方法。编写客户程序时只是调用了服务器程序提供的函数。在这个调用过程之下还存在如下的动作：

① 当客户程序调用远程的函数时，它实际上只是调用了一个位于本机上的、由 RPC 程序包生成的函数。这个函数称为客户桩码（stub）。客户桩码将远程调用函数的参数封装成一个网络报文，并且将这个报文发送给服务器程序。

② 服务器主机上的一个服务器桩码负责接收这个网络报文。它从网络报文中提取参数，然后调用应用程序员编写的服务器函数。

③ 当服务器函数返回时，它返回到服务器桩码。服务器桩码提取返回值，把返回值封装成一个网络报文，然后将报文发送给客户桩码。

④ 客户桩码从接收到的网络报文中取出返回值，将其返回给客户程序。

利用 RPC 设计的网络应用程序，客户应用程序只是调用服务器的函数，所有的网络程序设计细节都被 RPC 程序包、客户桩码和服务器桩码所隐藏。目前存在两个常用的 RPC 程序包——Sun RPC（即 ONC/RPC）和开放软件基金分布式计算环境的 RPC 程序包。LXI 协议中要求所有的 LXI 仪器实现 VXI-11 网络发现协议，而 VXI-11 协议采用的即是 ONC/RPC。

有些操作系统存在 ONC/RPC 库，开发 RPC 的网络程序比较简单。例如 Linux 操作系统，只需定义好函数接口，然后通过命令方式编译函数接口文件便可生成 RPC 协议的桩码，最后实现函数体即完成 RPC 网络程序的开发。但是有的平台（如 Windows XP 或者 Windows CE 操作系统）均没有 ONC/RPC 库的支持，因此，在这些操作系统平台下实现 VXI-11 协议只能通过购买第三方的 ONC/RPC 库或者自主完成 RPC 协议桩码的设计来实现 VXI-11 协议。

通过上述分析可知，国内标准仅在 VXI-11 协议方面有可替代的标准，但是针对应用层、IVI 驱动层和网络 VISA 层都没有相关标准，需要补充。

2）软件模块规范

软件层次规范提出了软件设计时需要划分不同的层次，以增强仪器的互换性、可维护性。划分好不同的层次后，为了发挥各个层次的完整的仪器功能，必须将仪器的整体功能划分成不同的功能模块，以提高软件开发的效率和复用性。

根据编者多年来的开发仪器的经验总结，研究将分别从上位机和仪器服务器端的角度分别构建软件模块的组成策略，如图 8.5 所示为网络化测试仪器的软件模块组成。

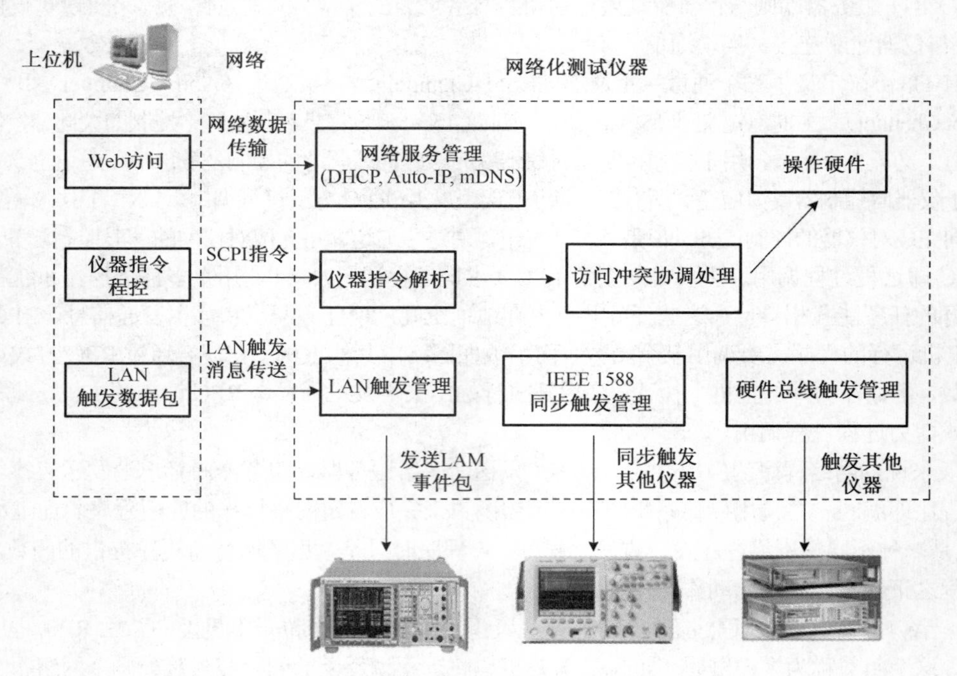

图 8.5 网络化测试仪器软件模块组成

网络化测试仪器的上位机必须能够通过 Web 访问仪器，同时能够向仪器发送 SCPI 指令来程控仪器，并通过 LAN 数据包来触发仪器。相应地，网络化测试必须能够对上位机的这些功能和命令进行解析，以执行既定的仪器操作。

根据相关标准的规定，网络化测试必须提供网络服务管理功能，以保证网络数据的传输，并向用户提供 Web 访问功能。网络服务管理则包括 LAN 配置、网络发现仪器协议 VXI-11、mDNS 及 DNS-SD 的实现等机制。

LAN 配置是指设备获得 IP 地址、子网掩码、默认网关 IP 地址、DNS 服务器 IP 地址的机制。网络化测试必须支持三种 LAN 配置技术：DHCP、Auto-IP 和手动配置 IP。其中，DHCP 和 Auto-IP 是自动配置 IP 方式。如果网络化测试提供多种配置方式，那么 LAN 配置须按照 DHCP、Auto-IP、手动配置的次序进行选择。

在网络发现方面，VXI-11 网络发现协议以 ONC/RPC 为基础，解决了仪器的网络发现问题。但是 VXI-11 网络发现协议属于一种被动的查询模式，系统内的仪器需要等待主控制器发来的查询信息，然后返回应答信息，这样主控制器才能发现仪器存在于本系统中，如果中途有新的仪器加入系统，主控制器并不能立即感应到新仪器，只有重新查询才能发现新的仪器设备，而且当系统中仪器较多时，这样的查询过程会很慢，会影响测试系统整体的测试效率。通过 mDNS 协议，网络化测试可以实现更加高效、便捷的发现操作。此外，在本地组建的小型网络内，比如分布式的测试系统，如果想要实现域名解析的功能，需要为该网络配备一台 DNS 服务器，这样做不仅成本昂贵而且需要的技术复杂，因此 mDNS 的出现弥补了这一缺陷。使用 mDNS 技术使网络内每台设备都具备 DNS 服务器的功能，特别适合网络测试系统。

mDNS 协议以 DNS 协议为基础，对 DNS 做了最小化的更改，能够为本地小型网络提供类似 DNS 的服务。mDNS 协议使用和 DNS 协议一样的编程接口、运行语义和数据包格式。DNS 协议是一种标准的网络协议，mDNS 协议只是增加了 DNS 协议所没有的多播模式。同时，mDNS 协议是一种端到端的名称服务，当设备加入网络时，主动向多播地址（224.0.0.251）和端口号（5353）通告自己的主机名和能够提供的服务，这样使得主控计算机和其他设备都能够立刻感应到新加入的设备。

此外，网络化测试还必须支持 DNS-SD 协议。DNS-SD 协议利用 DNS 协议中的 PTR、SRV 和 TXT 记录来声明所能提供的服务，它工作在单播和多播两种模式下。SRV 记录通告发现的主机名和端口号，PTR 记录保存 LXI 设备的服务名称。通过 PTR 记录查找一个具体的服务类型列表来实现服务发现的功能，所以仅通过查找带有服务类型标签的 PTR 记录就可以找到相应的服务。PTR 记录仅包含一条信息，那就是服务名称，和 SRV 记录的命名方式类似。SRV 资源记录把服务名字映射为提供服务的服务器名字，其中包含了服务器的域名和端口号。在某些情况下，网络发现需要获得除了 IP 地址和端口号之外的更多信息，TXT 记录就是用来保存域名的附加文本信息，其内容要按照一定的格式编写。TXT 记录里名称和值成对出现，最大长度不超过 255 个字节，并且任何服务名称都有一个“txtvers”记录，该记录指明版本号，总是放在第一位，例如“txtvers=1”。TXT 记录的结尾没有结束符，包含的字节总数要少于 1300，以适应网络单帧所能发送的字节数。特别是主机名和端口号必须保存在 SRV 记录中，不能以“key=value”的形式存在于 TXT 记录中。

SCPI 命令解析模块：参考的是 SCPI-99，即程控仪器（可编程仪器）标准命令集。SCPI 是一种建立在现有标准 IEEE 488.1 和 IEEE 488.2 基础上，并遵循了 IEEE 754 标准中浮点运算规则、ISO 646 信息交换 7 位编码符号（相当于 ASCII 编程）等多种标准的标准化仪器编程语言。它采用一套树状分层结构的命令集，提出了一个具有普遍性的通用仪器模型，采用面向信号的测量，其助记符产生规则简单、明确，且易于记忆。

根据相关标准，规定网络化测试必须按照 SCPI 助记符语法规则编写 SCPI 命令，对仪器的设置操作进行封装，同时要提供对 SCPI 命令进行解析的功能，以确定用户指定的仪器操作。

SCPI 是一种基于 ASCII 码的仪器语言，供测试和测量仪器使用，其目的就是为了减少开发应用程序的时间，它要求各仪器生产商必须遵守该标准，程序员就不必再针对某一种仪器学习指令，保证了仪器系统间的兼容性和易用性。针对 SCPI 是描述测试功能（或称信号），SCPI 提出了一个描述仪器测试功能的通用仪器模型，表示了 SCPI 仪器的功能逻辑和分类。它描述了测量和数据流图，由各功能元素框组成，其主要功能区“测量功能”和“信号产生”可以进一步细分为更小的功能元素框，每个功能元素框都是 SCPI 分层树中的主支干，仪器可能包括其中部分或全部功能元素框。“分级命令树”

是在“仪器模型”的基础上建立起来的，这些命令采用了 IEEE 488.2 的语法，它们直接与“仪器模型”的结构化功能相连。

访问冲突协调处理模块：网络化测试必须能够对同一时间访问仪器的各种方式的冲突情况进行协调处理，也必须对同一时间访问仪器的用户量做出一定的限制。

网络化测试支持两种访问控制模式：C/S 和 B/S。其中，B/S 模式是必须向用户提供的控制方式。通过这两种方式，用户可以对仪器实现远程控制。除了这两种模式外，也推荐仪器提供给本机访问控制方式。通过向用户提供本机界面，实现对网络化测试的配置和操作。当这三种方式同时控制同一台仪器的时候，就会出现访问冲突的问题，若三种方式同时都能获得最高的控制权，最终将导致仪器功能的紊乱，因此，需要对三种控制权的优先级别做出一定的限制。为了方便用户的远程操作控制，推荐远程控制方式的优先级应该大于本机控制方式的优先级。若当前仪器是通过本机界面控制的，一旦接收到远程控制请求，本机的控制权将交由远程控制方式，本机界面不能配置修改仪器属性和功能，只具有查看仪器当前配置和信息的权限。当通过 C/S 和 B/S 模式两种方式同时访问仪器的时候，推荐 B/S 模式的优先级高于 C/S 模式的优先级，因为 B/S 模式是满足 LXI 协议最基本的条件，当前很多仪器已经不向用户提供 C/S 模式。此外，B/S 模式对配置要求低，用户在具备浏览器的计算机上即可访问控制仪器，无须专门安装仪器 C/S 客户端。

同一模式下，同一台仪器也可能在同一时间被多个用户访问，此时也会出现访问冲突的问题。在此推荐用户分级的方式，同时限定最大同时访问量来协调冲突。用户可以分为管理者和普通用户，通过加密区分，不同用户设置不同的密码，且管理者的权限大于普通用户的权限。对于同一级别的用户，则采用“先到先得”的方式，最先请求控制权的用户最先获得控制权，最先获得控制权的用户释放以后，同一级别的其他用户才可以控制。具有控制权的用户可以配置修改仪器的属性和功能，不具备控制权的用户则只有查看仪器当前配置和信息的权限。当达到最大访问量时，对于新请求的连接则暂时不做响应，等待当前访问的某些用户释放连接时才可处理新的请求。

LAN 触发管理模块：该部分对模块间通信的 LAN 消息的格式提出了规范。网络化测试必须提供 LAN 消息触发功能。LAN 触发即事件消息触发，它指的是通过包含触发信息的 LAN 消息来触发仪器。

IEEE 1588 同步触发管理模块：网络化测试仪器内部应含有同步触发管理模块，以保证整个测试系统时序上的精确同步。IEEE 标准委员会制定了用于网络测量控制系统的精确时钟同步协议 IEEE 1588，国内也于 2011 年推出了网络测量和控制系统的精确时钟同步协议 GB/T 25931—2010。

根据 LXI 标准，网络化测试仪器必须支持精确时钟同步协议 IEEE 1588—2008。具有 IEEE 1588 时间同步的仪器可以通过 IEEE 1588 时间触发，使仪器在指定的时间进行测量和执行仪器动作。所有的网络化测试仪器必须通过 IEEE 1588—2008 时钟同步协议实现，以保证系统中的主时钟进行时间同步，而系统中仪器的所有内部时钟必须通过交换同步报文来保持同步。IEEE 1588—2008 时钟同步协议规定了事件和通用两种同步报文。事件报文是被标记了时间戳的报文，在经过普通时钟、边界时钟或者透明时钟的网口时，硬件时间截获模块都会记录报文经过的精确时间，通用报文在经过这些网口的时候不需要标记精确的时间戳。事件报文包括四种：Sync、Delay_Req、Pdelay_Req、Pdelay_Resp；通用报文包括六种：Announce、Follow_Up、Delay_Resp、Pdelay_Resp_Follow_Up、Management、Signaling。

硬件总线触发模块：网络化测试仪器必须提供硬件总线触发功能，硬件总线触发能够提供比同步定时触发更高的精度。

硬件总线触发使用专门的硬件触发总线，提供 8 个物理上独立的触发通道。每一个硬件总线通道都能够以驱动和线或两种工作模式之一进行操作。

（1）驱动模式：一对多的操作模式。一个设备的触发事件可以传播到多个接收设备，同时所有的硬件总线触发通道使用同一个驱动器。

（2）线或模式：这是多对多的操作模式。一个或多个设备的触发事件传播到一个或多个接收设备。线或模式需要一个被配置成线或偏置的设备，其驱动器为硬件总线通道提供一个偏置。其他参与硬件总线触发的设备，需要为每个硬件总线通道提供两个驱动器，这样既可以发送也可以接收它们自己的信号。

每个触发总线驱动器都由两个 M-LVDS 驱动器组成。在驱动模式下，只有一个 M-LVDS 驱动器的使能端被拉高处于工作状态，该驱动器驱动端接收触发信号（高电平），并输出至 M-LVDS 总线上。在线或模式下，两个 M-LVDS 驱动器的驱动端被置高，使能端接触发信号。当触发信号还没到来时，使能端置低被禁止，驱动器高阻输出；当触发信号到达时，使能端被拉高，两个驱动器同时把驱动端的高电平送至 M-LVDS 总线上。

在某一个总线通道上，有且只能有一个触发总线驱动器配置驱动模式，提供一个偏置低电压，其余不产生触发信号的设备的触发总线驱动器使能端被禁止，即只作为听者接收该设备产生的触发事件。如果其他设备也想在这个总线通道上产生触发信号，则必须将该通道的触发总线驱动器配置为线或模式，当触发到来时，由两个 M-LVDS 驱动器同时驱动总线，将总线电平拉高，从而产生触发信号。

网络化测试仪器软件在向用户提供硬件总线触发设置时，必须提供以下设置的选项：是否使能、驱动方式和输入通道。在设置时，首先选择八个独立通道中的一个进行配置，然后仪器进入等待触发状态，如果收到某个通道传输过来的触发信号，仪器首先判断是不是之前设置的那个通道，如果不是，继续等待；如果是，则立即触发仪器。硬件总线触发流程如图 8.6 所示。

综上，针对软件模块规范，国内外在访问冲突协调处理方面均没有相关的标准，可以提出相关的细化网络化仪器的要求。在网络服务管理、SCPI、LAN 触发管理、IEEE 1588 同步以及硬件总线管理方面，国外已经有非常成熟的标准，国内也有相关标准，但是还需要补充网络仪器的 DNS 和 DHCP 要求、同步管理的方法等方面的内容。

2．硬件规范

作为网络化测试仪器设计的核心，分别从两个方面来构建网络化测试仪器的硬件设计规范：硬件结构规范和硬件模块规范，如图 8.7 所示。

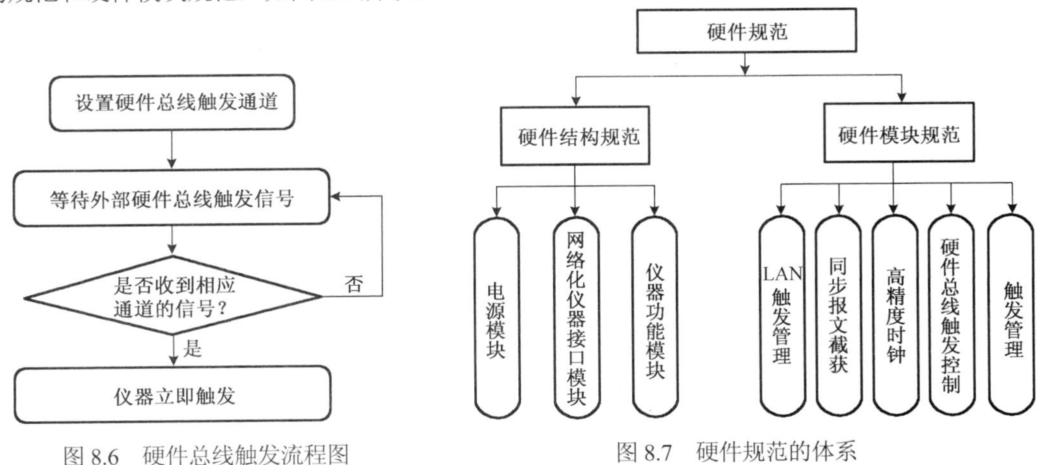

图 8.6　硬件总线触发流程图　　图 8.7　硬件规范的体系

1）硬件结构规范

网络化测试仪器的硬件结构应该由三大部分组成：电源、网络化仪器接口模块和仪器功能模块，如图 8.8 所示。电源部分主要负责各部分的供电，仪器电源需要符合 IEEE Std 802.3af 标准。网络化仪器接口模块用于处理相关的接口功能，包括 LAN 口、硬件触发总线接口、秒脉冲接口和外部触发输出口。仪器功能模块主要负责仪器所特有的功能部分。此外，仪器功能模块和硬件触发总线接口模块通过内部总线进行通信。

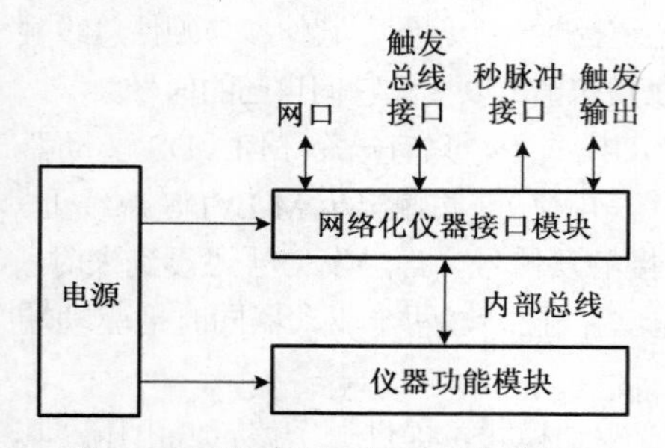

图 8.8　网络化测试仪器硬件结构图

网络化测试仪器的结构分为这三大部分，方便了设计和调试，有利于仪器功能的扩展。电源部分是所有网络化测试仪器共用的，对于相同供电需求的仪器来说，可以采用相同的供电模块，极大地节约了设计调试的成本。例如带有网络化功能的任意波形发生器和逻辑分析仪，它们可以采用相同的接口模块，只是仪器功能模块部分有很大的不同。任意波形发生器的仪器功能模块主要完成任意波形的产生，而逻辑分析仪的功能模块则完成数据的采集。对于网络化仪器的开发者来说，只需要把精力集中在仪器功能模块的设计上，而无须对整个仪器的结构重新设计，极大地提高了硬件结构的可复用性，缩短了仪器的开发周期。

2）硬件模块规范

为了进一步细化网络化测试仪器的设计，还需要从模块化的角度研究网络化测试仪器的硬件设计。根据设计 LXI 仪器的经验总结，网络化测试仪器的硬件功能模块需分为中央处理器模块、同步触发管理模块和仪器功能模块。中央处理器模块负责仪器内部功能的调度，完成内部数据的处理。同步触发模块完成相关同步触发的管理。仪器功能模块则负责仪器自身的功能，如采数、产生波形等操作。

如图 8.9 所示，同步触发模块是整个网络仪器的核心，它由 LAN 消息触发管理模块、同步报文截获模块、高精度时钟模块、硬件总线触发控制模块和触发管理模块等几大模块组成。

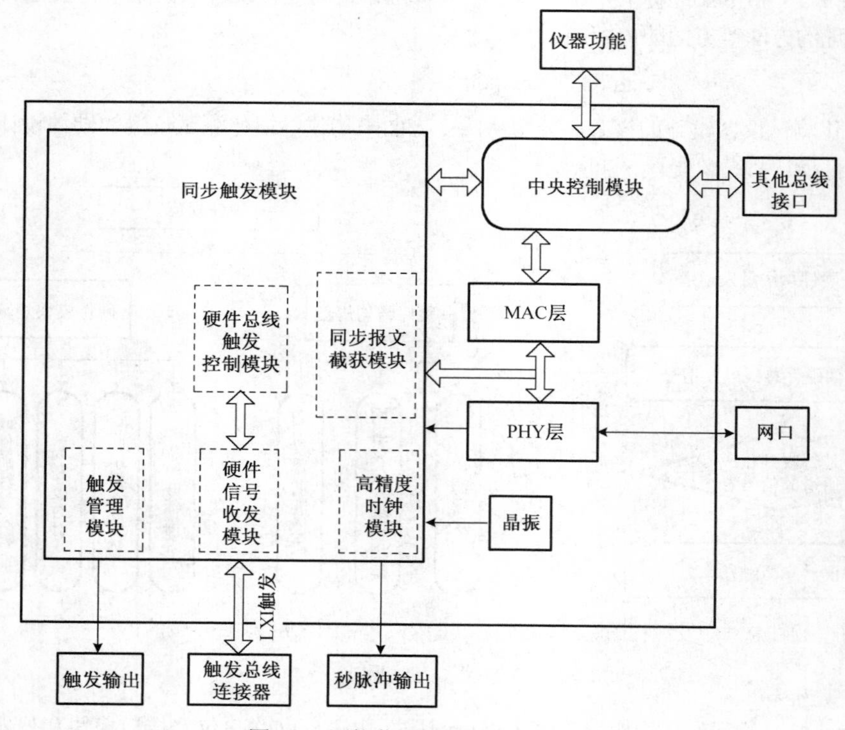

图 8.9　网络化测试仪器硬件模块图

（1）LAN 消息触发管理模块。

网络化测试仪器必须提供 LAN 消息触发管理模块以处理接收到的 LAN 消息以及产生 LAN 消息。LAN 消息触发管理模块须判断 LAN 消息帧是否符合条件，从而产生触发信号。

网络化测试仪器必须支持通过两种不同的通信协议（即 UDP 协议和 TCP 协议）来传输触发消息。基于 UDP 协议的消息触发方式使用了 UDP 协议来执行数据包一点对多点的传输。即某个设备通过 LAN 发送触发消息，在同一本地网络或者外网上的所有设备都可以接收此触发消息。在软件方面，程序接口根据协议定义了一个消息帧格式来控制和使用这些触发功能。因此，虽然网络中的所有设备都可以接收到这个触发消息帧，但是只有指定的设备对此触发消息帧做出响应。基于 TCP 协议的消息触发方式使用 TCP 协议进行点对点的数据传输，此种方式下则不必向网络中所有设备发送触发消息帧。由于 TCP 协议包含复杂的数据传输握手协议，因此基于 TCP 触发方式在传输上慢于 UDP 触发方式。在实际应用中，基于 UDP 的消息触发方式应用较多，但是由于基于 UDP 消息触发是广播式的传输方式，大量使用会在数据传输时产生网络阻塞并在远距离传输中丢失某些数据。使用者要根据实际情况来决定使用何种触发方式。

（2）同步报文截获模块。

网络化测试仪器必须能够对事件报文进行截获，以获取时间戳。在该部分主要参考 IEEE Std 1588 ，它定义了一种应用于分布式测量和控制系统的精确时间协议，该协议适用于任何满足多点通信的分布式控制系统，对采用多播技术的终端设备可以实现高精度的时间同步，其同步精度可达亚微秒级。此外，该协议可以应用的同步介质也十分广泛，不仅适用于应用最广泛的以太网，也适用于任何支持多播技术的局域网通信系统。尤其随着系统范围的扩大以及分散控制的发展，各个控制节点之间的时间同步也变得越来越重要，考虑到调度和控制的实时性，对时间统一的要求就更为严格。IEEE 1588 标准能够满足这种系统的需求，目前 IEEE 1588 标准已发展到 2008 版本。IEEE 1588—2008 对 2002 版本进行了完善，提高了同步的精度；引入透明时钟 TC 模式，包括 E2E 透明时钟和 P2P 透明时钟，计算中间网络设备引入的驻留时间，从而实现主从时钟间的精确时间同步，并新增了端口间延时测量机制等，通过非对称校正减少了大型网络拓扑中的积聚错误，其精度可以达到纳秒级[17]。

在设计同步报文截获模块时，事件报文的时间戳截获点必须放在 MAC 和 PHY 的接口（MII 接口）之间。通过同步报文截获模块完成对 MII 接口半字节数据流的检测，记录下同步报文进出网口的时间，这个时间由高精度时钟模块提供。

报文在传输过程中会受到很多因素的影响，例如操作系统和协议栈引起的延迟与抖动、网络流量的大小等，这些都会导致传输延时的不确定性。为了降低这些因素对传输延时的影响，需要尽量将获取时间戳的位置向底层移动，时间戳的获取点距离传输介质越近，同步效果越理想。事件报文在 MII 接口尚为数字信号，将时间戳获取点放到它们之间既便于实施，又能让时间截获点接近传输介质，从而大大减小传输延时的不确定性。

（3）高精度时钟模块。

网络化测试仪器应该通过高精度时钟模块向其他模块提供一个高精度的时间参考。

高精度时钟模块需要实现速率可调、当前时间可修正的高精度时间单元。通过时钟比较单元将当前时间与预先设定的触发时间比较，当两个时间相等时产生定时触发信号。此外，时钟模块还产生秒脉冲信号输出仪器，通过比较系统中各设备的秒脉冲输出信号来测试同步性能。

（4）硬件总线触发控制模块。

网络化测试仪器必须提供对硬件总线触发进行管理控制的模块，以接收硬件总线触发以及产生硬件总线触发信号。LXI Wired Trigger Bus Cable and Terminator Specifications 规范了 LXI 硬件总线触发线缆的要求，定义了线缆的机械结构和电气特性，还规定了硬件总线触发电缆和硬件总线触发电缆终端的构造细节。此外，规范中还提供了如 LXI 硬件触发总线适配器和星形 Hub 等设备的互连方法。

ANSI/TIA/EIA-899 标准用于多点数据交互的 M-LVDS（Multipoint Low Voltage Differential Signaling，多点低电压差分信号）接口电路电气特性，M-LVDS 主要用于优化多点互连应用中多个驱动器或者接收器共享单一的物理链路，这种应用要求驱动器件有足够的驱动能力来驱动多路负载，同时要求驱动器件与接收器件都能承受由于单板热插拔所引起的物理总线上的负载变化。M-LVDS 标准可以支持高达 500Mbps 的数据速率和较宽的共模电压范围（±2V），并具有强大的 ESD 保护特性，从而支持热插拔功能。该标准中对 M-LVDS 驱动器及接收器技术规格做了详细的规定，同时，M-LVDS 通过控制输出数据的压摆率和输出幅度来解决电磁干扰问题。另外，M-LVDS 还保留了 LVDS 低压差分信号特性，可以更进一步减小电磁干扰。

硬件总线触发方式是通过触发总线来实现的。触发总线接口建立在 TIA/EIA-889 多点低压差分信号（M-LVDS）规范的基础上。每个设备至少有两个触发总线连接器，这样就可以通过线缆将这些设备连接到触发总线上，如图 8.10 所示。在硬件触发总线的终端都需要连接上端接收器来提供终端。

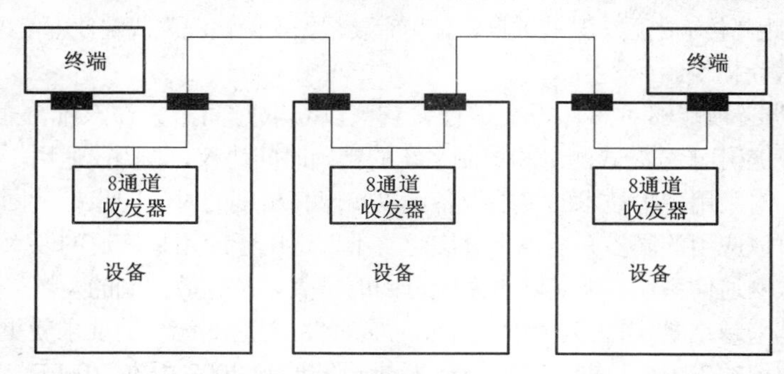

图 8.10　硬件触发总线连接方式

硬件触发总线由 8 个互相独立的 M-LVDS 通道组成。设备通过对相应通道触发总线驱动器（由两个 M-LVDS 驱动器组成）和接收器的控制完成该通道触发事件的传输，每个通道都能独立地被配置成输入或者输出通道（或者双向通道同时收发信号），并且可以被分别使能或禁止。硬件触发总线的每个通道都能工作在线或、驱动两种工作模式下，没有参与该总线触发的设备应该禁用该通道的驱动器。

（5）触发管理模块。

网络化测试仪器提供用于管理硬件总线触发、外部触发以及与特定仪器相关的触发的触发管理模块，同时通过触发管理模块提供触发输入/输出方式的选择。

触发管理模块除了管理触发方式的选择，还应提供延迟触发功能，可按用户需求设置触发延时及设置脉冲宽度。

IEEE 1588 协议全称是“网络测量和控制系统的精密时钟同步协议标准”，能够在分布式测试系统中使所有的测试仪器保持时钟同步。目前 IEEE 1588 协议有 IEEE 1588—2002 版和 IEEE 1588—2008 版。IEEE 1588—2008 版协议在 2002 版的基础上进行了大量的修改，提高了时钟同步的效率，主要修改的内容如下：

- 简化了同步报文的内容。
- 提出点对点测量延迟的方法。
- 优化了数据集比较算法和最佳主时钟算法。

IEEE 1588—2008 版协议放弃了原有的报文结构，重新设计了同步报文的内容，与原来相比进行了大幅的精简；在计算线路延迟方面引入了点对点测量延迟的方法，提出分段计算延迟的概念；在数据集比较算法方面，新版本大大简化了数据集比较的内容；在最佳主时钟算法方面提出使用独立报文来确定主从结构，提高了最佳主时钟算法的效率。下面将具体分析 IEEE 1588 同步过程中几个关键的部分。

① 时钟偏差测量。

测试系统中存在一个主时钟和多个从时钟，从时钟要与主时钟同步，首先要进行主从时钟偏差测量，然后根据得到的偏差值来修正从时钟的时间。在时钟偏差测量方面 IEEE 1588 协议两个版本的内容是一样的，都用到了 Sync 和 Follow_Up 报文。如图 8.11 所示，主时钟多播发送 Sync 报文，在 Snyc

报文出网口的时候硬件截获了精确的出网口时间，紧跟着主时钟再发送 Follow_Up 报文，Follow_Up 报文 preciseOriginTimestamp 字段的时间值代表了 Sync 报文出网口的精确时间。从时钟收到主时钟发送过来的 Sync 报文之后，记录下该报文入网口的精确时间 TS1，接下来会收到主时钟发送过来的 Follow_Up 报文，从中提取出 preciseOriginTimestamp 字段的值，记为 TM1。有了这两个时间值就可以计算变量的值，如式（8-1）所示。

$$\text{MasterToSlaveDelay} = \text{TS1-TM1} \tag{8-1}$$

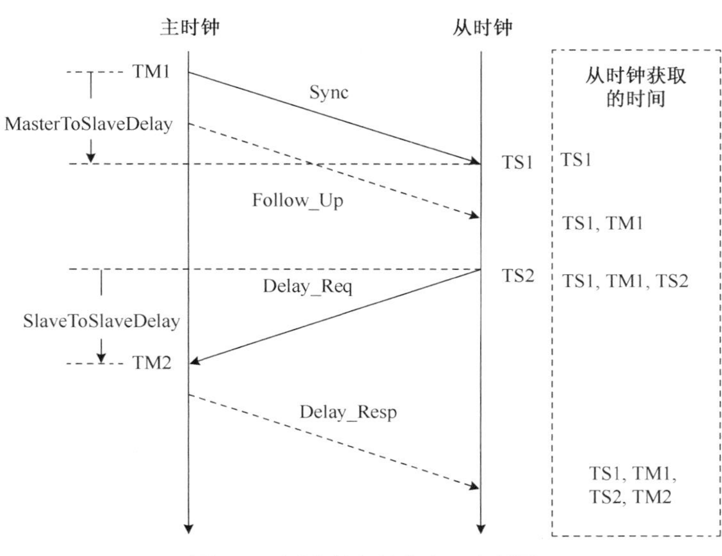

图 8.11　同步报文基本交互流程图

变量值包含了主从时钟之间的时钟偏差和报文传输的线路延迟。因此，主从时钟的时钟偏差值 OffsetFromMaster 的计算方法如式（8-2）所示。其中，meanPathDelay 即为通过线路延迟测量过程测得的线路延迟值。

$$\text{OffsetFromMaster} = \text{MasterToSlaveDelay-meanPathDelay} \tag{8-2}$$

② 线路延迟测量。

在已经得到主从时钟值 MasterToSlaveDelay 的情况下，只要知道数据包在主从时钟之间传递的线路延迟 meanPathDelay，就可计算出主从时钟间的时钟偏差。在进行时钟同步之前需要估算报文在线路上的传输延迟，并消除延迟导致的误差。IEEE 1588-2008 版时钟同步协议假设通信路径延迟是对称的，即前向路径的传输延迟与后向传输延迟相同，这是延迟测量中的一个关键假设。IEEE 1588-2008 版协议中存在两种测量延迟的机制——请求响应模式和点对点延迟模式。

请求响应模式即最基本的延迟测量模式，也是在 2002 协议中使用的延迟测量方法。这种延迟测量模式使用了 Sync、Follow_Up、Delay_Req 和 Delay_Resp 四种报文。

Sync 和 Follow_Up 报文的处理过程和偏差测量的过程一致，并且同样标记 TS1 与 TM1，同时计算 MasterToSlaveDelay。但在线路延迟测量过程中从时钟收到正确的 Follow_Up 报文后立即组建 Delay_Req 报文，并向主时钟的 319 端口发送，同时硬件也在截获 Delay_Req 报文的出网口时间，截获的情况与主时钟截获 Sync 报文出网口的时间类似，如果截获成功则记录该时间为 TS2。

随后主时钟在 319 端口收到从时钟发送过来的 Delay_Req 报文，同时硬件也在截获 Delay_Req 报文的入网口时间，截获的情况与从时钟截获 Sync 报文入网口的时间类似，若截获成功则记录该时间为

TM2。然后主时钟组建 Delay_Resp 报文，并且将 TM2 放入 Delay_Resp 报文的 receiveTimestamp 字段，再发送给从时钟的 320 端口。

从时钟在 320 端口接收到主时钟发送过来的 Delay_Resp 报文，接收情况与从时钟接收 Follow_Up 报文类似，如果接收到正确的 Delay_Resp 报文，从中可以提取出 Delay_Req 报文进入主时钟网口的时间 TM2。至此从时钟又得到了两个时间 TS2 和 TM2，然后计算 SlaveToMasterDelay 的值，其计算如式（8-3）所示。

$$SlaveToMasterDelay = TM2-TS2 \tag{8-3}$$

点对点延迟模式是在 IEEE 1588-2008 版协议中新加入的一种测量延迟的方法，该方法使用了 Pdelay_Req、Pdelay_Resp 和 Pdelay_Resp_Follow_Up 三种新增的报文。如图 8.12 所示，这三种报文可以与其他报文在同一线路上传播，而且互不干扰。利用点对点方式来测量平均线路延迟时间与利用请求响应模式的区别是利用 Pdelay_Req 报文不需要与 Sync 报文配合使用，即不需要参与到同步过程中，是一个独立的测量过程。点对点延迟模式可以与同步偏差测量过程分离开来，能够进行多次测量，实现实时计算平均线路延迟时间。而且在同步过程中如果主时钟发生改变则可以实时更新线路延迟时间，不会受到之前线路延迟时间的影响，避免了新旧主时钟转换对线路延迟造成的误差。这种测量模式使用起来更加灵活和方便，更重要的是将线路延迟的计算从总体分割为部分，降低了报文传输中的不确定性，提高了线路延迟计算的精度。

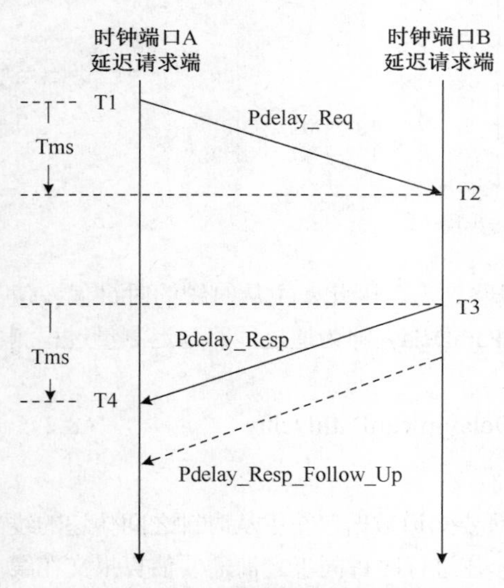

图 8.12　点对点测量线路延迟示意图

③ 最佳主时钟算法。

支持 IEEE 1588 时钟同步功能的设备要进行时钟同步之前，首先要确定时钟的主从结构。在多台互连设备中，在事先并不知道各个设备的时钟属性的前提下，快速确定主从结构是一件非常复杂的事情。为了解决这个问题，IEEE 1588 时钟同步协议定义了一种最佳主时钟算法（BMC），使用该算法选择系统中最合适的主时钟设备。该算法要求同步域中的每台设备均提供一个数据集，描述其本地时钟的性质、质量、稳定性、唯一识别符和首选设置。当一台设备加入到该同步域时，它会通过 Announce 报文向组播地址发送代表其时钟属性的数据集，同时接收所有其他设备的时钟属性数据集。每台设备都运行同一种最佳主时钟算法，利用所有参与时钟同步设备的时钟属性数据集，最终计算出自身应该处于的状态，由于所有设备均采用同样的数据，独立执行同一算法，因此计算出来的结果相同，设备之间不需要进行任何协商。

在 IEEE 1588-2002 协议中本地时钟的属性集包含在 Sync 报文中，从而造成 Sync 报文不仅要承担计算时钟偏差的任务还要承担计算最佳主时钟的任务。而在第二版协议中新提出来一种 Announce 报文，将本地时钟属性集包含在 Announce 报文中。这样做的好处是减轻了 Sync 报文的任务，使其不再参与最佳主时钟算法，提高了时钟偏差测量的效率。另外将这个任务交给了 Announce 报文，专门用来负责判断最佳主时钟，也提高了最佳主时钟算法的效率。

对于普通时钟和边界时钟来说，端口数据集中 logAnnounceInterval 的值决定了 Announce 报文的发送周期。logAnnounceInterval 等于 Announce 报文的发送周期值的以 2 为底的对数，即 2 的 logAnnounceInterval 次方才是实际的发送周期值，以秒为单位。当普通时钟和边界时钟变为主时钟时会定时地向多播地址发送，并且同时接收来自其他设备的 Announce 报文，也就是说 2008 版协议使用独立的 Announce 报文来建立设备的主从结构。

IEEE 1588-2008 版精确时钟同步协议的最佳主时钟算法主要包含两个算法：状态决定算法和数据集比较算法。

（i）状态决定算法。

状态决定算法是将本地时钟属性信息与本地时钟端口上收到的 Announce 报文中携带的时钟属性信息进行比较，然后根据比较结果推荐本地时钟端口应该处于某种状态，最后时钟状态机根据推荐的结果跳转到相应的状态。状态决定算法的流程如 8.13 所示。状态决定算法需要比较的数据集有本地默认数据集、接收端口 R 上 Announce 数据包中携带的时钟属性信息最好的数据集和时钟所有端口中的属性最好的数据集。状态决定算法利用数据集比较算法在上述三个数据集中分别进行比较而执行程序分支跳转，最后确定本地时钟端口应该处于的时钟状态以及应该更新数据集的编码。在状态决定算法流程图的推荐状态框图下面方框里的数据集代表了数据集更新信息的源信息。

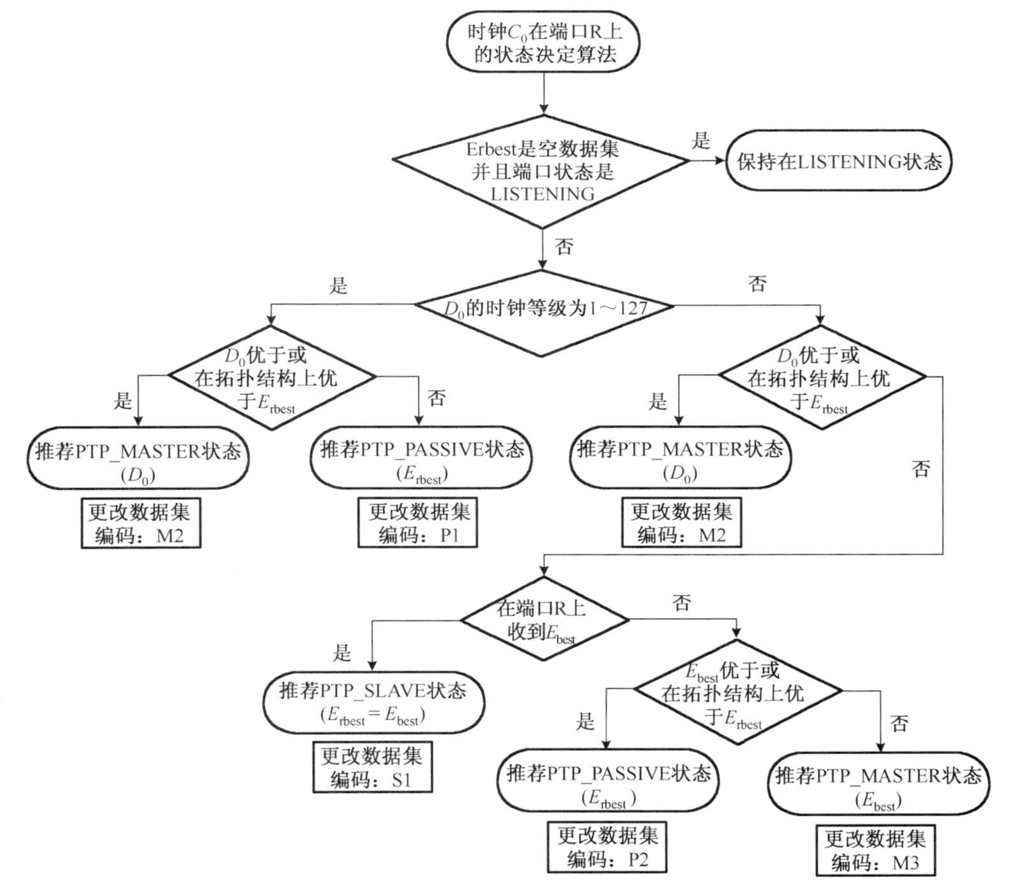

图 8.13　状态决定算法流程图

（ii）数据集比较算法

IEEE 1588-2008 版协议大大简化了本地时钟属性集的内容，通过简化的流程依次比较两个时钟数据集的时间属性信息，然后得出哪个数据集代表的时钟属性更加优秀。

数据集比较算法的返回值主要有：

- *A* 优于 *B*（*A* better than *B*）；
- *B* 优于 *A*（*B* better than *A*）；
- *A* 在拓扑结构上优于 *B*（*A* better by topology than *B*）；
- *B* 在拓扑结构上优于 *A*（*B* better by topology than *A*）；
- *A* 和 *B* 相同（*A* same as *B*）；
- 来自自己的消息忽略（receiver = sender）。

状态决定算法根据这 6 个返回值决定本地时钟端口的状态。

在每个时钟节点的父数据集中都有保存超主时钟的信息。由图 8.14 可以看出数据集比较算法首先比较两个数据集的超主时钟是否一致，如果不一致则比较两个超主时钟的属性值，如果某个数据集的超主时钟要优于另外一个，那么得出的结论就是优秀的超主时钟的数据集要优于另外一个数据集。

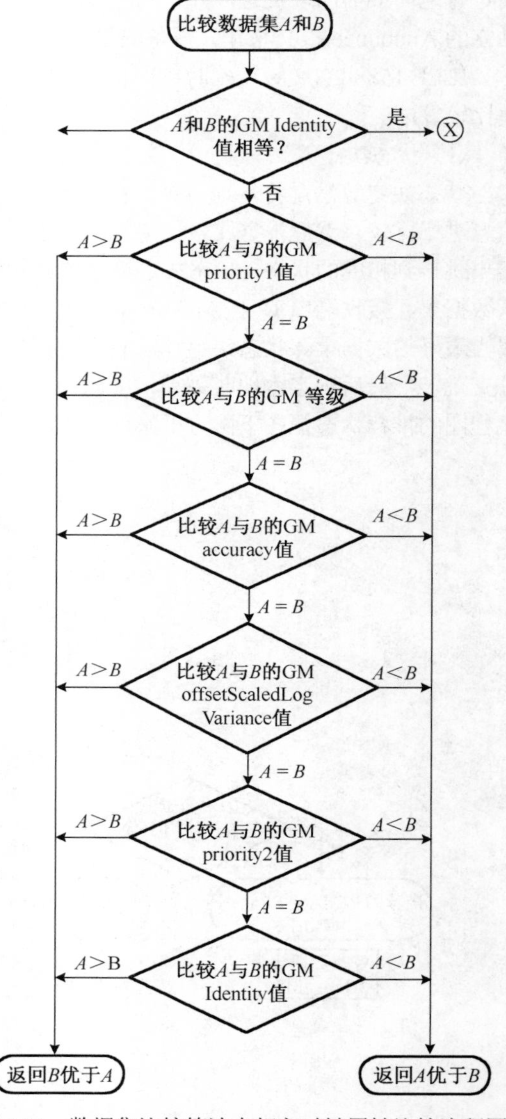

图 8.14　数据集比较算法中超主时钟属性比较流程图

如果两个数据集来源于同一个超主时钟，那么就要比较 *A* 和 *B* 自身的属性值。数据集比较算法得出的结论有一种是拓扑结构上优于对方，该结论是基与 stepsRemoved 值决定的。stepsRemoved 值表示本地时钟与超主时钟之间经过的通信路径的条数，该值越小表示本地时钟与超主时钟的拓扑距离越近，即与超主时钟之间连接的设备越少。在这种情况下同步误差出现的概率变小，即本地时钟的时钟精度相对来说比较高。对于本地时钟来说，stepsRemoved 初始值为 0。如果处于从时钟状态的本地时钟与超主时钟在同一条通信路径上，那么本地时钟的 stepsRemoved 值为 1。数据集比较算法中本地时钟属性比较的流程图如图 8.15 所示。

通过上面的分析，可以看出数据集比较算法的流程大致可归结如下：首先，在一个同步系统中，选取主时钟时首先要考虑的是超主时钟的时钟属性，不能只考虑时钟本身的属性，超主时钟最佳证明时钟源的属性比较好，从概率上分析时钟属性优秀的可能性比较大；其次，在超主时钟相同的情况下，再比较本地时钟本身的属性，最终计算出两个数据集属性哪一个比较好。

最佳主时钟算法得出的结果是本地时钟应该处于的状态，之后时钟状态机就要根据最佳主时钟算法的结论进行跳转，以达到最终应该处于的状态。

IEEE 1588-2008 版协议共定义了 9 种本地时钟端口状态，分别为：

- PTP_INITIALIZING 状态。处于该状态时，仪器初始化时钟属性数据集，为时钟同步做准备工作。
- PTP_FAULTY 状态。处于该状态的时钟端口为协议故障状态。端口不参与时钟同步过程，但可采取特殊的方法消除故障。

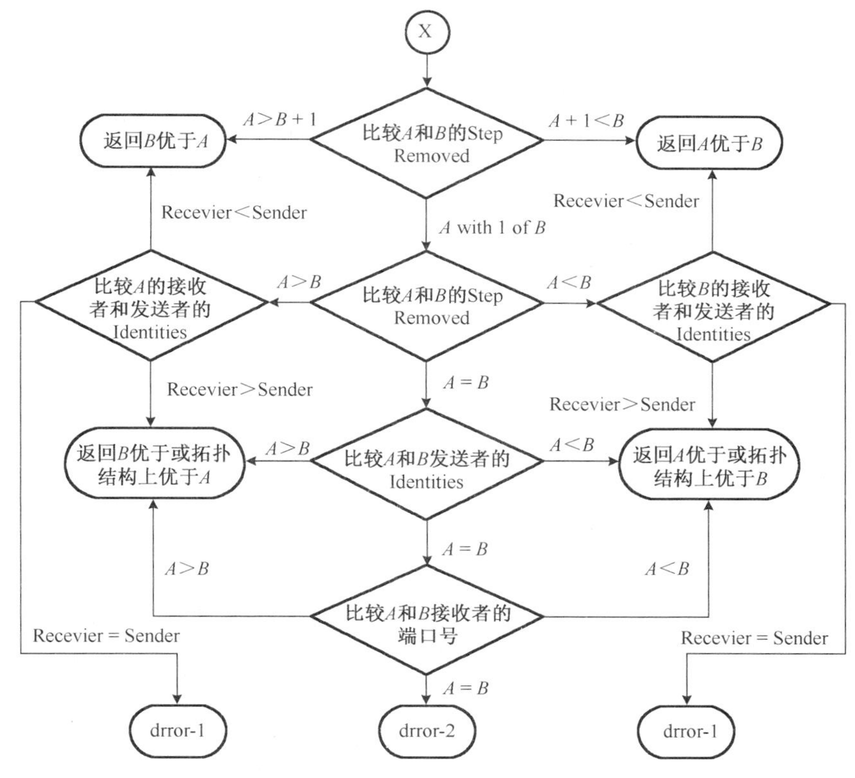

图 8.15　数据集比较算法中本地时钟属性比较流程图

- PTP_DISABLED 状态。处于该状态的时钟端口禁止在其通信通路上发送任何消息。在边界时钟内，其他端口的状态不受该端口的影响。
- PTP_LISTENING 状态。处于该状态的时钟端口等待接收 Announce 报文定时器超时或接收来自主时钟的 Announce 报文。该状态的目的是为最佳主时钟算法提供一段时间。
- PTP_PRE_MASTER 状态。处于该状态的时钟端口必须与 PTP_MASTER 状态一样，除了禁止在其通信通路上发送非管理信息外。
- PTP_MASTER 状态。处于该状态的时钟端口作为主时钟端口向外部发送同步报文，并且为出入端口的同步报文截获时间戳。
- PTP_PASSIVE 状态。处于该状态的时钟端口禁止向其通信通路上发送任何报文，特殊规定除外。
- PTP_UNCALIBRATED 状态。处于该状态的时钟端口检测到同步系统内有多个主时钟端口，然后选择一个合适的主时钟端口并且准备与其同步。这是一个临时的状态，允许在选定主时钟端口时初始化本地端口、更新数据集。
- PTP_SLAVE 状态。处于该状态的本地时钟端口必须与选定的主时钟端口同步。

时钟状态机表明了各个状态转换的条件及每个状态所允许的行为。IEEE 1588 时钟同步软件启动后，端口进入 PTP_ INITIALIZING 状态，此时端口进行一些初始化工作。例如，初始化 Announce 报文收发等定时器，初始化配置时钟端口。之后端口进入 PTP_ LISTENING 状态，同步软件开始监听其他端口的 Announce 报文，此过程中如果发生错误，系统马上进入 PTP_ FAULTY 状态，软件报告错误，同时提醒用户处理发生的故障。如果故障清除则重新进入 PTP_ LISTENING 状态，否则停留在 PTP_ FAULTY 状态不变。

如果端口在 PTP_LISTENING 状态一直没有收到其他端口发送的 Announce 报文，那么该端口的 Announce 报文定时器会超时，然后端口会马上进入 PTP_MASTER 状态。如果端口在 PTP_LISTENING 状态收到了其他端口发送过来的 Announce 报文，则外来时钟的时钟属性就包含在该 Announce 报文中，利用最佳主时钟算法比较本地时钟和外来时钟的属性。如果本地时钟属性优于外来时钟，则本地时钟进入 PTP_ PRE_ MASTER 状态，然后，在规定的时间内没有收到时钟属性更好的 Announce 报文，则进入 PTP_MASTER 状态。即使端口处在主时钟状态下仍然可以收到外来时钟的 Announce 报文，如果时钟属性比本地的更好，那么主时钟同样会发生变化，有可能转入 PTP_SLAVE 状态。

如果在同步过程中当前的主时钟已经不适合作为主时钟了，那么从时钟就会进入 PTP_UNCALIBRATED 状态，然后重新调用最佳主时钟算法，经过再次计算后确定应该所处的状态。

8.3 LXI 总线测试仪器

8.3.1 LXI 总线的发展

2004 年 11 月 LXI 联盟（LXI Consortium）成立，LXI 联盟的主要目标是建立和采用基于 LAN 的仪器规范，简化测试系统的集成和降低与测试系统设计及维护相关的成本，通过高速以太网和 IEEE 1588 这些成熟技术和行业自身规定保证了厂商间兼容性的规则。目前绝大多数著名测试测量研究单位和厂商都已加入联盟成为会员。随着市场和新技术的发展，LXI 标准也在不断丰富和完善，分别于 2005 年、2006 年、2008 年分别颁布了 LXI V1.0、LXI V1.1 和 LXI V1.3 标准，2011 年 5 月 18 日推出了最新的 LXI 1.4 版本。

如今 LXI 仪器总线技术已广泛应用于众多测试系统，如美国海军综合自动化测试系统（CASS）、海军陆战队的第二梯队测试系统（TETS）和陆军的综合测试设备系列（IFTE）总线系统的升级改造等等。2006 年 11 月，全国测控、计量、仪器仪表学术年会，中国 LXI 联合体成立暨 2006 年总线技术与 LXI 学术交流大会在湖南省张家界召开。迄今为止，中国的 LXI 联盟成员包括约 100 多所中国大学、研究机构和厂商。

现阶段粗略估计，LXI 产品类型已有 500 多种，国内也有不少高校和公司开发了 LXI 产品。电子科技大学的电子测试技术与仪器教育部工程研究中心开发了 LXI A 级逻辑分析仪（64 通道，2GS/s 定时分析速率，250MHz 的状态分析速率），LXI A 级示波器（5GS/s 采样率，300MHz 带宽），LXI A 级任意波形发生器（14 位的分辨率，300MHz 信号发生）和 LXI B 级 5 位半万用表等。图 8.16 为研究中心开发的 LXI A 级示波器和逻辑分析仪。

图 8.16 LXI A 级示波器和逻辑分析仪

8.3.2 LXI 测试仪器的基本特性

LXI 测试仪器是一种基于以太网技术等工业标准的、由中小型总线模块组成的典型的网络化测试仪器。它严格基于 IEEE 802.3、TCP/IP、网络总线、网络浏览器、IVI 驱动程序、时钟同步协议（IEEE 1588）和标准模块尺寸。与带有昂贵电源、背板、控制器、MXI 卡和电缆的模块化插卡框架不同，LXI 仪器本身已带有自己的处理器、LAN 连接、电源和触发输入。LXI 仪器有两种形式：LXI 台式仪器和

LXI 模块仪器，如图 8.17 所示。LXI 模块组成的 LXI 系统也不需要如 VXI 或 PXI 系统中的零槽控制器和系统机箱。一般情况下，在测试过程中 LXI 模块由一台主机或网络连接器来控制和操作，等测试结束后再把测试结果传输到主机上显示出来。LXI 模块借助于标准网络浏览器进行错误浏览，并依靠 IVI 驱动程序通信，从而便利了系统集成。图 8.18 所示为 LXI 自动测试系统仪器外观。

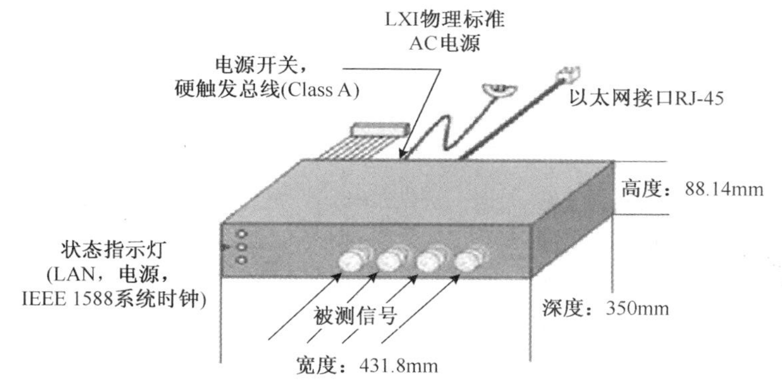

图 8.17　LXI 模块仪器外观示意图

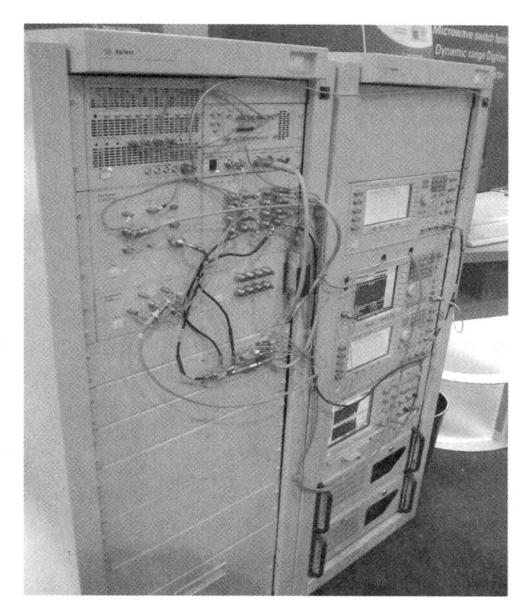

图 8.18　LXI 自动测试系统仪器外观

LXI 仪器的主要特点可以总结为以下几点：

（1）开放式工业标准——LAN 和 AC 电源是业界最稳定和生命周期最长的开放式工业标准，也由于其开发成本低廉，使得各厂商很容易将现有的仪器产品移植到该 LAN-Based 仪器平台上来。

（2）向后兼容性——因为 LAN-Based 模块只占 1/2 的标准机柜宽度，体积上比可扩展式（VXI，PXI）仪器更小。同时，升级现有的自动测试系统（ATS，Automatic Test Systems）不需要重新配置，并允许扩展为大型卡式仪器（VXI，PXI）系统。

（3）成本低廉——在满足军用和民用客户要求的同时，保有现存台式仪器的核心技术，结合最新科技，保证新的 LAN-Based 模块的成本低于相应的台式仪器和 VXI/PXI 仪器。

（4）互操作性——作为合成仪器（Synthetic Instruments）模块，只需 30～40 种通用模块即可解决客户的主要测试需求。如此相对较少的模块种类，可以高效且灵活地组合成面向目标服务的各种测试单元，从而彻底降低 ATS 系统的体积，提高系统的机动性和灵活性。

（5）新技术及时方便的引入——由于这些模块具备完备的 I/O 定义文档（由军标定义），所以模块和系统的升级仅需核实新技术是否涵盖其替代产品的全部功能。

8.3.3 LXI 测试仪器的分类

1．分类

LXI 仪器分为三个等级，见表 8.1。等级 C：具有网口，通过网络触发、网络发现、Web 网页访问，提供 IVI 驱动等功能。但是 C 级仪器只能通过局域网消息触发，同步精度最高只能达到毫秒级。等级 B：在等级 C 的基础上增加了 IEEE 1588 网络同步协议。相比 C 级，B 级仪器网络同步精度较高，可达微秒或亚微秒级。等级 A：在等级 B 的基础上，进一步增加了硬件触发能力，提高同步触发精度，可达纳秒级。

表 8.1 LXI 仪器等级分类

<table>
<tr><th colspan="3"></th><th>物理</th><th>软件接口</th><th>Web 接口</th><th></th></tr>
<tr><td rowspan="3">A级设备</td><td colspan="2"></td><td>电气机械安全性 EMI/EMC</td><td>LXI 同步接口 API(LAN 触发和接线触发)</td><td>同步配置页面（IEEE 1588 参数和接线触发参数）</td><td></td></tr>
<tr><td rowspan="2">B级设备</td><td></td><td>同上</td><td>LXI 同步接口 API(LAN 触发)</td><td>同步配置页面（IEEE 1588 参数）</td><td>IEEE 1588 PTPLAN 消息和时间基事件触发</td></tr>
<tr><td>C级设备</td><td>同上</td><td>IVI 驱动器</td><td>Web 主页和 LAN 配置</td><td>LAN 接口和 IEEE 802.3 兼容</td></tr>
</table>

2．各级设备的基本特性与功能要求

三个功能等级的仪器全部以以太网作为通信接口，因而在设计时，其物理与功能两者都要符合 IEEE 802.3 要求。LXI 设备是以网络为中心的，因此对这三类等级来说，为每个仪器集成一个 Web 页面是十分容易的，也是十分必要的。在 Web 主页和 LAN 的配置页面上介绍仪器和 LAN 配置的有关信息，如图 8.19、图 8.20 所示。所有 LXI 设备应坚持使用同一组软件标准的原则，要求每个仪器具有一个 IVI 专用驱动器。如果 LXI 仪器与已定义的 IVI 仪器类型相匹配，那么 LXI 驱动器也同样与 IVI 兼容。除了以上通用的功能外，各级设备还有自己的特点。

1）C 级设备

基本功能集表明，一大类现有新型仪器可变换 C 级设备或实现 LXI C 级设备。对具有以太网通信接口的仪器，变换涉及固件或软件的更新，以解决 Web 接口和 IVI 驱动器的要求，并支持 LAN 通信标准。同时，可保留仪器使用的专用触发机制，因为对 C 级设备，并未要求 LXI 触发或同步功能。事实上，即便对 B 级或 A 级设备，除了已定义的 LXI 触发机制，也可使用专用的触发方案。

非机架式安装仪器，诸如独立的分布测量装置、过程控制与数据采集应用，也是 C 级设备的最佳候选。再者，这些设备除了附加最少量的 LAN、Web 以及驱动器等核心要求外，均可以多种尺寸和外形来实现。另一方面，这些仪器也能充分利用 LAN 的灵活性和普遍性。

LXI C 级设备的特点主要是具备网口，能够实现网络访问，能够被网络发现和识别，能够被网络 LAN 包触发。测试人员会首先访问 C 级设备的网页，通过网页程控设备，观察设备是否可以正常操作，

以保证 LXI 设备能够网控，信息网可以得到正确的设备传输信息。Web 接口程控仪器的实现如图 8.21 所示。

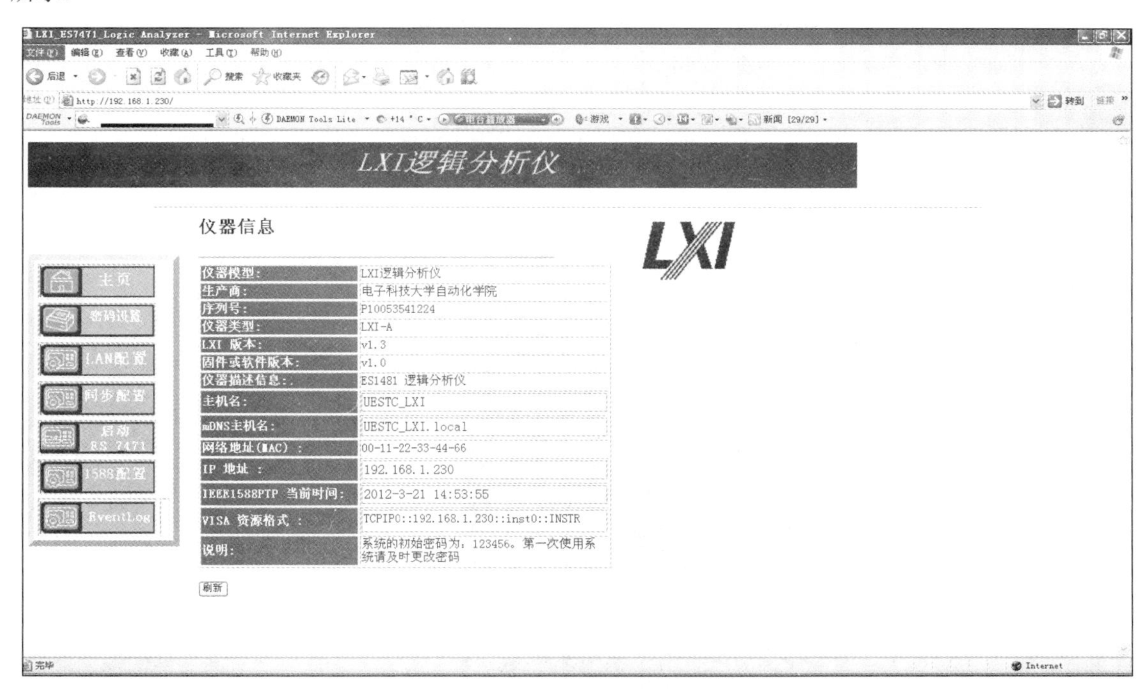

图 8.19　Web 主页示意图

图 8.20　LAN 配置页面示意图

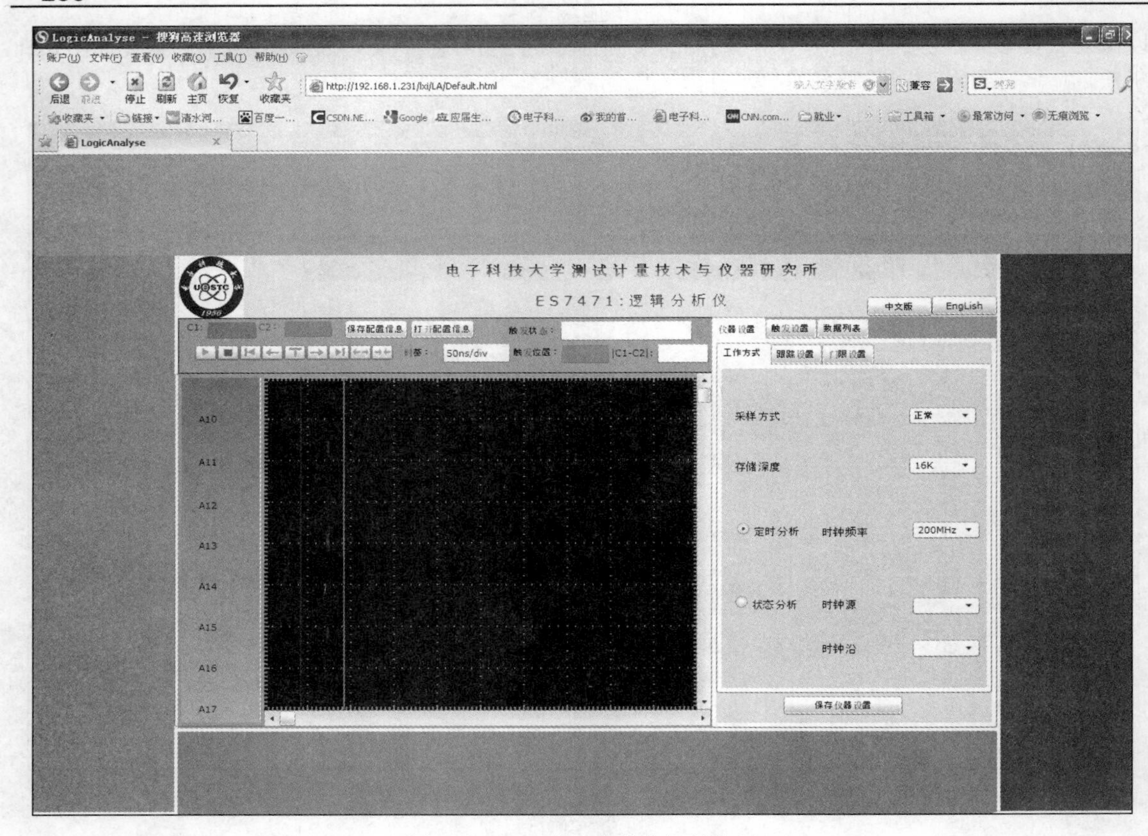

图 8.21 Web 接口程控仪器的实现

2）B 级设备

B 级设备保留了 C 级设备的全部功能，同时提供了扩展的触发功能，支持直接 LAN 消息触发和 IEEE 1588 精确定时触发。IEEE 1588 的全称是“网络测量和控制系统的精密时钟同步协议标准”，2000 年底，为了解决测量和控制应用的分布网络定时同步的需要，具有共同利益的信息技术、自动控制、人工智能、测试测量的工程技术人员倡议成立了网络精密时钟同步委员会，并在 2002 年颁布了 IEEE 1588-2002（version 1），2008 年又颁布了 IEEE 1588-2008（version 2）。它不需要专用的同步触发线，用以太网的数据线传送时钟信号，使组网连接简化并降低了成本。该协议的基本思想是通过硬件和软件将网络设备（客户机）的内时钟与主控机的主时钟实现同步，提供亚微秒级的同步精度。

IEEE 1588 可用专用硬件实现，也可用软件实现。当然，对仪器应用来说不推荐使用软件方法，因为软件方法无法达到精确的定时水平。在两种触发模式中，一种是直接 LAN 消息模式，即 LAN 接口向设备发送含有触发和时间戳的数据包。该功能在点至多点应用中使用 UDP 多目标信息包，而在点至点传输中使用 TCP。即使对 C 级设备，虽然没有配置 IEEE 1588 功能，无法指派时间戳，但仍可以插入一个零时间戳值，参与模块间通信。直接 LAN 消息模式能精确地控制测量事件。例如，一个事件的发生会要求在规定的事件前或后采集数据，在此场合，测量设备（一个数字化仪或数字仪表）能连续地采集数据。

第二种 LAN 模式允许 B 级设备利用 IEEE 1588 建立的相干时间，产生一个精确时间基触发事件。在此场合，触发是根据预设的绝对时间值产生的。在仅使用 LAN 通信信道时，这一功能很好地满足了协同工作一类应用的要求。

B 级设备为测量功能与激励功能极其精确地协同工作提供了可能，即便两个部件互相分隔两地也是如此。此外，在工厂车间的工艺监测/控制应用中，会出现多个设备需要以近实时在精确的时间点进行测量或校正的情况，B 级设备的时间基触发功能就能完成精确时间的测量。多个设备通过 LAN 接口通信、一个绝对时间或时间序列来建立测量触发。由于具有 IEEE 1588 功能的所有设备具有一个公共的、相干的时间，所以都是根据公共的时间和规定的时间戳值来完成的。

LXI 1.4 规范 3.2 节指出，LXI B 级设备必须含有一个计时设备，设备计时精度最好达到 40ns，这样的设备具有定时触发功能，即用户可以设置触发发生的时间，时间一到仪器即触发。为了使测试系统中的所有 B 级设备可以在同一时间触发，首先要对所有 B 级设备的计时时钟通过 IEEE 1588 协议进行同步，以保证系统中所有设备的同步工作。为了测试 LXI B 级设备的时钟同步精度，LXI 1.4 规范 3.2 节指出设备应该具有一个秒脉冲（PPS，Pulse-per-Second）输出口，用于网络时钟同步精度测试。

3）A 级设备

A 级设备具有 C 级和 B 级设备的全部功能，外加硬件触发功能。对 LAN 触发和硬件触发的 A 级设备来说，需有附加的软件驱动功能来支持不同的触发模式。此外，对 LAN 触发和硬件触发并存的场合，Web 页面的支撑也是必要的，需要配置 Web 主页。

8.3.4 LXI 测试仪器的结构与电气特性

LXI 设备分为三种结构形式：非机架安装结构形式，全宽机架安装结构形式，半宽机架安装结构形式。

其中全机架宽度 LXI 设备应符合 IEC 60297 机架标准的规定。半机架宽度 LXI 设备也应符合 IEC 60297 机架标准规定的基本尺寸，在提供必要的适配套件后可以安装在全宽度机架上。

在 LXI 1.4 标准中，规定了 LXI 设备电气特性要求，包括电源、连接器、开关、指示器以及相关部件的类型和位置。

1. 输入电源

LXI 设备的输入电源一般分为三种形式：通用交流电源，通用直流电源，符合 IEEE 802.3af 协议的 PoE 电源。

2. 电源连接器

LXI 设备的电源连接器应安装在后面板。

3. LAN 连接器

LXI 设备的 LAN 连接器应符合 IEEE 802.3 协议。

4. LXI 线触发总线连接器

LXI 设备线触发总线实现了一个线缆系统来实现 LXI 设备之间的互连。如图 8.22 所示为 LXI 线触发总线电缆。它是圆形的，由 8 对双绞线组成。双绞线对之间用聚酯薄膜相互隔离，电缆外覆盖了 PVC 保护套。

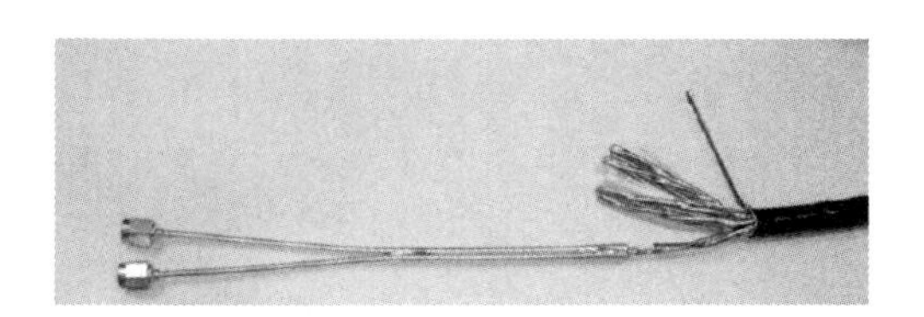

图 8.22　LXI 线触发总线电缆

LXI 设备线触发总线可以通过三种连接方式来实现设备间的互连，即菊花链连接、星形连接和菊花链-星形混合连接，如图 8.23 所示。图 8.24 是 LXI 仪器触发总线终端器。

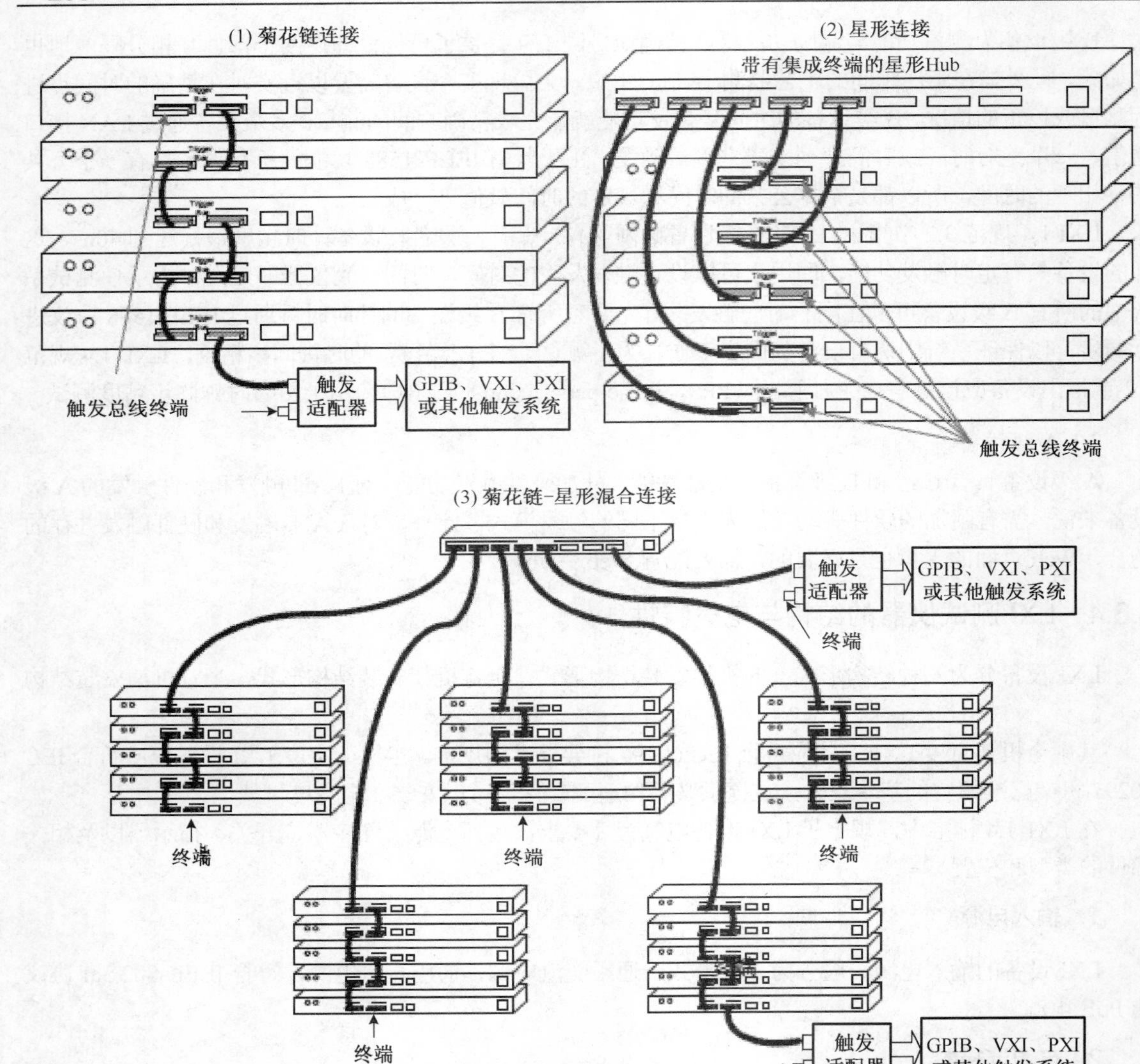

图 8.23　LXI 线触发总线连接

图 8.24　LXI 线触发总线终端器

LXI 线触发总线提供 8 个物理上独立的触发通道，标识为 LXI0～LXI7，所有的 LXI 线触发总线通道在上电时应该默认为禁止配置。每一个 LXI 线触发总线通道都能独立地被配置成输入或输出通道

（或者输入/输出双向通道），并且可以被分别使能或禁止。每一个通道都能以两种工作模式之一操作，通过对参与该通道触发的 LXI 设备编程来决定，没有参与触发操作的 LXI 设备应该禁用 LXI 线触发总线驱动器。两种工作模式如下。

（1）驱动模式：提供点对多点操作。一个设备启动一个触发事件到一个或多个接收设备，这种模式每个 LXI 设备为每个 LXI 线触发总线通道提供一个驱动器。

（2）线或模式：只是多点对多点的操作。一个或多个设备启动一个触发事件到一个或多个接收设备。线或模式需要一个设备被配置成线或偏置设备，其驱动器为 LXI 线触发总线通道提供一个偏置。其他参与线触发的 LXI 设备，需要为每个 LXI 线触发总线通道提供两个驱动器，这样既可以发送也可以接收它们自己的信号。

LXI 1.4 规范指出，实现 LXI 线触发总线的 LXI 设备需要支持全部 8 个硬件触发通道。每一个 LXI 线触发总线通道都应该使用半双工的、多点低压差分信号（M-LVDS）接收器。每一个连接到 LXI 线触发总线上的 LXI 设备应该在每个通道的外部 M-LVDS 线对和内部信号走线之间提供半双工缓冲。M-LVDS 收发器 TISN65MLVD080（8 通道）或 TISN65MLVDS201（单通道）可用于 LXI 线触发总线。

每一个 LXI 线触发总线驱动器都可以独立地被配置成驱动模式或线或模式，如图 8.25 所示。在驱动模式下，只有一个 M-LVDS 驱动器的使能端被拉高处于工作状态，该驱动器驱动端（D）接收触发信号（高电平），并输出至 M-LVDS 总线上。在线或模式下，两个 M-LVDS 驱动器的驱动端（D）被置高，使能端接触发信号。当触发信号还没到来时，使能端置低被禁止，驱动器高阻输出；当触发信号到达时，使能端被拉高，两个驱动器同时把驱动端的高电平送至 M-LVDS 总线上。在某一个总线通道上，有且只能有一个触发总线驱动器配置驱动模式，提供一个偏置低电压，其余不产生触发信号的设备的触发总线驱动器使能端被禁止，即只作为听者接收该设备产生的触发事件。如果其他设备也想在这个总线通道上产生触发信号，则必须将该通道的触发总线驱动器配置为线或模式，当触发到来时，由两个 M-LVDS 驱动器同时驱动总线，将总线电平拉高，从而产生触发信号。LXI 线触发总线驱动器的两个 M-LVDS 驱动器输出并行连接如图 8.25 所示，图 8.26 是单位 LXI 线触发总线通道及端接。

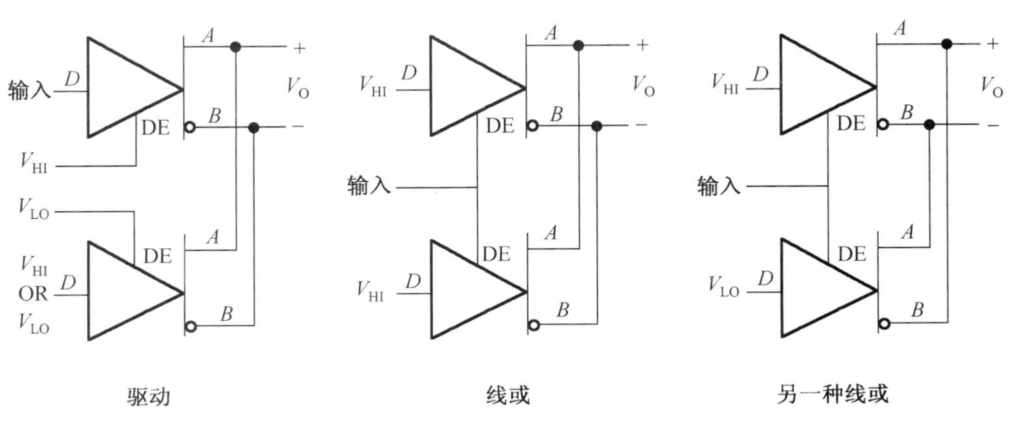

图 8.25　LXI 线触发总线驱动器：驱动模式和线或模式

5. LAN 配置初始化（LCI）装置

LXI 设备应提供一个 LCI 装置，在被激活时，将其网络配置设置为默认状态。

该装置应通过在后面板或前面板（首选后面板）使用一个独立的、凹陷的机械式按键实现，同时使用一个延时、用户询问或者机械结构保护，以防止意外操作。另外，LCI 装置应标识为“LAN RST”或“LAN RESET”。

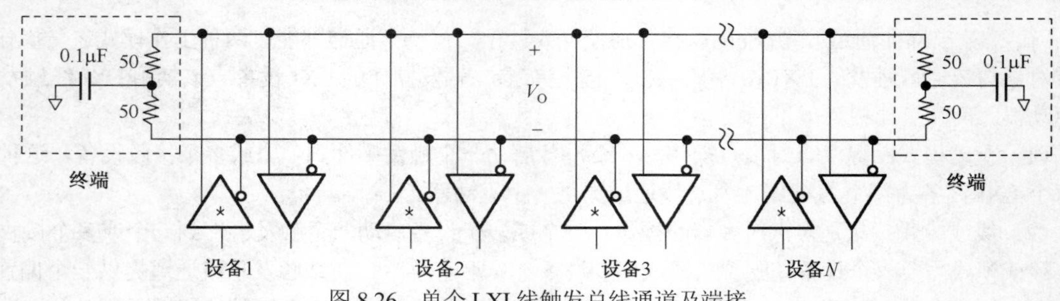

图 8.26 单个 LXI 线触发总线通道及端接

6. LXI 状态指示灯

LXI 设备有电源、LAN 以及可能的 IEEE 1588 等状态指示灯。表 8.2 描述了状态指示灯的方向和标识等信息。

表 8.2 状态指示灯信息

	电源指示灯	LAN 状态指示灯	IEEE 1588 时钟状态指示灯
水平方向	Power LAN 1588 (左侧 LED) 设备供电时，最先亮	Power LAN 1588 (中间 LED) 设备供电时，第二个亮，获取 LAN IP 配置	Power LAN 1588 (右侧 LED) 设备供电时，第三个亮，获取 IEEE 1588 时钟
(或) 垂直方向	1588 LAN Power (底部 LED) 设备供电时，最先亮	1588 LAN Power (中间 LED) 设备供电时，第二个亮，获取 LAN IP 配置	1588 LAN (顶部 LED) 设备供电时，第三个亮，获取 IEEE 1588 时钟
标识	通用电源符号，或 PWR，或 POWER	LAN	1588

注 1：状态指示灯按 LXI 设备开机时亮的先后顺序排列。

注 2：标识的位置由 LXI 设备厂商自行确定。

电源指示灯应安装在设备的前面板上，对于使用电源待机状态的 LXI 设备，应使用一个具有三种状态的双色（橙/绿）LED，状态说明见表 8.3。对于不使用电源待机状态的 LXI 设备，电源指示灯应使用一个单色（绿）LED，状态说明见表 8.4。

表 8.3 电源指示灯状态说明（双色 LED）

指示灯状态	电源状态	描述
关闭 不发光	无电源	电源未接入
待机 橙色，稳定发光	电源待机	待机状态是出于安全目的，用于设备自身关机之后保持供电电源发热
开启 绿色，稳定发光	电源开启	电源供电

表 8.4 电源指示灯状态说明（单色 LED）

指示灯状态	电源状态	描述
关闭 不发光	无电源	电源未接入
开启 绿色，稳定发光	电源开启	电源供电

LAN 状态指示灯应安装在设备的前面板上，应该由一个双色（红/绿）LED 来显示两种功能：LAN 故障指示和设备识别，状态说明见表 8.5。当只使用单绿色 LED 来显示时，状态说明见表 8.6。

表 8.5　LAN 指示灯状态说明（双色 LED）

指示灯状态	LAN 状态	描述
绿色，稳定发光	正常	正常
绿色，闪烁发光	设备识别	一个设备识别命令通过设备的网页或驱动程序接口调用。状态指示灯应该保持绿色闪烁直到被命令执行其他操作（不是单次闪烁，而是通过 Web 接口控制在连续闪烁和停止闪烁之间切换）
红色，稳定发光	LAN 故障	下一节描述四种情况

表 8.6　LAN 指示灯状态说明（单色 LED）

指示灯状态	LAN 状态	描述
绿色，稳定发光	正常	正常
绿色，闪烁发光	设备识别	一个设备识别命令通过设备的网页或驱动程序接口调用。状态指示灯应该保持绿色闪烁直到被命令执行其他操作（不是单次闪烁，而是通过 Web 接口控制在连续闪烁和停止闪烁之间切换）
不发光	LAN 故障	下一节描述四种情况

IEEE 1588 时钟状态指示灯既能反映设备的时钟状态，又能反映设备的时钟类型。它有多种状态，能以两种不同的频率闪烁，稳定指示或不指示取决于当前时钟的类型和状态。IEEE 1588 时钟状态指示灯应安装在设备的前面板上。IEEE 1588 时钟状态指示灯应使用一个双色（红/绿）或单绿色 LED，状态说明见表 8.7。

当只使用单绿色 LED 来显示时，状态说明见表 8.8。

表 8.7　1588 时钟指示灯状态说明（双色 LED）

状态	端口的 PTP 状态
不发光	非从时钟，非主时钟，无故障
绿色，稳定发光	从时钟
绿色，一秒闪烁一次	主时钟，但不是超主时钟
绿色，二秒闪烁一次	主时钟，而且是超主时钟
红色，稳定发光	故障

表 8.8　1588 时钟指示灯状态说明（单色 LED）

状态	端口的 PTP 状态
不发光	非从时钟，非主时钟
绿色，稳定发光	从时钟
绿色，一秒闪烁一次	主时钟，但不是超主时钟
绿色，二秒闪烁一次	主时钟，而且是超主时钟

7．LXI 设备的标识

LXI 设备在前面板上应该有一个 LXI Logo 标识，不需要标注设备所属类。

8.3.5　LXI 测试仪器的网络设置与通信

1．网络设置

LAN 是 LXI 的技术基础，LXI 标准规定了对 LAN 的硬件要求及相关配置要求。硬件方面，LXI

设备应该按照IEEE 802.x PHY/MAC 规范实现以太网。作为物理层连接，应该支持 100Mbps、IEEE 802.3 类型 100BASE-TX。LXI 设备应具有网络连接速度自动协商（auto-negotiation）功能和以太网连接监视功能。前者使仪器能在小于自身速率的网络中正常工作，后者规定了网络断开时仪器应如何处理。LXI 设备支持 TCP/IP 网络，包括 IP、TCP 和 UDP，至少支持 IPv4。使用任何高层协议（如 RPC）应该可以对 LXI 设备进行控制和通信，只要这些协议建立在 TCP 或 UDP 传输层之上。此外，LXI 设备要支持 ICMP，且默认启动 ICMP Ping 服务，用来进行网络分析，设备的 TCP/IP 协议栈能够应答使用 ping 命令发送的 ICMP 信息。

LXI 的 LAN 配置是指设备为获得 IP 地址、子网掩码、默认网关和 DNS（domain name system）服务器 IP 地址等配置值所使用的机制。

LXI 设备 LAN 配置的方法有 3 种：

（1）动态主机配置协议（DHCP，dynamic host configuration protocol）；

（2）动态配置本地链路选址（dynamic link-local addressing，又称为 Auto-IP）；

（3）手动设置。

其中，DHCP 是在使用以太网路由器的大型网络中自动分配 IP 地址的方法，此时通过 DHCP 服务器获得设备的 IP 地址；Auto-IP 方式适用于由以太网交换机（或集线器）组建的小型网络或特设网络，以及由交叉电缆组建的两节点网络；手动方式可用于所有类型拓扑结构的网络，此时用户手动设置 LXI 设备的 IP 地址。如果模块支持多种配置方式，则按如下顺序进行：DHCP→动态配置本地链路选址→手动设置。

LXI 设备应使用 LAN 状态指示器来告知用户以下原因引起的网络错误：

（1）没有获得有效的 IP 地址；

（2）检测到重复的 IP 地址；

（3）没有成功更新已经获得的 DHCP 租约（未能获得初试 DHCP 租约并不是错误）；

（4）网线未连接（由以太网连接监视报告）。

LXI 网络状态指示器不仅提供设备识别功能，而且还应提供网络错误报警功能。LXI 设备识别指示通过 Web 接口或通过 API 启动。LXI 设备的 LAN 状态指示器应该提供图 8.27 所示的“网络故障”、“正常运行”、“设备识别”指示。

对于 DHCP 租约更新错误和 Auto-IP，有两种情况需要考虑。两种情况下，设备都被配置为自动获取 IP 地址（DHCP 和 Auto-IP 都开启）。

第一种情况：设备接入网络，未能通过 DHCP 方式获取 IP 地址，因此通过 Auto-IP 方式获取 IP 地址。这种情况下，LAN 状态指示器应该指示未发生错误。

第二种情况：设备接入网络，并成功获取 DHCP 租约。如果随后 LXI 设备未能通过 DHCP 更新租约，LXI 设备必须停止使用通过 DHCP 方式获取的 IP 地址，并且 LAN 状态指示器必须指示错误。由于 Auto-IP 方式使能，设备通过 Auto-IP 方式获取 IP 地址。尽管设备获取到了一个 Auto-IP 地址，LAN 状态指示器必须保持指示错误状态，用来向用户指示 DHCP 租约更新错误并且设备具有与之前不同的 IP 地址。

在第二种情况下，LAN 状态指示器必须保持指示错误状态，直到以下一种情况发生：

（1）设备成功获取一个新的 DHCP 租约；

（2）设备被重启；

（3）用户重启设备的 LAN 配置。

对于（2）和（3），当设备再次尝试获取 IP 地址时，如果 DHCP 失败，但是 Auto-IP 成功，网络状态设置为未发生错误。

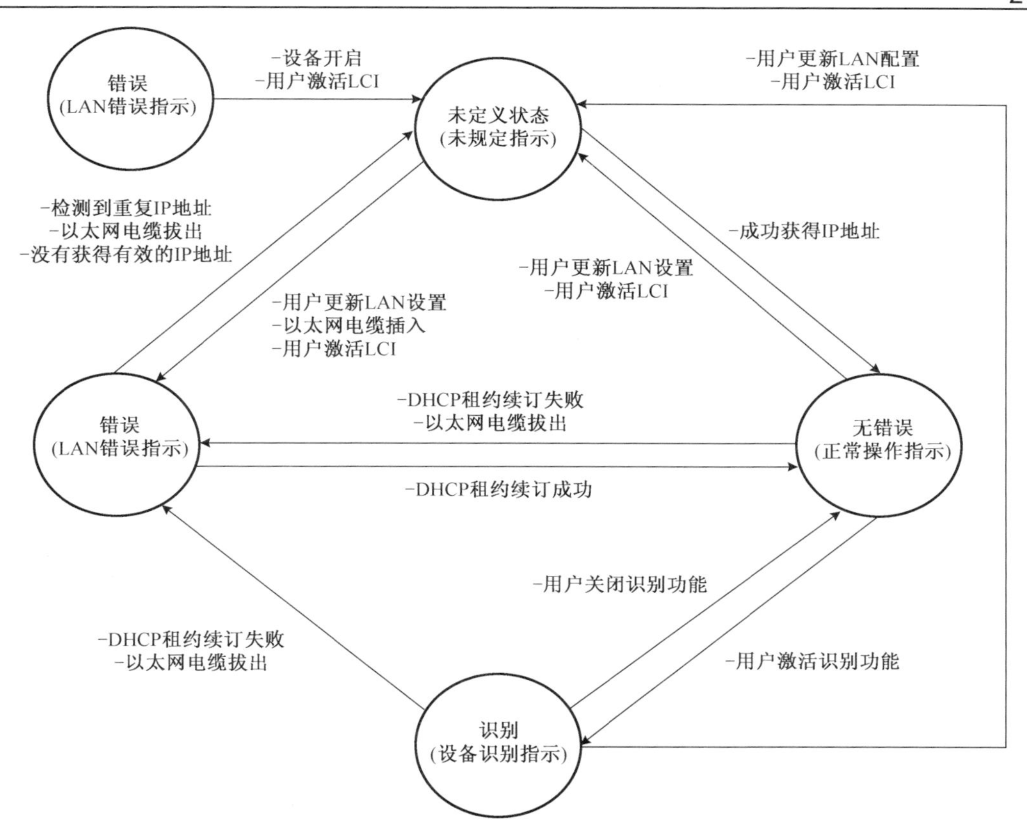

图 8.27　LXI 网络状态指示流程图

LXI 仪器支持 LAN 配置的三种方法如图 8.28 所示。

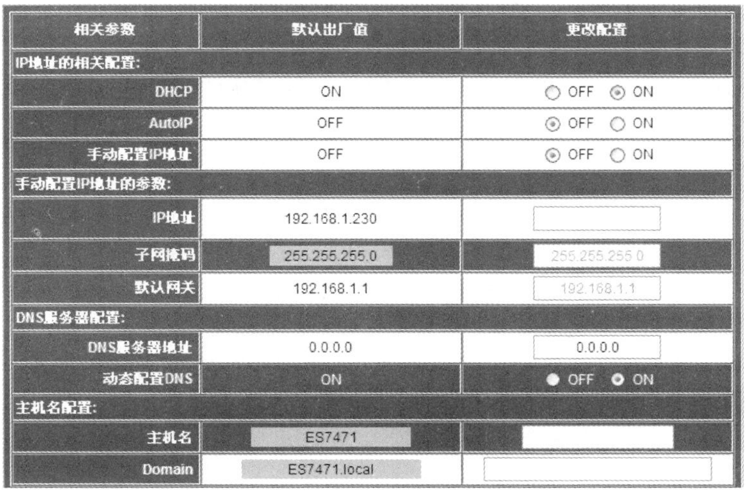

相关参数	默认出厂值	更改配置
IP地址的相关配置:		
DHCP	ON	○ OFF ◉ ON
AutoIP	OFF	◉ OFF ○ ON
手动配置IP地址	OFF	◉ OFF ○ ON
手动配置IP地址的参数:		
IP地址	192.168.1.230	
子网掩码	255.255.255.0	255.255.255.0
默认网关	192.168.1.1	192.168.1.1
DNS服务器配置:		
DNS服务器地址	0.0.0.0	0.0.0.0
动态配置DNS	ON	● OFF ◉ ON
主机名配置:		
主机名	ES7471	
Domain	ES7471.local	

图 8.28　LAN 配置的三种方式示意图

LXI 设备的 LCI 复位装置，在设备被激活时，将其网络配置设置为默认状态。LCI 影响到的配置项见表 8.9。

表 8.9 LCI 影响到的配置项

项目	值
IP 地址配置： ○DHCP ○Auto-IP	 ○使能 ○使能
ICMP Ping 响应	使能
配置时所用 Web 密码	出厂默认值
动态 DNS（如果实现）	使能
mDNS 和 DNS-SD	使能

2. 仪器通信

LXI 系统中模块与模块之间通过 LXI 事件消息进行通信，如图 8.29 所示。

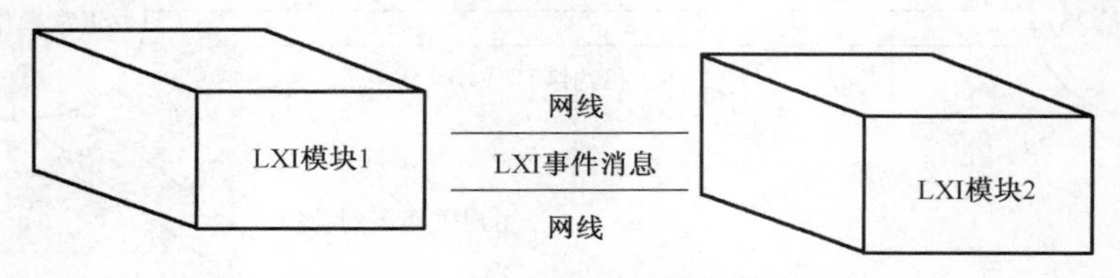

图 8.29 LXI 总线仪器通信示意图

所有发送和接收 LXI 事件消息的 LXI 设备可以使用多播 UDP 和单播 TCP 流传输端口传输这些信息，也可以使用多播 UDP 和单播 TCP 流传输端口侦听和响应 LXI 事件消息。LXI 设备实现一个 UDP 端口听者（多播能力）和一个 TCP 套接字听者以接收 LXI 事件消息。TCP 套接字听者应该至少能够同时侦听 8 个连接。这些听者应该默认设置到 LXI 事件消息的 IANA 注册端口 5044，用户配置可以覆盖该默认值。

LXI 事件消息通信要使用指定的格式，见表 8.10。

表 8.10 LXI 事件消息格式

硬件侦测	域	事件 ID	顺序号	时间戳	时刻	标志	数据域	0（2 字节）

下面将对各字段进行描述。所有多字节域都是大端数据（最先读出的是最高权字节），域中每个字节中权最小的位先传输。对于多字节域，权最高的最先传输。

上述域应该按下面的顺序列入在线格式：

硬件侦测：字节组长度为 3，用来标识有效的数据包，也保留作为将来 LXI 事件包的硬件检测。这个域的值应设为“LXI”。注意第三个字节，ASCII 码“I”还作为版本标识。

（1）域：8 位无符号整数，默认值为 0。

（2）事件 ID：字节组长度为 16，包含一个 LXI 事件标识。该域应包含 LXI API 指定的 LXI 事件名（一个 ASCII 字符序列）的前 16 个字节。长度超过 16 个 ASCII 字符的事件名将被删减，以保留前 16 个字符。表 8.11 中所列的涉及重复能力的所有 LXI 事件名被预定义，所有以 3 个 ASCII 码字符“LXI”开始的 LXI 事件名被保留，其他的名字都可以被用户使用。首字符位于索引为 0 的字节中。对于少于 16 字节的事件名，未使用的字节填 0x00。该域不以 NULL 结束，除非 LXI 事件名少于 16 个字符。该域的全部 16 字节都有意义。

（3）顺序号：32 位无符号整数，包含一个顺序号。每个发送仪器应该维持下列独立的序号计数器：

- 仪器支持的每个 UDP 多播网络接口和 UDP 多播目的端口的组合；
- 每个 TCP 连接。

当传送一个 LXI 事件消息时，仪器应该将与传送该消息相关的序号计数器加 1。序号计数器的初始值由厂商确定。通过指定序号如何产生，模块和应用可以实现不同形式的重复包检测。如果要重发数据包以提高可靠性，那么重发的数据包应该包含与原来相同的序列号。

（4）时间戳：10 个字节，时间戳标识 LXI 事件发生或将要发生的时间。时间戳的格式如下：

```
struct TimeRepresentation
{
    UInteger32 seconds;
    UInteger32 nanoseconds;
    UInteger16 fractional_nanoseconds;
}
```

seconds 秒字段是 IEEE 1588 数据类型时间戳秒域的最低 32 位。

nanoseconds 纳秒字段是 IEEE 1588 数据类型时间戳的纳秒域。纳秒字段总是小于 10^{+9}。

fractional_nanoseconds 分数纳秒字段是由 IEEE 1588 时钟的时间戳机制提供的一纳秒的分数。在用于同步时钟的 IEEE 1588 在线通信中，该信息将包含在修正域中。本地时钟的应用接口可以提供或不提供分数纳秒信息。如果不提供，该字段应为 0。

这些字段应该按以下顺序排列进其在线格式：秒，纳秒，分数纳秒。

示例：

+2.0 秒表示成：秒=0x00 000 002，纳秒=+0x00 000 000

–2.0 秒表示成：秒=0x00 000 002，纳秒=0x80 000 000

+2.000 000 001 秒表示成：秒=0x00 000 002，纳秒=0x00 000 001

如果没有可用的事件时间戳，比如事件来自一个传统设备或是不提供时间戳的 LXI 设备，时间戳值将被指定为 0。时间戳值为 0 的意思是“现在”，也就是接收者处理消息的时刻。

（5）时刻：一个 16 位无符号整数，包含 IEEE 1588 数据类型时间戳秒字段最高 16 位。不能给时间戳赋值的设备应该将该域设定为 0。

（6）标志：包含关于数据包数据的 16 位无符号整数，标志段各位的定义如下。

- 0 位：错位信息。如果设置为 1，则表明这个数据包为错误信息。
- 1 位：保留。该位置 0。
- 2 位：硬件值。表征触发事件的一个逻辑值（特指硬件事件）。
- 3 位：应答位。如果设为 1，则表示本数据包为先前发送的数据包被成功接收的应答。如果需要，允许 LXI 系统实现基于 UDP 的握手协议（以便提高可靠性）。模块不要求实现这一特征，但这些模块应该忽略位置 1 的数据包。
- 4 位：无主事件。如果置 0，表示硬件值（标志位 2）的内容必须被接收模块监测；如果置 1，表示传送的 LXI 事件是无主的，而且其硬件值内容（标志位 2）必须被接收模块忽略。
- 5～15 位：保留位。所有位置 0。

（7）数据域：任意字节数，取决于 LXI 事件消息的长度。每一个数据段都应采用以下格式：

- 数据长度（16 位无符号整数）：跟随下面“标识符”域的用户数据的长度。如果数据包中没有数据，该域置 0。这个域的值不包括“标识符”字节的长度。
- 标识符（8 位整型数据）：一个用户指定的跟随的数据类型标识符。0～127 可用于用户自定义的标识符。所有负数被保留供本要求使用。数据域标识符的定义见表 8.12 所示。对任何被保留的标识符值，数据长度字段可以是数据类型长度的整数倍，表明一个指定数据类型的序列值存储在用户数据字段。

- 用户数据（随后的字节）：由数据长度字段指定长度的字节组数据。一个 LXI 事件包可以有多个数据字段。当使用 0（2 个字节）作为下一个字段长度时，表示数据包结束。或者当达到最大的数据载荷极限时，数据包也结束。这种可变长度的数据字段可以满足两种不同的需求：第一，允许 LXI 联盟定义新的数据段作为本要求的一部分；第二，允许厂商定义他们自己使用的数据段。

所有接收 LXI 事件消息的模块使用 LXI 事件消息中的“域”字节以确保每个收到的 LXI 事件消息都是希望接收的。每个模块的域是可配置的，接收到一个 LXI 事件消息时，设备应该忽略那些域字节与本地配置值不同的消息。此外，“域”字节不能用于其他目的。

LXI 设备能够配置给定的 LXI 事件发送 LXI 事件消息。这样的事件有 LXI 1.4 规范中指定的 LXI 事件、厂商指定的 LXI 设备专有事件和用户指定的应用专有事件。对这些 LXI 事件消息，事件 ID 是 LXI 1.4 规范中指定的一个值（如 LAN0）、厂商文档规定的一个厂商专有值或用户指定的一个应用专有值，如果 LXI 设备接收到一个其未知事件 ID 的 LXI 事件消息，设备应该忽略该消息。LXI 事件消息的数据域默认值为 0，但也可以是 LXI 1.4 规范中指定的标准时间 ID、厂商文档规定的一个厂商专有值或用户指定的应用专有值。

对于 LXI 设备对一个 LXI 事件的响应，用户可以对其进行编程。默认情况下 LXI 设备不响应 LXI 事件消息。响应的类型应该基于事件 ID，而且应由用户指定或配置，这并不排斥厂商可以指定一个默认响应，因为该默认响应可以被用户覆盖。对所有事件，当动作时间 T_2 与事件接收 LXI 设备的本地时钟匹配时指定的响应应该发生，动作时间 T_2 见图 8.30，它按照 $T_2=T_1+D_t$ 计算，时间 T_2 可以在过去也可以在将来，应该在 LXI 事件消息接收者本地时钟环境下解释，默认 D_t 是 0。当 T_2 在将来时，LXI 设备应该规划一个内部闹钟或相似机制以使指定的响应在恰当的时间出现。当 T_2 已经过去时，LXI 设备启动默认应该立即动作，或者厂商可以提供的用户可选项，例如不做响应等。

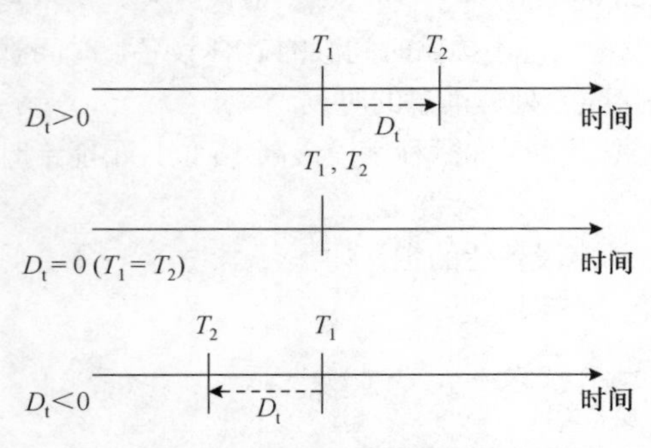

图 8.30　响应 LXI 事件消息的时序解释

其中，T_1 为触发时间，对事件的响应开始的时刻，即 LXI 事件消息的时间戳字段，是与发送模块的本地时钟相关的 LXI 事件发生或将要发生的时间。如果 T_1 为 0（现在），它用接收时钟的当前时间替换。D_t 为偏移，它可以是 0、正或负。T_2=动作时间。接收时间是模块接收到 LXI 事件消息的时间，该时间通常录入 LXI 事件日志。

8.3.6　LXI 测试仪器的触发与同步

LXI 设备的触发和同步功能可以使系统集成者控制 LXI 设备内部或系统的状态顺序，控制本地和系统事件的发生和处理时间以及定制或关联基于时间戳的测量数据和重要事件。

与传统的仪器相比，网络化测试仪器支持多种触发方式。它不仅包括传统的软件指令触发、仪器内部信号触发、仪器的外部信号输入触发，还包括三种触发方式：基于 LAN 数据包的事件触发、基于 IEEE 1588 的定时触发和硬件总线触发，如图 8.31 所示。

1．基于 LAN 数据包的事件触发

网络化测试仪器可以接收符合规范的 LAN 数据包，通过解析数据包的事件 ID 号，如 LAN0…LAN7，来决定触发动作。分析 LAN 包携带的时间戳可决定触发动作的执行时间。该触发方式主要用于仪器之间的事件通信。

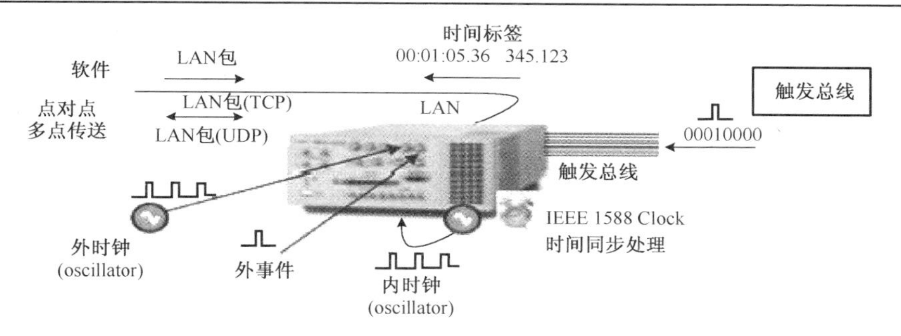

图 8.31　网络化测试仪器的触发方式汇总

2. 基于 IEEE 1588 的定时触发

每个网络化测试仪器内部都有一个时钟，仪器可以按时间顺序自动触发。由网络化测试仪器组建的测试系统也可以按测试人员设定的时间序列进行运转。仪器在触发之前需要先同步，将各个钟表时间对齐，同步精度可达亚微秒级。

3. 硬件总线触发

网络化测试仪器为了能达到纳秒级的同步精度，还引入了硬件总线触发。总线有 8 个通道，它们各自独立，仪器可以接收任何一个通道的触发信号。

对于同步的测试，测试人员通常按照图 8.32 所示的方法，将两台网络仪器通过一个集线器将计算机连成一个局域网，由计算机向两台仪器发送 LAN 包触发或者设置定时时间，然后用示波器采集两台仪器的输出并进行对比，得到同步精度指标。

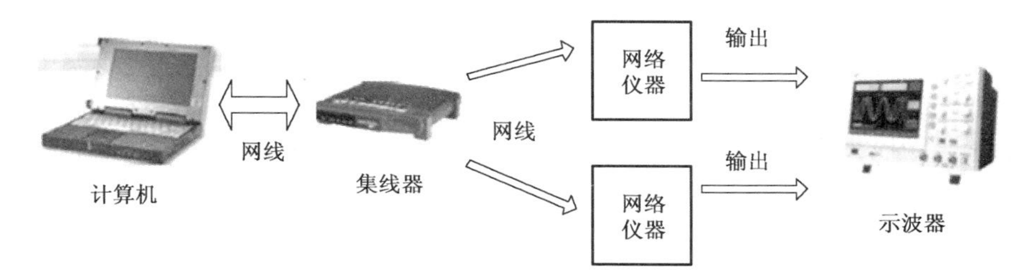

图 8.32　网络化测试仪器的同步测试

LXI 测试仪器的同步有三种：时钟同步、触发同步和响应同步，如图 8.33 所示。

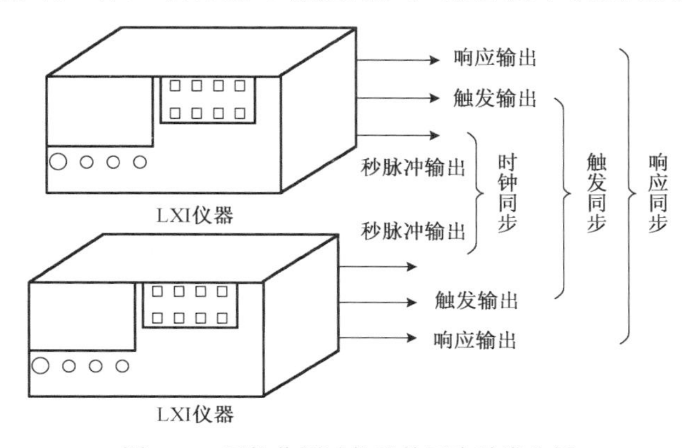

图 8.33　网络化测试仪器的同步种类分析

1. 时钟同步

在 LXI 规范中要求每个 LXI B 级和 A 级仪器必须有一个秒脉冲输出口，输出 1Hz 的周期脉冲波。该输出口主要用于测试两台仪器时钟是否同步。很多测试人员将仪器网络同步理解为时钟同步，主要通过测试两台仪器的秒脉冲输出来确定仪器的同步指标。

但是如果两台仪器时钟差距大于 1 秒时，由于是周期信号，这时再通过观测秒脉冲来确定同步容易引入较大的误差。

2. 触发同步

为解决以上问题，LXI 规范中要求如果 LXI 仪器可以通过某种方式将检测到的触发事件配置传送到其他设备，则设备说明书应该给出仪器的触发输出响应时间。为方便测试触发输出响应时间，仪器生产厂家应该提供一个触发输出接口。当仪器被触发后，产生一个脉冲信号（单脉冲）去触发其他仪器。从仪器被触发到将这个触发信号输出有一个时间间隔，这个间隔即触发输出响应时间。基于此，一些测试人员通过测试两台仪器的触发输出脉冲来确定同步精度，这种同步称为触发同步。

3. 响应同步

除此之外，LXI 1.4 规范中要求仪器生产厂家在说明书中给出其响应每一个可能的触发方法的时间，即触发响应时间（RULE-Specify Trigger Response Times）。从仪器被触发到仪器执行动作（例如信号源输出信号，示波器开始采集信号）有一个时间间隔，这个间隔就是触发响应时间。假设两台 LXI 信号源设置了同样时间的定时触发，可以通过测试信号源信号输出来确定两者的同步精度，这种同步称为响应同步。

这三种同步对应三种测试方法：时钟同步测试秒脉冲输出口；触发同步测试触发输出口；信号同步测试信号输出端口。

现在市场上典型的LXI触发同步管理仪器有LXI同步触发盒，如图 8.34 所示。

图 8.34　LXI 同步触发盒

LXI 同步触发盒符合 LXI A 级级标准，可将不符合 LXI 标准的传统仪器升级为 LXI A 级或 LXI B 级仪器，使它们支持 IEEE 1588-2008 精密时间同步协议，同步精度平均值可达±13ns，方差 30ns；支持 LXI 硬件总线触发（可选），同步精度可达±(5ns+5ns/m)。

触发盒具有串口程控功能，能够在网口和串口之间转发字符串，使传统的串口仪器可以通过网络程控。

触发盒可设置延时脉冲输出和周期性脉冲输出，而且脉冲宽度可调节，能满足不同仪器的触发需求。同时，所有触发事件都记入网页中，形成事件日志，方便用户查询。

软件方面，用户可通过查找软件搜索 LXI 仪器，既可以通过网页直接配置触发盒，也可以通过应用程序调用触发盒驱动程序进行程控，灵活方便。

触发盒能够使分布式测试系统内的各仪器在精确时间同步的基础上相互触发，大大提高了分布式测试系统的测试精度。此外，通过触发盒，传统的非 LXI 仪器能够直接与 LXI 仪器共同组成混合总线的分布式测试系统，避免了对仪器的二次开发，降低了成本。

8.3.7 LXI 测试仪器 IVI 驱动接口设计方法

LXI 1.4 规范指出 LXI 设备 IVI 驱动必须符合 IVI 3.15 IviLxiSync 规范。LXI Sync 规范定义了 A 类和 B 类仪器驱动程序编程接口的具体要求，这些 API （Application Programming Interface）用来控制 LXI 设备等待、触发和事件功能特性，这些功能特性是关于 A 类和 B 类 LXI 设备的，不依赖于任何 IVI 仪器类。LXI 同步 API 由以下五个子系统组成。

（1）同步 Arm 子系统：提供如何使用入站事件来控制 LXI 设备何时接收触发信号的机制。

（2）同步触发子系统：提供如何使用入站事件来控制 LXI 设备何时触发测量或者其他操作的机制。

（3）LXI 同步事件子系统：提供控制 LXI 设备产生出站事件的机制。

（4）LXI 同步事件日志子系统：记录 LXI 设备接收和发送的事件并且定义了记录 LXI 设备事件的格式。

（5）LXI 同步时间子系统：寻找并确定 IEEE 1588 主时钟以及实现时间同步。

如图 8.35 所示为 LXI 同步状态机。LXI 仪器首先进行初始化，初始化完成后，仪器开始进行第一次测量操作，经过对 Event 逻辑发送 Sweeping 置真，进入 ARM 逻辑状态的事件，该事件表示对仪器的当前状态的设定，如测量对象、工作方式、设置参数、量程切换等。首先在进入 Arm 状态前将用来控制 Arm 状态和 Trigger 状态循环次数的 ARM 计数器清零。如果执行完一次操作后触发计数器未溢出，则等待下一次触发信号然后执行测量过程。如果触发计数器溢出，则此时仪器检查 Arm 计数器是否溢出，若未溢出，则继续 Arm-Trigger 状态的运行，否则，仪器将从 ARM 状态回到初始化状态，然后查看操作标志位 Cont，若 Cont 为真，继续向 Event 逻辑发送 Sweeping 事件进入 Arm-Trigger 逻辑，否则向 Event 逻辑发送 OperationComplet 为 true 事件（操作已完成），让仪器回到空闲等待状态，等待下一次调用。图中每次改变状态时，都需要向 Event 逻辑发送对应的信息，让仪器跳转。

1. LXI 同步 Arm 子系统

触发 Arm 事件产生的信号即 Arm 源。Arm 源来自硬件触发总线和 LAN，分为四类：LAN 触发事件，IEEE 1588 定时触发事件，LXI 硬件触发总线事件，用户定义的事件。

如图 8.36 所示为 IviLxiSyncArm 行为模型。Slope 位通过“异或”逻辑控制 Arm 源的极性。当 Slope 位为正时，LXI 设备在 ARM 源上升沿到来时准备触发；当 Slope 位为负时，LXI 设备在 Arm 源下降沿到来时准备触发。Edge 位通过多路复用器 MUX 选择是输出“异或”逻辑输出信号还是 D 触发器的输出信号。当 Edge 位为 1 时，选择边沿触发，多路复用器输出 D 触发器的输出信号；当 Edge 位为 0 时，选择电平触发，多路复用器输出“异或”逻辑输出信号。Enable 位通过与逻辑控制 Arm 源能否通过。OrEnable（或使能）在两个“异或”逻辑和一个“与”逻辑的辅助下，控制 Arm 源逻辑“与”和逻辑“或”。当 OrEnable 为 1 时，Arm 源为逻辑“或”；否则为逻辑“与”。WatingForArm 信号电平为高时，信号进入延时模块。

IVI 3.15 IviLxiSync 规范 3.2 节和 3.3 节分别定义了 IviLxiSyncArm 子系统中使用的变量和函数。

2. LXI 同步触发子系统

图 8.37 是触发子系统的行为模型。模型中每次只有一个单独的触发源被选中，并且初始时总是边沿触发方式，也就是说当触发发生时，操作立即开始。如果一个应用中需要“或”求和（OR-Sum）

或者（AND_SUM）事件，并用此结果来触发一个测量或者其他操作，通过使用 LXI 同步 Arm 子系统的求和特征及触发子系统中选择一个立即触发，就能完成这种操作功能。

从图 8.37 可以看出 Arm 子系统和触发子系统有着密切的关系，通常情况下，系统处于空闲状态。只有在系统处于已 Arm 状态之后，触发子系统接收事件才能执行相应的操作。也就是说，如果系统不处于已 Arm 状态，触发子系统即使收到触发事件，也不产生任何操作。

IVI 3.15 IviLxiSync 规范 4.2 节和 4.3 节分别定义了 IviLxiSyncTrigger 子系统中使用的变量和函数。

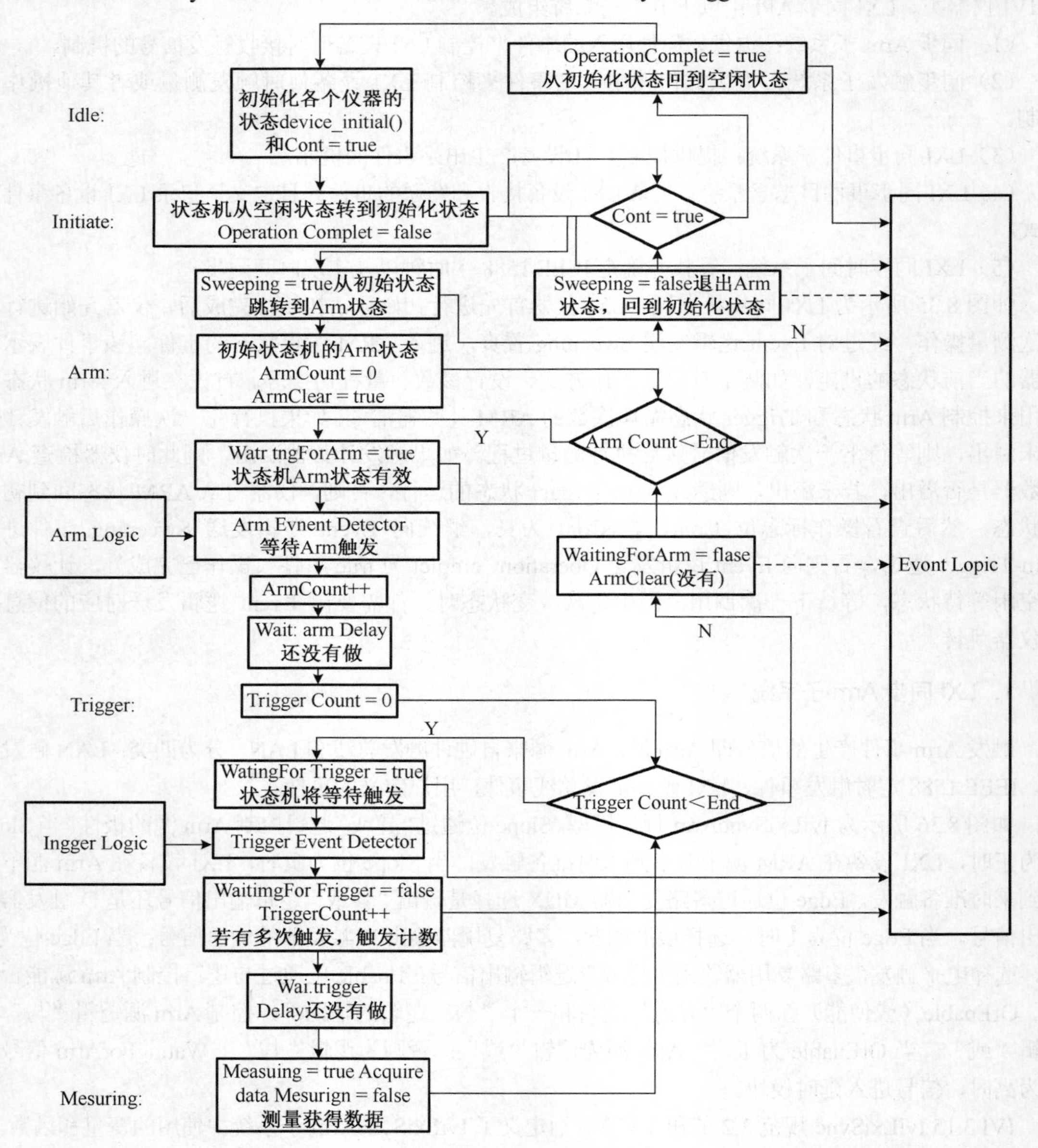

图 8.35　LXI 同步状态机示意图

3. LXI 同步事件子系统

图 8.38 是同步事件子系统的行为模型。事件子系统有六个内部事件源：操作结束（OperationComplete）、

测量（Measuring）、处理（Settling）、清除（Sweeping）、等待 Arm（WaitingForArm）、等待触发（WaitingForTrigger）。

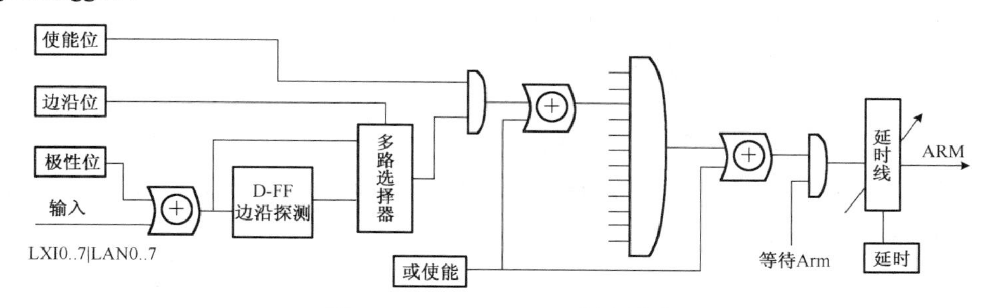

图 8.36　IviLxiSyncArm 行为模型

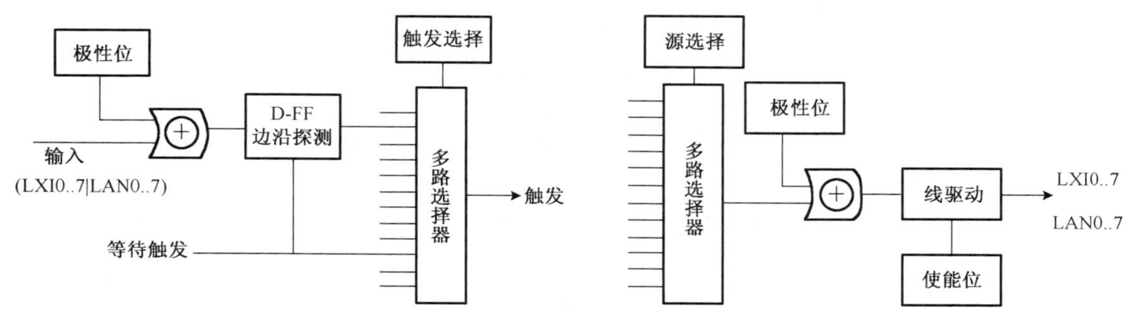

图 8.37　IviLxiSyncTrigger 行为模型　　　图 8.38　IviLxiSyncEvent 行为模型

事件源选择指定输入到多路复用器，需要传送的事件，由多路复用器输出的信号与极性位相异或，被传送的消息或事件再经过驱动器发到 LXI 触发总线或者 LAN 事件消息包，使能控件（Enable）控制驱动器的使能状态，当满足一定条件时，将其设置为 true，相反，则设置为 false。使用 Slope 位来控制事件信号的极性。当 Slope 为正时，事件在上升沿被发送；当 Slope 为负时，事件在下升沿被发送。

IVI 3.15 IviLxiSync 规范 5.2 节和 5.3 节分别定义了 IviLxiSyncEvent 子系统中使用的变量和函数。

4．LXI 同步事件日志子系统

事件日志记录了所有经过 LXI 设备确认的事件。通过布尔型的事件日志来控制是否允许记录事件。使用函数 EnentLog.ClearEntries( )可以在无需使用任何参数的情况下清除所有的日志。使用函数 EventLog.GetNextEvent（BSTR* LogEntry）释放和清除最早的事件记录，返回形式为字符串的一组数组，以得到下一个记录的入口地址。

LXI 设备的事件日志格式：<记录> == <溢出> | <正常的记录>，当事件日志溢出时，记录该事件丢失；没有溢出时，记录事件，内容为正常的记录。

正常的记录格式：<正常的记录> == <硬件检测>，<域>，<事件 ID>，<序列>，<以秒为单位的时间>，<以秒为单位的小数时间>，<标志>，<数据>

其中，<硬件检测>为 3 个八位 ASCII 字符；<域>的数据类型是整型；<事件 ID >为 ASCII 类型数据，空格和逗号都视为非法；<序列>为无符号整型；<以秒为单位的时间>数据类型为浮点型数据，由于 1588 实时间是 64 位浮点型数据，所以该数值总是整型；<以秒为单位的小数时间>数据类型为浮点型数据，由于 1588 实时间是 64 位浮点型数据，所以该数值总是小于 1；<标志>数据类型为整型数据（0～65535）；<数据>== <数据长度>，<数据类型>，<十六进制数据>；<数据长度>为正整数（0～65535）数据；<数据类型>为整数（0～255）数据； <十六进制数据>为十六进制数据。

LXI 1.4 规范 6.7 节指出，事件日志应满足以下要求：

（1）事件日志对每一个接收和发送的事件都有一个相应的记录。

（2）事件日志缓冲器的大小由 LXI 设备决定。

（3）如果事件日志溢出，事件日志中应该有一项表明一个或多个记录丢失。

（4）设备可以在重读某个记录之前，清除该记录。

IVI 3.15 IviLxiSync 规范 6.1 节和 6.2 节分别定义了 IviLxiSyncEventLog 子系统中使用的变量和函数。

5. LXI 同步时间子系统

LXI 同步时间子系统功能是寻找并确定 IEEE 1588 主时钟以及实现 LXI 模块间的时间同步。这部分参考 IEEE 1588 协议。

本章参考文献

[1] 吴杰(Jie Wu). 分布式系统设计. 高传善等译. 北京：机械工业出版社, 2001.

[2] 张军. 分布式系统技术内幕. 北京：首都经济贸易大学出版社, 2006.

[3] Sortomme E, Hindi M M, MacPherson S D J, et al. Coordinated charging of plug-in hybrid electric vehicles to minimize distribution system losses. Smart Grid, IEEE Transactions on, 2011, 2(1): 198-205.

[4] 黄光球, 陆秋琴, 李艳. 分布式系统设计原理与应用. 西北工业大学出版社, 2008.

[5] 朱海滨等. 分布式系统原理与设计. 北京：国防科技大学出版社, 1997.

[6] Baran M, McDermott T E. Distribution system state estimation using AMI data[C]. Power Systems Conference and Exposition, 2009. PSCE'09. IEEE/PES. IEEE, 2009: 1-3.

[7] Singh R, Pal B C, Jabr R A. Statistical representation of distribution system loads using Gaussian mixture model. Power Systems, IEEE Transactions on, 2010, 25(1): 29-37.

第 9 章　面向信号的自动测试系统

9.1　自动测试系统概述及发展

9.1.1　自动测试系统的框架结构

一般意义的自动测试系统（ATS，Automatic Test System）是指那些采用计算机控制，能实现自动化测试的系统，也就是对那些能自动完成激励、测量、数据处理并显示或输出测试结果的一类系统的统称。这类系统通常是在标准的测控系统或仪器总线（CAMAC、GPIB、VXI、PXI 等）的基础上组建而成的。从结构上看如图 9.1 所示，一个典型的 ATS 可划分为自动测试设备（ATE，Automatic Test Equipment）、测试程序集（TPS，Test Program Sets）和测试环境（TE，Test Environment）三个部分。自动测试设备（ATE）是指测试硬件及其他的操作系统软件。ATE 的心脏是计算机，用来控制复杂的测试仪器（如数字电压表、波形分析仪、信号发生器及开关组件等）。这些设备在测试软件的控制下运行，以提供被测对象的电路或部件所要求的激励，然后测量在不同的引脚、端口或连接点的响应，从而确定该被测对象是否具有规范中规定的功能或性能。ATE 有着自己的操作系统，以实现内部事务的管理（自测试、自校准等），跟踪预防维护需求及测试过程排序，存储并检索相应的技术手册内容。

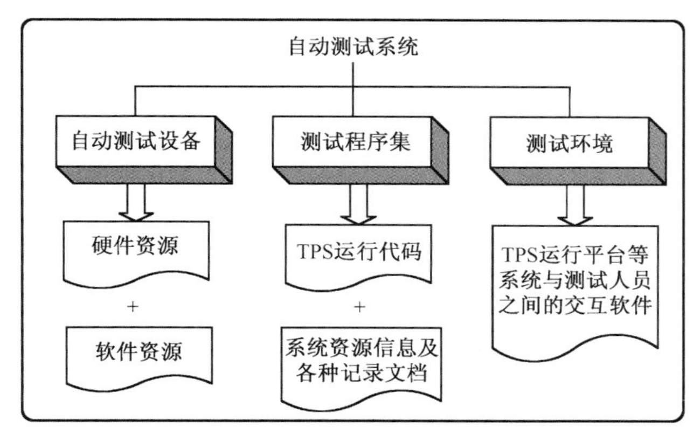

图 9.1　自动测试系统的结构

测试程序集（TPS）与被测对象及其测试要求密切相关。典型的 TPS 由 3 部分组成：①测试程序软件；②测试接口适配器（包括接口装置、保持/紧固件及电缆）；③被测对象测试所需的各种文件。ATE 中计算机执行测试软件，控制 ATE 中的激励设备、测量仪器、电源及开关组件等，将激励信号加到被测对象（UUT），测量其响应信号，再由测试软件来分析测量结果并确定可能是故障的事件。因为每个 UUT 有着不同的连接和 I/O 端口，连接 UUT 到 ATE 通常要求有相应的接口设备。

测试环境（TE）主要包含系统运行时所需的各种交互软件。如系统建模工具、仿真器、TPS 开发工具、TPS 运行环境等。这些交互环境提供给测试相关的信息，而测试也需要提供信息给测试环境，一个好的测试环境可以增强自动测试系统的智能性。

自动测试系统是硬件资源与软件平台的结合，软件平台是核心部分，是整个系统的灵魂。它主要包括系统资源建模、测试程序开发、资源实时分配、执行测试任务以及分析并提示故障元件等功能，其中资源实时分配是软件平台的中枢，决定了软件平台是否具有易维护、简单与可扩展等特性。

9.1.2 自动测试系统的提出与发展

1. 自动测试系统经历的三个阶段

ATS 最早是为适应多点自动巡回检测的需要而开发的。采用计算机技术以后，ATS 有了极大的发展，不但可以快速自动地完成上百个物理参数和开关状态的巡回检测，而且具有过程监测、数据分析、故障诊断及预测等多项功能。自动测试系统的研制工作最早可以追溯到 20 世纪 50 年代美国为解决军用电子设备维护中遇到的问题而开展的 SETE 计划。20 世纪 60 年代，计算机开始用于测试领域，自动测试技术也得到了迅速发展及普遍应用。自动测试系统的发展大致可以分为 3 个阶段，即专业型、积木型及集成型的模块化仪器。

1）专业型——第一代自动测试系统

第一代自动测试系统是针对测试任务而研制的专用型测试系统，主要用于测试工作量大的重复测试，或者用于高可靠性的复杂测试和人员难以进入的恶劣环境下的测试任务。系统针对性强，结构紧凑，测试效率高，使用方便。主要不足在于：测试资源配置具有很强的针对性，内外接口往往是非标准设计；系统研制工作量大、成本高、适应性不强，测试资源无法在多个测试任务间共享，不同的测试系统之间很难实现互操作。

2）积木式——第二代自动测试系统

第二代自动测试系统是在具有标准接口总线的台式程控仪器的基础上，以积木堆叠方式组建而成的系统。系统中的各个设备（计算机、可程控仪器、可程控开关等）均为台式设备，每台设备都配有符合接口标准的接口电路。组建系统时，用标准的接口总线电缆将系统所含的各台设备连在一起构成系统。这种系统组建方便，一般不需要用户自己设计接口电路。由于组建系统时积木式的特点，使得这类系统更改、增删测试内容很灵活，而且设备资源的复用性好。系统中的通用仪器（如数字万用表、信号发生器、示波器等）既可作为自动测试系统中的设备使用，也可作为独立的仪器使用。应用一些基本的通用智能仪器，可以在不同时期针对不同的要求，灵活地组建不同的自动测试系统。其主要不足在于：连接台式仪器的串行总线的传输速率不够高，很难组建高速的自动测试系统；系统资源存在重复配置，增加了测试系统的体积、重量和功耗，难以组建体积小、重量轻的便携式测试系统。

3）模块化集成型——第三代自动测试系统

第三代自动测试系统是基于 VXI、PXI、LXI 等测试总线的，主要由模块化的仪器/设备所组成的自动测试系统。仪器、设备或嵌入式计算机均以总线插卡的形式出现，系统中所采用的众多模块化仪器/设备均插入带有总线的插座、插槽。电源的总线机箱中，仪器的显示面板及操作用统一的计算机显示屏以软面板的形式来实现，从而避免了系统中各仪器、设备在机箱、电源、面板、开关等方面的重复配置，大大减小了整个系统的体积、质量，并能在一定程度上节约成本。基于 VXI/PXI/LXI 等先进的总线，由模块化仪器/设备组成的自动测试系统具有测试速度快、资源配置合理、体积小、重量轻、便于机动的特点。主要不足在于：系统的高频覆盖范围、系统的互操作性、TPS 的开发及可移植性、并行测试、测试适配、故障诊断和信息融合等方面仍有待提高。

2. 自动测试系统的国内外发展

在现代军事装备的检修和维护中，自动测试系统所占有的地位越来越高，各个国家对 ATS 的研制和维护所投入的资金也越来越多，有时甚至超过了装备自身的研制成本。快速高效的定位与诊断装备故障，在军事作战中起着举足轻重的作用。对于自动测试系统来讲，其自身的维护和升级也是必不可少的，如何在尽可能节约测试成本的前提下，利用最少以及最优的资源来完成对多个不同被测对象的测试，则涉及到其通用性以及可扩展性等问题。因此自动测试系统的通用化和可扩展性便成了今后自动测试系统发展的趋势。

国外对自动测试系统的通用化重视较早，以美国为首的发达国家早已投入了巨大资金来制定自动测试系统领域的相关标准，相继提出了测试泛环境（ABBET）规范、IVI 驱动规范、ATML（IEEE 1671）、STD（IEEE 1641）、IEEE 1232 等标准，并在这些标准的指导下建立起各自的通用自动测试系统。这些通用自动测试系统的研制基本上都采取了以下设计原则：①采用模块挂靠软总线方式的软件体系结构，软件体系具有清晰的层次。②采用组件技术使软件结构可扩展，系统功能可按需求裁剪和重构。③采用新的仪器驱动规范和信息交换标准，使得上层程序只关注需求的信号，而不是具体的仪器，实现了测试程序的可移植和仪器的可互换，减少了 ATS 的开发成本。④采用标准的对外故障诊断服务接口，允许商业软件快速地集成到系统中，可以高效地组建测试系统，缩短了 ATS 的开发周期。⑤采用了测试领域内相关的成熟标准，将测试系统的兼容性提升到最大化。

目前，国外一些国家在自动测试系统领域已经取得了比较大的成果。例如：在军用电子领域，由美国休斯公司为美国海军研制的用于测试制导武器的通用测试站（CTS）、由美海军与马丁公司共同开发的针对航空电子与武器维修的 RTCASS 系统；在商用领域，美国波音公司的 ATS-195 系统、法国宇航公司的 ATEC 系列、HONEYWELL 公司的 STS-2000 系统以及美国马丁公司的 LM-STAR 系统。

自动测试系统的改进，使得我们可以通过以各种总线技术以及模块化的方式快速而灵活地组建 ATS 硬件平台，而针对不同的被测单元与测试任务，则可以通过 ATS 软件平台来灵活地开发和配置测试程序来完成相应的测试。因此可以说，ATS 软件平台是整个自动测试系统中的核心，也是关键，它将被测单元与测试设备紧密联系起来，并提供了测试系统整个生命周期的各种信息，ATS 软件平台的好坏直接影响到整个 ATS 的性能。下面列举几款国内外影响力较大的测试系统软件平台，之前介绍的几款通用自动测试系统都采用了其中的一款或几款测试软件平台。

1）美国 NI 公司开发的 TestStand

TestStand 是一款可立即执行的测试管理软件平台，它可以帮助用户更快地开发自动测试和验证系统，可用于开发、执行和部署测试系统软件。此外用户还可以使用任何编程语言编写的测试代码模块开发测试序列。测试序列可以指定执行流、生成符合行业各种标准的测试报告、进行数据库记录以及连接其他公司系统。该系统不仅易操作，而且编写的系统可以与源代码控制、需求管理、数据管理系统进行集成。

2）美国 TYX 公司开发的 PAWS

PAWS 是一款基于 ATLAS2000 语言的面向信号测试程序开发工具，它主要包括三个部分：测试需求文档（TRD，Test Requirement Document System）、测试程序集开发系统（TPS，Test Program Set Development System）、运行时系统（RTS，Run Time System）。使用 PAWS 平台可以很方便地进行 ATLAS2000 程序编译，描述系统配置、系统连线表、虚拟资源以及执行测试序列等。

3）我国北京联合信标测试技术有限公司开发的 GPTS

GPTS 是一套以标准 ATLAS 编译器、IVI-COM 技术以及基于 IEEE 1232 标准的推理诊断技术为核心的面向信号的通用自动测试系统，主要由自动测试系统开发环境和测试程序运行环境组成。GPTS 的开发借鉴了国外多款成熟产品的架构，结合了众多 ATS 软件平台的优点，具有良好的开放性、通用性、面向信号测试程序与系统的无关性、自动故障诊断、支持面向 IEEE 1232 的故障诊断、可维护性强以及价格低廉等特点。

4）北京航天测控公司开发的 VITE 系统

虚拟仪器测试应用环境（VITE）主要面向大型自动化测试系统，是具有开发 TPS 与执行测试功能的通用软件系统，基于此系统客户还可进行系统的集成。该软件提供了图形化的测试程序开发界面，适用于 Windows 和 Linux 操作系统，可用于测试人员对信号进行测量和分析，建立测试流程，生成测试程序，并且测试数据具有多样性的存储形式。VITE 系统支持用户的二次开发，添加新的测试逻辑等功能。VITE 系统通过图形化的辅助工具实现了 IEEE 1641 标准中的信号组件模型。该系统中的运行时系统支持面向信号与面向仪器两类模式的测试程序。

国内由于自动测试系统起步较晚且发展缓慢，因此与欧美发达国家之间还有不小的差距。但是由于近年来对测试技术的不断重视，同时伴随着与西方各国之间技术交流的深入，自动测试系统的研发在国内也引起了越来越多的关注。各高校、科研院所以及军方纷纷投入相当大的精力来开发自己的自动测试系统。但是，由于我国在自动测试领域制定的标准还不够完善，缺乏统一的规范管理机制，因此各类自动测试系统在短期内仍旧无法达到真正意义上的通用性。

总之，我国的自动测试系统研发水平不论从技术上，还是从规范标准的完善程度上目前都落后于发达国家。因此，需要在借鉴西方先进技术和规范的同时，形成我国自己的一系列标准和规范，大力推广自动测试新技术，逐步赶上国外先进水平并引领自动测试行业的发展。

9.1.3 面向信号自动测试系统

由于高技术复杂设备与系统往往可靠性要求高，使用寿命长，还可能需要不断改型与升级，相应的测试系统设计、开发与维护的难度大、费用高昂。从 20 世纪 80 年代中后期开始，以美国为代表的西方主要发达国家就开始致力于自动测试系统的通用化，并逐步形成了军用测试系统以军种为单位的通用化标准系列。但目前通用自动测试系统依然存在应用范围有限、开发和维护成本高、系统间缺乏互操作性、测试诊断新技术难以融入已有系统等诸多不足。从 20 世纪 90 年代中后期开始在美国国防部自动测试系统执行局的统一协调下，美国陆、海、空、海军陆战队与工业界联合开展命名为“NxTest”的下一代自动测试系统的研究工作，并于 1996 年提出了下一代自动测试系统的开放式体系结构，同时进行了名为“敏捷快速全球作战支持”的演示验证系统的开发工作。

下一代自动测试系统旨在解决现有的系统生命周期内系统维护费用高、使用范围有限、适用性不强、故障诊断率低等缺点，所以下一代自动测试系统研制将达到的主要目标包括：①改善测试系统仪器的互换性；②提高测试系统配置的灵活性，满足不同测试用户的需要；③提高自动测试系统新技术的注入能力；④改善测试程序集（TFS）的可移植性和互操作能力；⑤实现基于模型的测试软件开发；⑥推动测试软件开发环境的发展；⑦确定便于验证、核查的 TPS 性能指标；⑧进一步扩大商用货架产品在自动测试系统中的应用；⑨综合运用被测对象的设计和维护信息，提高测试诊断的有效性；⑩促进基于知识的测试诊断软件的开发；⑪明确定义测试系统与集成诊断框架的接口，便于实现集成测试诊断。

要实现下一代自动测试系统的研制，传统面向仪器的自动测试系统则对此具有局限性。面向仪器的测试环境以仪器为核心进行开发，对于面向仪器的自动测试系统，用户需要以仪器的形式描述测试需求，测试的执行顺序也是通过仪器的总体执行次序来反映的。

首先，从测试系统信息传递的难易程度及其通用性来说，由于仪器种类繁多、仪器生产厂商不同以及仪器型号不同等诸多原因，没有能规范面向仪器的 ATS 中信息的具体标准。测试系统通常由多个开发工程师甚至多个单位共同开发完成，由于没有具体的标准，不同模块的开发人员需要花费大量的时间和精力来研究分析上一模块的信息；不同模块的开发人员设计的资源描述信息之间将会出现很大不同，加大了信息传递和自动测试系统研发的周期和难度。

其次，在面向仪器的测试环境中，仪器驱动被集成在了测试程序集 TPS 中。测试人员在开发测试流程的过程中需要直接配置测试仪器的相关参数，通过仪器需求的形式对测试需求进行描述，然后测试需求会以某种编程语言的形式转化成测试程序，从而大大降低了 TPS 的可移植性和仪器的可互换性。在同一自动测试系统中，当系统中的仪器因为损坏等原因需要更换为功能相似的其他厂商或者同一厂商不同型号的仪器时，TPS 不能自动生成或者生成的 TPS 无法执行；当 TPS 被移植到其他结构不同或者使用的测试仪器不同的自动测试系统中时，也会出现类似问题。当测试系统中仪器的厂商、类型或数量发生变化导致仪器驱动发生变化时，系统开发人员需要大幅度修改甚至重新开发 TPS 开发环境。

最后，由于没有统一的标准，不同科研团队开发出的 ATS 软件平台测试结果数据的输出格式存在很大差异，而故障诊断工具需要针对不同的输出数据格式进行设计和研发，从而导致测试系统开发人员不得不耗费大量的时间和精力来进行故障诊断工具的重复开发。

面向仪器的 ATS 存在系统信息传递困难、故障诊断工具不通用、仪器不可互换和 TPS 不可移植等诸多问题，其局限性越来越明显。想要解决这些局限性，需要设计一种新的软件平台架构。面向信号的自动测试系统的概念正是为了从根本上解决这些问题而被业界提出和研究的。

ATS 的本质是信号激励、信号测量、信号处理与显示、信号分析的过程，信号是自动测试系统的核心，以信号作为测试描述依据来进行自动测试系统的研发和设计，才能从根本上解决上述问题，这样的自动测试系统也被业界称为面向信号的自动测试系统。

下一代自动测试的发展是建立在信号的基础上的。要解决新老设备的互换以及 TPS 的可移植问题，面向信号的方式是最彻底的解决方式，也是最终的解决方式。只有用信号来描述测试需求和测试资源，使资源管理和分配以测试信号需求和资源信号的描述之间的匹配为基础自动进行，从而开发基于信号和面向 UUT 的测试程序，才能从根本上解决 TPS 的可移植性和测试仪器的互换性问题。

自动测试系统必然需要实现测试程序的可移植性与仪器互换性，向着通用性发展。自面向信号的相关规范与标准出台以后，自动测试系统软件体系结构的研究重心偏向面向信号领域，以解决自动测试系统的通用性问题。在执行测试过程中，对测试人员来说，并不关心信号产生或者采集所需要控制的具体仪器，而关心的是具有实际意义的提供给被测设备或从被测点采集到的信号特征。将面向信号的概念引入软件平台的研制中，将信号作为展开测试的关键，将会在很大程度上解决当前自动测试系统的局限性。

9.1.4　面向信号的自动测试系统的技术框架

面向信号自动测试系统技术框架具有开放性和扩展性，随着新技术的进步，新的关键元素可以添加到 ATS 技术框架中。图 9.2 描述了构成 ATS 技术框架的关键元素。所有的关键元素通过系统信息框架和系统接口有机组成，覆盖了 ATS 三大主题，即 TPS、ATE 和 UUT。ATML 系列标准覆盖了 ATS 技术框架中大部分的关键元素，是 ATS 技术框架的重要组成部分。

面向信号自动测试系统是现阶段解决仪器可互换和测试程序可移植的最佳手段，基于 ATML（Automatic Test Markup Language）标准的面向信号软件开发则是现阶段主要的研究方向。要构建面向信号的软件平台需要用到很多来自不同文档的信息，统一这些信息的格式是一个烦琐但又必须要做的工作，而 ATML 标准族的提出顺利地解决了这一问题。ATML 作为 ATS 技术框架的重要组成部分，其目标就是建立一个用于测试信息交换的工业标准，该标准规定了易于人机理解的测试信息交换格式，允许测试程序和测试资源的可互换，以及被测对象测试数据（ 测试结果和诊断信息）在不同系统之间的可互换，并具有良好的扩展机制。

2002 年 IEEE SCC20（Standards Coordinating Com-mittee 20）开始组织制定 ATML 系列标准。2004 年 IEEE SCC20 委员会采纳了 ATML 中心组的工作，并与之一同制定 ATML 标准族；直到 2009 年 ATML 标准族制定完成并且实现了对所有测试信息的支持，这标志着该标准已经发展到了一个成熟的阶段。

2010 年至今部分子标准正在经历由试用到正规化的修订过程。ATML 系列标准详细说明了集成数据设计、测试方案、测试步骤、测试结果和测试系统设计实现的综合测试环境。制定 ATML 标准的目的是使一些大型系统、其制造供应商、用户之间的信息交换更容易一些，一些有价值的信息能够被共享、交换、互相操作。这些信息包括测试结果、程序、仪器及测试工作站的功能、技术指标及规范、待测件的规格、需求、诊断及维护信息等。为此 ATML 工作组定义了 9 个 ATML 外部接口，共有 11 个子标准作为 XML 数据接口，使测试结果的报告、测试的描述、仪器的描述、测试的结构布局、测试工作站以及待测件的数据等信息实现标准化。

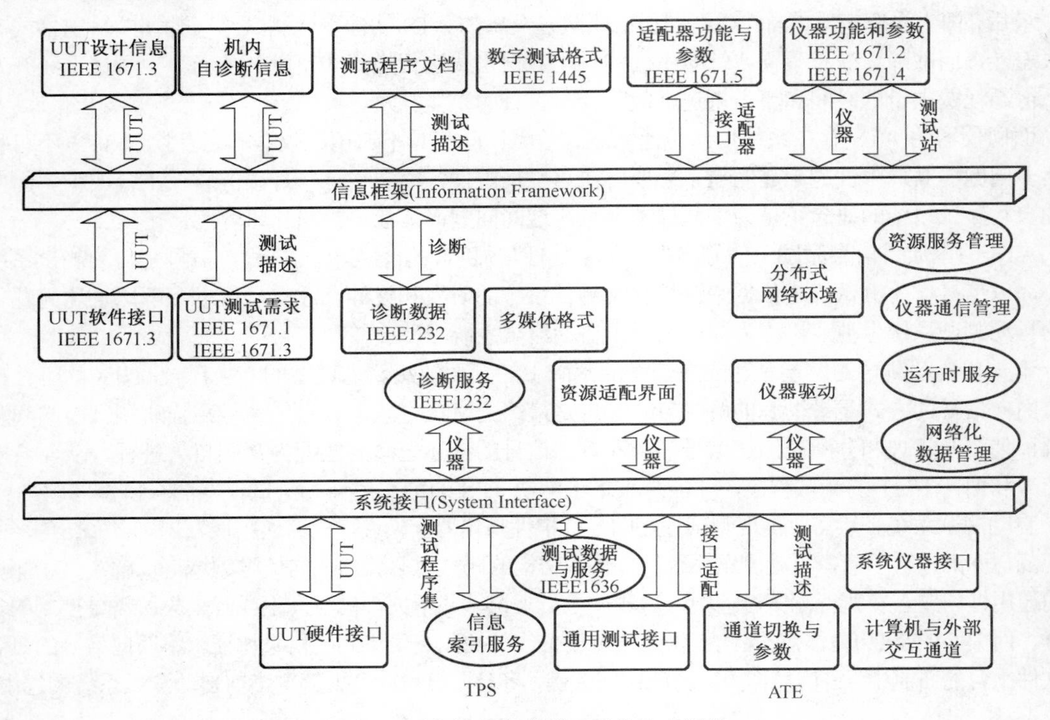

图 9.2　面向信号自动测试系统技术框架

ATML 标准主要分为信号信息定义、测试信息描述、测试结果信息三个部分的信息规范，如表 9.1 所示。

表 9.1　ATML 标准族成员

标准（IEEE Std）	标题	发布日期
1671-2010	自动测试标准语言	2010
1671.1-2009	测试描述	2009.12
1671.2-2008	仪器描述	2008.12
1671.3-2007	被测对象描述	2008.05
1671.4-2007	测试配置信息	2008.04
1671.5-2008	测试适配器信息	2008.12
1671.6-2008	测试工作站信息	2008.12
1636.1-2007	测试结果信息	2008.02
1641-2010	信号和测试定义	2010
1641.1-2007	STD 使用指南	2007.04
Extensible Markup Language 1.0	可扩展标记语言	2008.02

1．信号信息定义

IEEE 1641-2010（信号和测试定义）与 1641.1-2007（STD 使用指南）标准为用户提供了描述和控制信号的能力，并允许用户选用自己的操作系统和编程语言。用户可以通过信号定义来描述测试需求和测试资源，而不必考虑使用哪一种编程语言。

2．测试信息描述

测试信息描述主要部分是 IEEE 1671 标准系列，该系列对自动测试系统所需主要测试信息进行了规范化的描述，为此分为七个子标准对不同的部分进行规范。

IEEE 1671-2010（自动测试标记语言）——主要定义了测试信息的表达形式，以 XML 为基础实现信息交换。它包含所有测试应用程序需求的基本信息，并提供了形式化定义测试环境的机制，在此基础上还提供了一些方法，通过这些方法可以对信号实体执行基本操作。

IEEE 1671.1-2009（测试描述）——该标准对测试描述信息进行规范，测试描述信息定义了测试性能、测试条件、诊断需求并支持设备定位、对齐，验证对被测试的单元（UUT）的正确操作。这里所描述的测试程序集将用于自动测试环境。

IEEE 1671.2-2008（仪器描述）——定义了仪器信息的保存格式，包含仪器的能力、接口、驱动、物理特性、厂商标识等，仪器的能力信息由上面的能力规范定义。通过仪器描述规范不仅能完成对通用仪器的建模，还可以实现对合成仪器的建模。

IEEE 1671.3-2007（被测对象描述 UUT）——定义了 UUT 信息的保存格式，包含 UUT 的名称、类型、编号、接口、操作需求等。考虑到有些 UUT 可能由不同厂商生产，该格式还可以为单个 UUT 指定不同的厂商。UUT 描述的关键信息是其测试接口。

IEEE 1671.4-2007（测试配置信息）——用于显示测试和诊断某一个被测对象所需的全部测试配置。

IEEE 1671.5-2008（测试适配器信息）——定义了适配器信息的保存格式，适配器用来完成 UUT 到测试站接口的连接，与特定的 UUT 对应。

IEEE 1671.6-2008（测试工作站信息）——定义了测试站信息的保存格式，包含测试站的物理和电气特性、内部仪器到测试站接口的连接关系、状态信息等。测试站的能力信息同样由能力规范定义。通过查看描述文档，可以了解测试站的能力和接口信息。

3．测试结果信息

IEEE 1636.1-2007（测试结果信息）——用于对测试结果信息的规范，方便后续测试环境对结果信息的需求。

9.2　IEEE 1641 协议

9.2.1　IEEE 1641 的提出

信号是自动测试系统的核心，但是由于在自动测试系统研究与开发过程中，不同测试系统开发人员之间对信号的定义不同，开发人员之间的信息沟通和不同模块之间的信息传递难度大大增加。于是 IEEE 标准委员会（SCC20）提出信号与测试标准（STD，Signal and Test Definition）也就是 IEEE 1641 协议。STD 标准的主要目是对测试中需要用到的信号进行定义和描述，它在标准数学规范的基础上提供了一组通用的基本信号定义，这样一来，就能组合并形成可以在任何测试系统中使用的复杂信号。为了使系统具有更好的互操作性，STD 标准还对结构文本语言和编程语言接口提供支持。STD 标准提供描述控件信号的能力并且允许用户选择操作环境，当然也包括对操作语言的选择。STD 测试需求采取信号定义的形式，这种信号定义可以使用任何编程语言或描述语言进行编写，当然包括可扩展标记语言（XML，Extensible Markup Language）以及面向信号的编程语言。

STD 标准来源于 C/ATLAS（Common/Abbreviated Test Language for All Systems，全系统公共/简明测试语言）标准。20 世纪 60 年代后，ATLAS 标准不管在军用领域还是在民用领域都得到了非常成功的应用。ATLAS 具有测试需求与测试设备相互独立的特性，并且对于了解、熟悉测试领域术语和英语的研发人员，读懂 ATLAS 是很容易的事情。只要付出很小的代价，就可以将一个使用 ATLAS 语言编写的测试程序转化为不同测试仪器上运行的测试程序。为了加强 STD 标准的适用性，它对 C/ATLAS 标准进行了一些改进，在其基础上添加了一些新的特性。STD 标准主要有以下几个特征：①兼容 C/ATLAS 标准。STD 标准使用添加修饰词的方法最大限度地支持 C/ATLAS 标准。②对信号进行标准化定义。该标准严格、规范地定义了信号的相关信息，不管信号是由什么仪器产生的，只要信号相同，在 STD 标准下其定义都是一致的，实现了信号与仪器的无关性。③编程语言的无关性。只要满足 STD 标准信号与测试定义的基本需求，研发人员可以使用任何自己熟悉的语言进行测试系统的设计。④灵活性。STD 标准除了支持传统的文本测试程序以外，还通过 TPL 支持最新的图形化编程技术和故障诊断技术。⑤信号的可扩展性。75 种基本信号是信号组件的基础，其他信号可以通过 BSC 信号来组合产生；除此之外，STD 标准还支持自定义信号能力，用户除了通过组合产生复杂信号以外还可以直接定义 TSF 信号。这样一来，用户可以定义任何复杂的信号，且信号具有可扩展性。

STD 标准的提出主要有两个目的：（1）任何使用 STD 标准定义的信号，即使是由不同仪器产生的也会是相同的。标准支持新技术的实现，用户可以通过提供的基本信号来描述自己所需的信号。因此，任何想要的信号可以被描述，没有限制信号的可扩展性。（2）这个标准为可能在整个被测部件或测试系统周期内被用到的信号定义提供了参照。这些参照会促进信号的转换，测试的反复利用和扩展测试信息的实用性，最大化地支持 TPS 的可移植性。

9.2.2 信号的层次结构

IEEE 1641 标准从低到高被定义为信号建模语言（SML，Signal Modeling Language）层、基本信号组件（BSC，Basic Signal Component）层、测试信号构架（TSF，Test Signal Framework）层以及测试过程语言层（TPL，Test Procedure Language layer）四层结构，如图 9.3 所示。

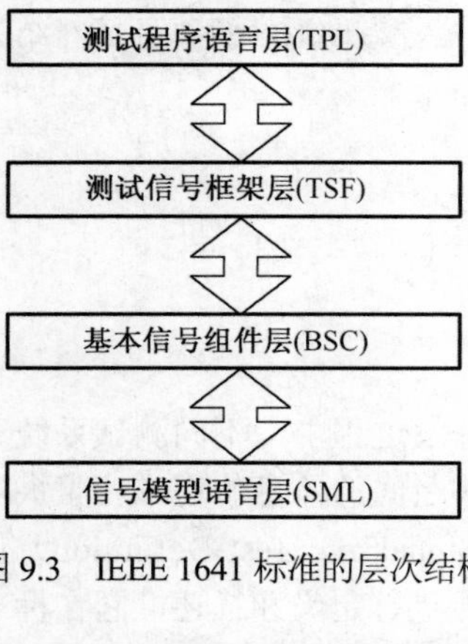

测试程序语言层(TPL)
测试信号框架层(TSF)
基本信号组件层(BSC)
信号模型语言层(SML)

图 9.3 IEEE 1641 标准的层次结构

1. SML——信号模型语言层

该层为最底层，通过给出一系列能被结合的预定义行为提供了模拟信号与数字信号定义描述。SML 层对 BSC 层的信号进行了精确的数学定义，这种数学定义一般用作信号的仿真和验证。SML 层可以被用户用来进行传统测试设备或综合性设备完整功能模型的构建，但是由于这种功能模型无法反映实际信号的波动，只能反映静态的信息，所以它目前只被用户开发出通过信号的仿真来验证信号或为综合性测试设备仿真生成信号波形数据的功能。SML 层中每个信号的定义用规范的语法与预定义行为来表示，为信号的再利用奠定了基础。

2. BSC——基本信号组件层

BSC 层定义了本标准中 75 种可重复使用、规范描述的最基本的信号组件。这些基本信号组件可以被用户直接拿来使用，也可以通过组合构建出新的复杂的信号供用户使用。BSC 信号定义了 STD 环境中可以使用的不可再分的最底层的信号模块。每个 BSC 模块通过类名、类的类型、属性和默认值等进行描述。BSC 组件可以被用来构建定义了用户需求信号的信号模型，这些信号模型可以通过基本的 BSC 信号或者由基本 BSC 信号组合而成的复杂信号构建形成。信号模型可以是激励，也可以是测量。信号模型的对外控制接口是通过 IDL 语言进行描述和实现的，开发人员可以使用其熟悉的编程语言来实现这些信号组件，他们对信号的控制是通过对外控制接口来实现的。BSC 信号可以用于描述信号静态定义，同时也可以通过编程语言改变信号模型实现信号的动态定义描述。

BSC 层又被分为测量类、调理器类、数字信号类、事件类、连线器类、控制器类和源类七大类，如图 9.4 所示。

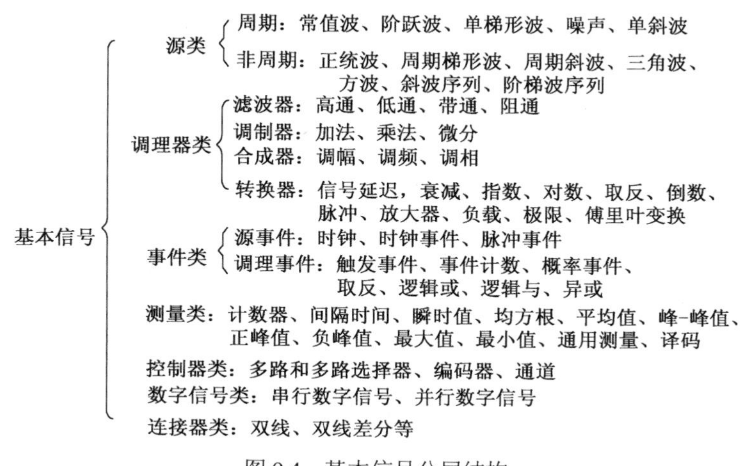

图 9.4　基本信号分层结构

（1）源类：源类信号为激励信号，主要根据属性值的不同来产生信号，属性值必须指定类型。

（2）调理器类：调理器类信号用来进行信号的变换，必须拥有输入信号与输出信号。

（3）事件类：事件类信号通常作为同步信号或门限信号控制相关信号的状态，有些事件类信号可以认为是特定的源类信号，有些事件类信号还可对信号进行处理。

（4）测量类：测量类信号通过测量得到输入信号的属性值，测量结果保存在值中。

（5）控制器类：控制器类信号是一种根据选择值来定义信号的信号类。

（6）数字信号类：数字信号类信号是数字型的源，与源类信号模型保持一致。

（7）连接器类：连接器类信号主要记录了信号的一系列物理引脚信息。

3. TSF——测试信号框架层

TSF 层描述了如何通过 BSC 信号构建复杂信号，并形成可重用的 TSF 库。TSF 库一般由一个特定领域的专用信号构成。一个 TSF 信号的静态定义描述中有可能包含多个 BSC 信号、其他的 TSF 信号或者已定义的 TSF 类。其中用多个 BSC 信号搭建 TSF 信号与用现有的 TSF 信号搭建 TSF 信号没有本质上的区别，TSF 信号的控制是由其最底层的信号接口决定的。

TSF 层不用必须基于 BSC 层定义新的信号，但是新信号的定义必须具有外部的信号依据，例如 RS232 信号。

TSF 层有利于提高 STD 标准的可扩展性，新的 TSF 信号组件一般使用已定义好的 BSC 信号组件或 TSF 信号组件构建。TSF 信号有 IDL 和 XML 两种格式的信号库，所有 TSF 信号都有用于对其进行控制的 IDL 信号接口，TSF 信号的信号模型和信号属性都使用 XML 形式对其进行描述。

STD 标准中给出了信号的图形化模型。BSC 信号和 TSF 信号在图形化模型上没有任何区别，都具有名称、类型、属性、结构等特征，都可用于搭建更复杂的信号。图 9.5 为 STD 信号图形化模型。

构建新的 TSF 信号时，信号模型的 Conn、In、Sync、Gate 与 Out 接口用于信号间的互联。Conn 通常用于多个 BSC 信号组合连接，对于信号本身无影响，这个接口可选择性地使用。In 表示信号的输入接口，可以为多个。Gate 表示信号的门限信号接口，当存在门限信号时，信号只在门限信号范围的时间段内有效。Sync 表示信号的同步事件输入接口，当 Sync 事件发生时，信号回到初始状态。Out 表示为信号的输出接口。

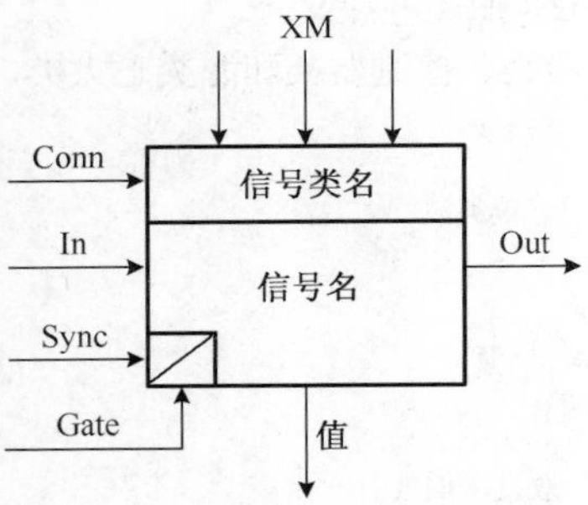

图 9.5 STD 信号图形化模型

信号模型中的属性为信号的可配置属性，例如正弦信号中的幅度、频率与相位。信号模型中的值一般保存测量信号的测量结果。

4．TPL——测试程序语言层

TPL 层中作为最上层的定义，提供了一种将测试需求与测试过程形成文本格式描述的机制。TPL 层并不提供完全的标准编程语言，允许用户采用不同的编程语言对测试需求与测试过程进行描述，这种形式保证了测试需求在不同平台中的可移植性。

TPL 层包含了信号描述与载体语言两部分，提供了被业界所接受的具有不同意义关键词，使被测对象的测试需求能在发起者与实施者间很好地交流，最终实现测试需求的良好的可移植性。

9.2.3 IEEE 1641 标准的不足

在面向信号软件开发过程中，虽然 IEEE 1641 标准拥有巨大的优势，然而根据具体的开发经验，此标准也具有一些不足之处：

（1）IEEE 1641 标准定义的信号通常来说都比较理想，和项目开发中所涉及到的信号有着一定的区别。

（2）IEEE 1641 标准有着扩展机制的功能，能够利用 BSC 信号组合成复杂的 TSF 信号，但是相对于没有描述的复杂信号，BSC 信号组件的组合性很多样化，可能会对系统在进行信号匹配时的准确性有一定程度的影响，这样不利于资源的映射。

（3）IEEE 1641 标准中描述了很多测试信号，这是它的一大优势，这些测试信号都能够用 BSC 信号来组建，然而因为 BSC 信号包括了不少的无关信号，存在着很多冗余，因此会导致 API 接口的效率降低。

9.3 ATML 标准

9.3.1 XML 标记语言

可扩展标记语言（XML，Extensible Markup Language）是万维网协会（W3C，World Wide Web Con-sortium）组织定义的一种数据传输和交换的标准语言，其最新版本是该组织在 2006 年 8 月推出的 1.1 版。作为标准通用标记语言（SGML，Standard GeneralizedMarkup Language）的子集，XML 在保留 SGML 主要功能的同时极大地缩减了 SGML 的复杂性。XML 独立于任何语言和体系结构，提供了适合表示半结构化数据的松散的树形结构，具有定义严格、结构清晰、灵活易读的特点，可以用来描述各种复杂信息，已经成为计算机系统中最广泛地用来数据交换和存储的格式之一。它具有人机易读、格式严谨、网络传输方便以及可扩展等特点，可以在数据量不大的情况下作为数据存储格式来使用，因此由于其灵活性而被测试领域所采用。XML 类型的数据成为当前主流的数据形式，对 XML 数据的有效管理也随之成为当前测试领域研究的热点。

9.3.2　ATML 标准

ATML（Automatic Test Markup Language，即 IEEE 1671 标准），是为了解决测试资源信息的存储及交互而设计一系列 XML 规范，它主要用来定义自动测试系统中的各种资源和测试信息的描述方法。它为测试系统各部分之间的信息共享提供了一种标准的数据交换媒介。ATML 标准以 XML 技术为基础，开发了测试领域适用的 XML 模式文件（XSD），对测试环境中各部分信息从结构上进行了规范。

ATML 标准的框架由外部接口、内部模型和服务三部分定义。

外部接口在对 UUT 测试中描述了不同组件间的信息交互。ATML 标准为 UUT 描述、测试适配器描述、测试站描述、仪器描述、测试描述和测试配置六个外部接口分别建立了相应的子规范。

内部模型确保了统一的方式去定义具有共同语义的元素。ATML 标准将 ATML 能力与 ATML 连线作为了 ATML 框架的内部模型。

系统使用 ATML 框架时，需要添加额外的服务来支持测试信息，例如产生、销毁、操作信息的服务。

ATML 标准支持自动测试环境中测试程序、测试资源和被测单元之间的互操作性。其主要框架分别以不同的 ATML 子组件的形式进行定义，目前共定义了九个 ATML 子组件，包括：公共信息、测试结果、故障诊断、测试描述、测试配置、仪器描述、测试站描述、测试适配器描述、被测对象描述。每个 ATML 组件由组件标准、XSD 以及 ATML 实例文档三部分组成。XSD 规定了 XML 描述文档的框架和内容属性，并用来验证 XML 文档的内容和结构的有效性，ATML 使用 XML 模式文档（XSD）来描述驻留在 ATML 测试环境中的数据，符合 ATML 模式的测试数据能被 ATML 测试环境中的软件工具存取和处理，每个 ATML 子组件标准都有一个唯一的 XML 模式文档（XSD）与之对应。ATML 标准家族内部各子标准关系以及与其他标准之间的关系如图 9.6 所示。

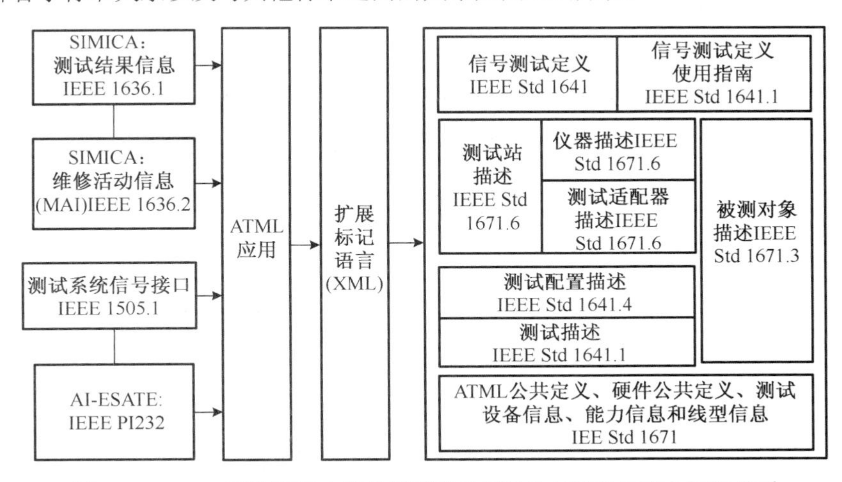

图 9.6　ATML 标准家族内部各子标准关系以及与其他标准之间的关系

由图 9.6 可见，整个 ATS 的信息都依据 ATML 对系统的划分保存在各子组件之中，每个组件都通过 ATML 规定的元素描述了自身特有的信息，包括最重要的接口信息、资源信息、能力信息。而各组件之间又通过接线列表组件确定了系统级的连接关系。

系统中各部分资源建模基于相应的子标准，各子标准的主要内容如下：

（1）被测对象描述。该子规范规定了描述被测对象静态信息的标准格式。被测对象分为硬件被测对象与软件被测对象，所以在被测对象描述文档中包含了描述硬件的节点与描述软件的节点。在描述硬件被测对象时，其主要目的是对外提供一个测试接口列表，节点中还可以包括其测试接口需求、信号需求以及故障信息等。在描述软件被测对象时，描述内容包括被测对象的固有信息、状态编码、警告信息等。通过 UUTDescription.xsd 和 UUTInstance.xsd 文档检查被测对象描述文档的规范性。

（2）测试适配器描述。测试适配器基于被测对象与测试站接口类型设计，是测试站与被测对象之间的桥梁。测试适配器描述规定了对测试适配器的能力与结构的规范化描述，包括适配器内部的互连关系、电气特性以及适配器的固有信息等，通过 TestAdapterDescription.xsd 和 TestAdapterInstance.xsd 文档检查测试适配器描述文档的规范性。其内部互连关系的描述即为对被测对象与测试站的互连关系。

（3）测试站描述。测试站为整个测试系统的主体部分，测试系统硬件平台中大部分的物理仪器资源都集成在测试站中。测试站描述引用仪器描述和 STD 等标准对测试站的能力与结构进行了规范化的描述，其中包括测试站的对外接口、仪器资源、连接关系以及信号能力等信息，通过 TestStationDescription.xsd 和 TestStationInstance.xsd 文档检查测试站描述文档的规范性。

（4）仪器描述。仪器为搭建测试系统硬件平台的基本单位，测试系统的对虚拟资源的需求最终映射为对具体物理仪器资源的需求。仪器描述中，不仅规范化地描述了仪器的结构与能力，还描述了接口信息、能力信息与资源信息三者间的映射关系。若仪器内部具有开关或为开关仪器，仪器描述还需对其内部开关进行描述。通过 InstrumentDescription.xsd 和 InstrumentInstance.xsd 文档对仪器描述文档进行规范性检查。

（5）测试配置描述。测试配置为执行某一具体测试任务中的所有系统资源配置信息。测试配置描述包括对测试所需硬件、软件及文档信息的规范化描述，主要用于在某项测试任务前检测系统资源是否完备。

（6）测试描述。测试描述描述了测试策略、测试流程以及对测试结果的诊断等测试信息。测试描述文档主要用于测试程序的生成，是实现 TPS 可移植性的重要部分。

归纳起来，ATML 标准的作用及优点为[14]：①对描述 ATS 所必需的元素进行概括和组织。②提供了一个通用的参考框架。③消除了对使用不同的客户文件格式的需求，换句话说就是提供了良好的通用性，消除了数据交换之间的障碍。④提供了与 W3C 一致的标准。⑤基于标准，具有良好的可扩展性。⑥便于对 ATS 体系建模，各组件模块基于 ATML 各子标准，模块间通过 XML 进行数据交换。

9.3.3 协议与自动测试系统各部分的关系

ATML 标准通过规范测试资源的描述格式，增强了测试程序集的可移植性，使测试信息的共享、扩展更加便利，使系统内部和系统之间测试仪器的更换成为可能，可在其基础上实现模块化的软件体系，为实现自动测试系统的通用化提供了必要的支持。ATML 与自动测试系统各部分之间的关系如图 9.7 所示。

测试人员通过分析被测设备制定测试方案，然后根据测试方案编写测试策略。为了规范测试策略的表述，减少人为原因造成的差异，生成符合 ATML 标准的测试描述文件，也为了减少测试策略开发周期、增加系统的便捷性，测试软件根据测试描述文件生成测试程序代码，依据标准的测试配置文件和系统工作站文件访问仪器驱动，这时就需要查看仪器描述文件进行仪器的调用。找到合适的仪器后，通过适配器的相关描述文件找到通道接口，再根据被测对象的描述，对被测对象进行访问。同时，测试软件根据测试的数据生成标准的测试结果文件。

整个 ATML 标准文件贯穿自动测试系统，为自动测试系统的通用性和可扩展性提供了保障。

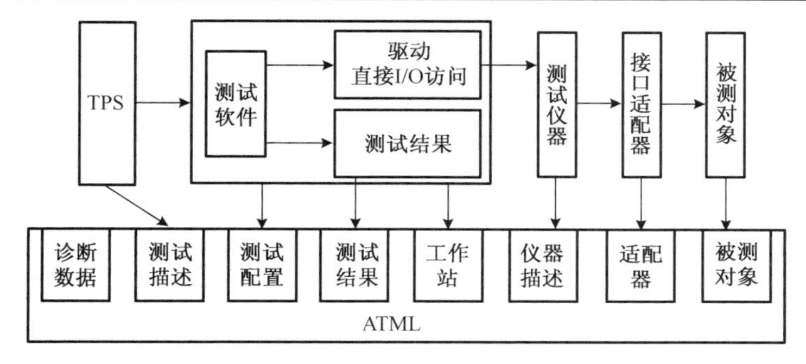

图 9.7　ATML 与自动测试系统各部分之间的关系

9.4　IVI 技术

9.4.1　可互换虚拟仪器技术

目前提高和改善 TPS 的可移植性和 ATE 的可互换性已经成为 ATS 软件系统优先考虑的事情，并成为通用 ATS 的标志。基于信号的软件体系结构将对测试的需求映射成对信号激励/测量的需求，这个虚拟资源需求通过接口内部服务机制的解释和定位，转换成真实资源，再驱动仪器完成测试任务。仪器的类型是有限的，可以涵盖所有仪器，因而不用担心新的仪器种类的出现。

基于信号的 ATS 的测试程序由面向信号的测试语言 ATLAS 开发，面向信号测试语言的特点使得测试程序与硬件的操作无关，保证了测试程序代码的不变性。面向信号的测试语言的最初目的是易读，可移植性由编译器和开发环境来实现，测试程序虽然不直接操纵硬件设备，但终究需要由编译器产生的代码实现仪器的控制。随着仪器技术的发展，传统的面向信号的测试语言编译器不能适应仪器技术的发展速度，不得不扩展一些直接仪器控制的语句，从而不能真正实现 TPS 的可移植性和 ATE 的可互换性，所以必须开发出新型的仪器技术满足自动测试系统测试软件的重用性和仪器互换性：

（1）系统现有仪器升级后，只需改变驱动，测试程序不用改变。

（2）系统现有仪器损坏并更换同类新仪器后，重新创建驱动，测试程序不用改变。

（3）紧急情况下系统个别仪器损坏且找不到同类替代仪器时，调用系统中具有交叉信号能力的仪器替代原有仪器的部分功能，测试程序不改变。

基于以上考虑，1998 年美国国家仪器公司（NI）最先提出了一种新的基于状态管理的仪器驱动器体系结构，即可互换虚拟仪器驱动器（IVI，Interchangeable VirtualInstrument）模型和规范。由于 IVI 仪器驱动器使建立在仪器驱动器基础上的测试程序独立于仪器硬件，很快成为新的仪器驱动器标准，并得到了工业界的认可。仪器测试界在 1998 年 9 月成立了 IVI 基金会，该基金会致力于在 VPP 兼容框架的基础上定义一系列标准仪器编程模型。

目前，IVI 基金会已经指定了以下一些 IVI 技术规范。

- IVI-1：章程文档，修订版 1.0，1998 年 8 月 6 日。
- IVI-2：运行程序，修订版 0.3，1998 年 7 月 30 日。
- IVI-4：IviScope 示波器类规范，修订版 2.0，1999 年 11 月 22 日。
- IVI-5：IviDmm 万用表类规范，修订版 2.0，1999 年 11 月 22 日。
- IVI-6：IviFgen 函数发生器类规范，修订版 2.0，1999 年 11 月 22 日。
- IVI-7：IviDCPwr 直流功率源类规范，修订版 1.0，1999 年 12 月 31 日。

● IVI-8：IviSwtch 开关类规范，修订版 2.0，1999 年 11 月 22 日。

另外，1999 年 IVI 基金会制定了 IVI-MSS 标准，它是在 IVI 驱动器的基础上经进一步封装实现的，把对仪器的控制抽象为测试功能的实现。它用角色（role）来定义仪器的功能，满足用户的测试需求。在更换仪器后，只要按预先约定重新编写角色控制模块（role control mode），而用户测试程序完全不用更改就可以实现仪器的互换性。而在 2000 年，IVI 基金会在 IVI-MSS 基础上，对 role 接口进一步封装，定义仪器设备的信号接口标准，发布了 IVI-Signal Interface 标准，它基于 COM 技术，是一系列 COM 组件的统称。这些组件共同完成“面向信号”的仪器驱动功能。该标准简化了硬件驱动设计、开发、测试、验证的漫长周期。通过制定信号接口语义标准和测试资源模型，由开发人员保证 IVI 信号组件的开发质量。最终用户或系统集成人员通过查看系统的测试资源信息是否满足自己的测试需求来选择合适的仪器设备。IVI 信号组件提供了访问综合性仪器（指具备两类或多类仪器功能的仪器或仪器集合）的功能。在满足测试需求的前提下，一个信号组件可以包含硬件仪器的部分或全部功能。这一切为仪器互换提供了广阔的空间，不但可以实现同类仪器、异类仪器的互换，还可以实现综合性仪器的互换。

IVI 基金会还将制定更多的技术规范，从而构成一套完整的包括基本功能、设置和允许值在内的标准仪器驱动器编程接口规范，来降低总的测试系统开发费用。这种标准的接口有以下优点：通过提供适用于各种仪器的一致性编程方法，减少编程时间和复杂性；允许在对测试代码做最少改变甚至无需做任何改变的情况下更换仪器，减少系统瘫痪时间和维护费用；可以在无需考虑所用仪器硬件的前提下，轻松地将研发期间的测试代码移植到产品中，加快新产品推向市场的进度。

9.4.2 IVI 技术

IVI 系统结构如图 9.8 所示，由 IVI 类驱动器（IVI Class Driver）、IVI 专用驱动器（IVI Specific Driver）、IVI 引擎（IVI Engine）、IVI 配置实用程序（IVI Configuration Utility）、IVI 配置信息文件（IVI Configuration File）等组成。IVI 类驱动器是仪器的功能和属性集，通过这些功能和属性集实现对一种仪器类（示波器、数字电压表、函数发生器等）中的仪器进行控制。应用测试程序中调用类驱动器，类驱动器调用专用驱动器来控制实际的仪器，因此即使测试系统中的具体仪器发生了变化，改变的也只是专用的仪器驱动器（和对应的物理仪器），不会使调用类驱动器的测试程序代码受到影响。

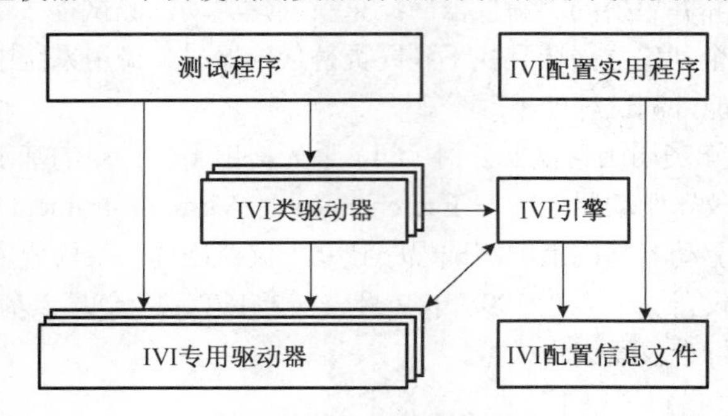

图 9.8 IVI 系统结构

图 9.8 中，IVI 引擎主要完成状态缓存、仪器属性跟踪、类驱动器到专用驱动器的映像功能，是实现 IVI 仪器驱动程序完成状态缓存和其他增强性能的关键支持库。IVI 配置实用程序用于配置仪器无关测试系统，在该程序中创建和配置 IVI 逻辑名称（logical names），在测试程序中通过传送逻辑名称给一个类驱动器初始化函数，从而将操作映像到具体仪器及其仪器驱动程序。

IVI 组织已经制定了五类仪器的规范——示波器/数字化仪（Scope，IviScope）、数字万用表（Digital

Multimeter，IviDmm）、任意波形发生器/函数发生器（Function Generator，IviFgen）、开关/多路复用器/矩阵（Switch，IviSwtch）及电源（Power，IviPwr）。美国国家仪器公司作为 IVI 的系统联盟之一，积极响应 IVI 的号召，开发了基于虚拟仪器软件平台的 IVI 驱动程序库。

因为所有的仪器不可能具有相同的功能，因此不可能建立一个单一的编程接口。正因为如此，IVI 基金会制定的仪器类规范被分成基本能力和扩展属性两部分。前者定义了同类仪器中绝大多数仪器所共有的能力和属性（IVI 基金会的目标是支持某一确定类仪器中 95%的仪器），后者则更多地体现了每类仪器的许多特殊功能和属性。以下简要地对五类规范做一介绍。

IVI 示波器类把示波器视为一个通用的、可以采集变化电压波形的仪器来使用。用基本能力来设置示波器，例如设置典型的波形采集（包括设置水平范围、垂直范围和触发）、波形采集的初始化及波形读取。基本能力仅仅支持沿触发和正常的采集；除了基本能力外，IVI 示波器类定义了它的扩展属性：自动配置、求平均值、包络值和峰值、设置高级触发（如视频、毛刺和宽度等触发方式）、执行波形测量（如求上升时间、下降时间和电压的峰-峰值等）。

IVI 电源类把电源视为仪器，并可以作为电压源或电流源，其应用领域非常宽广。IVI 电源类支持用户自定义波形电压和瞬时现象产生的电压。用基本能力来设置供电电压及电流的极限、打开或者关闭输出；用扩展属性来产生交/直流电压、电流及用户自定义的波形、瞬时波形、触发电压和电流等。

IVI 函数发生器类定义了产生典型函数的规范。输出信号支持任意波形序列的产生，包括用户自定义的波形。用基本能力来设置基本的信号输出函数，包括设置输出阻抗、参考时钟源、打开或者关闭输出通道、对信号的初始化及停止产生信号；用扩展属性来产生一个标准的周期波形或者特殊类型的波形，并可以通过设置幅值、偏移量、频率和初相位来控制波形。

IVI 开关类规范是由厂商定义的一系列 I/O 通道。这些通道通过内部的开关模块连接在一起。用基本能力来建立或断开通道间的相互连接，并判断在两个通道之间是否有可能建立连接；用扩展属性可以等待触发来建立连接。

IVI 万用表类支持典型的数字万用表。用基本能力来设置典型的测量参数（包括设置测量函数、测量范围、分辨率、触发源、测量初始化及读取测量值）；用扩展属性来配置高级属性，如自动范围设置及回零。万用表类定义了两个扩展的属性：IVIDmmMultiPoint 扩展属性对每一个触发采集多个测量值；IVIDmmDeviceinfo 查询各种属性。

目前，IVI 基金会又增加了几类仪器的 IVI 驱动规范，它们分别是：直流电源（DC Power，IviDCPwr）类、交流电源（AC Power，IviACPwr）类、功率计（Power Meter，IviPwrMeter）类、频谱分析仪（Spectrum Analyzer，IviSpecAn）类、射频信号发生器（Radio Frequency Signal Generator，IviRFSigGen）类、计数器（Counter，IviCounter）类、下变频器（Downconverter，IviDownconverter）类、上变频器（Upconverter，IviUpconverter）类、数字化仪（Digitizer，IviDigitizer）类。使用 IVI 驱动器可以实现这部分测试程序的仪器无关性，当测试仪器因为老化、损坏或者其他原因而需要淘汰时，可以使用同类仪器对其进行替代，大大降低了自动测试系统的开发周期和研制成本。但是由于仪器种类繁多，IVI 基金会并未给出所有仪器的 IVI 驱动规范，所以 IVI 规范并未真正实现仪器的无关性。

相对于以往的其他技术，IVI 技术具有以下优点。

（1）仪器可互换：该技术使科研团队可以研制出具有 TPS 可移植性和仪器无关性的自动测试系统，当替换仪器时，不需要修改或重新开发 TPS 代码。

（2）仪器数据仿真：开发人员可以在没有具体仪器的情况下进行 IVI 驱动输入参数的检查，并生成仿真数据，开发人员可以通过这些仿真数据进行测试软件的开发。

（3）仪器配置状态存储：IVI 仪器能对仪器的配置状态进行自动存储。只有在存储的配置信息和仪器驱动函数要求的特征不同时，才重新配置仪器，降低了仪器冗余配置信息的发送，缩短了测试时间。

为了更好地实现仪器的可互换性，IVI 基金会提出了 IVC-C、IVI-COM、IVI-MSS 和 IVI-Signal 的概念。后两者可以实现更高层次的互换，但目前还处于理论研究阶段。下面着重介绍 IVI-Signal。

9.4.3　IVIsignal

1．IVI-MSS

IVI 仪器驱动引入了仪器驱动分类原则，把仪器驱动划分为类驱动和专用驱动。同类仪器的类驱动完全相同，在开发测试系统程序时调用相同的类驱动函数，而在测试系统程序执行时则调用针对具体仪器的专用仪器驱动。为了使仪器可互换得到更好的实现，该基金会把仪器功能分为以下几组：IVI 基本功能组、IVI 固有功能组、IVI 扩展功能组和仪器特定功能组。当 ATS 中的程序调用上述前三个功能组时能够实现仪器互换，但当程序中调用了仪器特定功能组时无法实现仪器的互换。

虽然 IVI 驱动提供了仪器互换的解决方案，但仍有很多缺陷，如：①IVI 仪器驱动只支持同类测试设备间的互换，无法完成不同种类测试设备以及具备多种能力的测试设备间的互换；②标准通用程度低，IVI 驱动模型只用于万用表、开关、计数器等通用仪器，而不适用于某些专用仪器；③已经实现的仪器驱动标准较少，IVI 基金会目前只发布了示波器、计数器、交直流电源等 13 类仪器的标准化驱动程序；④IVI 驱动程序一般只能统一某类仪器中大约 80%的仪器功能。

为此，在 HP 公司的领导下，IVI 基金会的 MSS 工作组于 1999 年制定并发布了 IVI-MSS 标准。该标准对 IVI 驱动的接口函数实行了二次封装，以功能的形式对测试设备的控制进行区分。IVI-MSS 驱动程序通过 RCM（Role Control Modules，角色控制模块）以及测量/激励服务器，使用 COM 组件技术实现了不同类型测试设备间的互换。IVI-MSS 模型总共包括用户应用程序、RCM、测量/激励服务器、仪器驱动程序和具体测试设备五部分，其结构如图 9.9 所示。

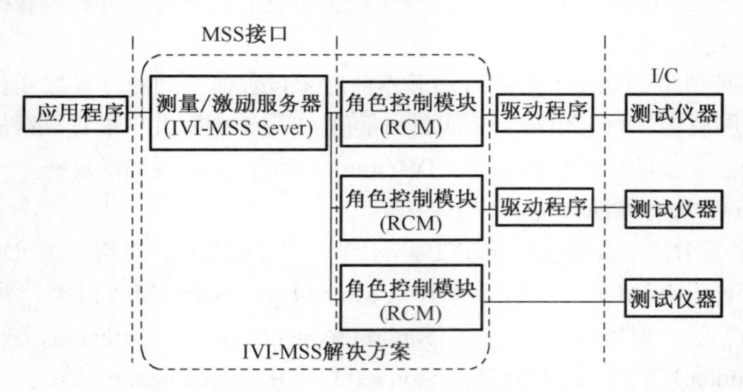

图 9.9　IVI-MSS 结构示意图

经过长时间的发展，测试设备的可互换技术经历了多次改进和完善，可以基本上满足测试系统中仪器互换的需求。当更换仪器时，只要重新编写 RCM，而完全不用更改 TPS，使得 IVI 标准的仪器可互换能力得到更高层次的实现。即使这样，IVI-MSS 还是不能完全保证测试程序与硬件无关。因为在互换的测试仪器之间物理测试接口有变化等情况下，仪器互换后 UUT 测试点到仪器测试接口间的信号通道会发生变化，然而应用程序是直接控制信号通道的选择以及切换的，这时开发人员就不得不修改 TPS。从这个方面看，IVI-MSS 标准尚存在一些缺陷，仍需对其进行改进和完善。

2．IVI-Signal

IVI 基金会借鉴面向信号的 ATLAS 语言以及 IVI-MSS 标准，定义了 IVI-Signal 规范。IVI-Signal 标准规定了把测试系统中仪器控制指令转化为信号需求的具体方法，解决了面向仪器的 ATS 中开发 TPS

时遇到的问题，为仪器互换在更高层次上的实现提供了理论依据。IVI-Signal 是基于 COM 组件技术的，其组件有若干统一的信号操作函数，主要有初始化（Init）函数、设置（SetUp）函数以及读取（Read、Reads）函数等。IVI-Signal 组件通过控制一台或多台仪器产生用户需要的信号。

运行时系统（RTS，Run Time System）根据系统建模工具中测试连接线建模工具产生的 XML 文件完成信号通道的选择，完善了 IVI-MSS 规范中 TPS 不能适应因替换测试仪器导致信号通道变化的缺点。

3．IVI-Signal 驱动

IVI-Signal 驱动的用例如图 9.10 所示。厂家提供给用户驱动，IVI-Signal 驱动的任务是将符合 IEEE 1641 标准的信号接口映射到它上面，IVI-Signal 驱动的形式是 COM 组件。

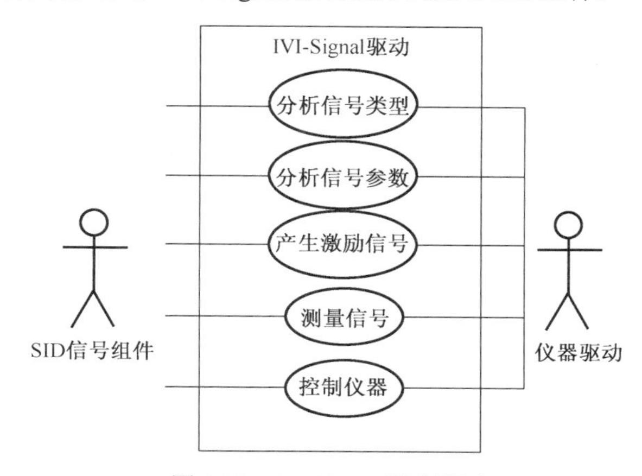

图 9.10　IVI-Signal 驱动用例

IEEE 1641 标准信号组件为 IVI-Signal 驱动使用者，信号组件通过 Run 函数来调用 IVI-Signal 驱动，然后传递给 IVI-Signal 驱动信号的接口，IVI-Signal 驱动分析所需的信号后，通过将分析出的信号参数等信息传递给仪器厂商提供的驱动，从而进行信号的激励或者测量。

IVI-Signal 驱动对信号的处理如下。

（1）分析信号类型：根据 IEEE 1641 标准对传入的信号进行对应，然后把信号的相关属性映射到仪器的控制代码。

（2）分析信号参数：IEEE 1641 标准信号的参数属性已经通过信号接口来定义，只需要通过简单的算法分析出信号参数里的相关数值，然后传递给底层驱动来激励或者测量信号。

（3）产生信号：若解析的信号为激励信号，将调用激励类仪器。

（4）测量信号：若解析的信号为测量类信号，将调用测量类仪器。

（5）控制仪器：根据解析出来的信号以及相关参数信息，将这些信息传递给相关的仪器驱动代码最终对仪器进行操作。

9.5　自动测试系统应用

9.5.1　自动测试系统的软件结构

构建面向信号的通用自动测试系统，信号是核心，贯穿整个测试系统的主线就是对信号各种状态的处理及实现，最终将信号需求映射到实际仪器资源完成测试任务。将系统整体框架进行层次划分，并对各层工具进行模块化设计，以便于系统的更新和管理。系统框架设计如图 9.11 所示。

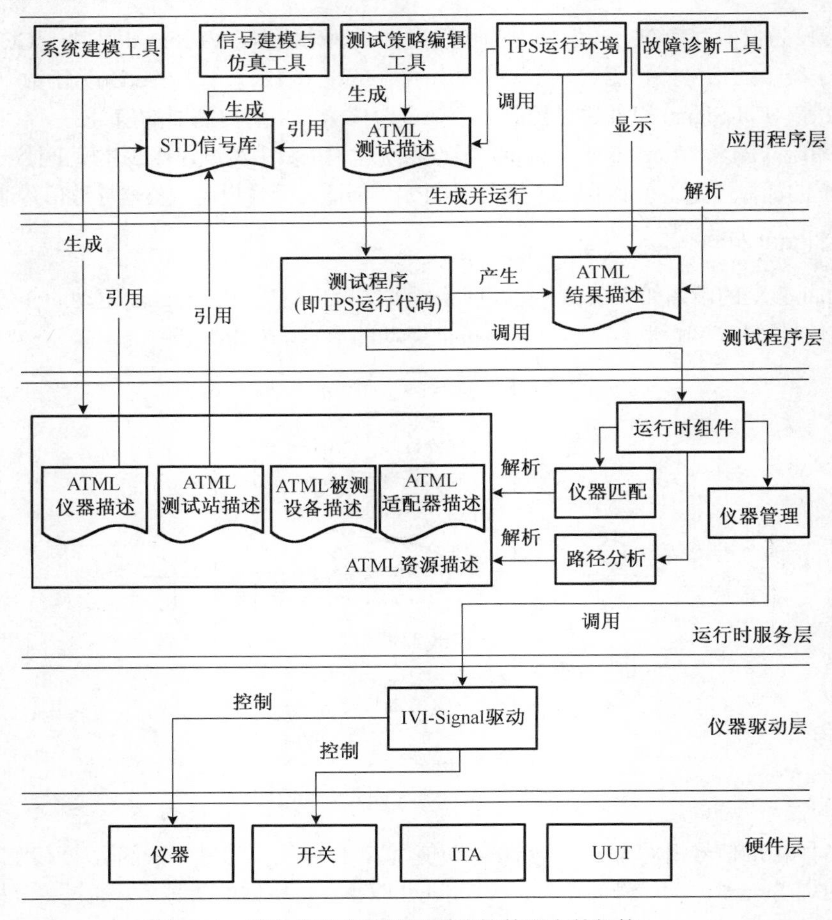

图 9.11 面向信号自动测试系统软件平台的架构

采用分层的思想将测试系统分为五层：应用程序层、测试程序层、运行时服务层、仪器驱动层以及硬件层。系统采用 ATML 规范描述系统中的测试资源，包括测试描述、仪器、测试站、测试适配器以及被测设备等，并通过引用 STD 标准定义的信号实现测试资源面向信号的描述。

（1）应用程序层：该系统通过符合 ATML 标准的 XML 文档对系统资源进行描述，系统中的资源包括仪器信息、测试站信息、测试适配器以及被测设备等。系统中的 ATML 文档是系统的关键内容，应用程序层包含了一系列可以和用户实现人机交互的应用软件，用户通过这些软件可以生成相应的 ATML 文档，以取代人工开发这些 ATML 文档。

（2）测试程序层：本系统中的测试程序是通过调用 BSC 信号组件和 TSF 信号组件开发的面向信号的测试程序，测试程序中只包括测试的信号需求和引脚信息，而不包含对仪器的控制信息，这种形式的测试程序具有较好的可移植性和通用性。测试程序只是虚拟的测试资源，只描述了测试序列和测试需求信息，需要运行时服务层将虚拟的测试需求映射到仪器产生实际的物理信号实现对被测设备的激励或测量。

（3）运行时服务层：运行时服务层是测试系统软件平台的核心部分。由于引用 STD 信号组件的测试程序只是虚拟的资源，只描述了测试步骤和测试需求信息，需要运行时服务层将这种虚拟的信息映射到实际的仪器上。运行时服务层仪器匹配部分实现的功能是解析信号组件中的信号参数信息，并根据这些参数信息与仪器描述中的仪器能力信息进行比较，从而选择出可以产生或者测量该信号的仪器。

路径分析部分的功能通过对 ATML 测试站描述、ATML 仪器描述、ATML 测试适配器描述以及 ATML UUT 描述文件进行解析，确定选择的仪器端口可以和被测 UUT 引脚之间形成通路。

（4）仪器驱动层：系统中信号以 BSC 信号和 TSF 信号的 COM 组件存在，这些信号组件可以描述用户的信号需求，可以保存信号的参数信息。系统中的仪器驱动统一以 IVI-Signal 组件的形式存在，IVI-Signal 驱动通过引用信号组件的信号接口作为 IVI-Signal 驱动的信号接口，这些 IVI-Signal 驱动实现仪器的最终控制。

（5）硬件层：在自动测试系统中硬件包括测试站、测试仪器、适配器和被测对象等。测试软件中使用 ATML 规范对测试系统中的资源进行描述。ATML 测试描述是对测试需求及测试策略信息进行描述，除此之外，ATML 测试站描述、ATML 仪器描述、ATML 适配器描述以及 ATMLUUT 描述都是对系统中具体硬件的描述。图 9.12 是自动测试系统中硬件资源与 ATML 描述文件之间的对应关系。

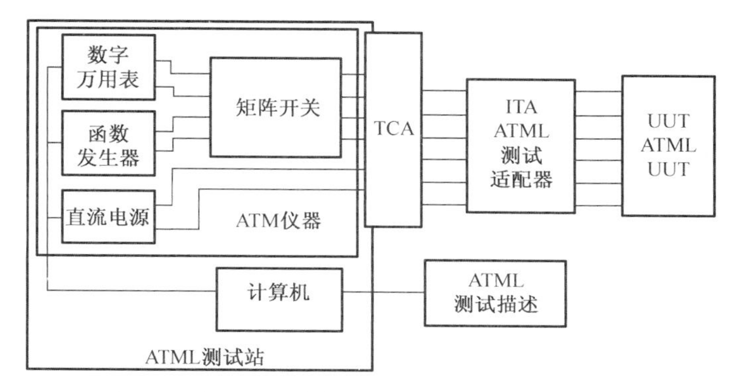

图 9.12　自动测试系统与 ATML 描述文档对应关系

9.5.2　测试过程

系统集成人员在分析被测设备信号需求的基础上，使用信号建模工具创建需要的 TSF 信号，并将这些 TSF 信号保存到 XML 形式的信号库实例文档中。通过对系统中测试站、仪器、测试适配器以及被测设备的连接关系进行分析，系统集成人员使用系统建模工具分别开发 ATML 测试站描述、ATML 仪器描述、ATML 测试适配器描述以及 ATML UUT 描述实例文档，这些 ATML 描述文档描述了系统的组成结构以及系统硬件资源之间的连接关系。测试人员使用 TPS 开发环境开发 ATML 测试描述，测试描述文档实际上就是符合 ATML 规范的测试需求与测试策略文档，ATML 测试描述中通过引用 STD 定义的信号表示测试需求信息。测试操作人员首先使用运行环境的代码转换功能，将需要执行的 ATML 测试描述转换成 C++源程序，并通过编译链接之后生成 DLL 形式的文件。运行环境可以选择执行生成的 DLL 文件，并对测试流程进行控制，并实时查看测试结果，当被测设备有故障时可以显示故障元件的位置，并提示测试操作人员更换故障元件。通过代码转换生成的测试程序只是虚拟的测试资源，只描述了测试流程以及测试需求，运行时服务层通过对测试需求的解析，并对系统中的硬件资源进行分析进行仪器匹配以及路径匹配，从而选择出可以完成激励或测试的仪器，最后通过调用仪器的 IVI-Signal 驱动完成仪器的控制。

本章参考文献

[1]　倪玲, 张琦, 郭霞. 自动测试技术发展综述. 中国制造业信息化：学术版, 2007, 36(7)：46-49.

[2]　刘龙, 王伟平, 刘远飞. 自动测试系统的发展现状及前景. 飞机设计, 2007, 27(4)：71-74.

[3] 杜里, 张其善. 电子装备自动测试系统发展综述. 计算机测量与控制, 2009 (6)：1019-1021.
[4] IEEE SCC20. IEEE Standard for Automatic Test Markup Language (ATML) for Exchanging Automatic Test Equipment and Test Information via XML[S]. New York:IEEE,2010
[5] Li D, Qishan Z. Development Review of Automatic Test System for Electronic Equipment. Computer Measurement & Control, 2009, 6: 001.
[6] 赵强, 刘松风, 程鹏. 电子装备通用自动测试系统发展及其关键技术. 电子设计工程, 2011, 19(9)：160-162.
[7] 钟天云. 面向信号的 ATS 软件平台研究——系统建模工具与运行时服务设计. 电子科技大学, 2013.
[8] 于劲松, 李行善. 下一代自动测试系统体系结构与关键技术. 计算机测量与控制, 2005, 13(1)：1-3.
[9] HUANG J, YANG J, PENG F. Research on the Architecture and Key Technology of General Automatic Test System. Fire Control and Command Control, 2009, 3: 021.
[10] 张杰. 面向信号的 仪器控制技术研究与实现. 电子科技大学, 2014.
[11] 许爱强, 文天柱, 孟上. ATML 标准的结构和应用研究. 仪表技术, 2011 (8)：17-19.
[12] 王斯侠, 高艳华, 张永全, 等. 基于 ATML 标准的测试流程表示方法研究. 软件导刊, 2014 (8).
[13] 张俊. 面向信号的自动测试系统中资源建模技术研究与实现. 电子科技大学, 2014.
[14] FU X, XIAO M, ZHOU Y, et al. Design for Reconfigurable Test Unit Adapter of Automatic Test System. Computer Engineering, 2010, 2: 081.
[15] 张丽. 面向信号测试系统 TPS 运行代码自动生成技术的研究与实现. 电子科技大学, 2014.
[16] 严英强, 杨锁昌. 面向信号的仪器驱动器结构研究. 第十七届全国测控计量仪器仪表学术年会 (MCMI'2007) 论文集 (上册), 2007.
[17] 陈宝华, 席泽敏, 王俊茂, 等. 自动测试系统互换性技术研究. 电子测量技术, 2010, 7：000.
[18] Hongxia G G B. Automatic measurement system for super high resistance based on LabVIEW. Journal of Electronic Measurement and Instrument, 2009, 3: 017.
[19] Badshah M, Lam D M, Liu J, et al. Use of an automatic methane potential test system for evaluating the biomethane potential of sugarcane bagasse after different treatments. Bioresource technology, 2012, 114: 262-269.
[20] 张祯. 面向信号测试系统中信号组件及运行时技术的研究与实现. 电子科技大学, 2014.
[21] Qiufeng L, Qiangui X, Liuqing Y. Design and implement of automatic test system for UAV. Chinese Journal of Scientific Instrument, 2011, 1: 022.
[22] 何成. 某板级测试系统端口信号产生及测量软件实现. 电子科技大学, 2014.
[23] 冯进, 丁博, 史殿习, 等. XML 解析技术研究. 计算机工程与科学, 2009, 31(2): 120-124.
[24] 钟天云. 面向信号的 ATS 软件平台研究——系统建模工具与运行时服务设计. 电子科技大学, 2013.
[25] 喻岚. IVI 技术的研究与实现. 成都：电子科技大学, 2005.
[26] Longsheng Y H Z S C. Research on model of automatic test system. Electronic Measurement Technology, 2009, 3: 025.
[27] 贾惠芹, 高天德. IVI 技术研究. 国外电子测量技术, 2000 (3): 21-23.
[28] 齐少华. TPS 流程式开发环境与仪器管理模块的研究与实现. 电子科技大学, 2013.